普通高等教育艺术设计类专业『十二五』规划教材

装饰材料与施工工艺

郭　谦　崔英德　方正旗　高　微／编著

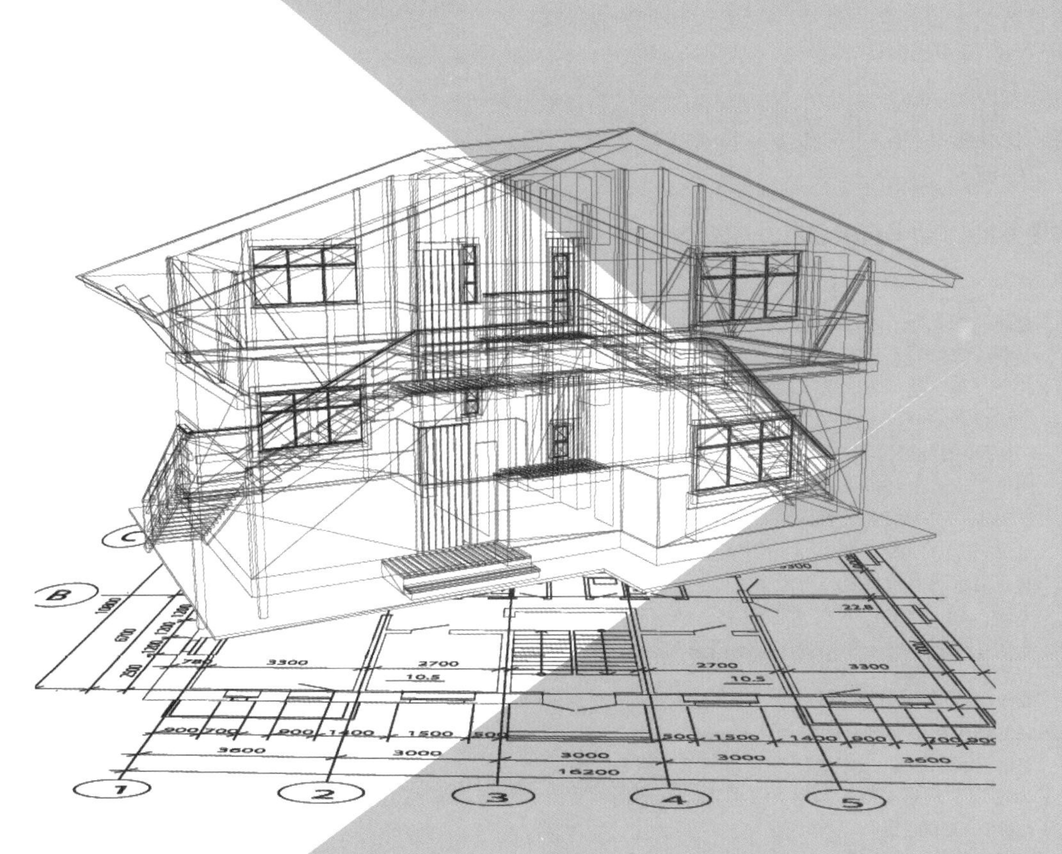

内容提要

本书针对当前国内日益增长的建筑装饰行业需求，以就业为导向，总结教学经验与实际工作经验，全面系统地介绍了各类装饰材料和施工方法，内容全面、图文并茂、案例丰富、切合实际。

全书共12章，内容包括：绪论，建筑装饰石材及施工，石膏装饰材料及施工方法，水泥、砂浆、室内抹灰材料与施工，建筑装饰陶瓷及其施工方法，玻璃工程及其施工方法，装饰木材、木制品及其施工方法，涂料及其施工方法，裱糊工程及其施工方法，建筑装饰塑料及其施工方法，建筑装饰金属材料及其施工方法和建筑装饰织物及其施工方法。

本书可供应用型本科、高职高专，成人、函授、网络教育，自学考试及专业培训等室内设计、环境艺术设计等专业学生作为教材或教辅使用，同时也可供广大建筑装饰工程设计及技术人员使用。

图书在版编目（CIP）数据

装饰材料与施工工艺 / 郭谦等编著. -- 北京 : 中国水利水电出版社, 2012.9（2018.1重印）
普通高等教育艺术设计类专业“十二五”规划教材
ISBN 978-7-5170-0196-6

Ⅰ. ①装… Ⅱ. ①郭… Ⅲ. ①建筑材料－装饰材料－高等学校－教材②建筑装饰－工程施工－高等学校－教材
Ⅳ. ①TU56②TU767

中国版本图书馆CIP数据核字(2012)第222300号

书名	普通高等教育艺术设计类专业“十二五”规划教材 **装饰材料与施工工艺**
作者	郭谦　崔英德　方正旗　高微　编著
出版发行	中国水利水电出版社 （北京市海淀区玉渊潭南路1号D座　100038） 网址：www.waterpub.com.cn E-mail：sales@waterpub.com.cn 电话：（010）68367658（营销中心）
经售	北京科水图书销售中心（零售） 电话：（010）88383994、63202643、68545874 全国各地新华书店和相关出版物销售网点
排版	北京时代澄宇科技有限公司
印刷	北京博图彩色印刷有限公司印刷
规格	210mm×285mm　16开本　16.75印张　408千字
版次	2012年9月第1版　2018年1月第5次印刷
印数	12001—15000册
定价	49.00元

前　言

建筑装饰材料是建筑装饰工程的物质基础。装饰工程的总体效果、设计思想都必须通过材料体现出来。如何合理选用、使用装饰材料，如何采用正确的施工方法完成施工任务，是从事建筑装饰行业人员必须了解和掌握的基本内容。

建筑装饰是艺术与技术的总和，是以美学原理为依据，以各种装饰材料及工艺为基础，运用不断更新的材料组合、设计手段及施工技巧来实现的。装饰的处理与效果，有赖于有机地、合理地、艺术地将材料进行组合及加工。目前国内日益增长的建筑装饰需求，尤其是高品位的建筑装饰追求，要求对日新月异的装饰材料以及多学科的施工方法和技巧有更加深刻的理解和认识。为此，特编此书，以满足相关专业院校师生及广大建筑装饰工程技术人员使用。

全书共分为12章。每章先介绍装饰材料，然后介绍施工工具和施工方法。作者从事装饰业十几年，有丰富的实际工作经验，书中吸收了目前常用的一些新的装饰材料和新的机械工具及施工方法，是一本较为实用的材料与施工技术书。

本书由廊坊师范学院美术学院副院长郭谦及廊坊市高级技师学院艺术系副主任崔英德担任主编，郭谦撰写第1章、第3章、第5章、第7章、第8章；崔英德撰写第2章、第9章、第10章；河北石油职业技术学院工程系主任方正旗撰写第4章、第6章并制作本书课件；沈阳农业大学工程学院高微撰写第11章、第12章。廊坊师范学院胡梦佳和刘丽玮负责文字整理和图片采集。

由于编者业务水平有限，加之资料不全、时间仓促等原因，编写中难免有漏误之处，敬请广大读者提出宝贵意见。

编　著

2012年3月

前言

第1章　绪论/1

第2章　建筑装饰石材及施工/7

第3章　石膏装饰材料及施工方法/23

第4章　水泥、砂浆、室内抹灰材料与施工/33

第5章　建筑装饰陶瓷及其施工方法/65

第6章　玻璃工程及其施工方法/87

第7章　装饰木材、木制品及其施工方法/115

第8章　涂料及其施工方法/151

Unit 1

第1章 绪 论

建筑装饰材料，是建筑装饰工程的物质基础，装饰工程的效果及功能的实现都是通过装饰材料体现出来的，并通过有效的施工方法和技巧实现装饰目的。材料成本在装饰工程总造价中占60% ~ 70%。因此，工程设计人员和技术人员都必须熟悉装饰材料的种类、性能、特点以及价格，并及时掌握装饰材料的发展趋势，运用合理的装饰施工方法、手段及装饰技巧，保质保量地完成装饰施工任务。

1.1 建筑装饰材料的分类

建筑装饰材料是指建筑装饰工程中所使用的各种材料及其制品的总称。它是一切建筑装饰工程的物质基础。

1.1.1 按化学成分分类

根据材料的化学成分，建筑装饰材料可分为有机材料、无机材料和复合材料，如表1-1所示。

表 1-1 材料分类表

分类			实例
无机材料	金属材料	黑色金属	钢、铁及其合金、合金钢、不锈钢等
		有色金属	铝、铜、铝和金等
	非金属材料	天然石材	沙、石及石材制品
		烧土制品	黏土砖、瓦、陶瓷制品等
		胶凝材料及制品	石灰、石膏及制品、水泥及混凝土制品等
		玻璃	普通平板玻璃、特种玻璃等
		无机纤维材料	玻璃纤维、矿物棉等
有机材料	植物材料		木材、竹材、植物纤维及制品
	沥青材料		煤沥青、石油沥青及制品等
	合成高分子材料		塑料、涂料、胶黏剂、合成橡胶等
复合材料	有机与无机非金属材料复合		聚合物混凝土、玻璃纤维增强塑料等
	金属与无机非金属材料复合		钢筋混凝土、钢纤维混凝土等
	金属与有机材料复合		PVC 钢板、有机涂层铝合金板等

1.1.2 按装饰部位分类

（1）天棚装饰材料：石膏板、铝板、矿棉吸音板、PVC 板、铝塑天花板。

（2）地面装饰材料：木地板、复合木地板、地毯、地板砖、石塑地板等。

（3）外墙装饰材料：外墙砖、外墙涂料、外墙铝塑板。

（4）内墙装饰材料：内墙涂料、壁纸、壁毡、壁布、木制贴面板。

1.2　建筑装饰材料的基本性质

建筑装饰材料是建筑物内外装饰所用材料的总称。材料在使用过程中既承受一定的外力和自重，同时还会受到介质（如水、水蒸气、腐蚀性气体、流体等）的作用，以及各种物理化学作用，如温差、湿度差、磨蚀等。因此，要求在工程设计与施工中能够正确选择和合理使用建筑装饰材料，必须熟悉和掌握建筑材料的基本知识。

1.2.1　材料的物理性质

1.2.1.1　密度

密度：材料在绝对密实状态下单位体积的质量，可写为

$$\rho = G/V$$

式中　ρ——材料的密度，g/cm^3 或 kg/m^3；

G——干燥材料的质量，g 或 kg；

V——材料在绝对密实状态下的体积，又称绝对体积，cm^3 或 m^3。

堆积密度或表观密度为材料在自然状态下单位体积的质量，可写为

$$\rho_0 = G/V_0$$

式中　V_0——材料在自然状态下的体积，即根据材料的外形所测定的体积。

对于松散材料，如沙子、石子等，体积 V_0 还包括颗粒间的空隙。堆积密度 ρ_0 也可用 g/cm^3 表示，但工程上常用 kg/m^3 表示。

1.2.1.2　紧密度与孔隙率

紧密度：材料体积内固体物质所充实的程度，即材料绝对密实体积与自然状态下的体积之比，可写为

$$D_0 = V/V_0$$

用 $V=G/\rho$，$V_0=G/\rho_0$ 代入得 $D_0=\rho_0/\rho$，即紧密度为表观密度与密度之比。紧密度以相对数值表示，或以百分率 $\rho_0/\rho \times 100\%$ 表示。

孔隙率：材料体积内孔隙所占的比率，可写为

$$\rho_0 = (V_0 - V)/V_0 = 1 - V/V_0 = 1 - D_0$$

或

$$\rho_0 = (1 - \rho_0/\rho) \times 100\%$$

材料的孔隙率通常根据材料的密度与表观密度求得。孔隙率的变化是一个很大的范围。岩石的孔隙率通常在 1% 以下，而多孔材料如石膏、泡沫玻璃、岩棉，孔隙率高达 85% 以上。

孔隙率及孔隙构造与材料其他性质有极密切的关系，如表观密度、强度、耐冻性、耐腐蚀性、透水性均与孔隙率的大小或孔隙的构造有关。

1.2.1.3　吸水性与吸湿性

吸水性：材料在水中能吸收水分的性质。吸水性的大小可用“吸水率”表示。吸水率有重量吸水率和体积吸水率之分。

1. 重量吸水率

重量吸水率是指材料所吸收水分的重量占材料干燥的百分数，其公式为

$$W_{重}=(G_{湿}-G_{干})/G_{干}\times100\%$$

式中 $W_{重}$——材料的重量吸水率；

$G_{湿}$——材料吸水饱和后的重量，g；

$G_{干}$——材料烘干至恒重时的重量，g。

2. 体积吸水率

体积吸水率是指材料体积内被水充实的程度，即材料吸收水分的体积占干燥材料自然体积的百分数。可按下式计算

$$W_{体}=(G_{湿}-G_{干})/V_0\times100\%$$

一般情况下，孔隙率越大，吸水率越大。

吸湿性：材料在潮湿空气中吸收水分的性质。吸湿性的大小，用“含水率”表示。含水率是指材料含水重量占干重的百分数，其公式为

$$W_{含}=(G_{含}-G_{干})/G_{干}\times100\%$$

式中 $W_{含}$——材料含水率，%；

$G_{含}$——材料含水时的重量，g；

$G_{干}$——材料烘干至恒重时的重量，g。

一般情况下，气温越低，相对湿度越大，材料含水率也就愈大。

1.2.1.4 导热性

导热性是指材料传递热量的性能，用导热系数表示。

导热系数是指单位厚度（1m）的材料，当其相对两侧表面的温度差为 1K 时，经单位面积（$1m^2$）单位时间（1s）所通过的热量。

一般情况下，材料的空隙率大，导热系数就小。而当材料受潮或受冻后，其导热系数就会大大提高。

1.2.1.5 比热容（比热）

材料加热或冷却时，吸收和放出热量的性质，称为热容量。热容量大小用比热来表示。比热：1g 材料，温度升高 1K 时所吸收的热量或降低 1K 时放出的热量。通常把 $\lambda<0.29W/(m^2\cdot K)$ 的材料称为绝热材料。

比热大的材料，对于维持室内温度稳定，减少热损失，节约能源起着重要的作用。水的比热大约为 4.19，而导热系数为 0.6，其他材料的比热值随着含水量的减小而减小。木头比热为 2.7、石材比热为 0.75 ~ 0.92。

1.2.2 材料的力学性能

1.2.2.1 强度

材料抵抗外力破坏的能力称为强度。材料所承受的外力主要有拉、压、弯、剪。而其抵抗这些外力破坏的能力分别为抗拉、抗压、抗弯、抗剪等强度。

1.2.2.2 硬度

材料抵抗另一较硬物体压入其中的性能称为硬度。不同材料硬度测定方法不同。按

刻划法，矿物硬度分为10级，称为莫氏硬度，其顺序为：①滑石；②石膏；③方解石；④萤石；⑤磷灰石；⑥正长石；⑦石英；⑧黄玉；⑨刚玉；⑩金刚石。用特制的莫氏笔可以测定一般脆性材料。一般情况下，硬度大的材料，耐磨性强，但不易加工。

1.2.2.3 耐磨性

材料表面抵抗磨损的能力。如复合木地板中常用耐砂轮磨损时的“转”数表示耐磨性。

1.2.2.4 脆性

材料受冲击荷载或震动的作用后，无明显变形即遭破坏的性能称为脆性，如玻璃、天然石材、人造石材都属于这一类型的材料。

1.3 建筑装饰工程施工的范围

利用大量的装饰材料对建筑进行装饰，对环境进行营造是建筑装饰工程施工的主要内容。目前，按照建筑装饰工程较普遍涉及的内容，其施工范围可以分为以下几大类。

（1）一般抹灰工程：石灰砂浆、水泥混合砂浆，水泥砂浆、聚合物水泥砂浆、膨胀珍珠岩水泥砂浆、麻刀石灰、纸筋石灰、石膏灰。

（2）装饰抹灰工程：水刷石、水磨石、干黏石、斩假石、假面砖、拉毛灰、扫毛灰、喷砂、喷涂、弹涂、滚涂、仿石、水泥仿木。

（3）清水砖墙工程：磨砖对缝、仿清水砖墙贴面工程。

（4）油漆工程：混油工程、清水油工程、美术油漆、木地板烫蜡、大理石、水磨石打蜡工程、打蜡工程、多彩涂料工程。

（5）喷涂工程：石灰浆、大白浆、聚乙烯醇涂料、氯偏共聚涂料、聚合物水泥浆、美术墙体刷浆、喷浆工程、“好涂壁”工程、喷石工程、液体壁纸。

（6）玻璃工程：玻璃安装加工、雕刻、艺术玻璃、玻璃幕墙、镜面施工、门窗玻璃（无框门）施工。

（7）裱糊工程：普通壁纸、塑料壁纸、装饰壁布、石塑墙面、装饰壁毡。

（8）饰面工程：天然石饰面、人造石饰面、陶瓷砖饰面、马赛克。

（9）罩面板及钢木骨架安装工程：罩面板、胶合板、塑料板、ABS板、铝塑板、防火板、聚酯波纹板、刨花板、实木板、密度板、铝板、不锈钢、轻钢龙骨架、木龙骨架、铝合金龙骨。

（10）细木制品工程：楼梯扶手、贴脸板、护墙板、窗帘盒、窗台板、暖气罩、电视背景墙、挂镜线、腰线。

（11）花饰工程：石膏花饰、水泥砂浆花饰、金属花饰、99速凝水泥、欧式构件花饰、塑料花饰、竹丝花饰等。

第2章　建筑装饰石材及施工

自然界中存在大量的石头，许多石头几千年前就被人们广泛使用。人们使用石材主要是因为石材产量大、分布广、加工制作简单方便。最早石材主要作为工具和建筑材料，随着生产力的不断发展，生产工具越来越先进，石材主要被当成装饰材料，受到人们的追捧。

2.1 石材的分类与性能

石材分天然石材和人造石材。具有装饰性能的石头，加工后可供建筑装饰使用的称为装饰石材。装饰石材强度高、装饰性好、耐久性强、来源广泛、地域性强，自古以来就被广泛应用。特别是近些年来，与世界各地的经济交流越来越多，大量的优质石材的引进，以及先进的机械加工技术不断发展，使石材作为一种新型的饰面材料，正在被广泛地应用于建筑室内外装饰。

2.1.1 石材的分类

岩石按地质形成条件不同，可分为三大类：岩浆岩、沉积岩和变质岩。

2.1.1.1 岩浆岩

岩浆岩又称为火成岩，它是熔融岩浆由地壳内部上升后冷却而成，是组成地壳的主要岩石，占地壳总质量的 89%，因此，分布量极大。根据岩浆冷却条件不同，又分成深成岩、浅成岩、喷出岩和火山岩。

2.1.1.2 沉积岩

沉积岩又称水成岩。它是由原来的母岩风化后，经过搬运沉积等作用形成的岩石。其特点是：结构致密性差、密度小、孔隙率及吸水率大、强度小。沉积岩虽仅占地壳总质量的 5%，但其分布占地壳表面积达 75%，层浅，易于开采。例如，被称为机械沉积岩的砂岩、页岩、火山凝灰岩和被称为化学沉积岩的石膏、白云岩、菱镁石等以及生物沉积岩的石灰岩、硅藻土。

2.1.1.3 变质岩

在地壳形成和发展过程中，早先形成的岩石，包括沉积岩、岩浆岩，由于后来地质环境和物理、化学条件的变化，在固态情况下发生了矿物组成调整、结构构造改变甚至化学成分的变化，而形成的一种新的岩石，这种岩石称为变质岩。

2.1.2 石材的技术性能

2.1.2.1 表观密度

天然石材按其表观密度大小分为重石和轻石两类。表观密度大于 1800kg/m^3 的为重石，主要用于建筑的基础、贴面、地面、路面、房屋外墙、挡土墙、桥梁以及土木构筑物等。表观密度小于 1800kg/m^3 的为轻石，主要用于墙体材料，如采暖房屋外墙等。

2.1.2.2 抗压强度

天然石是以 100mm × 100mm × 100mm 的正方体试件试验方法测得的抗压强度作为评定石材强度的等级标准。一般分为九个等级。

2.1.2.3 吸水性

常用岩石的吸水性用吸水率表示：花岗岩小于 0.5%；致密石灰岩一般小于 1%；贝壳石灰岩约 15%；石材吸水率大直接导致石材的强度和耐水性降低。

2.1.2.4 抗冻性

石材的抗冻性用冻融循环次数表示，一般有 F10、F15、F25、F100、F200。致密石材的吸水率小，抗冻性好。吸水率小于 0.5% 的石材，可认为是抗冻的石材。

2.1.2.5 石材的安全性

天然石材是构成地壳的基本物质，因此可能含有一定的放射性物质。人们在一段时间内对石材的放射性大有谈虎色变的认识。但是，实际情况并非如此，天然石中放射性物质的能量是微乎其微的，只要按国家标准进行检验，就不会有太大的危险。石材中放射性的物质主要是指镭 226、钍 232、钾 40 以及在衰变中会产生对人体有害的物质氡。

2.2 建筑装饰常用石材

在现代建筑中，石材几乎全部作为建筑装饰材料使用。目前，我国石材与水泥、玻璃、钢材、石膏一样在世界上属于生产大国，产量世界第一。

天然饰面石材主要有天然大理石和花岗石，习惯上都称之为大理石。

2.2.1 大理石

大理石是大理岩的俗称。呈层状结构，有明显的结晶和纹理，主要成分为方解石和白云石，属中硬石材。但是，在实际生产中，常把石灰岩、白云岩、鲕状灰岩、竹叶片灰岩、叠层状灰岩、生物碎屑灰岩、蛇纹石等都划分为大理石。

天然大理石的主要化学成分为 CaO 和 MgO，其含量占总量的 50%，属酸性石材，主要成分为 $CaCO_3$。

2.2.1.1 大理石主要性能

天然大理石主要性能指标如下：

密度（kg/m^3） 2500 ~ 2700

抗压强度（MPa） 70 ~ 110

磨耗率（%） 12

吸水率（%） <1

使用年限（年） 40 ~ 100

天然大理石除汉白玉、艾叶青可用于室外，大部分用于室内。主要原因在于城市空气中 SO_2 和空气中水分生成亚硫酸，并与大理石中的 $CaCO_3$ 产生水和化学石膏，使得大理石表面产生氧化反应，从而降低大理石表面强度，直接影响大理石的装饰效果。

2.2.1.2 大理石的种类

大理石种类繁多，目前我国各地出产的大理石有几百种。按照大理石色彩不同，常用的大理石分类如下：

（1）云灰大理石：云灰大理石为灰底色加上云彩状花纹如云灰、风雪、冰琅、黑白花、艾叶青，见图 2-1。

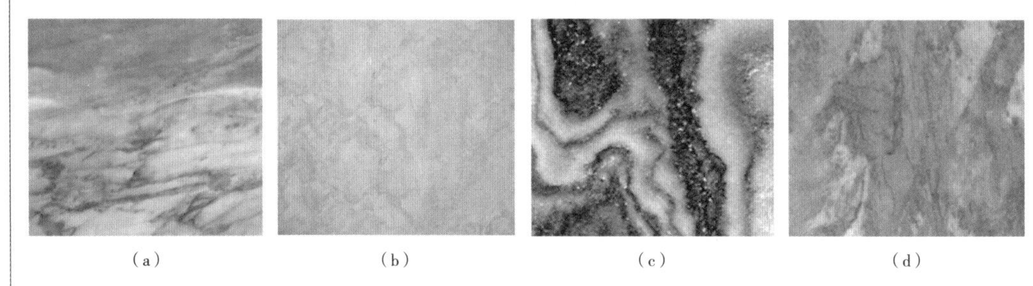

（a） （b） （c） （d）

图 2-1 云灰大理石
（a）云灰；（b）风雪；（c）黑白花；（d）艾叶青

（2）白色大理石：汉白玉、晶白、雪花白、雪云等，见图 2-2。

（3）黑色大理石：墨玉、莱阳黑、丰镇黑、中国黑、蒙古黑等，见图 2-3。

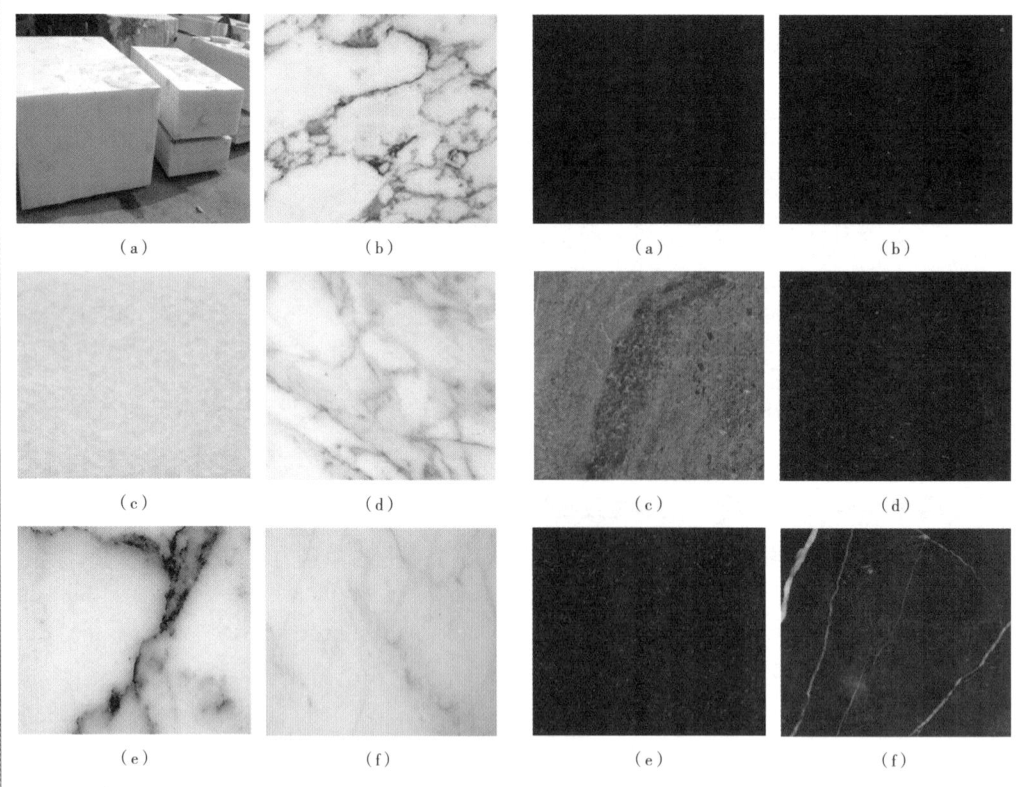

图 2-2 白色大理石
（a）汉白玉；（b）雪云；（c）晶白；（d）中花白；（e）大花白；（f）彩云白

图 2-3 黑色大理石
（a）蒙古黑；（b）墨玉；（c）莱阳黑；（d）中国黑；（e）丰镇黑；（f）通山黑白根

（4）彩色大理石：桃红、黄花玉、碧玉、彩云等，见图 2-4。

（5）绿色大理石：彩云绿、大花绿、台湾绿、斑绿、莱阳绿、孔雀绿、绿碧玉、青玉等，见图 2-5。

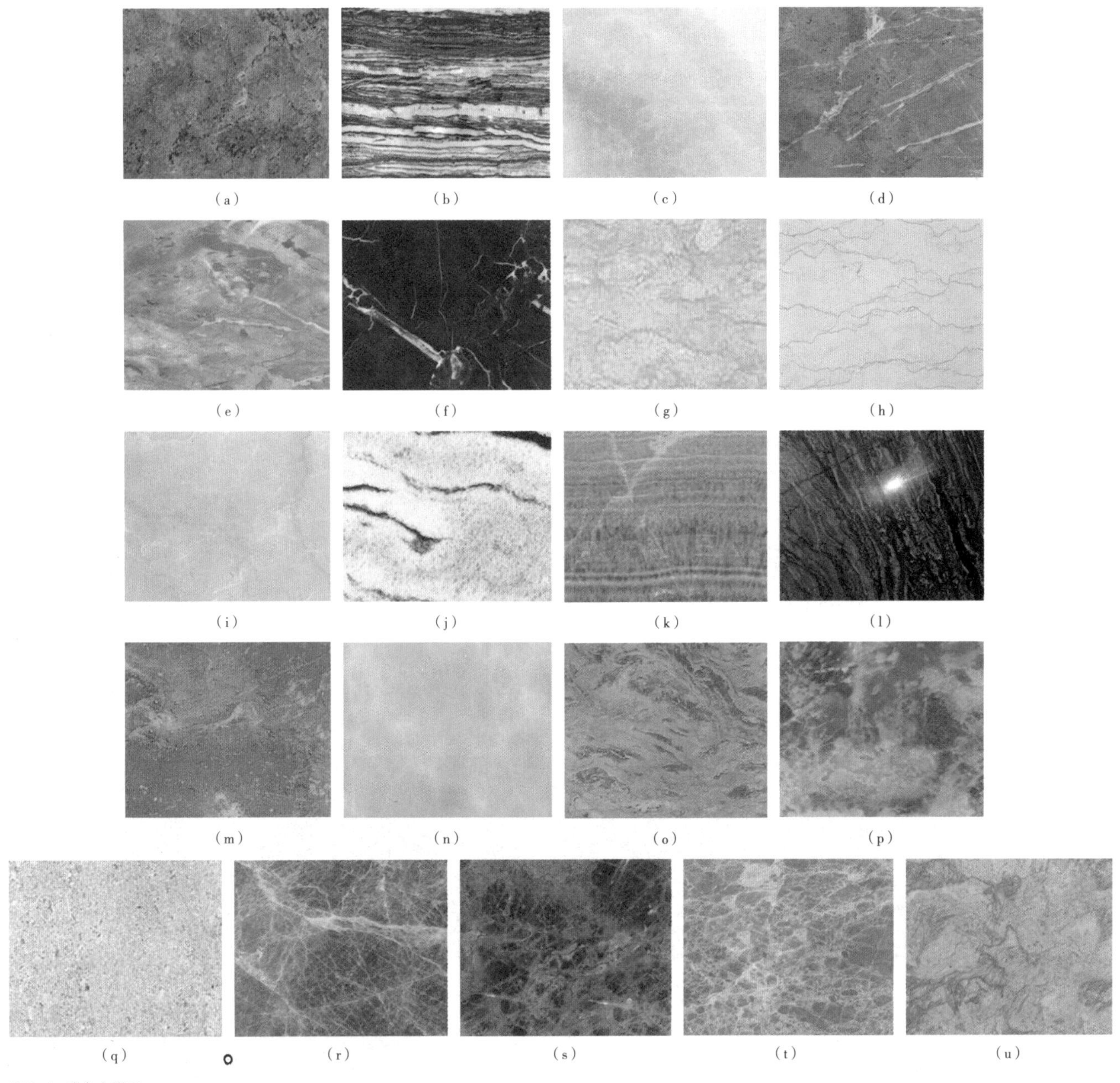

图 2-4 彩色大理石

(a) 桃红;(b) 金碧玉;(c) 黄花玉;(d) 珊瑚红;(e) 彩云灰;(f) 进口紫罗兰;(g) 进口金花米黄;(h) 进口大金线米黄;(i) 进口中东米黄;(j) 挪威午夜阳光;(k) 咖啡玉;(l) 黑木纹;(m) 进口菲律宾橙皮;(n) 进口粉红玉;(o) 进口金摩卡;(p) 彩云绿;(q) 葡萄牙白沙米黄;(r) 进口土耳其深咖网;(s) 深咖网;(t) 咖啡金;(u) 葡萄牙圣红花

(6)红色大理石:陕西汉新红、湖北映心红、通山红、河北鸡血红、河南木纹红等,见图 2-6。

2.2.2 天然花岗岩

花岗岩石是指以从火成岩中开采出来的花岗岩、安山岩、辉长岩、片麻岩为原料,经过切片、加工、磨光、修边后成为不同规格的石板。

天然花岗岩的主要结构物质为长石和石英,质地坚硬、耐酸碱、耐腐蚀、耐高温、耐阳光晒、耐冰雪冻,而且耐擦、耐磨、耐久性好,一般使用年限为 75 ~ 200 年,比大理石寿命长。花岗岩可用于宾馆、饭店、酒楼、商场、银行、展览馆、影剧院的内部和外部

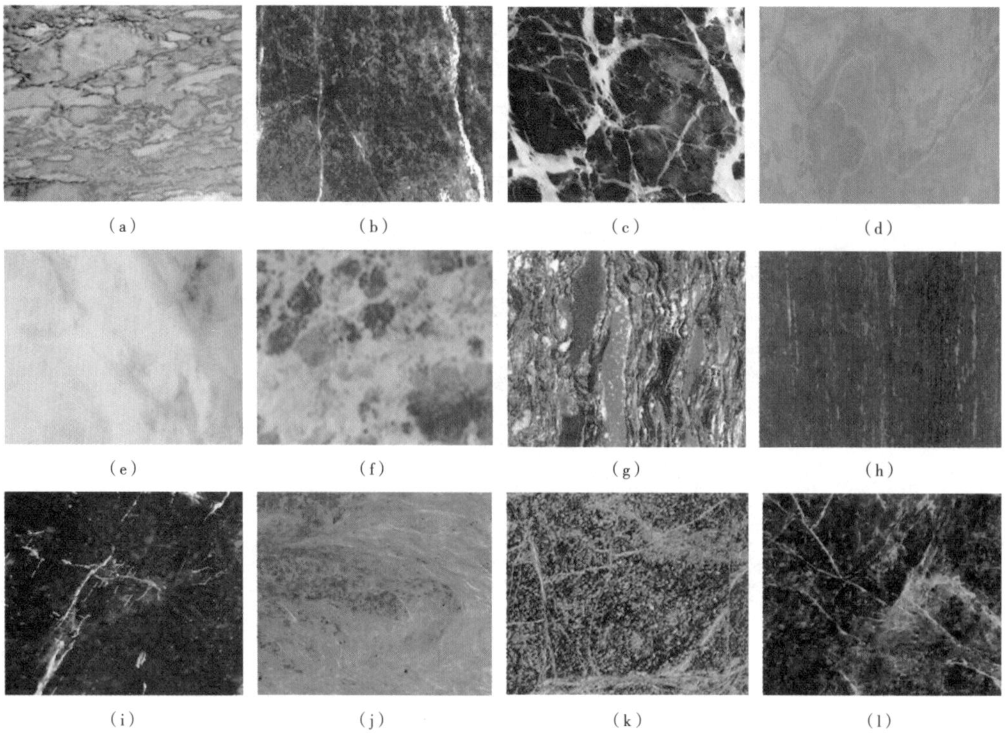

图 2-5 绿色大理石

(a) 彩云绿；(b) 陕西绿；(c) 大花绿；(d) 巴基斯坦青玉石；(e) 绿碧玉；(f) 斑绿；(g) 云南富贵绿（西施绿）；(h) 湖北孔雀绿；(i) 台湾绿（雪花绿）；(j) 台湾绿（苹果绿）；(k) 台湾绿（中青）；(l) 台湾绿（深青）

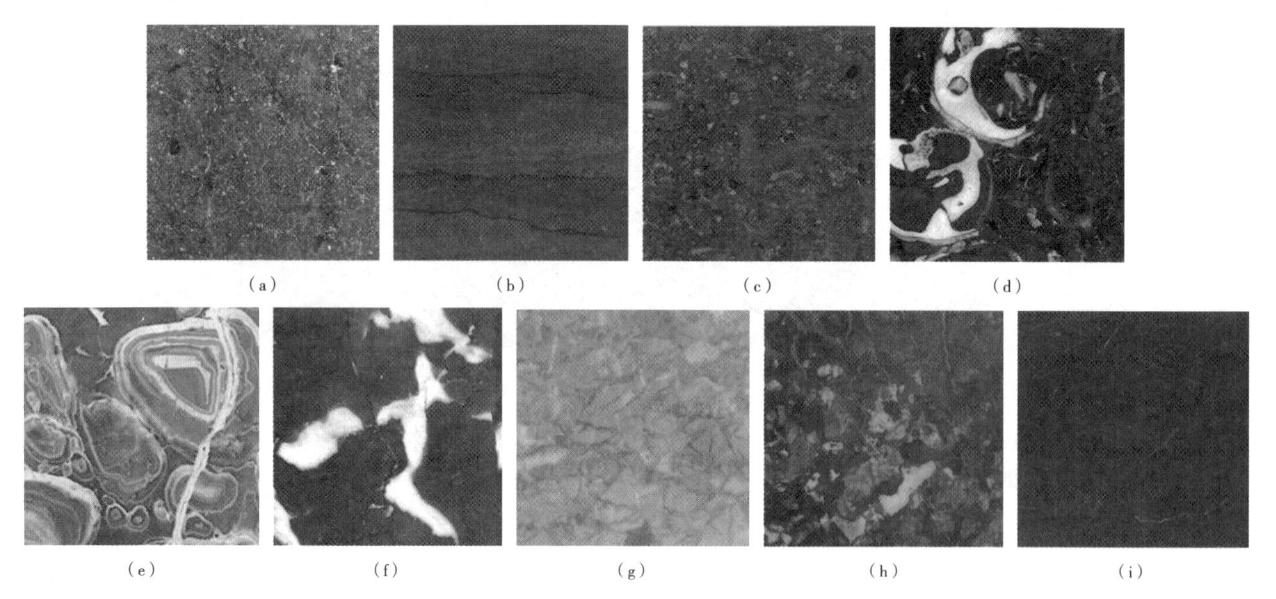

图 2-6 红色大理石

(a) 湖北啡白根（通山红）；(b) 河南木纹红；(c) 湖北映心红；(d) 西班牙金叶石；(e) 河北鸡血红；(f) 法国红；(g) 玛瑙红；(h) 桂林永福紫罗兰；(i) 陕西汉新红（新紫罗兰）

门面及外墙装饰，并可用于室内外、地面、墙面、台阶、踏步及碑刻使用。

按其颜色，天然花岗岩可分为：

（1）红色系列：四川红、石棉红、岑溪红、虎皮红、樱桃红、平谷红、杜鹃红、连州大红、玫瑰红、贵妃红、鱼青红，见图 2-7。

（2）黄色系列：虎皮黄、云南的木纹砂岩、山东的金沙黄、陕西的玫瑰黄等，见图 2-8。

（3）青色系列：芝麻青、蓝珍珠、贵顺青、草原绿、济南青、蝴蝶蓝等，见图 2-9。

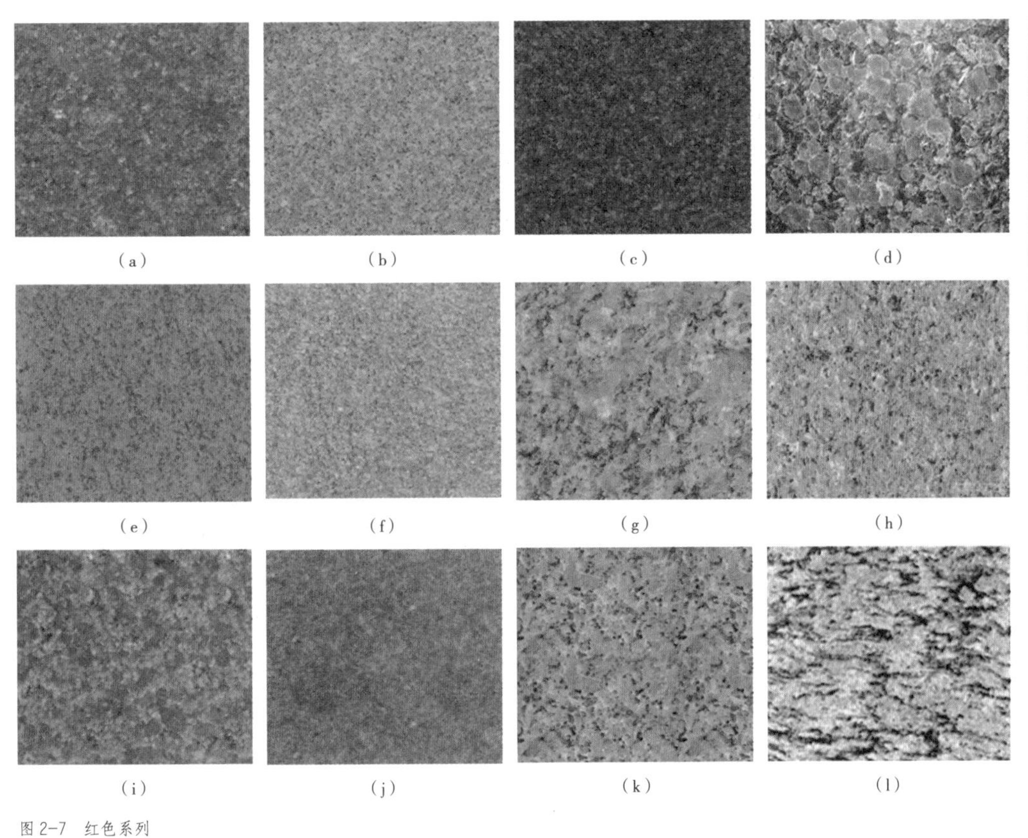

(a) (b) (c) (d)
(e) (f) (g) (h)
(i) (j) (k) (l)

图 2-7 红色系列

(a) 中国红;(b) 桃花红;(c) 印度红;(d) 玫瑰红;(e) 昭君红;(f) 将军红;(g) 紫晶(山楂红);(h) 贵妃红;(i) 四川红;(j) 石棉红;(k) 岑溪红;(l) 虎皮红

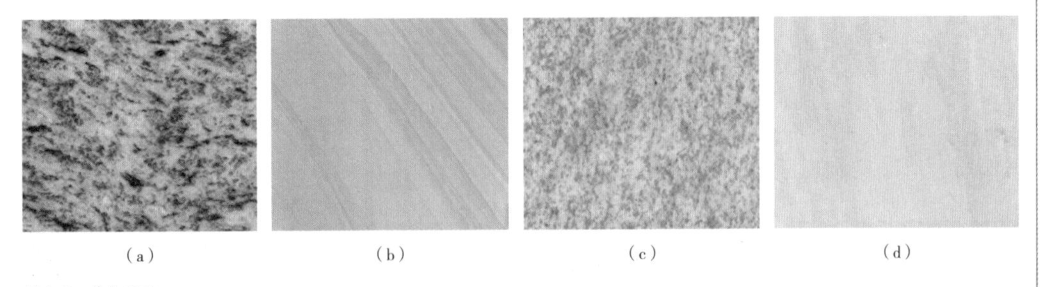

(a) (b) (c) (d)

图 2-8 黄色系列

(a) 虎皮黄;(b) 云南木纹砂岩;(c) 金沙黄;(d) 陕西玫瑰黄

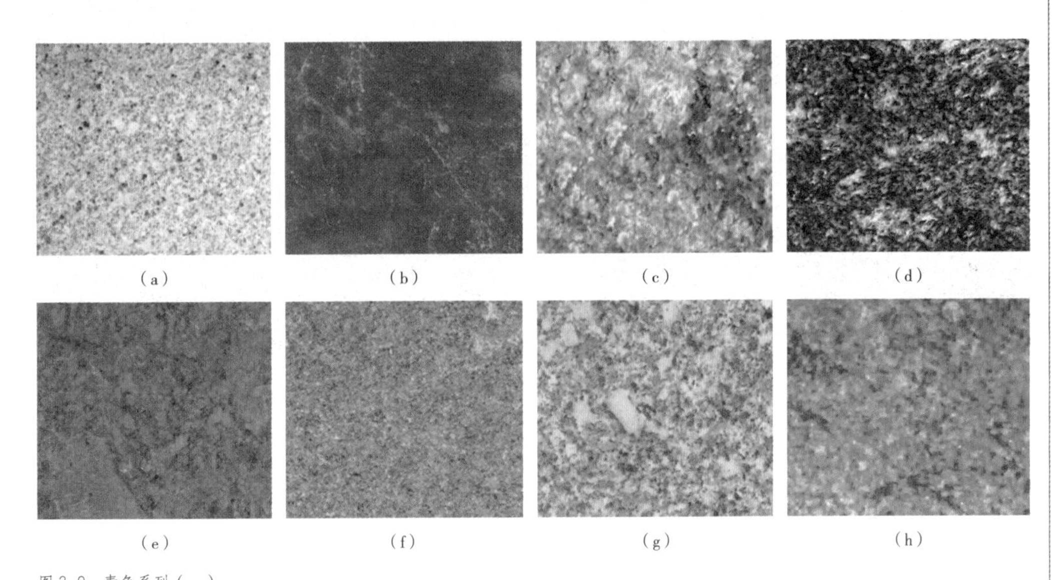

(a) (b) (c) (d)
(e) (f) (g) (h)

图 2-9 青色系列(一)

(a) 芝麻青;(b) 贵州贵顺青;(c) 巴西蓝精灵;(d) 奥斯塔绿;(e) 山西蝴蝶蓝;(f) 北京绿晶石;(g) 内蒙古草原绿;(h) 巴希亚蓝

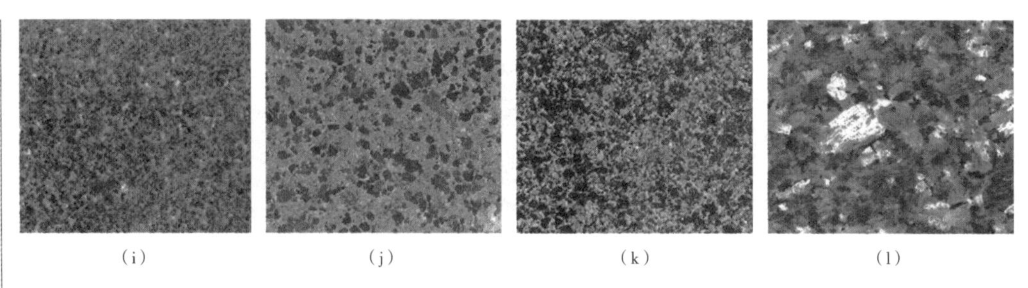

图 2-9 青色系列（二）
（i）济南青；（j）北京晚霞；（k）山西绿宝石；（l）南非蓝珍珠

（4）花白系列：花白石、四川花白、吉林白、济南花白、黑白花、芝麻白等，见图 2-10。

（5）黑色系列：芝麻黑、山西金沙黑、中国黑、山西北岳黑等，见图 2-11。

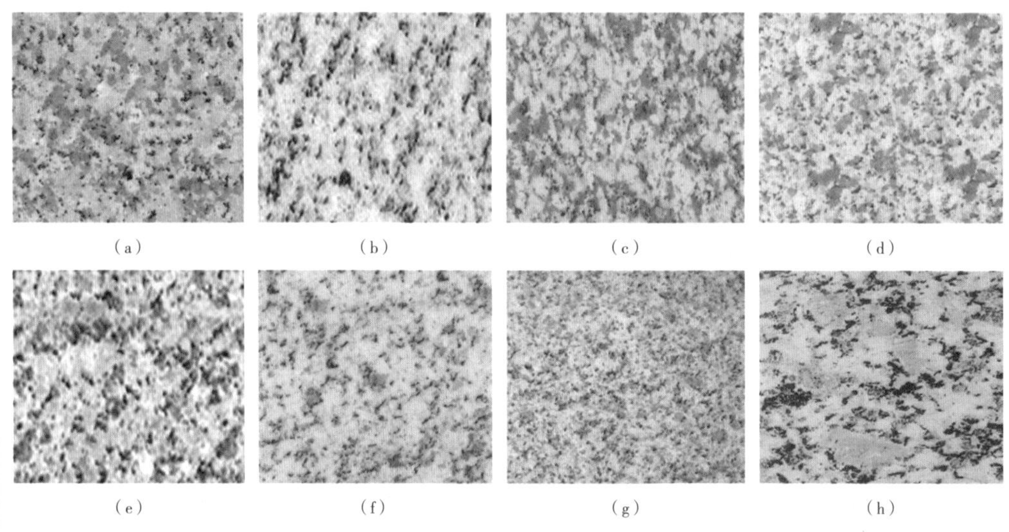

图 2-10 花白系列
（a）四川花白；（b）芝麻白；（c）吉林白；（d）山东宋城白；（e）黑白花；（f）山东泽尼白麻；（g）济南花白；（h）花白石

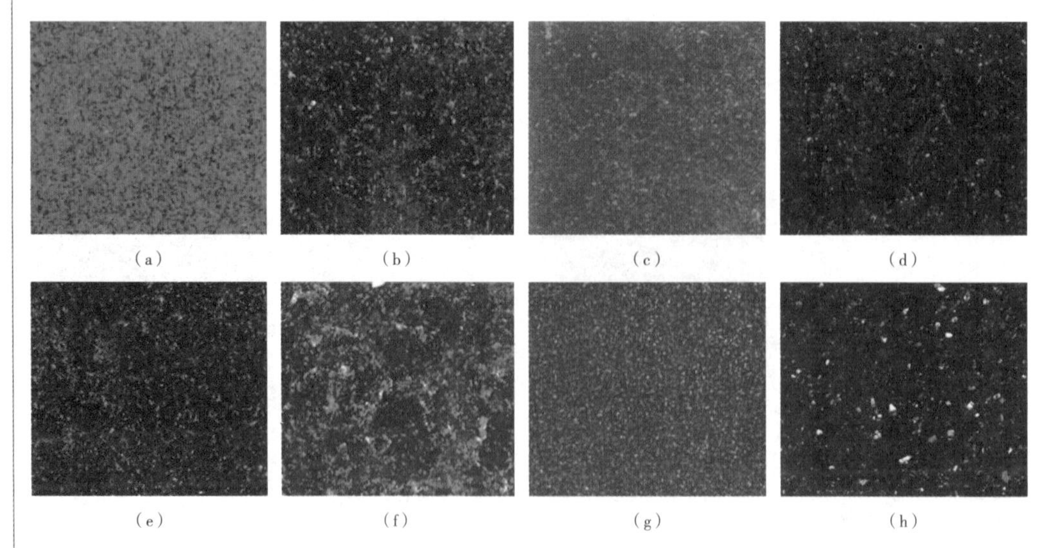

图 2-11 黑色系列
（a）芝麻黑；（b）山西金沙黑；（c）中国黑；（d）安徽岳西黑；（e）山西北岳黑；（f）陕西黑金彩麻；（g）蒙古黑；（h）进口黑金沙

2.2.3 大理石和花岗岩石的定型产品

大理石和花岗岩石，通常被加工成毛光板或毛板（机剁、斧剁或火烧），用于室内外装饰。

2.2.3.1 镜面板的定型产品

一般将 600mm×600mm 定为标准工程板，而 600mm×600mm 以下为小规格板，600 ~ 800mm 称为宽板，而 800mm 以上称为超宽板。板材厚度一般为 2 ~ 12cm。

大理石及花岗岩石定型产品规格见表 2-1。

表 2-1 大理石及花岗岩石定型产品规格表 单位：mm

大理石			花岗岩石		
长	宽	厚	长	宽	厚
300	150	20	1200	90	20
300	300	20	305	152	20
400	200	20	616	305	20
400	400	20	610	610	20
600	300	20	915	610	20
600	600	20	1067	762	20
900	600	20	1220	915	20
1070	750	20			
1200	600	20			

2.2.3.2 蘑菇石

蘑菇石是花岗石的一种加工方法，因凸出的装饰面如同蘑菇而得名，也有叫其馒头石。主要用在室外的墙面、柱面等立面的装修，尤显得古朴、厚实、沉稳。产品广泛用于：公共建筑、别墅、庭院、公园、游泳池、宾馆的外墙面的装饰，更适应于别墅欧式建筑的外墙装饰。蘑菇石产品给人带来一种自然、优雅、返朴归真的美好感觉，见图 2-12。

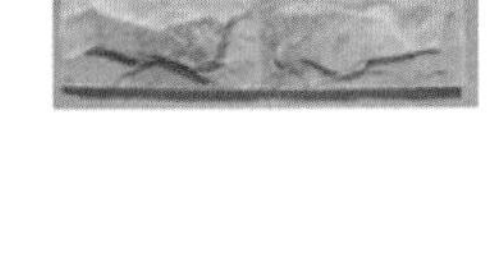

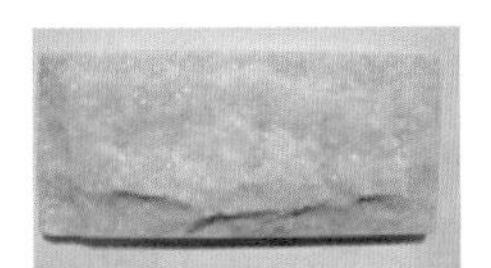

图 2-12 蘑菇石及其用途

常规尺寸：10cm×20cm，15cm×30cm，20cm×40cm；常规厚度：1.5 ~ 2.5cm；大尺寸：60 ~ 80cm，厚度 8 ~ 15cm。

2.2.3.3 毛板、剁斧板、烧毛板、机刨板

大理石表面根据装饰需要，在平整的表面上加工成粗糙的纹理、具有较规则加工条纹的板材。主要有由机刨法加工而成的机刨板（机刨面）、由斧头加工而成的剁斧板（斧剁面）、由花锤加工而成的锤击板、由火焰法加工而成的烧毛板（火烧面）等。其表面具有

粗犷、朴实、自然、浑厚、庄重的特点，见图 2-13。

图 2-13 大理石粗糙饰面

(a) 自然面；(b) 菠萝面；(c) 荔枝面；(d) 机刨面；(e) 斧剁面；(f) 火烧面；(g) 喷砂面；(h) 抛光面

2.2.3.4 大理石及花岗岩石定型产品物理性能及外观质量要求

(1) 大理石及花岗岩石定型产品物理性能及外观质量要求详见表 2-2。

表 2-2 大理石及花岗岩石定型产品物理性能及外观质量要求

<table>
<tr><th>类别</th><th>名称</th><th>规定内容</th><th>优等品</th><th>一等品</th><th>合格品</th></tr>
<tr><td rowspan="5">物理性能</td><td>镜面光泽度</td><td>正面应具有镜面光泽，能清晰地反映出景物</td><td colspan="3">光泽度值应不低于 75 光泽单位或按供需双方协议样板执行</td></tr>
<tr><td>表面密度不小于（g/cm³）</td><td></td><td colspan="3">2.5</td></tr>
<tr><td>吸水率不大于（%）</td><td></td><td colspan="3">1.0</td></tr>
<tr><td>干燥抗压强度不小于（MPa）</td><td></td><td colspan="3">60.0</td></tr>
<tr><td>抗弯强度不小于（MPa）</td><td></td><td colspan="3">8.0</td></tr>
<tr><td rowspan="6">正面外观缺陷</td><td>缺棱</td><td>长度不超过 10mm（长度小于 5mm 不计），周边每 m 长（个）</td><td rowspan="6">不允许</td><td rowspan="4">1</td><td rowspan="4">2</td></tr>
<tr><td>缺角</td><td>面积不超过 5mm×2mm（面积小于 2mm×2mm 不计）每块板（个）</td></tr>
<tr><td>裂纹</td><td>长度不超过两端顺延至板边总长度的 1/10（长度小于 20mm 不计），每块板（条）</td></tr>
<tr><td>色斑</td><td>面积不超过 20mm×30mm（面积小于 15mm×15mm 不计）每块板（个）</td></tr>
<tr><td>色线</td><td>长度不超过两端顺延至板边总长度的 1/10（长度小于 40mm 不计），每块板（条）</td><td>2</td><td>3</td></tr>
<tr><td>坑窝</td><td>粗面板材的正面出现坑窝</td><td>不明显</td><td>出现，但不影响使用</td></tr>
</table>

(2) 普通型花岗石板材规格尺寸、平面度、角度允许偏差值。

普通型花岗岩石板材规格尺寸、平面度、角度允许偏差值详见表 2-3。

表 2-3　　普通型花岗岩石板材规格尺寸、平面度、角度允许偏差值　　单位：mm

<table>
<tr><th rowspan="2">类　别</th><th colspan="2">分　类</th><th colspan="3">细面和镜面板材</th><th colspan="3">粗 面 板 材</th></tr>
<tr><th colspan="2">等级</th><th>优等品</th><th>一等品</th><th>合格品</th><th>优等品</th><th>一等品</th><th>合格品</th></tr>
<tr><td rowspan="6">规格尺寸</td><td colspan="2">长度</td><td>0</td><td colspan="2">0</td><td>0</td><td>0</td><td>0</td></tr>
<tr><td colspan="2">宽度</td><td>-1.0</td><td colspan="2">-1.5</td><td>-1.0</td><td>-2.0</td><td>-3.0</td></tr>
<tr><td rowspan="4">厚度</td><td rowspan="2">≤ 15</td><td rowspan="2">±0.5</td><td rowspan="2">±1.0</td><td>+1.0</td><td rowspan="2"></td><td rowspan="2"></td><td rowspan="2"></td></tr>
<tr><td>-2.0</td></tr>
<tr><td rowspan="2">>15</td><td rowspan="2">±1.0</td><td rowspan="2">±2.0</td><td>+2.0</td><td>+1.0</td><td>+2.0</td><td>+2.0</td></tr>
<tr><td>-3.0</td><td>-2.0</td><td>-3.0</td><td>-4.0</td></tr>
<tr><td rowspan="3">平面度极限公差</td><td rowspan="3">板材长度范围</td><td>≤ 400</td><td>0.20</td><td>0.40</td><td>0.60</td><td>0.80</td><td>1.00</td><td>1.20</td></tr>
<tr><td>>400 ~ <1000</td><td>0.50</td><td>0.70</td><td>0.90</td><td>1.50</td><td>2.00</td><td>2.20</td></tr>
<tr><td>≥ 1000</td><td>0.80</td><td>1.00</td><td>1.20</td><td>2.00</td><td>2.50</td><td>2.80</td></tr>
<tr><td rowspan="2">角度极限公差</td><td rowspan="2">板材宽度范围</td><td>≤ 400</td><td rowspan="2">0.40</td><td rowspan="2">0.60</td><td>0.80</td><td rowspan="2">0.60</td><td>0.80</td><td>1.00</td></tr>
<tr><td>>400</td><td>1.00</td><td>1.00</td><td>1.20</td></tr>
</table>

注　异型板材规格尺寸、角度允许偏差，由供需双方商定。

2.3　石材加工工具及机械

2.3.1　石材加工大型机械

2.3.1.1　石材开采矿山锯

石材开采过程及石材开采矿山锯见图 2-14。

图 2-14　石材开采过程及大型矿山锯

(a) 运输矿山机上矿山；(b) 铺设轨道；(c) 平移矿山机到轨道上；(d) 矿山机生产运作；(e) 荒料底部开采；(f) 装载机叉运荒料运出；(g) 直径 4800mm 的大型矿山锯

2.3.1.2 石材加工机械

石材加工机械如图 2-15 所示。

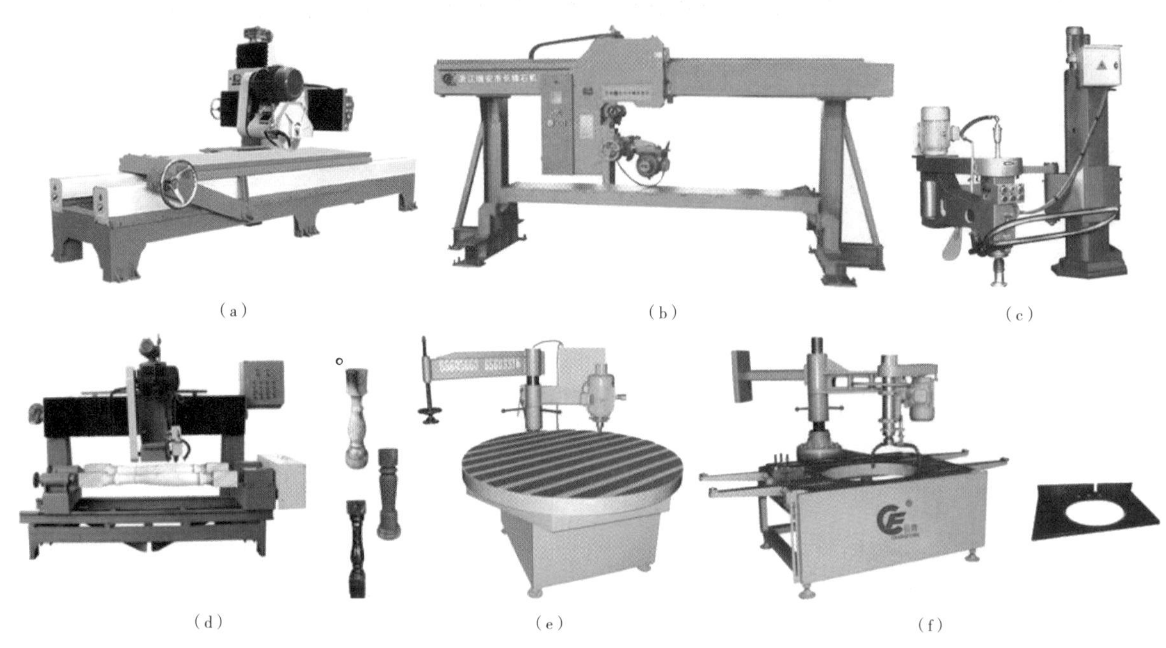

图 2-15 石材加工机械

（a）手摇切边机；（b）切磨两用机；（c）柱式磨光机；（d）小型圆柱机；（e）圆盘抛光、磨边机；（f）曲线石材磨抛机

2.3.2 石材加工小型电动机械工具

2.3.2.1 电锤

电锤是石材加工不可缺少的电动工具，常用来打眼、开孔以及大理石的固定，见图 2-16。

图 2-16 电锤、冲击钻

（a）电锤；（b）冲击钻

2.3.2.2 云石机、手提抛光机、角向磨光机、盘式砂光机

云石机是石材加工的主要小型切割机，是手提二相电动工具，重量轻，携带方便。其锯片为合金钢锯片，切割时要带水加工，不允许干磨，否则易损坏机具和锯片。手提抛光机是大理石抛光、磨形的主要工具。我们也常用角向磨光机和盘式砂光机安装专用磨片。通常所用磨片有：粗磨合金钢磨片、中磨砂轮磨片、细磨海绵砂轮以及抛光布轮，见图 2-17。

(a) (b) (c) (d)

图 2-17 云石机和手提抛光机
(a) 云石机;(b) 手提抛光机;(c) 角向磨光机;(d) 盘式砂光机

2.3.2.3 水钻

水钻是钻孔机械，它是利用不同种类、口径的合金钢钻头，对石材和水泥进行加工的一种钻孔机械，见图 2-18。

图 2-18 水钻

2.4 石材饰面板贴面安装

2.4.1 地面石材的安装

地面石材的铺设专业性强，要求较高。常用的工具有：水平尺、橡胶锤、长靠尺、云石机。

施工工艺流程为：清洁地面→湿润地面→基层抹干硬灰→排砖（标号）→弹分格线→结合层素水泥浆→粘贴天然石板→勾缝→擦洗→打蜡抛光。

粘贴时采用 1∶2.5 ~ 1∶3 干硬性水泥砂浆，试贴找平拿开，调至 1∶1 稀水泥浆，均匀抹在施工面上（大理石背面或水泥粘接面）。将大理石板摆放于原来位置，轻轻捶击找平。用白水泥加颜料调成与大理石一致颜色的彩色水泥砂浆，进行勾缝。地面大理石的铺设是一个二次设计的过程，首先，要严格进行预铺，选择花纹一致、色彩一致、大小相等的天然石板，将其编号，然后再进行施工，其效果才会理想。

2.4.2 大理石墙面的安装

2.4.2.1 绑扎固定灌浆法

1. 绑扎钢筋网

剔凿出结构施工时预埋的预设铁环（或其他预埋铁件），然后绑扎或焊接直径为 6mm

或 8mm，间距为 300 ~ 500mm 的钢筋网片，应注意横向钢筋必须与饰面板连接孔网的位置一致，第一道横筋绑在第一层板材下口上面约 100mm 处。此后每道横筋均绑在该层板块上口 10 ~ 20mm 处。钢筋网必须绑扎牢固，不得有颤动和弯曲现象。如果结构基体未设预埋时，可用电锤打孔，孔径 25mm，孔深 90mm，用 M16 金属胀铆螺栓插入固定作为预埋件，在其上绑扎或焊接钢筋网；也可打 ϕ6.5 ~ 8.5mm、深不小于 60mm 的孔，埋入 ϕ6 ~ 8mm 钢筋段，外露不小于 50mm 并做成弯钩，在其上绑扎或焊接水平钢筋。

2. 钻孔、剔槽、固定金属丝

将饰面板的上下两侧用电钻打孔，孔径一般为 5mm，孔深 15mm；每块板的上、下边钻孔数量均不得少于 2 个，如板宽超过 500mm 时，钻孔应不少于 3 个。孔位要与钢筋网的横向钢筋位置相适应，通常是在板块断面上由背面算起 2/3 处，用笔画好孔位，相应的背面也画出钻孔位置，距边缘不小于 30mm，然后钻孔，使竖孔与横孔相连通。为使金属丝绑扎通过时不占水平缝位置，在板块侧面的孔壁剔一道深约 5mm 的槽，以便埋卧铜丝或不锈钢丝。

3. 绑扎固定饰面板

先将板块背面、侧面清洗干净并阴干，从最下一层开始，两端用板块找平找直拉水平通线，即从中间或一端固定板材。先绑下口，再绑上口并用托线板靠直靠平，用木楔垫稳，然后在板块横竖接缝处每隔 100 ~ 150mm 用调成糊状的石膏浆作临时固定，使该层饰面板成一整体，其余缝隙均用石膏灰封严，待石膏凝结硬化后进行灌浆，见图 2-19。

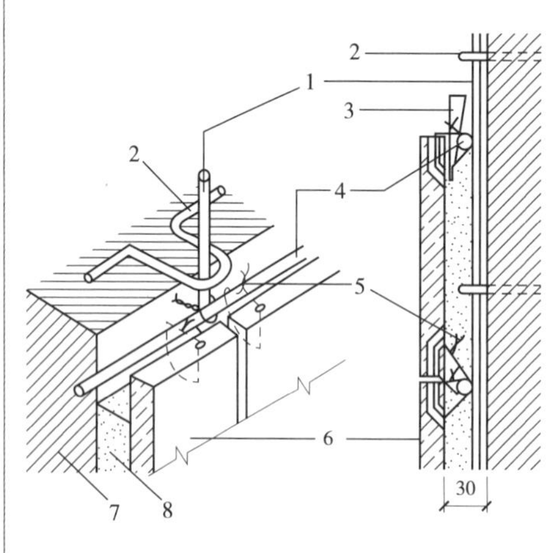

图 2-19 钢筋网片绑扎固定饰面板

1—立筋；2—铁环；3—定位木楔；4—横筋；5—金属丝绑牢；6—饰面石板；7—基体；8—水泥砂浆

2.4.2.2 干挂法安装

干挂法安装多用于 30m 高度以下的钢筋混凝土结构。针对不同的墙面，采用不同的干挂方法。

（1）混凝土墙体，适宜安装薄型石材饰面板。干挂法安装如图 2-20 所示。在墙面上吊垂线及拉水平线，以控制饰面的垂直、平整。支底层石板托架，将底层石板就位并作临时固定。用冲击电钻在结构上钻孔，打入胀铆螺栓，同时镶装 L 形不锈钢连接件。用胶黏剂（可采用环氧树脂）灌入下层板材上部的槽眼，插入 T 形构件，再将上层板材的下槽内灌入胶黏剂后对准 T 形构件插入，然后校正并临时固定板块。如此逐层操作直至镶装顶层板材，最后完成全部安装，清理饰面、贴防污胶条进行嵌缝、擦蜡出光。

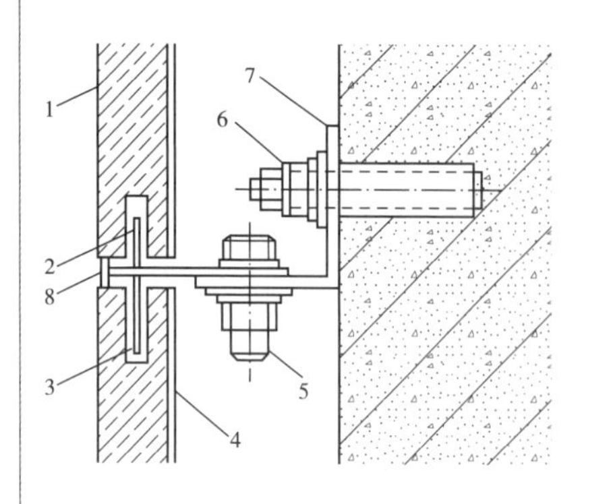

图 2-20 干挂法安装

1—石板；2—不锈钢销钉；3—板材钻孔；4—玻纤布增强层；5—紧固螺栓；6—胀铆螺栓；7—L 形不锈钢连接件；8—嵌缝耐候胶

此做法舍去灌浆湿作业，采用 T 形不锈钢连接件作柔性连接，增强了石材饰面安装的灵活性和施工的简易性，迅速快捷，大大提高了施工功效，节约了施工成本，并且提高了施工质量。大理石干挂施工是目前大理石立面和顶面施工的主要方法。

根据设计尺寸在石板上下侧边开槽，槽宽 4mm，槽深 20mm，槽长 100mm。在相邻石板背面涂刷胶粘剂，粘贴玻璃纤维网格布作增强层。

（2）砖砌或加气混凝土和空心砖墙体要采用墙体搭建型钢（角铁、槽钢）骨架，按板材规格连接成网，并将其固定在混凝土框架结构上，然后再用干挂构件连接，并用大理石胶粘接节点。

（3）室内或低层可采用无焊接钢构骨架安装法安装，如图 2-21 所示。

石材幕墙干挂无焊接钢构骨架

1.确定膨胀螺栓位置打孔

2.打孔的位置上用螺栓固定

3.用膨胀螺栓固定角挂

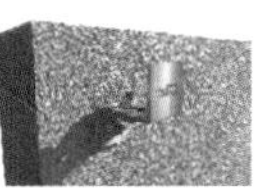

4.在固定的角挂上如图在其上部再固定一个角挂

5.在角挂上横向使用专用型材，使用T形螺栓固定拧紧

6.在横向专用型材上垂直使用专用型材，使用U形角挂固定

7.在U形角挂上使用T形螺栓将横向和垂直的专用型材加以固定

8.T形螺栓放入专用型材线槽旋转90° 后拧紧

图 2-21 无焊接钢构骨架安装法

2.4.3 石材贴面板质量标准及检验方法

饰面砖、饰面板的贴面装饰施工，其工程质量标准及检验方法见表 2-4。

表 2-4 石材贴面板质量标准表

名称	项次	项目			检验方法
保证项目	1	饰面板（砖）的品种、规格、颜色和图案必须符合设计要求			观察检查
	2	板（砖）安装（镶贴）必须牢固，无歪斜，缺楞掉角和裂缝等缺陷，以水泥为主要的黏结材料时严禁空鼓			观察检查和用小锤轻击检查
名称	项次	项目	等级	质量要求	检验方法
基本项目	1	饰面板（砖）表面	合格	表面平整、洁净	观察检查
			优良	表面平整、洁净，色泽协调一致	
	2	饰面板（砖）接缝	合格	接缝填嵌密实，平直，宽窄均匀	
			优良	接缝填嵌密实，平直，宽窄一致，颜色一致，阴阳角处的板（砖）压向正确，非整砖的使用部位适宜	
	3	突出物周围的板、砖	合格	套割缝隙不超过 5mm，墙裙、贴脸等上口平顺	观察和尺量
			优良	用整砖套割吻合，边缘整齐，墙裙、贴脸等上口平顺，突出墙面的厚度一致	
	4	滴水线	合格	滴水线顺直	观察检查
			优良	滴水线顺直，流水坡向正确	

石财贴面板检验方法见表 2-5。

表 2-5　　石材贴面板检验方法表

<table>
<tr><th rowspan="3">名称</th><th rowspan="3">项次</th><th rowspan="3" colspan="2">项目</th><th colspan="13">允许偏差</th><th rowspan="3">检验方法</th></tr>
<tr><th colspan="6">天然石</th><th colspan="3">人造石</th><th colspan="4">饰面砖</th></tr>
<tr><th>光面</th><th>镜面</th><th>粗磨面</th><th>麻面</th><th>条纹面</th><th>天然面</th><th>人造大理石</th><th>水磨石</th><th>水刷石</th><th>外墙面砖</th><th>釉面砖</th><th>陶瓷锦砖</th><th>玻璃锦砖</th></tr>
<tr><td rowspan="9">允许偏差项目</td><td>1</td><td colspan="2">表面平整</td><td colspan="2">1</td><td colspan="3">3</td><td>—</td><td>1</td><td>2</td><td>4</td><td colspan="3">2</td><td>2</td><td>用 2m 靠尺和楔形塞尺检查</td></tr>
<tr><td rowspan="2">2</td><td rowspan="2">立面垂直</td><td>室内</td><td colspan="2">2</td><td colspan="3">3</td><td>—</td><td>2</td><td>2</td><td>4</td><td colspan="3">2</td><td rowspan="2">3</td><td rowspan="2">用 2m 托线板检查</td></tr>
<tr><td>室外</td><td colspan="2">3</td><td colspan="3">6</td><td>—</td><td>3</td><td>3</td><td>4</td><td colspan="3">3</td></tr>
<tr><td>3</td><td colspan="2">阳角方正</td><td colspan="2">2</td><td colspan="3">4</td><td>—</td><td>2</td><td>2</td><td>—</td><td colspan="3">2</td><td>2</td><td>用 200mm 方尺检查</td></tr>
<tr><td>4</td><td colspan="2">接缝平直</td><td colspan="2">2</td><td colspan="3">4</td><td>5</td><td>2</td><td>3</td><td>4</td><td>3</td><td colspan="2">2</td><td>3</td><td rowspan="2">拉 5m 线检查，不足 5m 拉通线和尺量检查</td></tr>
<tr><td>5</td><td colspan="2">墙裙上口平直</td><td colspan="2">2</td><td colspan="3">3</td><td>3</td><td>2</td><td>2</td><td>3</td><td colspan="3">2</td><td>2</td></tr>
<tr><td rowspan="2">6</td><td rowspan="2" colspan="2">接缝高低</td><td rowspan="2" colspan="2">0.3</td><td rowspan="2" colspan="3">3</td><td rowspan="2">—</td><td rowspan="2">0.3</td><td rowspan="2">0.5</td><td rowspan="2">3</td><td colspan="2">室外</td><td>1</td><td rowspan="2">1</td><td rowspan="2">用直尺和楔形塞尺检查</td></tr>
<tr><td colspan="2">室内</td><td>0.5</td></tr>
<tr><td>7</td><td colspan="2">接缝宽度</td><td colspan="2">0.5</td><td colspan="3">1</td><td>2</td><td>0.5</td><td>0.5</td><td>2</td><td colspan="4">+0.5</td><td>尺量检查</td></tr>
</table>

第3章 石膏装饰材料及施工方法

俗话说："建筑离不开水泥、装饰离不开石膏。"石膏是建筑装饰不可缺少和替代的优质材料。我国石膏储量为世界之冠，石膏在我国分布较广，云南有世界最大的石膏矿，西北、华北广大地区也富产石膏，尤其以内蒙古、宁夏、山西的石膏为佳。自然界存在的石膏为天然二水石膏（又称生石膏）、天然无水石膏、化学石膏，能为装饰所使用的主要是天然二水石膏。

3.1 石膏

3.1.1 石膏的生产

生产石膏的主要原料是石膏矿，主要为含 $CaSO_4 \cdot 2H_2O$ 的天然石膏。石膏是一种硬性胶凝材料。它的生产通常是在不同压力和温度下煅烧、脱水、研磨而成的。同一种原料，在不同压力和温度下生产出来的石膏产品用途和性质也各不相同。

生产石膏的化学反应式如下：

$$CaSO_4 \cdot 2H_2O \longrightarrow CaSO_4 \cdot \frac{1}{2}H_2O + \frac{3}{2}H_2O$$

在干燥条件下加热至 107 ~ 170℃时，生产出来的石膏称为 β 型半水石膏，即建筑石膏。

在 127kPa 水蒸气压力下，加热到 124℃时，生产出来的石膏称为 α 型高强石膏，其特点是用水量小、晶粒大、强度高。可作雕塑、石膏板等产品。

将二水石膏和无水石膏混合煅烧生产出来的石膏称为粉刷石膏，是制作弹涂等涂料的主要原料。

3.1.2 石膏的凝结硬化

石膏与水拌后，会放出大量的热，这一过程称为石膏的水化。它能迅速凝结，一般情况下初凝在 6min 以上，终凝时间不大于 30min。由于产生大量的热量，大部分的水被蒸发出去，很快成为人造石材。

3.1.3 石膏的特性及应用

3.1.3.1 凝结硬化快，可塑性极强

石膏在 6 ~ 10min 即开始初凝，塑性完成成型 20 ~ 30min，产生强度，2h 即可达到强度一半，7h 达最大强度。针对石膏这一特性，为满足施工要求，控制其凝结硬化速度是非常重要的，可以加入一些添加剂，对其凝结硬化速度加以控制。

缓凝剂有木钙粉、0.1% ~ 0.2% 的动物胶、水乳性胶、硼砂、柠檬酸、纸浆废液、1% 的酒精废液。据此，制造了专门黏结石膏。

速凝剂：经过试验表明，在石膏粉中加入少量二水石膏粉末，能加快石膏凝结硬化速度。这样既能够将废弃的石膏残品废物利用，又能够加快石膏的凝结硬化速度。

3.1.3.2　干燥后，体积微膨

石膏在凝结硬化后，会产生膨胀。膨胀率达 0.5% ~ 1.0%。因此，石膏经常会被用作嵌缝腻子使用，这也是石膏制品表面光滑、轮廓清晰，不会出现裂缝，装饰性好的主要原因。

3.1.3.3　孔隙率大，体轻，保温、吸音性能好

一般情况下，在生产中石膏要加入 60% ~ 80% 的水才能保证其必要的流动性，而水化本身只需要 19% 左右的水。大量的水在放热后被大量蒸发，在石膏制品内产生了许多水分蒸发后留下的孔隙。孔隙率达 60%，其体积密度只有 900kg/m^3 左右。这就决定了石膏制品是良好的保温、隔热和吸音的装饰材料，被广泛应用于房屋的室内外装饰上。

3.1.3.4　具有较好的调节室温和湿度性能

多孔结构使石膏制品内部产生大量空隙，具有良好的保温隔热性能，比热较大，能够调节室温。而大量的毛细孔对空气中的水蒸气有较强的吸收能力，当室内湿度较大时，石膏板吸湿，当室内干燥时，石膏板向室内散发湿气，对室内湿度有一定调节作用。

3.1.3.5　防火性能好，耐火性差

石膏属防火材料，建设部对公共室内的吊顶有严格的防火要求，其中一条就是将石膏天花板和纸面石膏板吊顶作为主要的防火阻燃材料。但是，石膏在 65℃以上就开始脱水、分解，因此，不适用于高温部位使用。但是，正是这种特点，决定了石膏不仅阻燃，而且在燃烧后能迅速分解成粉末，起到灭火作用。

3.1.3.6　耐水性差

石膏制品怕水，它的软化系数只有 0.2 ~ 0.3。较长时间在潮湿环境下，石膏制品容易变形，并降低强度。为了克服这个缺点，有时会加入防水剂，制作出防水石膏。

3.2　石膏装饰制品

石膏装饰制品主要有：石膏装饰板、纸面石膏板、石膏吸音板、石膏线角、花饰、造型、石膏保温板。

3.2.1　石膏装饰板

人们利用石膏较好的可塑性，采用翻模的办法，生产了大量用于天花板和墙面的装饰面板。随着石膏生产技术的不断改进，石膏质量有了明显的提高，越来越细，越来越白。通过注模的方法，人们生产出了造型各异的装饰板。见图 3-1。

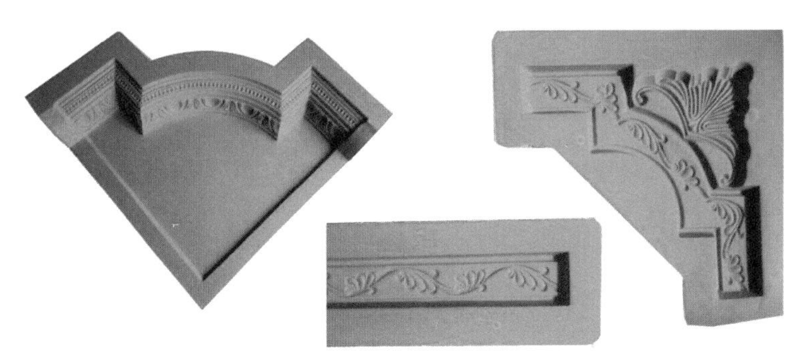

图 3-1　石膏线模具

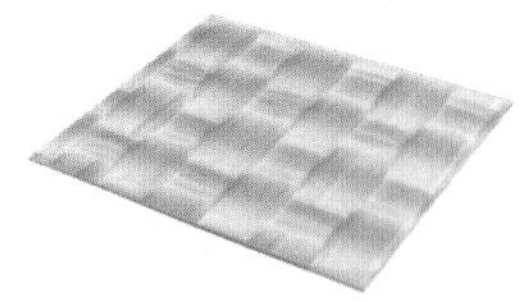

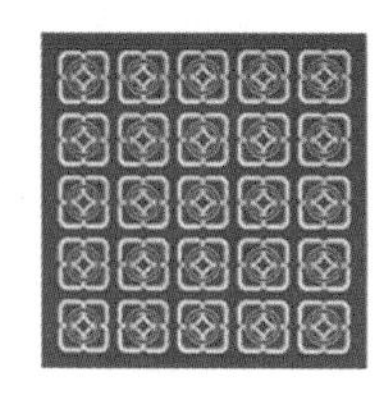

图 3-2 石膏天花板

3.2.1.1 石膏几何图案天花板

石膏加入纤维生产出具有几何图案的天花板，产品规格有 500mm×500mm，600mm×600mm，见图 3-2。

3.2.1.2 石膏装饰墙板

主要产品有：1200mm×1200mm 粘贴式墙板、1830mm×600mm 石膏波纹板以及尺寸不等的电视背景墙专用板；内墙用假面砖。这些石膏装饰板是由石膏加入纤维、纤维布，并配金属配筋制作而成，见图 3-3。

3.2.1.3 浅浮雕装饰板

浅浮雕装饰板是将人物，特别是欧洲神话故事里的人物翻模制作成的浮雕图，造价低、生产简单、内容丰富，见图 3-4 和图 3-5。

图 3-3 石膏装饰墙板

图 3-4 浅浮雕石膏装饰板（一）

3.2.2 纸面石膏板

纸面石膏板是由上下两层牛皮纸，中间加入玻纤及胶，经蒸压烘干形成的轻质薄板。

3.2.2.1 规格

普通石膏板宽度分为 900mm、1200mm；长度分为 1800mm、2100mm、2400mm、2700mm、3000mm、3600mm；厚度分为 9mm、12mm、15mm、18mm、20mm。如

图 3-6 所示。

3.2.2.2　性质

普通石膏板具有可钉可刨可锯的良好的加工性能。它可使用面积大，适合安装，施工速度快，工效高，劳动强度小。具有质轻、抗弯、抗冲击、防火、保温隔热、抗震，并具有较好的隔声性和可调节室内温度等优点。

3.2.2.3　应用

纸面石膏板适用于办公楼、机关、学校、餐厅、酒店、候机楼、歌剧院、饭店住宅的墙面、吊顶、隔断、隔墙，且适用于干燥的室内装修，不适合厨房、卫生间等湿度大的地方。

普通纸面石膏板的表面要经过饰面处理才能使用，一般常采用贴壁纸、喷涂、滚涂以及镶嵌各种有机板、金属板、铝塑板、玻璃等方法处理，见图 3-7。

图 3-6　纸面石膏板

图 3-5　浅浮雕石膏装饰板（二）

图 3-7　石膏吊顶

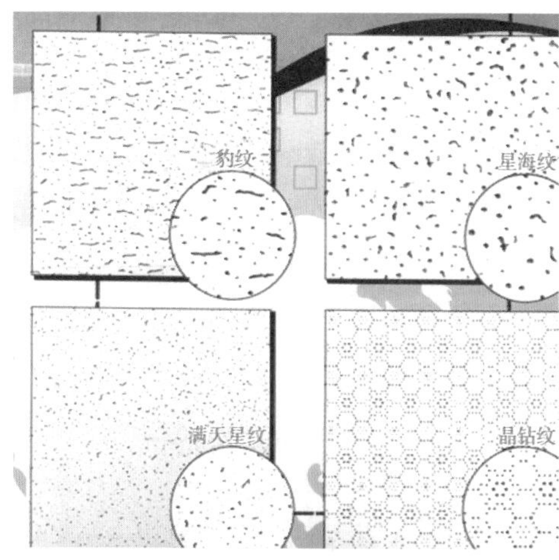

图 3-8 石膏吸音板

3.2.3 石膏吸音板

石膏吸音板，又称矿棉吸音板。它是由石膏和矿棉组合而成的多孔吸音板，特点是质轻、吸音。常用于机关、学校、大型商场、宾馆及演播室吸收噪音，见图 3-8。

3.2.4 石膏线角、花饰、造型

石膏线角、花饰及室内的装饰构件已被广泛使用，它的生产主要是用石膏与玻璃纤维通过玻璃钢模具或聚氯乙烯塑料模具翻制而成。产品可分为以下几种。

（1）石膏线条有阴线、阳线、花线，见图 3-9。

（2）石膏罗马柱，见图 3-10。

（3）壁炉、壁龛，见图 3-11。

（4）石膏梁托，见图 3-12。

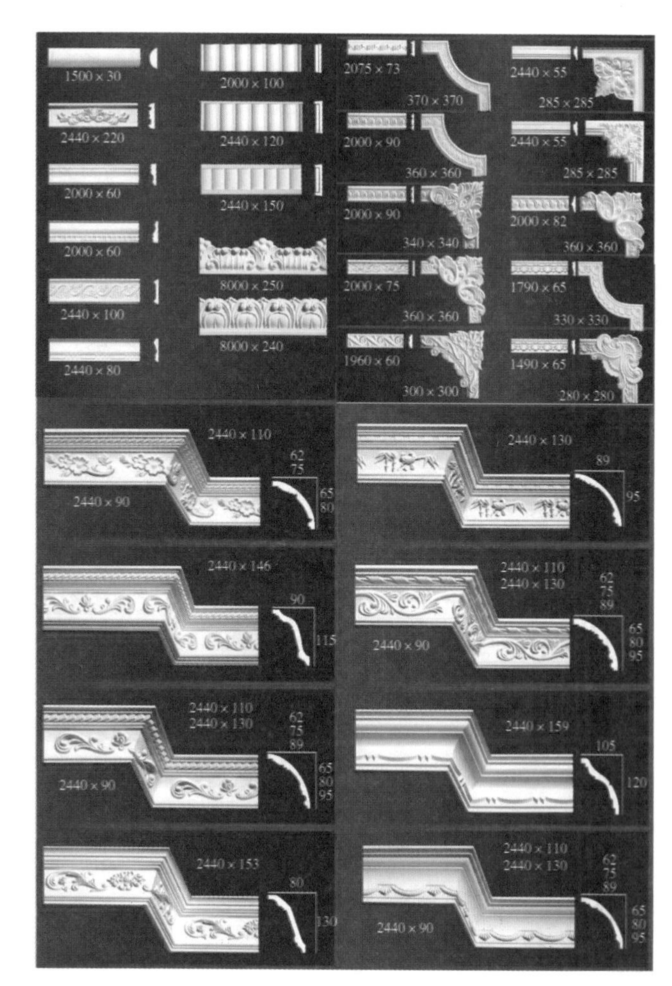

图 3-9 石膏线

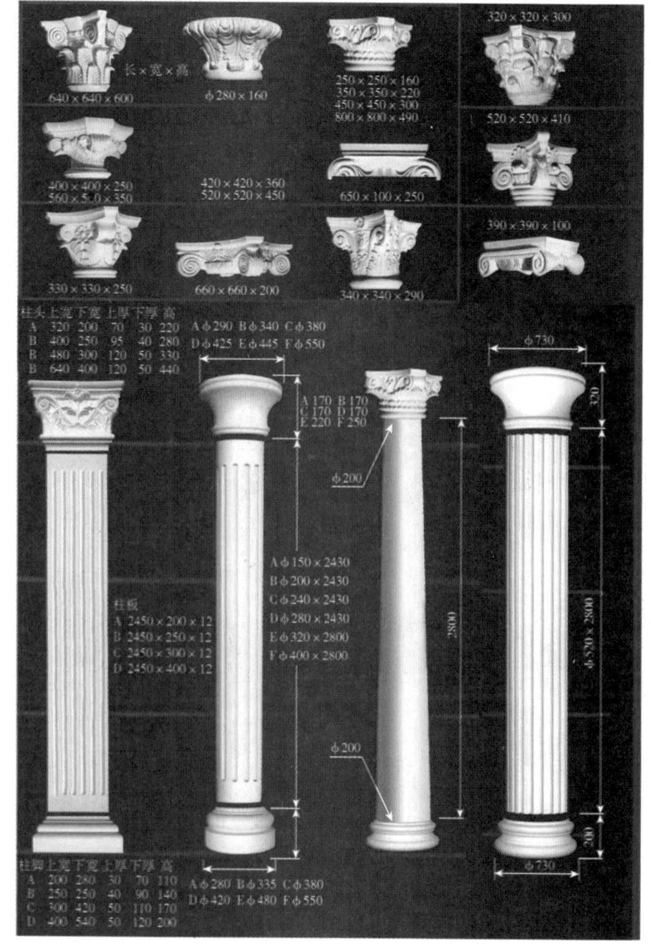

图 3-10 石膏罗马柱

图3-11 壁炉、壁龛

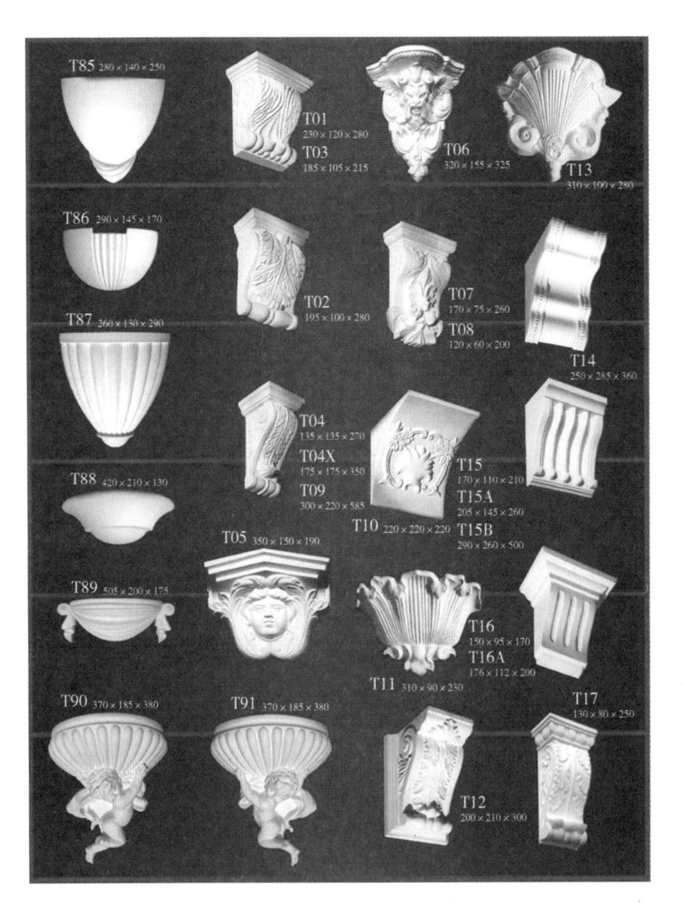

图3-12 石膏梁托

3.3 各类石膏制品的安装

3.3.1 平板及浮雕装饰石膏的安装

3.3.1.1 平板及浮雕装饰石膏板的安装

1. 钉固法安装

平板及浮雕装饰石膏板可用自攻钉将其固定在墙面已打好眼的木楔上；需要木龙骨的可用长 × 宽小于 6mm × 4mm，采用 25mm 自攻钉固定。钉装螺钉间距以 150 ~ 170mm 为宜，螺钉距边的距离应不小于 15mm，螺钉要均匀布置并与饰面相垂直。螺钉帽嵌入饰面 0.5 ~ 1.0mm。钉帽处涂刷防锈涂料，钉眼用石膏浆补眼。

2. 黏结法安装

将平板及浮雕装饰石膏板直接粘贴于墙体基层，要求基层表面坚实平整。可采用专用黏结石膏，采用五点点粘的方法进行黏结。

3.3.1.2 装配式石膏板、石膏矿棉吸音板安装法

一般板材规格为长 × 宽 × 厚等于 500mm × 500mm × 10mm、600mm × 600mm × 18mm，板边有直角和倒角两种，设有企口与 T 形轻钢龙骨配套嵌装，见图 3-13。

安装时应注意，板材与龙骨配套；确保企口的相互连接及图案花纹的拼接吻合；防止出现挤压过紧或脱挂现象。

MD系列

DX系列

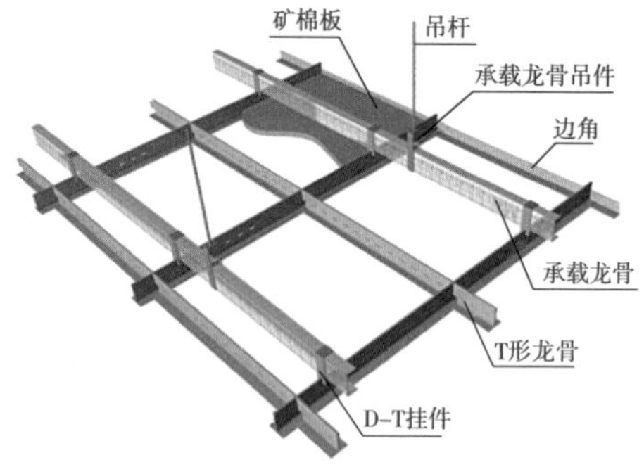

图 3-13 石膏矿棉吸音板施工示意图

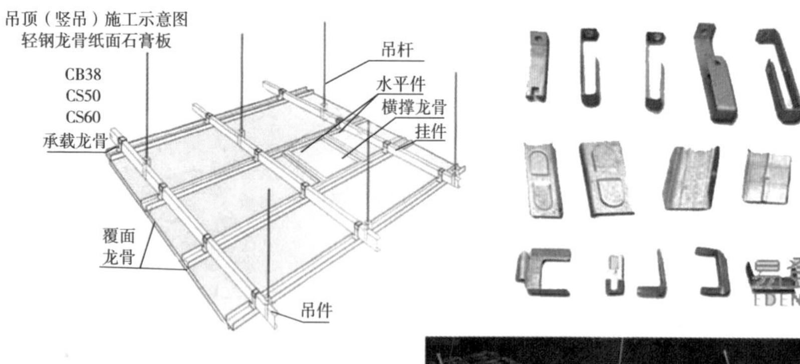

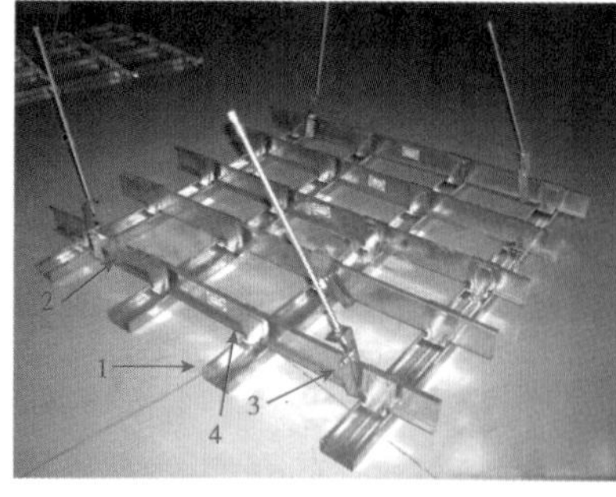

石膏板轻钢龙骨灯槽顶

图 3-14 纸面石膏板吊顶安装

3.3.1.3 纸面石膏板吊顶安装

纸面石膏板常采用轻钢龙骨，加钉固法安装，具体施工流程为：水管抄平→弹水平线→固定边龙骨→弹线→确定主龙骨吊杆的位置→打眼→固定吊件→安装主副龙骨→用线拉进行龙骨调平→上板→填缝→补钉眼→粘贴纸面绷带。

安装时应注意以下几点：

（1）纸面石膏板的长边方向应与副龙骨的方向一致。

（2）副龙骨的间隔一般为 300mm、400mm。主要原因是石膏板的宽度尺寸为 1200mm，可被分为三等分、四等分。

（3）上板时，自攻钉钉间距一般为 150 ~ 170mm。

（4）自攻钉固定纸面石膏板，距长边 10 ~ 15mm，距短边 15 ~ 20mm 为宜。

（5）纸面石膏板板缝应均匀留出 10mm 以下的缝，以便填充石膏。

（6）铺钉时，应从中间向四周展开。

（7）自攻钉钉头嵌入石膏板面 0.5 ~ 1mm。

（8）屋面 7 ~ 10m 的跨度，要求按 3/1000 的弧度起拱；10 ~ 25m 跨的顶，多按 5/1000 弧度起拱，以免经过一段时间自然下坠，见图 3-14。

3.3.2 纸面石膏板墙面安装

纸面石膏板安装于轻钢龙骨隔断骨架，宜竖向铺设，其边长（包封边）接缝应落在竖龙骨上。如果为防火墙，纸面石膏板必须竖向铺设。曲面墙体罩面时，纸面石膏板以横向铺设。纸面石膏板可单层铺设，也可双层铺设，由设计确定。安装前应对预埋隔断中的管道和有关入墙设备等，采取局部加强措施，见图 3-15。

3.3.2.1 轻钢龙骨纸面石膏板单层安装方法

轻钢龙骨纸面石膏板隔断是用轻钢龙骨做立筋，施工工艺流程为：弹线→接触部位的平整处理→敷设沿顶、沿地龙骨→安装竖向龙骨、安装门樘窗框→安装石膏板→敷设管线→装填保温隔音层→覆盖另一面石膏板→处理阴阳角→墙面装饰，见图3-16。

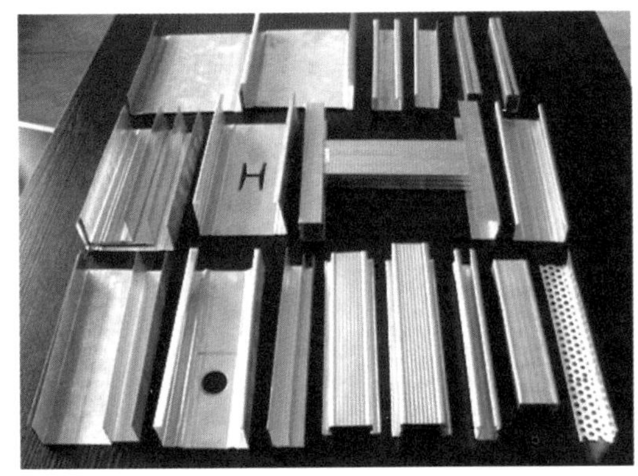

图3-15 纸面石膏板墙面安装构件

图3-16 轻钢龙骨纸面石膏板单层安装示意图

3.3.2.2 轻钢龙骨纸面石膏板双层安装方法

房屋隔墙需要一定的强度和较好的隔音效果，为此常采用双层石膏板的施工方法。

（1）装骨架一侧的第1层板。板材就位后的上、下两端，应与上下楼板面（下部有踢脚板的即指其台面）之间分别留出3mm间隙。使用 ϕ 3.5mm×25mm 的自攻螺钉，用自攻螺钉钻将板材与轻钢龙骨紧密连接。

自攻螺钉的间距为：沿纸面石膏板周边的自攻螺钉间距应不大于200mm；板材中间部分的钉距应不大于300mm；自攻螺钉与石膏板边缘的距离应为10～16mm。自攻螺钉进入轻钢龙骨内的长度，以不小于10mm为宜。

板材铺钉时，应从板的中间向板的四边顺序固定，自攻螺钉埋入板内但不得损坏纸面。板材宜采用整板，如需对接时应靠紧，但不得强压就位，要留5～10mm的间距。纸面石膏板与隔墙两端的建筑墙、柱面之间，也应留出3mm间隙，与顶、地的缝隙一样应先加注嵌缝石膏而后铺板，挤压嵌缝膏使其与相邻表层密切接触。

安装好第一层石膏板后，即可用嵌缝膏粉按粉水1.0∶0.6调成的腻子处理板缝，并将自攻螺钉帽涂刷防锈漆，同时用腻子将钉眼部位嵌补平整。

（2）安装骨架另一侧的第1层板。装板的板缝不得与对面的板缝落在同一根龙骨上，必须错开。板材的铺钉操作及自攻螺钉钉距等要求，同于上述。

如果设计只要求单层纸面石膏板罩面，如图3-16所示，其装板罩面工序即已完成。如果设计要求为双层板罩面，如图3-17所示，其第一层板铺钉安装后只需用石膏腻子填缝，尚不需进行贴穿孔纸带及嵌条等处理工作。

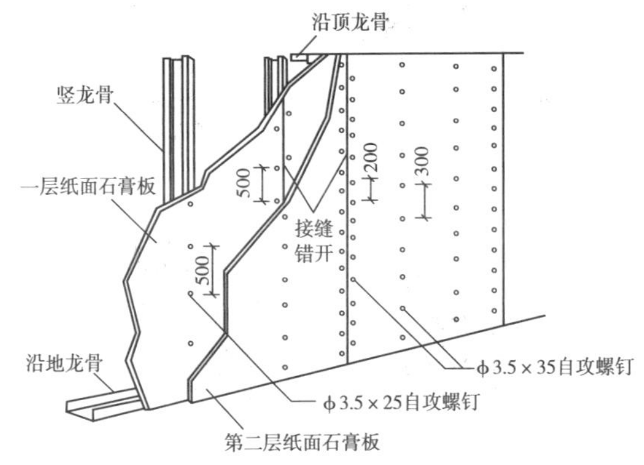

图3-17 轻钢龙骨双层纸面石膏板隔墙罩面（单位：mm）

（3）安装第2层纸面石膏板。第2层板的安装方法同第1层，但必须与第1层板的板缝错开，接缝不得落在同一根龙骨上。所用自攻螺钉，应是 ϕ 3.5mm×35mm 的自攻螺钉。内、外层板的钉距，应采用不同的尺寸米数，错开铺钉，见图3-17。除踢脚板

图 3-18 有填充要求的墙体隔断

的墙端缝之外，纸面石膏板墙的钉字或十字相接的阴角，缝隙应使用石膏腻子嵌满并粘贴接缝带（穿孔纸带或玻璃纤维网格胶带）。

3.3.2.3 有填充要求的墙体隔断

一面封完石膏板后，穿线部分安装完毕，将岩棉等保温材料填入龙骨空腔内，用氯丁胶粘贴在石膏板上并充实填满。再涂胶上另一侧石膏板，见图 3-18。

3.4 石膏制品安装机具

3.4.1 手电钻

手电钻在石膏制品安装中主要在固定轻钢龙骨时打眼使用，如图 3-19 所示。

3.4.2 电动螺丝刀

电动螺丝刀主要在上纸面石膏板时使用，如图 3-19 所示。

3.4.3 激光水平仪

激光水平仪主要用于在墙面投射出水平线、垂直线，如图 3-19 所示。

3.4.4 拉铆枪、轻钢龙骨铆接钳

拉铆枪、轻钢龙骨铆接钳主要在轻钢龙骨与轻钢龙骨固定时使用，如图 3-20 所示。

图 3-19 手电钻、电动螺丝刀和激光水平仪

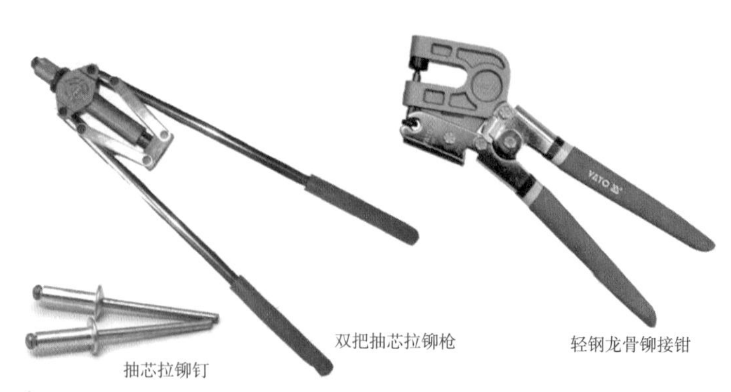

图 3-20 拉铆枪和轻钢龙骨铆接钳

第4章 水泥、砂浆、室内抹灰材料与施工

用水泥、石灰、石膏、砂（或石粒等）及其砂浆，涂抹在建筑物的墙、顶、地、柱等表面上直接做成饰面层的装饰工程，称为“抹灰工程”，又称“抹灰饰面工程”，简称“抹灰”。抹灰工程是建筑装饰工程中的一个重要组成部分。它具有工程量大、工期长、用工多、占用建筑物总造价的比例高等特点。抹灰层具有保温、隔热、防潮、防风化、隔音等使用功能，并且能满足建筑物的界面平整、光洁、美观、舒适的要求。抹灰工程还能起到保护建筑物或构筑物，延长建筑物使用寿命的作用。

4.1 室内抹灰材料、工具及技术准备

4.1.1 抹灰工程材料

室内抹灰材料主要有胶凝材料、骨料、纤维材料、颜料和化工材料。

4.1.1.1 胶凝材料

在建筑装饰工程中，能将砂、石等散粒材料或块状材料黏结成一个整体的材料，统称为胶凝材料。胶凝材料分有机胶凝材料和无机胶凝材料两大类。有机胶凝材料包括石油沥青、煤沥青以及各种天然和人造树脂等。无机胶凝材料包括水泥、石灰、石膏等。抹灰工程主要以无机胶凝材料为主，它又分为气硬性胶凝材料和水硬性胶凝材料。

1. 气硬性胶凝材料

能在空气中硬化，并能长久保持强度或继续提高强度的材料，称为气硬性胶凝材料，主要有以下3种：

（1）石灰膏。自然界中的石灰是经石灰石（$CaCO_3$）煅烧生产出生石膏并放出大量CO_2气体，生石灰不能直接使用，必须加水熟化过滤，并在沉淀池中沉淀熟化过滤而成。一般用孔径3mm×3mm的筛过滤。其熟化时间一般不少于15d（常温下），用于罩面的应不少于30d。使用时，石灰膏内不得含有未熟化的颗粒和杂质。为了防止石灰膏的干燥、冻结、风化、干硬，应在沉淀池石灰膏上面保留一层水来保护。主要化学反应式如下：

$$CaCO_3 \longrightarrow CaO+CO_2$$

$$CaO+H_2O \longrightarrow Ca(OH)_2$$

$$Ca(OH)_2+CO_2 \longrightarrow CaCO_3+H_2O$$

（2）石膏。把生石膏在100～190℃的温度下煅烧成熟石膏，再经过磨细后成的粉物，称为建筑石膏，简称石膏。石膏适用于室内装饰以及隔热保温、吸音和防火等饰面，但由于耐水性和抗冻性很差不适于室外装饰工程。在建筑工程中，常用的石膏主要有建筑石膏、模型石膏、粉刷石膏和高硬石膏等四种。

（3）水玻璃（见图4-1）。水玻璃为钠、钾的硅酸盐水溶液，是一种无色、微黄或灰

白色的黏稠液体。它能溶于水，稠度和比重可根据需要进行调整，但水玻璃在空气中硬化比较慢。为了加速硬化，在施工中常采用将水玻璃加热或加入氟硅酸钠促凝剂等方法，以缩短其硬化时间。水玻璃具有良好的黏结能力，硬化时析出的硅酸凝胶能堵塞毛细孔，防止水分渗透。因为水玻璃还有较强的耐酸性能，能抵抗无机酸和有机酸的侵蚀，所以抹灰工程中常用来配制特种砂浆，用于耐酸、耐热、防水等要求的工程上。

图 4-1 水玻璃

2. 水硬性胶凝材料

遇水后凝结硬化并保持一定强度的材料称为水硬性胶凝材料。常分为一般水泥和装饰水泥两种。一般水泥又分为普通水泥、矿渣水泥、火山灰水泥和煤灰水泥等四种；装饰水泥又分为白水泥和彩色水泥两种。水硬性胶结材料应储存在防止风吹、日晒和受潮的仓库中。

水泥是一种粉末状的水硬性胶凝材料，与水拌和呈塑性浆体，能胶结砂石等材料，并能在空气中、水中硬化成具有强度的石状固体。常见的水泥有硅酸盐水泥、铝酸盐水泥、硫铝酸盐水泥、氟铝酸盐水泥及少熟料或无熟料水泥等。我国主要的水泥 90% 是硅酸盐水泥，水泥的生产过程是“两磨一烧”，为水泥生料的配料与磨细，将生料煅烧使之部分熔融形成熟料，将熟料与石膏研磨成硅酸盐水泥。硅酸盐水泥的密度一般为 3.05 ~ 3.20g/cm^3。

4.1.1.2 骨料

1. 砂

自然条件下所形成的粒径在 5mm 以下的岩石颗粒称为砂。抹灰工程中常用普通砂（粒径为 0.15 ~ 5mm），见图 4-2。按砂的来源，普通砂分为自然山砂、湖砂、河砂和海砂等四种，其中河沙和湖沙因为经过淘洗，质量较好。根据颗粒大小（细度模数），普通砂又分为粗砂、中砂、细砂和特细砂四种。抹灰用砂常采用中砂，或者粗砂与中砂混合掺用。砂在使用前应过筛，不得含有杂质，要求颗粒坚硬、洁净，含泥量不得超过 3%。特殊用途的工程用少量石英砂。石英砂分为人造石英砂、天然石英砂和机制石英砂三种。人造石英砂和机制石英砂是由石英岩焙烧并经过人工或机械破碎、筛分而成，它们比天然石英砂纯净、质量好，而且二氧化硅含量高。在抹灰工程中，石英砂常用于配制耐腐蚀砂浆。

2. 石粒

石粒又称石米、彩色石渣、彩色石子，见图 4-3。它是将天然大理石、白云石、方解石、花岗石以及其他天然石材，由人工或机械细碎而成。石粒有各种色泽，在抹灰工程中常用来制作水磨石、水刷石、干黏石、斩假石的骨料，其品种、规格及质量要求见表 4-1。

图 4-2 河砂

表 4-1 彩色石粒的规格、品种及质量要求

规格与粒径的关系		常用品种	质量要求
规格俗称	粒径（mm）		
大二分 一分半 大八厘 中八厘 小八厘 米粒石	约 20 约 15 约 8 约 6 约 4	汉白玉、奶油白、黄花玉、桂林白	颗粒坚韧，有棱角、洁净、不得含有风化的石粒、黏土、碱质及其他有机物等有害杂质

3. 砾石

砾石又称豆石、特细卵石，是自然风化形成的石子。抹灰工程中用于水刷石面层及楼地面细石混凝土面层等，见图 4-4。

图 4-3 石粒

图 4-4 砾石

4. 彩色瓷粒

彩色瓷粒是以石英、长石和瓷土为主要原料经烧制而成的。粒径（1.2 ~ 3mm）小，颜色多样。一般用彩色瓷粒代替彩色石粒，用于室外装饰抹灰，优点有大气稳定性好、颗粒小、表面瓷粒均匀、露出黏结砂浆较少、整个饰面厚度薄、自重轻等，见图 4-5。

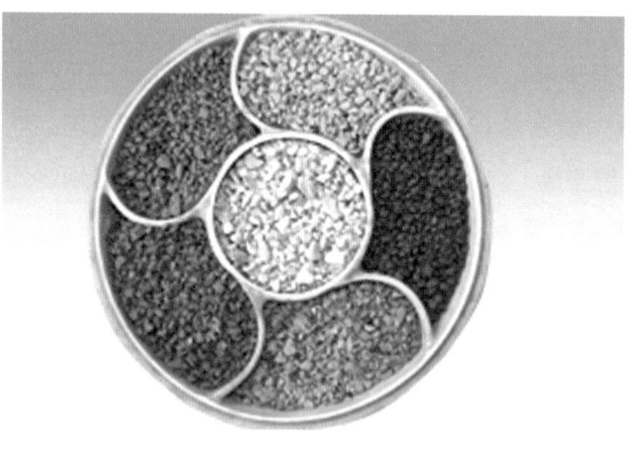

图 4-5 彩色瓷粒

抹灰工程中骨料（石粒、砾石、石屑、彩色石粒等）应颗粒坚硬、有棱角、洁净，不含有风化的石粒及其他有害物质。骨料使用前应冲洗过筛，按颜色规格分类堆放。

5. 膨胀珍珠岩

膨胀珍珠岩又称珠光砂、珍珠岩粉。珍珠岩是一种酸性火山玻璃质岩石，因它具有珍珠岩裂隙结构而得名。膨胀珍珠岩是珍珠岩矿石经过破碎、筛分、预热，在高温（1260℃左右）中悬浮瞬间焙烧，体积骤然膨胀而成的一种白色或灰白色的中性无机砂状材料。颗粒结构呈蜂窝泡沫状，重量特轻，风吹可扬，主要有保温、隔热、吸声、无毒、不燃、无臭等优点。抹灰工程中膨胀珍珠岩与水泥、石灰膏及其他胶结材料做成保温、隔热、吸声

的灰浆，适用于内墙抹灰工程，见图 4-6。

6. 膨胀蛭石

膨胀蛭石又称蛭石粉。由蛭石经过晾干、破碎、筛选、煅烧、膨胀而成膨胀蛭石。蛭石在 850 ~ 1000℃温度下煅烧时，其颗粒单片体积能膨胀 20 倍以上，许多颗粒的总的膨胀体积 5 ~ 7 倍，膨胀后的蛭石，形成许多薄片组成的层状碎片，在碎片内具有无数细小薄层空隙，其中充满空气，密度极轻，导热系数很小，耐火防腐，是一种很好的无机保温隔热、吸声材料。为了防止阴冷潮湿、凝结水等不良现象，厨房、浴室、地下室及湿度较大的车间等内墙面和顶棚抹灰时，常用蛭石砂浆，见图 4-7。

图 4-6 膨胀珍珠岩

图 4-7 膨胀蛭石

4.1.1.3 纤维材料

在抹灰面装饰中，为了抹灰层不易开裂和脱落，常用纤维材料来起拉结骨架。常用的纤维材料有麻刀、纸筋、草秸、玻璃纤维等。

1. 麻刀

麻刀即为细碎麻丝，要求坚韧、干燥，不含杂质，使用前剪成 20 ~ 30mm 长，敲打松散，每 100kg 石灰膏约掺 1kg 麻刀，见图 4-8。

2. 草秸

草秸是将坚韧而干燥的稻草、麦秸断割成碎段（长不大于 30mm），经过石灰水浸泡处理 15 天后使用。每 100kg 石灰膏掺 8kg 稻草（或麦秸）。常用于景观设计中农舍墙体及顶部的装饰，见图 4-9。

3. 玻璃纤维

将玻璃丝切成碎段（长 1cm 左右），每 100kg 石灰膏掺入 200 ~ 300g 玻璃丝，搅拌均匀成玻璃丝灰。玻璃丝耐热、耐腐蚀、抹出墙面洁白光滑、价格便宜等优点，但需防止玻璃丝刺激皮肤，见图 4-10。

4.1.1.4 颜料

为了增加装饰艺术效果，通常在抹灰砂浆中掺入适量颜料。抹灰用的颜料必须为耐碱、耐光的矿物颜料或无机颜料，常用的颜料有白、黄、红、蓝、绿、棕、紫、黑等色（见图 4-11），按使用要求选用。

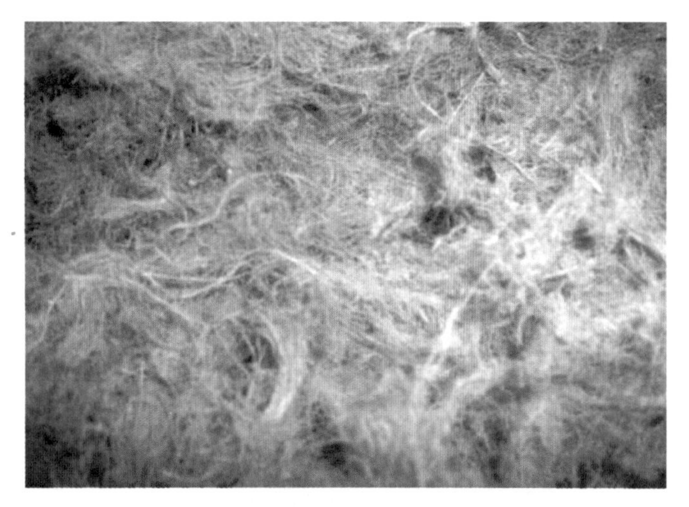

图 4-8 麻刀

图 4-9 草秸

图 4-10 玻璃纤维

图 4-11 颜料

颜料的主要品种和性质见表 4-2；颜料的掺量见表 4-3。

表 4-2 装饰砂浆常用颜料及性质

颜色	颜料名称	性质
红色	氧化铁红	有天然和人造两种。遮盖力和着色力较强，有优越的耐光、耐高温、耐污浊气体及耐碱性能，是较好、较经济的红色颜料之一
	甲苯胺红	为鲜艳红色粉末，遮盖力、着色力较高，耐光、耐热、耐酸碱，在大气中无敏感性，一般用于高级装饰工程
黄色	氧化铁黄	遮盖力比其他黄色颜料都高，着色力几乎与铅铬黄相等，耐光性、耐大气影响、耐污浊气体以及耐碱性等都比较强，是装饰工程中既好又经济的黄色颜料之一
	铬黄	铬黄系含有铬酸铅的黄色颜料，着色力高，遮盖力强，较氧化铁黄鲜艳，但不耐强碱
绿色	铬绿	是铅铬黄和普鲁士蓝的混合物，配色变动较大，决定于两种成分含量比例。遮盖力强，耐气候、耐光、耐热性均好，但不耐酸碱
	氧化铁黄与酞与绿	参见本表中“氧化铁黄”及“群青”

续表

颜 色	颜料名称	性 质
蓝色	群青	为半透明鲜艳的蓝色颜料，耐光、耐风雨、耐热、耐碱，但不耐酸，是既好又经济的蓝色颜料之一
	钴蓝与酞青蓝	为带绿光的蓝色颜料，耐热、耐光、耐酸碱性能较好
棕色	氧化铁棕	是氧化铁红和氧化铁黑的机械混合物，有的产品还掺有少量氧化铁黄
紫色	氧化铁紫	可用氧化铁红和群青配用代替
黑色	氧化铁黑	遮盖力、着色力强耐光，耐一切碱类，对大气作用也很稳定，是一种既好又经济的黑色颜料之一
	炭黑	根据制造方法不同，分为槽黑和炉黑两种。装饰工程常用炉黑，性能与氧化铁黑基本相同，但比它密度稍轻，不易操作
	锰黑	遮盖力颇强
	松烟	采用松材、松根、松枝等，在室内进行不完全燃烧而熏得的黑色烟炭，遮盖力及着色力均好
白色	钛白粉	钛白粉的化学性质相当稳定，遮盖力及着色力都很强，折射率很高，为最好的白色颜料之一

表 4-3　　彩色砂浆配色颜料参考用量

色调		红色			黄色			青色			绿色			棕色			紫色			褐色		
		浅红	中红	暗红	浅黄	中黄	深黄	淡青	中青	暗青	浅绿	中绿	暗绿	浅棕	中棕	深棕	淡紫	中紫	暗紫	浅褐	咖啡	暗褐
颜料名称	425号硅酸盐水泥	93	86	79	95	90	85	93	86	79	95	90	85	95	90	85	93	86	79	94	83	82
	红色系颜料	7	14	21															4	7	9	
	黄色系颜料				5	10	15															
	蓝色系颜料							3	7	12												
	绿色系颜料										5	10	15									
	棕色系颜料													5	10	15						
	紫色系颜料																7	14	21			
	黑色系颜料																			2	5	9
	白色系颜料							4	7	9												

注 1. 各种系列颜料可单一用，也可用两种或数种颜料配制后用。
2. 如用混合砂浆或石灰砂浆或白水泥时，表中所列颜料用量，酌减 60% ~ 70%，但青色砂浆不需另加白色颜料。
3. 如用彩色水泥时，则不需加任何颜料，直接按体积比彩色水泥：砂 =1：(2.5 ~ 3) 配制即可，但必须选用同一产地的砂子，否则粉刷后，颜色不均。

4.1.1.5 化工材料

为了增强抹灰层的黏结力，改善抹灰面的性能，提高抹灰质量，通常加入适量的化工材料。

1. 107 胶

107 胶是以聚乙烯醇和甲醛为主要材料，并加少量盐酸、氢氧化钠以及大量的水，在一定温度条件下经缩合反应而成的一种可溶于水的透明胶。它是当前建筑内外抹灰及饰面工程中一种既经济又实用的有机聚合物。在水泥或水泥砂浆中掺入适量的 107 胶，可以大大提高水泥浆（或水泥砂浆）的黏结能力，增加砂浆的柔韧与弹性，减少砂浆面层的开裂、脱落等现象，同时还可以提高砂浆的黏稠度和保水性，便于操作。107 胶掺入量不宜超过水泥质量的 40%。107 胶常用于聚合物砂浆喷涂、弹涂饰面、镶贴釉面砖，或用于混凝土墙面基层抹灰等。

2. 甲基硅醇钠

甲基硅醇钠是一种憎水剂，具有防水、防风化和防污染的能力，能提高饰面的耐久性。它主要用于聚合物砂浆喷涂、弹涂的面层。

3. 木质素磺酸钙

木质素磺酸钙为棕色粉末，将其掺入抹灰用的聚合物砂浆中，可减少用量 10% 左右，并且可以起到分散剂的作用。在常温下施工时，能有效地克服面层颜色不均匀现象。

4.1.2 室内抹灰工程机具

抹灰工程机具包括手工工具和机械设备，施工前应根据工程特点做好准备。

4.1.2.1 常用手工工具

抹灰使用的各种抹子，如图 4-12 所示。

（1）方头铁抹子：用于抹灰。

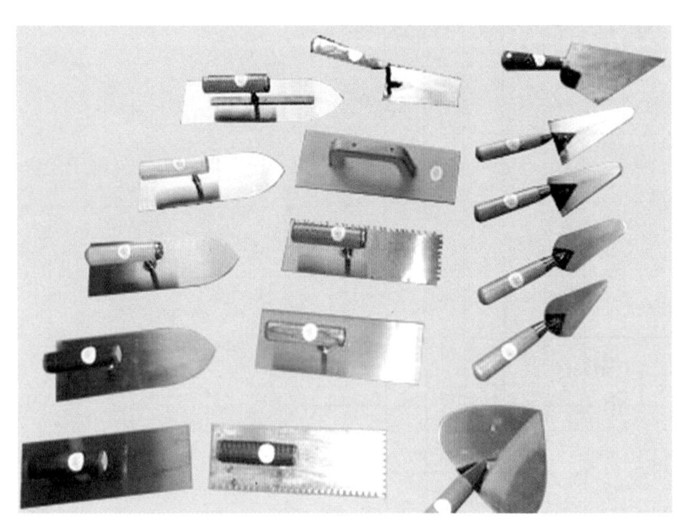

图 4-12 抹子

（2）圆头铁抹子：用于压光罩面灰。

（3）木抹子：用于搓平底灰和搓毛砂浆表面。

（4）阴角抹子：用于压光阴角。

（5）圆弧阴角抹子：用于有圆弧阴角部位的抹灰面压光。

（6）阳角抹子：用于压光阳角。

4.1.2.2 常用机械设备

（1）砂浆搅拌机：用于搅拌砂浆，常用规格有 200L 和 325L 两种。

（2）纸筋灰搅拌机：用于搅拌纸筋石灰膏、玻璃丝石灰膏或其他纤维石灰膏。

（3）粉碎淋灰机：用于淋制抹灰砂浆用的石灰膏。

（4）喷浆机：用于喷水或喷浆，分手压和电动两种。

4.1.3 室内抹灰工程施工前技术准备

4.1.3.1 审查图纸

审查、熟悉图纸中工程各部位的抹灰做法和技术、质量要求。

4.1.3.2 制定施工方案

根据现有的人力、设备、材料等确定抹灰工程的施工方案，其内容主要有工期、施工顺序和施工方法，做到技术先进、施工方便、经济合理。

抹灰工程的施工顺序，一般遵循“先室外后室内，先上面后下面，先顶棚后墙地”的原则。分别为：

(1)先室外后室内，指先完成室外抹灰，拆除外脚手、堵上脚手眼再进行室内抹灰。

(2)先上面后下面，指在屋面工程完成后室内外抹灰最好从上往下进行，以便于保护成品。当采取立体交叉流水作业时，有时也采取从下往上施工的方法，但必须采取相应的成品保护措施。

(3)先顶棚后墙地，指室内抹灰一般可采取先完成顶棚抹灰，再开始墙面抹灰，最后进行地面抹灰，但对于高级装饰工程要根据具体情况确定。

4.1.3.3 材料试验和试配工作

主要是针对水泥及砂浆强度、硬度进行配比测试。

4.1.3.4 确定花饰和复杂线脚的模型及预制项目

对于高级装饰工程，应预先做出板(样品或标准间)，并经有关单位鉴定后，方可进行。

4.1.3.5 队组交底

向施工队组进行详细的技术和质量要求的交底。

4.1.3.6 合理组织分工

包括工作任务分工和管理职能分工。

4.1.4 室内抹灰工程施工前基层准备

4.1.4.1 处理前的检查与交接

抹灰工程施工，必须在结构工程或基层质量检验合格并进行工序交接后进行。对其他配合工种项目也必须进行检查，这是确保抹灰工程质量和生产进度的关键。

抹灰前应对下列项目进行检查：

(1)主体结构和水电、暖气、煤气设备的预埋件，以及消防梯、雨水管管箍、泄水管、阳台栏杆、电线绝缘的托架等安装是否齐全和牢固，各种预埋铁件、木砖位置标高是否正确。

(2)门窗框及其他木制品是否安装齐全并校正后固定，是否预留抹灰层厚度，门窗口高度是否符合室内水平线标高。

(3)板条、苇箔或钢丝网吊顶是否牢固，标高是否正确。

(4)水、电管线、配电箱是否安装完毕，有无漏项，水暖管道是否做过压力试验，地漏位置标高是否正确。

(5)对已安装好的门窗框，采用铁板或板条进行保护。

4.1.4.2 基层的表面处理

抹灰前应根据具体情况对基层表面进行必要的处理：

(1)墙上的脚手眼、各种管道穿越过的墙洞和楼板洞、剔槽等应用1∶3水泥砂浆填嵌密实或堵砌好。散热器和密集管道等背后的墙面抹灰，应在散热器和管道安装前进行，抹灰面接槎应顺平。

(2)门窗框与立墙交接处用水泥砂浆或水泥混合砂浆(加少量麻刀)分层嵌塞密实。

(3)基层表面的灰尘、污垢、油渍、碱膜、沥青渍、黏结砂浆等均应清除干净，并用水喷洒湿润。

(4)混凝土墙、混凝土梁头、砖墙或加气混凝土墙等基层表面的凸凹处，要剔平或用

1∶3 水泥砂浆分层补齐，模板铁线应剪除。

（5）板条墙或顶棚板条留缝间隙过窄处，应予以处理，一般要求达到 7 ~ 10mm。

（6）金属网应铺钉牢固、平整，不得有翘曲、松动现象。

（7）在木结构与砖石结构、木结构与钢筋混凝土结构相接处的基体表面抹灰，应先铺设金属网，并绷紧牢固。金属网与各基体的搭接宽度从缝边起每边不小于 100mm，并应铺钉牢固，不翘曲。

（8）平整光滑的混凝土表面如设计无要求时，可不抹灰，用刮腻子处理。

（9）预制混凝土楼板顶棚，在抹灰前需水泥∶石灰∶砂以 1∶0.3∶3 的比例将板缝勾实。

4.1.4.3 浇水润墙

为了确保灰砂浆与基层表面黏结牢固，防止抹灰层空鼓、裂缝、脱落等质量通病，在抹灰前除必须对抹灰基层表面进行处理外，还应对墙体浇水湿润。

在刮风季节，为防止抹灰面层干裂，在内墙抹灰前，必须首先把外门窗封闭（安装一层玻璃或钉一层塑料薄膜）。对 12cm 以上厚砖墙，应在抹灰前一天浇水，12cm 厚的砖墙浇一遍，24cm 厚的砖墙浇两遍。

浇水方法是：将水管对着砖墙上部缓缓左右移动，使水缓慢从上部沿墙面流下，使墙面全部湿润为一遍，渗水深度达到 8 ~ 10mm 为宜。如为 6cm 厚砖墙，应用喷壶喷水一次即可，切勿使砖墙处于饱和状态。

在常温下进行外墙抹灰，墙体一定要浇两遍水，以防止底层灰的水分很快被墙面吸收，影响底层砂浆与墙面的黏结力。加气混凝土表面孔隙率大，其毛细管为封闭性和半封闭性，阻碍了水分渗透速度。它同砖墙相比，吸水速度约慢 3 ~ 4 倍，因此应提前两天进行浇水，每天两遍以上，使渗水度达到 8 ~ 10cm。混凝土墙体吸水率低，抹灰前浇水可以少一些。

此外，各种基层浇水程度，还与施工季节、气候和室内外操作环境有关，因此应根据实际情况酌情掌握。

4.2 一般抹灰

“先室外后室内、先上面后下面、先顶棚后墙地”是抹灰工程的一般施工顺序。外墙由屋檐开始自上而下，先抹阳角线、台口线，后抹窗台和墙面，再抹勒脚、散水坡和明沟。内墙和顶棚抹灰，应待屋面防水完工后，并在不致被后续工程损坏和沾污的条件下进行，一般应先房间，后走廊，再楼梯和门厅等。

4.2.1 内墙抹灰

4.2.1.1 内墙抹灰施工应具备的条件

（1）屋面防水或上层楼面面层已经完成，不渗不漏。

（2）主体结构已经检查验收并达到相应要求，门窗和楼层预埋件及各种管道已安装完毕（靠墙的暖气片及密集管道房间，则应先抹灰后安装），并检查合格。

（3）高级抹灰环境温度一般不应低于5℃。

4.2.1.2 内墙抹灰的施工方法

1. 找规矩

要保证墙面抹灰垂直平整，达到装饰目的，抹灰前必须先找规矩。

（1）做标志块，又称为“贴灰饼”，也称为“中筋上木工”。找规矩的方法是先用托线板全面检查砖墙表面的垂直平整程度，根据检查的实际情况并兼顾抹灰的总平均厚度规定，决定墙面抹灰的厚度。接着在2m左右高度，离墙两阴角10～20cm处，用底层抹灰砂浆（也可用1∶3水泥砂浆或1∶3∶9混合砂浆）各做一个标准标志块，厚度为抹灰层厚度，大小5cm左右见方。以这两个标准标志为依据，再用托线板靠、吊垂直确定墙下部对应的两个标志块厚度，其位置在踢脚板上口，使上下两个标志块在一条垂直线上。标准标志块做好后，再在标志块附近砖墙缝内钉上钉子，拴上吊线挂水平通线（注意：小线要离开标志块1mm），然后按间距1.2～1.5m，加做若干标志块，如图4-13所示。凡窗口、垛角处必须做标志块。

（2）标筋，又称为“冲筋”、“出柱头”。即在上下两个标志块之间先抹出一长条梯形灰埂，其宽度为10cm左右，厚度与标志块相平，作为墙面抹底子灰填平的标准。

图4-13 冲筋上杠示意图

（3）阴阳角找方。中级抹灰要求阳角找方。对于除门窗口外还有阳角的房间，则首先要将房间大致规方。其方法是先在阳角一侧墙做基线，用方尺将阳角先规方，然后在墙角弹出抹灰准线，并在准线上下两端挂通线做标志块。高级抹灰要求阴阳角都要找方，阴阳角两边都要弹基线。为了便于作角和保证阴阳角方正垂直，必须在阴阳角两边做标志块、标筋。

（4）门窗洞口做护角。室内墙面、柱面的阳角和门洞口的阳角抹灰要求线条清晰、挺直，并防止碰坏，因此不论设计有无规定，都需要做护角。护角做好后，也起到标筋作用。护角应抹1∶2水泥砂浆，一般高度由地面起不低于2m，护角每侧以宽度不小于50mm的空隙为准，以标志块厚度为据，见图4-14。

2. 底层及中层抹灰

在标志块、标筋及门窗口做好标筋及门窗口做好护角后，底层与中层抹灰即可进行，这道工序又称为“刮糙”。其方法是将砂浆抹于墙面两标筋之间，底层要低于标筋，待收水后再进行中层抹灰，其厚度以垫平标筋为准，并使其略高于标筋。

中层砂浆抹后，即用中、短木杠按标筋刮平。使用木杠时，人站成骑马式，双手紧握木杠，均匀用力，由下往上移动，并使木杠前进方向的一边略微翘起，手腕要活。凹陷处补抹砂浆，然后再刮，直至平直为止。紧接着用木抹子搓磨一遍，使表面平整密实。

图4-14 门窗洞口护角示意图

3. 面层抹灰

一般室内砖墙面抹灰常用刮腻子粉、麻刀石灰、石灰砂浆等。面层抹灰应在底灰稍干后进行，底灰太湿会影响抹灰面平整，还可能“咬色”；底灰太干，易使面层脱水太快而影响黏结，造成面层空鼓。

（1）腻子粉面层抹灰。一般是在中层砂浆完全干后进行。抹灰操作使用钢、皮抹板，两遍成活，厚度不大于 2mm，一般由阴角或阳角开始，自左向右进行。

（2）麻刀石灰面层抹灰。麻刀的纤维比较粗，且不易捣烂，用它制成的麻刀石灰抹面厚度按要求不得大于 3mm，如果厚了，则面层易产生收缩裂缝，影响工程质量。

（3）石灰砂浆面层抹灰。石灰砂浆抹灰俗称沙子灰，应在中层砂浆五至六成干时进行。如中层较干时，需洒水湿润后再进行。操作时，先用铁抹子抹灰，再用刮尺由下向上刮平，然后用木抹子搓平，最后用铁抹子压光成活。

4. 分层做法及施工要点

根据墙体基层（基体）的不同，内墙抹灰的分层做法及施工要点见表 4-4。

表 4-4　内墙抹灰的分层做法及施工要点

名称	适用范围	项次	分层做法	厚度（mm）	施工要点	注意事项
石灰黏土灰抹灰	土坯墙、砖墙、板条基层	1	（1）草泥打底，分二遍成活； （2）1∶3 石灰黏土灰罩面	13 ~ 15 2 ~ 3	土坯墙砌好后，在一周内抹灰	
石灰砂浆抹灰	砖墙基层	2	（1）1∶2∶8（石灰膏：砂：黏土）砂浆（或 1∶3 石灰黏土草秸灰）抹底、中层； （2）1∶（2 ~ 2.5）石灰砂浆面层压光（或纸筋石灰）	13（13 ~ 15） 6（2 或 3）	石灰砂浆的抹灰层，应待前一层七至八成干后，方可涂抹后一层	
		3	（1）1∶2.5 石灰砂浆抹底层； （2）1∶2.5 石灰砂浆抹中层； （3）在中层还潮湿时刮石灰膏	7 ~ 9 7 ~ 9 1	（1）中层石灰砂浆用木抹子搓平稍干后，立即用铁抹子来回刮石灰膏，达到表面光滑平整，无砂眼，无裂纹，愈薄愈好； （2）石灰膏刮后 2h，未干前再压实压光一次	待底层六至七成干后，方可抹中层
		4	（1）1∶3 石灰砂浆抹底层； （2）1∶3 石灰砂浆抹中层； （3）1∶1 石灰木屑（或谷壳）抹面	7 7 10	（1）锯木屑过 5mm 孔筛，使用前石灰膏与木屑拌和均匀，经钙化 24h，使木屑纤维软化； （2）适用于有吸音要求的房间	
		5	（1）1∶3 石灰砂浆抹底、中层； （2）待中层灰稍干，用 1∶1 石灰砂浆随抹随搓平压光	13 6		
	加气混凝土基层	6	（1）1∶3 石灰砂浆抹底层； （2）1∶3 石灰砂浆抹中层； （3）刮石灰膏	7 7 1	墙面浇水湿润，刷一道 107 胶∶水 =1∶（3 ~ 4） 溶液后，随即抹灰	底层灰一定要达到七至八成干后，再湿润墙抹中层
水泥混合砂浆抹灰	砖墙基层	7	（1）1∶1∶6 水泥白灰砂浆抹底层； （2）1∶1∶6 水泥白灰砂浆抹中层； （3）刮石灰膏	7 ~ 9 7 ~ 9 1	刮石灰膏见第 3 项	水泥混合砂浆的抹灰层，应待前一层抹灰凝结后，方可涂抹后一层
		8	1∶1∶3∶5（水泥∶石灰膏∶砂子∶木屑）分二遍成活，木抹子搓平	15 ~ 18	（1）适用于有吸音要求的房间； （2）木屑要求同第 4 项	
		9	（1）1∶0.3∶3 水泥石灰砂浆抹底层； （2）1∶0.3∶3 水泥石灰砂浆抹中层； （3）1∶0.3∶3 水泥石灰砂浆罩面	7 7 5	如为混凝土基层，要先刮水泥浆（水灰比 0.37 ~ 0.40）或洒水泥砂浆处理随即抹灰	用于做油漆面抹灰
	混凝土基层、石墙基层	10	（1）1∶3水泥砂浆抹底层； （2）1∶3水泥砂浆抹中层； （3）1∶2.5 水泥砂浆罩面	5 ~ 7 5 ~ 7 5	（1）混凝土表面先刮水泥浆（水灰比 0.37 ~ 0.40）或洒水泥砂浆处理； （2）抹灰方法与砖墙基层相同	
水泥砂浆抹灰	砖墙基层	11	（1）1∶3水泥砂浆抹底层； （2）1∶3水泥砂浆抹中层； （3）1∶2.5 或 1∶2水泥砂浆罩面	5 ~ 7 5 ~ 7 5	（1）适用于潮湿较大的砖墙，如墙裙、踢脚线等； （2）底层灰要压实，找平层（中层）表面要扫毛，待中层五至六成干时抹面层； （3）抹成活后要浇水养护	（1）水泥砂浆抹灰层应待前一屋抹灰层凝结后，方可涂抹后一层；

续表

名称	适用范围	项次	分层做法	厚度（mm）	施工要点	注意事项
水泥砂浆抹灰	砖墙基层	12	（1）1∶2.5 水泥砂浆抹底层； （2）1∶2.5 水泥砂浆抹中层； （3）1∶2 水泥砂浆罩面	5～7 5～7 5	（1）适用于水池、窗台等部位抹灰； （2）水池抹灰要找出泛水； （3）水池罩面时侧面、底面要同时抹完，阳角要用阳角抹子捋光，阴角要用阴角抹子捋光，形成一个整体	（2）水泥砂浆不得涂抹在石灰砂浆层上
	加气混凝土基层	13	（1）1∶5=107 胶：水； （2）1∶3 水泥砂浆打底； （3）1∶2.5 水泥砂浆罩面	5 5	（1）抹灰前墙面要浇水湿润； （2）107 胶熔液要涂刷均匀； （3）薄薄地刮一遍底子（简称“铁板糙”）后再抹底子灰； （4）打底后隔 2d 罩面	
聚合物水泥砂浆抹灰	加气混凝土砌块基层	14	（1）1∶1∶4 水泥石灰砂浆 用 107 胶水溶液拌制聚合物砂浆抹底层、中层； （2）1∶3 水泥砂浆用含 7%107 胶水溶液制聚合物水泥砂浆抹面	10 8	（1）抹灰前，将加气混凝土表面清扫干净，并涂刷一遍 107 胶水溶液［胶：水 =1∶（3～4）］，随即抹灰。涂刷的目的，是封闭基层的毛细孔，使砂浆不早期脱水，同时又增强了砂浆抹灰层与加气混凝土表面的黏结能力； （2）严格控制抹灰分层厚度，底层灰要先抹薄薄一层，表面应“刮糙”，底层抹后接着抹中层灰，待五至六成干时，再抹罩面，最好及时压实压光	加气混凝土基层表面均较干燥且吸水率大，如基层不事先进行处理，不但抹灰操作困难，而且会因砂浆抹灰层早期脱水而产生干缩裂缝，因此凡加气混凝土基层（包括下述加气混凝土条板基层），必须认真涂刷胶水溶液
纸筋灰（或麻刀灰、玻璃丝灰）抹灰	加气混凝土砌块或加气混凝土条板基层	15	（1）1∶3∶9 水泥石灰砂浆抹底层； （2）1∶3 石灰砂浆抹中层； （3）纸筋石灰或麻刀石灰罩面	3 7～9 2 或 3	（1）基层处理同第 14 项； （2）抹灰操作时，分层抹灰厚度应严格按左列数值控制，不要过厚，因为砂浆层越厚，产生空鼓、裂缝的可能性越大； （3）小拉毛完成后，用喷雾器喷水养护 2～3d； （4）待找平层六至七成干后，喷水湿润，进行罩面； （5）罩面时高级装饰宜分两遍成活	（1）抹灰砂浆稠度要适宜； （2）抹灰后避免风干过快，要将外门窗封闭，加强养护
		16	（1）1∶0.2∶3 水泥石灰砂浆喷涂成小拉毛； （2）1∶0.5∶4 水泥石灰砂浆找平（或采用机械喷涂抹灰）； （3）纸筋石灰或麻刀石灰罩面	3～5 7～9 2 或 3		
		17	（1）1∶3 石灰砂浆抹底层； （2）1∶3 石灰砂浆抹中层； （3）纸筋石灰或麻刀石灰罩面	4 4 2 或 3		
		18	（1）1∶3∶9 水泥石灰砂浆找平； （2）1∶5（107 胶∶水）溶液涂刷表面； （3）抹纸筋灰罩面	3～5 2	（1）用水泥石灰砂浆补好缺棱掉角及不平处； （2）将墙面湿润； （3）涂刷 107 胶水，亦可采用将 107 胶与纸筋灰拌和（掺量为 10%）进行打底； （4）罩面灰宜分二遍成活，第一遍薄薄刮一遍，第二遍找平压光	
	砖墙基层	19	（1）1∶2.5 石灰砂浆抹底层； （2）1∶2.5 石灰砂浆抹中层； （3）纸筋石灰或麻刀石灰罩面	7～9 7～9 2 或 3		
		20	（1）1∶1∶6 水泥石灰砂浆抹底层； （2）1∶1∶6 水泥石灰砂浆抹中层； （3）纸筋石灰或麻刀石灰罩面	7～9 7～9 2 或 3		
纸筋灰（或麻刀灰、玻璃丝灰）抹灰	板条苇箔基层	21	（1）麻刀灰掺 10% 水泥打底； （2）1∶2.5 石灰砂浆（砂子过 3mm 筛）紧压入底灰中（本身无厚度）； （3）1∶2.5 石灰砂浆找平层； （4）纸筋石灰（或麻刀石灰罩面）	3 6 2	（1）板条抹灰时，底子灰要横着板条方向抹。苇箔抹灰时，底子灰要顺着苇箔方向抹，并挤入缝隙； （2）第二道小砂子灰要紧跟头道底子灰抹，并压入底子灰中，无厚度； （3）第二道灰六至七成干时，开始第三道找平层，顺着板条、苇箔的方向，用软刮尺刮平、冲筋、刮杠； （4）第四道待第三道六至七成干时，顺着板条苇箔方向抹，接槎平整，抹纹顺直； （5）在大面积的板条顶棚抹灰时，要加麻钉。即用 25cm 的麻丝拴在钉子上，钉在吊顶的木龙骨上，每 30cm 一颗，每两根龙骨麻钉错开 15cm，并用砂浆把麻粘成燕尾形	（1）抹灰砂浆稠度要适宜； （2）抹灰后避免风干过快，要将外门窗封闭，加强养护

续表

名称	适用范围	项次	分层做法	厚度（mm）	施工要点	注意事项
纸筋灰（或麻刀灰、玻璃丝灰）抹灰	混凝土基层	22	（1）1∶0.3∶3 水泥石灰砂浆抹底层（或用 1∶3∶9，1∶0.5∶4，1∶1∶6 水泥石灰砂浆视具体情况而定）； （2）用上述配合比抹中层； （3）纸筋石灰或麻刀石灰罩面	7 ~ 9 7 ~ 9 2 或 3	（1）当前混凝土多使用钢模板，尤其大板和大模板混凝土施工时，由于涂刷各种隔离剂，表面光滑而影响抹灰与基层的黏结，因此要对基层进行处理，即用 107 胶水（胶∶水 =1∶20）处理，方法是将基层表面喷匀不漏喷，使胶水渗入基体表面 1 ~ 1.5mm； （2）基层处理后再抹灰或用挤压式砂浆泵喷毛打底	
	混凝土大板或大模板建筑内墙基层	23	（1）聚合物水泥砂浆或水泥混合砂浆喷毛打底； （2）纸筋石灰或麻刀石灰罩面	1 ~ 3 2 或 3		
水泥砂浆抹灰膨胀珍珠岩	混凝土基层、大模板或大板混凝土基层	24	（1）聚合物水泥砂浆或水泥混合砂浆喷毛打底； （2）水泥∶石灰膏∶膨胀珍珠岩用中级粗细颗粒经混合级配，重力密度为 80 ~ 150kg/m^3 罩面	1 ~ 3 2		膨胀珍珠岩水泥砂浆要随抹随压，抹灰层要愈薄愈好，并且要用铁压子压至平整光滑为止
大白腻子罩面		25	（1）石膏腻子［石膏∶聚醋酸乳液∶甲基纤维素溶液（浓度为 5%）=100∶（5 ~ 6）∶60（质量比）］填缝补角； （2）大白腻子［大白粉∶滑石粉∶乳液∶浓度 5% 的甲基纤维素溶液 =60∶40∶（2 ~ 4）∶75］	0 ~ 1 2 ~ 3	（1）基层处理如第 22、23、24 项； （2）施工流程是：基层处理→基层修补→满刮大白腻子→修补→打磨→腻子成活； （3）基层处理后，找补石膏腻子，方法是用钢片刮板或胶皮刮板将基层表面 0.5mm 以上的蜂窝凹陷，及高低不平处刮实，再横抹竖起满刮一遍（表面光滑的可以不刮）； （4）满刮大白腻子时，要用胶皮刮板，分遍刮平，操作时按同一方向往返刮，刮板要拿稳，吃灰量要一致，注意上下、左右接槎时，两刮板间要干净，不允许留浮腻子，甩槎都赶到阴角处，且要找直阴角和阳角，要用直尺和方尺； （5）头道腻子刮后干燥即用 0 号砂纸打磨至平整	（1）基层处理时胶水比例要根据基层光滑程度灵活掌握用胶量，即越光滑的基层，胶量越大； （2）刮腻子时要防止沾上和混进砂粒等杂物
大白腻子罩面	砖墙基层	26	（1）1∶2.5 石灰砂浆（或 1∶1∶6 水泥石灰砂浆）抹底层、中层； （2）面层刮大白腻子	10 ~ 15 1	（1）底层和中层抹灰如第 3 项； （2）刮大白腻子如第 25 项	
粉刷石膏抹灰	高级装饰墙（顶）面	27	厚度小于 5mm 可直接用面层型粉刷石膏。厚度 5 ~ 20mm，先用底层型打底，再抹面层型		料浆采用质量比。面层型水灰比 0.4 先搅拌 2 ~ 5min，静置 15min 左右，再二次搅拌使用。底层型配合比为水∶粉刷石膏∶砂 =（0.5 ~ 0.6）∶1∶1，先用水与粉刷石膏搅拌均匀，再加砂子搅拌	
石膏灰抹灰	高级装饰的墙面	28	（1）1∶（2 ~ 3）麻刀石灰抹底层、中层； （2）13∶6∶4（石膏粉∶水∶麻刀）	底层 6 中层 7 2 ~ 3	（1）底层、中层抹灰用麻刀石灰，应在 20d 前化好备用，其中麻刀为白麻丝，石灰宜用 2∶8 块灰，配合比为，麻刀∶石灰 =7.5∶1300（质量比）； （2）石膏一般宜用乙级建筑石膏，结硬时间为 5min 左右，4900 孔筛余量不大于 10%； （3）罩面石膏浆配制时，先将石灰膏作缓凝剂加水搅拌均匀，随后按比例加入石膏粉，随加随拌和，稠度为 10 ~ 12cm 即可使用。其他缓凝剂： 1）按石膏质量加入 1% ~ 2% 硼砂； 2）牛皮胶水溶液：1kg 牛皮胶完全溶解后加入 70kg 水拌匀即可使用。 （4）抹灰前，基层表面应清扫并浇水润湿； （5）石膏浆应随用随拌、随抹，墙面抹灰要一次成活	罩面石膏灰不得涂

续表

名称	适用范围	项次	分层做法	厚度（mm）	施工要点	注意事项
砂面层抹灰	高级装饰的墙面	29	（1）1∶2～1∶3麻刀石灰砂浆抹底层、中层（要求表面平整垂直）； （2）水砂抹面分二遍抹成，应在第一遍砂浆略有收水即进行第二遍抹灰，第一遍竖向抹第二遍横向抹（抹水砂前，底子灰如有缺陷应修补完整，待墙干燥一致方能进行水砂抹面，否则将影响其表面颜色不均。墙面要均匀洒水，充分湿润，门窗玻璃必须装好，防止面层水分蒸发过快而产生龟裂）	13	（1）使用材料为水砂，即沿海地区的细砂，其平均粒径0.15mm，表观密度为1050kg，使用时应用清水淘洗，污泥杂质含量应小于2%。石灰必须是洁白块灰，不允许有灰沫子，及氧化钙含量不小于75%的二级石灰水应以食用水为佳； （2）水砂砂浆拌制块灰随化随淋浆（用3mm粒径筛子过滤），将淘洗清洁的砂和沥浆过的热灰浆进行拌和，拌和后水砂呈淡灰色为宜，稠度为12.5cm；热灰浆∶水砂=1∶0.75（质量比）或1∶0.815（体积比），每立方米水砂砂浆约用水砂750kg，块灰300kg	

注　本表所列配合比无注明者均为体积比。

4.2.2　顶棚抹灰

4.2.2.1　顶棚抹灰的作业条件

（1）屋面防水层及楼面面层已经施工完毕，穿过顶棚的各种管道已经安装就绪，顶棚与墙体间及管道安装后遗留空隙已经清理并填堵严实。

（2）现浇混凝土顶棚表面的油污等已经清除干净，用钢丝刷已满刷一道，凹凸处已经填平或已凿去。预制板顶棚除已处理以上工序处，板缝应已清扫干净，并且用1∶3水泥砂浆已经填补刮平。

（3）木板条基层顶棚板条间隙在8mm以内，无松动翘曲现象，污物已经清除干净。

（4）板条钉钢丝网基层，应铺钉可靠、牢固、平直。

4.2.2.2　顶棚抹灰的施工方法

1. 找规矩

顶棚抹灰通常不做标志块和标筋，而用目测的方法控制其平整度，以无明显高低不平及接槎痕为准。先根据顶棚的水平面，确定抹灰的厚度，然后在墙面的四周与顶棚交接处弹出水平线，作为抹灰的水平标准。

2. 底、中层抹灰

一般底层砂浆采用配合比为水泥∶石灰膏∶砂=1∶0.5∶1的水泥混合砂浆，底层抹灰厚度为2mm。底层抹后紧跟着就抹中层砂浆，其配合比一般采用水泥∶石灰膏∶砂=1∶3∶9的水泥混合砂浆，抹灰厚度6mm左右，抹后用软刮尺平赶匀，随刮随用长毛刷子将抹印顺平，再用木抹子搓平，顶棚管道周围用小工具顺平。

抹灰的顺序一般是由前往后退，为了容易使砂浆挤入缝隙牢固结合。其方向必须同基体的缝隙（混凝土板缝）成垂直方向。

抹灰时，厚薄应掌握适度，随后用软刮尺赶平。如平整度欠佳，应再补抹和赶平，但不宜多次修补，否则容易搅动底灰而引起掉灰。如底层砂浆吸水快，应及时洒水，以保证与底层黏结牢固。

在顶棚与墙面的交接处，一般是在墙面抹灰完成后再补做，也可在抹顶棚时，先将距顶棚20～30cm的墙面同时完抹灰，方法是用铁抹子在墙面与顶棚交角处添上砂浆，然后用木阴角器抽平压直即可。

3. 面层抹灰

待中层抹灰达到六至七成干，即用手捺不软有指印时（要防止过干，如过干应稍洒水），再开始面层抹灰。如使用纸筋石灰或麻刀石灰时，一般分两遍成活。其涂抹方法及抹灰厚度与内墙面抹灰相同。第一遍抹得越薄越好，紧跟抹第二遍。抹第二遍时，抹子要稍平，抹完后待灰浆稍干，再用塑料抹子顺着抹纹压实压光。

各抹灰层受冻或急骤干燥，都会产生裂纹或脱落，因此需要加强养护。

4. 顶棚抹灰的分层做法及施工要点

根据顶棚基层的不同，顶棚抹灰的分层做法及施工要点见表 4–5。

表 4–5 常见的顶棚抹灰分层做法

名称	项次	分层做法	厚度（mm）	施工要点	注意事项
现浇混凝土楼板顶棚抹灰	1	（1）1∶0.5∶1 水泥石灰混合砂浆抹底层； （2）1∶3∶9 水泥砂浆抹中层； （3）纸筋石灰或麻刀石灰抹面层	2 6 2	纸筋石灰配合比为白灰膏∶纸筋 =100∶1.2（质量比）；麻刀石灰配合比为白灰膏∶细麻刀 =100∶1.7（质量比）	（1）现浇混凝土楼板顶棚抹灰时，必须与模板木纹的方向垂直，并用钢皮抹子用力抹实，越薄越好，底子灰抹完后，紧跟抹第二遍找平，待六至七成干时，即应罩面； （2）无论现浇或预制楼板顶棚，如用人工抹灰，都应进行基层处理，即混凝土表面先刮水泥浆或洒水泥砂浆
	2	（1）1∶0.2∶4 水泥纸筋石灰砂浆抹底层； （2）1∶0.2∶4 水泥纸筋石灰砂浆抹中层找平； （3）纸筋石灰罩面	2 ~ 3 10 2		
预制混凝土楼板顶棚抹灰	3	底、中、面层抹灰配合比同第一项	各层厚度同第一项	抹前要先将预制板缝勾实勾平	
	4	（1）1∶0.5∶4 水泥石灰砂浆抹底层； （2）1∶0.5∶4 水泥石灰砂浆抹中层； （3）纸筋石灰罩面	4 4 2	底层与中层抹灰要连续操作	
	5	（1）1∶1∶6 水泥纸筋石灰砂浆抹底层、中层； （2）1∶1∶6 水泥纸筋石灰罩面压光	7 5	使用机械喷涂抹灰	
	6	（1）1∶1 水泥砂浆（加水泥质量 2% 的聚醋酸乙烯乳液）抹底层； （2）1∶3∶9 水泥石灰砂浆抹中层； （3）纸筋石灰罩面	2 6 2	（1）适用于高级装饰工程； （2）底层抹灰需养护 2 ~ 3d 后再找平层	
板条、苇箔、秫秸或金属网顶棚抹灰	7	（1）纸筋石灰或麻刀石灰砂浆抹底层； （2）纸筋石灰或麻刀石灰砂浆抹中层； （3）1∶2∶5 石灰砂浆（略掺麻刀）找平； （4）纸筋石灰或麻刀石灰罩面	3 ~ 6 3 ~ 6 2 ~ 3 2 或 3	（1）板条顶棚板条间的缝隙应为 7 ~ 10mm，板条端面间应有 3 ~ 5mm 空隙，板条应钉牢固，不准活动； （2）金属网面顶棚的金属网应拉平拉紧钉牢； （3）抹灰时应用墨斗在靠近顶棚四周墙面上弹出水平线，板条应从墙角顶棚开始，并沿着板条方向抹底层，抹时铁抹子要来回压抹，将砂浆挤入板条缝内，形成转角，紧接着再抹一层并压入底层中去； （4）底部两层抹好后，稍停一会，在抹石灰砂浆，用软刮尺前后搓平，待六至七成干时方可抹罩面灰，抹时用铁抹子顺板条方向进行，再接搓平整、抹纹顺直，揉实压光，一般分两遍成活，即头遍薄薄抹一层，二遍抹平压光； （5）苇箔、秫秸顶棚抹底灰时也要将砂浆抹压挤入苇箔或秫秸缝隙内形成转脚，抹时先顺着苇箔或秫秸抹，然后横着抹，要较板条抹灰稍用力； （6）金属网顶棚抹灰时，底层灰应使劲挤压到网眼内	

续表

名称	项次	分层做法	厚度（mm）	施工要点	注意事项
钢板网顶棚抹灰	8	（1）1∶1.5～1∶2石灰砂浆（略掺麻刀）抹底层，灰浆要挤入网眼中； （2）挂麻钉，将小束麻丝每隔30cm左右挂在钢板网网眼上，两端纤维垂下，长25cm； （3）1∶2.5石灰砂浆抹中层，分两遍成活，每遍将悬挂的麻钉向四周散开1/2，抹入灰浆中； （4）纸筋石灰罩面	3 3 2	（1）抹灰时分两遍将麻丝按放射状梳理抹进中层砂浆中，麻丝要分布均匀； （2）其他分层抹灰方法同第七项	（1）钢板网吊顶龙骨以40cm×40cm方格为宜； （2）为避免木龙骨收缩变形是抹灰层开裂，可使用间距20cm的ϕ6钢筋，拉直钉在木龙骨上，然后用铅丝把钢板网撑紧，绑扎在钢筋上； （3）适用于大面积厅、室等高级装饰工程

4.2.3　外墙抹灰

4.2.3.1　为墙抹灰前应具备的条件

（1）主体结构施工完毕，外墙所有预埋件，嵌入墙体内的各种管道已安装完毕，阳台栏杆已装好。

（2）门窗安装合格，框与墙间的缝隙已经清理，并用砂浆分层分遍堵塞严密。

（3）大板结构外墙面接缝防水已处理完毕。

（4）砖墙凹凸过大处已用1∶3水泥砂浆填平或已剔凿平整，脚手孔洞已经堵严填实，墙面污物已经清理，混凝土墙面光滑处已经凿毛。

（5）加气混凝土墙板经清扫后，已用1∶1水泥砂浆掺10%的107胶水刷过一道。

（6）脚手架已搭设。

4.2.3.2　外墙抹灰的施工方法

1. 找规矩

外墙面抹灰与内墙抹灰一样要挂线做标志块、标筋。但因外墙面由檐口到地面，抹灰看面大，门窗、阳台、明柱、腰线等看面都要横平竖直，而抹灰操作则必须一步架一步架地往下抹。因此，外墙抹灰找规矩要在四角先挂好自上而下垂直通线（多层及高层房屋，应用钢丝线垂下），然后根据大致确定的抹灰厚度，每步架大角两侧最好弹上控制线，再拉水平通线，并弹水平线做标志块，竖向每步架做一个标志块，然后做标筋。

2. 粘贴分格条

为避免罩面砂浆收缩后产生裂缝，影响墙面美观，应在中层灰六至七成干后，按要求弹出分格线，粘贴分格条。水平分格条一般贴在水平线下边，竖向分格条一般贴在垂直线的左侧。分格条在使用前要用水泡透，以便于粘贴和起出，并能防止使用时变形。粘贴时，分格条两侧用黏稠水泥浆或水泥砂浆抹成与墙面成八字形，如图4-15所示。分格条要求横平竖直，接头平直，四周交接严密，不得有错缝或扭曲的现象。分格缝宽窄和深浅均匀一致。

图4-15　粘贴分格条示意图

1—基体；2—水泥砂浆；3—分割条

3. 抹灰

外墙抹灰层要求有一定的防水性能。若为水泥混合砂浆，配合比为水泥∶石灰∶砂=1∶1∶6；如为水泥砂浆，配合比为水泥∶砂=1∶3。底层砂浆凝固具有一定强度后，再抹中层，抹时用木杠、木抹子刮平压实，扫毛，浇水养护。抹面层时先用 1∶2∶5 水泥砂浆薄薄刮一遍；抹第二遍时，与分格条抹齐平，然后按分格条厚度刮平、搓实、压光，再用刷子蘸水按同一方向轻刷一遍，以达到颜色一致，并轻刷分格条的砂浆，以免起条时损坏墙面。起出分格条后，随即用水泥浆把缝勾齐。

室外抹灰面积较大，不易压光罩面层的抹纹，所以一般采用木抹子搓成毛面，搓平时要轻重一致，先以圆圈形搓抹，然后上下抽拉，方向一致，以使面层纹路均匀。抹灰完成 24h 后要注意养护，宜淋水养护 7d 以上。

另外，外墙面抹灰时，在窗台、窗楣、雨篷、阳台、檐口等部位应做流水坡度。设计无要求时，可做 10% 的泛水，下面应做滴水线或滴水槽，滴水槽的宽度和深度均不小于 10mm。要求棱角整齐，光滑平整，起到挡水作用。

4.3 装饰抹灰

装饰抹灰具有一般抹灰无法比拟的优点，质感丰富、颜色多样、艺术效果鲜明。装饰抹灰通常是在一般抹灰底层和中层的基础上做各种罩面而成。根据罩面材料的不同，装饰抹灰可分为水泥石灰类装饰抹灰、石粒类装饰抹灰、聚合物水泥砂浆装饰抹灰三大类。

4.3.1 装饰抹灰的一般操作要求

（1）装饰抹灰前必须检查中层抹灰的施工质量，经验收合格后才能进行面层施工。

（2）装饰抹灰所用材料经验收合格或试验合格后方能使用；装饰抹灰面层的厚度、颜色、图案应符合设计要求。

（3）同一墙面的砂浆应用统一产地、品种、批号；使用同一配合比，专人用专机搅拌，使色泽一致，水泥和颜料应精确计量后，干拌均匀，过筛，装袋备用。

（4）高层建筑外墙装饰抹灰，应用经纬仪控制垂直度，应根据建筑物的实际情况，划分为若干施工段分段、分片施工。

（5）抹灰顺序应先上后下、先檐部后墙面；要尽量做到同一墙面不接槎，必须接槎时，应注意接槎位置留在阴阳角交接处或分格处。抹底子灰前基层要先浇水湿润，底子灰表面应扫描或划出纹道，经养护 1 ~ 2d 后再罩面，次日浇水养护。夏日应避免在日光曝晒下抹灰。

（6）弹分格线、嵌分格条。待中层灰六至七成干时，按设计弹出分格线，用素水泥浆沿分格线嵌分格条。木分格条应提前用水浸透，用后洗净并用水浸泡防止变形。分格条必须粘贴牢固，横平竖直，接头平直，不得松动、歪斜。

（7）拆除分格条、勾缝。面层抹好后即可拆除分格条。拆除分格条后，用素水泥浆将分格缝勾抹平整。采用“隔夜缝”的罩面层，必须待面层砂浆达到适当强度后方可拆除。

（8）做滴水线。做窗台、雨篷、压顶、檐口等部位滴水线时，应先抹立面，再抹底面。顶面抹出流水坡度，底面在距外沿边 40 ~ 50mm 处抹滴水线槽或抹鹰嘴。滴水线槽一般深 12 ~ 15mm，宽为 7mm，外口宽 10mm。窗口两面的抹灰层应深入窗框下槛的裁口内，堵塞密实。阳台上窗台不必做排水坡。

（9）不同材料墙面基层的处理方法同一般抹灰。

（10）为保证饰面层与基层黏结牢固，颜色均匀，施工前宜先在基层喷刷 107 胶水溶液一遍（配比为 107 胶水∶水 =1∶3）。

4.3.2 水泥石灰类装饰抹灰

水泥石灰类装饰抹灰主要有拉毛灰、洒毛灰、扒拉灰、扒拉石、拉条灰、仿石抹灰、假面砖和聚合物水泥砂浆外保温装饰抹灰等。

4.3.2.1 分层做法

水泥石灰类装饰抹灰在各种基层上的分层做法见表 4-6。

4.3.2.2 拉毛灰

拉毛灰是在水泥混合砂浆的抹灰中层上，抹上纸筋石灰浆、水泥石灰浆或者水泥混合砂浆，然后用拉毛工具（棕刷子、铁抹子或麻刷子等）将砂浆拉成波纹斑点装饰面层，见图 4-16。这是一种传统的装饰工艺，内外墙面都可以采用。由于拉毛灰容易积灰尘，所以目前它在外墙抹灰应用的已不多见。但是，拉毛灰常用于有吸音要求的礼堂、影剧院、会议室等室内墙面，当然也可用在阳台拦板或围墙等外饰面。拉毛灰的基层处理与一般抹灰相同，分层做法见表 4-6。拉毛灰的底层与中层抹灰，要根据基层的不同和拉毛皮的不同而采用不同的底层、中层砂浆。中层砂浆涂抹后，先刮平再用木抹子搓毛，待中层六至七成干时，根据其干湿程度，浇水湿润墙面，然后涂抹面层（罩面）并进行拉毛。拉毛灰用料，应根据设计再进行大面积施工。在操作时，要两人操作，一人在前面抹罩面灰，一人紧接着拉毛。拉毛有粗毛与细毛．长毛与短毛之分，此外还有条筋拉毛等。

表 4-6　　水泥石灰类装饰抹灰在各种基层上的分层做法

种类	基层	分层做法（体积比）	厚度（mm）	适用范围
拉毛灰	砖墙基层	（1）1∶0.5∶4 水泥石灰砂浆抹底层； （2）1∶0.5∶4 水泥石灰砂浆抹中层找平； （3）刮水灰比为 0.37 ~ 0.40 的水泥浆； （4）抹纸筋石灰罩面拉毛或抹水泥石灰砂浆罩面拉毛	6 ~ 7 6 ~ 7 4 ~ 20	有音响要求的礼堂、影剧院、会议室等室内墙面，也可用在外墙、阳台栏板或围墙等外饰面
	混凝土墙基层	（1）满刮水灰比为 0.37 ~ 0.40 的水泥浆或洒水泥砂浆； （2）（3）和（4）同砖墙基层		
	加气混凝土墙基层	（1）涂刷一遍 1∶（3 ~ 4）的 107 胶水溶液； （2）（3）和（4）同砖墙基层		
洒毛灰	砖墙基层	（1）1∶1∶6 水泥石灰砂浆抹底层并找平； （2）1∶1∶6 水泥石灰砂浆抹中层后刷色浆或配制带彩色的砂浆抹中层； （3）用 1∶1 水泥砂浆洒在中层上	7 ~ 9 5 ~ 7	同拉毛灰
	混凝土墙基层	满刮水比为 0.37 ~ 0.40 的水泥砂浆或洒水泥浆后，各分层做法与砖墙相同		
	加气混凝土墙基层	（1）涂刷 1.3 ~ 4 的 107 胶水溶液一遍； （2）1∶0.5∶4 水泥石灰砂浆抹底层； （3）1∶1∶6 水泥石灰砂浆抹中层后刷色浆或配制带色彩的砂浆抹中层； （4）用 1∶1 水泥砂浆洒在中层上	 7 ~ 9 5 ~ 7	
搓毛灰	砖墙基层	（1）1∶0.5∶4 水泥石灰砂浆抹底层； （2）1∶0.5∶4 水泥石灰砂浆罩面后用木抹子搓出毛纹	7 ~ 9 7 ~ 9	外墙装饰抹灰
	混凝土墙基层	（1）满刮水灰比为 0.37 ~ 0.40 的水泥浆或洒水泥砂浆； （2）（3）同砖墙的（1）、（2）		
	加气混凝土墙基层	（1）涂刷 1.3 ~ 4 的 107 胶水溶液一遍； （2）1∶0.5∶4 水泥石灰砂浆抹底层； （3）1∶1∶6 水泥石灰砂浆找平； （4）1∶1∶6 水泥石灰砂浆罩面搓毛	 7 ~ 9 0 ~ 6 7 ~ 9	

续表

种类	基层	分层做法（体积比）	厚度（mm）	适用范围
扒拉灰	砖墙基层	（1）1∶0.5∶3 水泥石灰砂浆抹底层； （2）1∶0.5∶3 水泥石灰砂浆抹中层； （3）满刮一遍水灰比为 0.37 ~ 0.40 的水泥浆； （4）1∶0.5∶3 水泥石灰砂浆罩面后钢丝刷刷毛	6 0 ~ 5 8 ~ 10	外墙装饰抹灰
	混凝土墙基层		3 ~ 10 8 ~ 10	
	加气混凝土墙基层	（1）涂刷 1∶（3 ~ 4）的 107 胶水溶液一遍； （2）1∶0.5∶4 水泥石灰砂浆抹底层； （3）1∶0.5∶3 石灰砂浆抹中层； （4）1∶0.5∶3 水泥石灰砂浆罩面后钢丝刷刷毛	 7 ~ 9 5 ~ 7 8 ~ 10	
扒拉石	砖墙基层	（1）1∶3 水泥砂浆抹底层； （2）1∶3 水泥砂浆抹中层； （3）刮水灰比为 0.37 ~ 0.40 水泥浆一遍； （4）1∶2 水泥细砾石浆罩面后用钉耙子扒拉表面	5 ~ 7 5 ~ 7 10 ~ 12	外墙装饰抹灰
	混凝土墙基层	（1）满刮水比为 0.37 ~ 0.40 水泥浆或洒水泥砂浆； （2）1∶3 水泥砂浆找平； （3）刮水灰比为 0.37 ~ 0.40 水泥浆一遍； （4）1∶2 水泥细砾石浆罩面后用钉耙子扒拉表面	 3 ~ 10 10 ~ 12	
	加气混凝土墙基层	（1）涂刷 1∶（3 ~ 4）的 107 胶水溶液一遍； （2）1∶0.5∶4 水泥石灰砂浆抹底层； （3）1∶3 水泥砂浆抹中层； （4）刮水灰比为 0.37 ~ 0.40 水泥浆一遍； （5）1∶2 水泥细砾石浆罩面后用钉耙子扒拉表面	 7 ~ 9 5 ~ 7 10 ~ 12	
拉条灰	砖墙基层	（1）1∶1∶6 水泥石灰砂浆抹底层； （2）1∶1∶6 水泥石灰砂浆抹中层； （3）1∶2∶0.5= 水泥∶砂∶细纸筋石灰打底及罩面拉条（拉细条形）； 1∶2∶0.5= 水泥∶砂∶细纸筋石灰打底及 1∶0.5= 水泥细纸筋石灰罩面拉条（拉粗条形）	7 ~ 9 0 ~ 6 10 ~ 12	公共建筑的门厅会议室、观众厅等墙面装饰抹灰
	混凝土墙基层	涂刮水灰比为 0.37 ~ 0.40 的水泥浆或洒水泥砂浆后，各分层做法与砖墙相同		
	加气混凝土墙基层	涂刷 1∶（3 ~ 4）的 107 胶水溶液后，各分层做法与砖墙相同		
仿石抹灰	砖墙基层	（1）1∶1∶6 水泥石灰砂浆抹底层； （2）1∶1∶6 水泥石灰砂浆抹中层； （3）1∶1∶6 水泥石灰砂浆罩面扫出毛纹或斑点	7 ~ 9 0 ~ 6 6 ~ 7	影剧院、宾馆内墙面和厅院外墙面等装饰抹灰
	混凝土墙基层	满刮水比为 0.37 ~ 0.40 的水泥砂浆或洒水泥浆后，各分层做法与砖墙相同		
	加气混凝土墙基层	（1）涂刷 1∶（3 ~ 4）的 107 胶水溶液； （2）1∶0.5∶4 水泥石灰砂浆抹底层； （3）1∶1∶6 水泥石灰砂浆抹中层； （4）1∶1∶6 水泥石灰砂浆罩面扫出毛纹或斑点	7 ~ 9 0 ~ 6 6 ~ 7	
假面砖		（1）1∶3 水泥砂浆打底； （2）1∶1 砂浆垫底； （3）饰面砂浆	8 ~ 10 3 3 ~ 4	

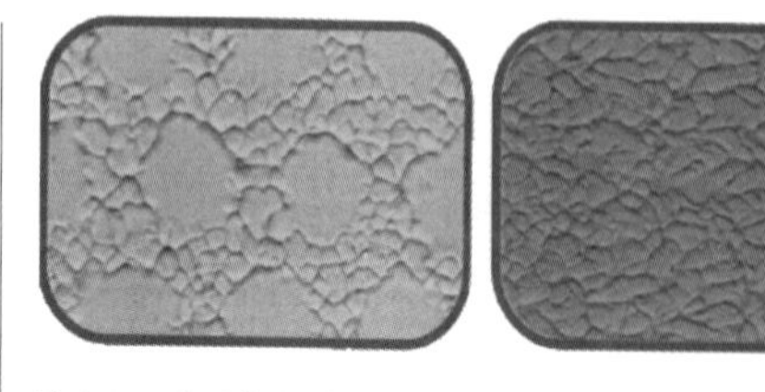
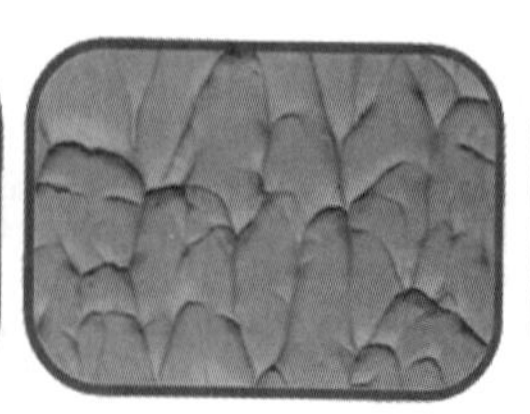
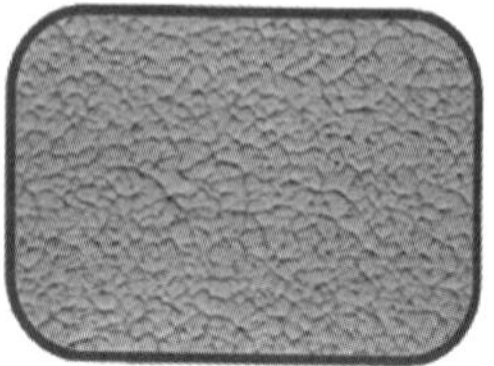

图 4-16 拉毛灰饰面机理

4.3.2.3 洒毛灰

洒毛灰的施工方法和适用范围与拉毛基本相同，分层做法见表 4-6。洒毛灰是用茅草、高粱穗或竹条等绑成的 20cm 左右的茅草帚蘸罩面砂浆均匀地洒在抹灰中层上，形成云朵状、大小不一但有规律的饰面。洒毛砂浆一般采用带色的 1∶1 水泥砂浆，稠度以能蘸上浆，墙面上又不流淌为宜，操作时应一次成活，不能补洒，在一个平面内不允许留茬。洒毛时，应由上往下、用力均匀，每次蘸用的砂浆量、洒向墙面的角度以及与墙的距离都要保持一致。当几个人一同操作时，则应先试洒，要求操作人员手势做法基本一致，相互纠正协调，以保证在墙面上出现的云朵大小相称，分布均匀，见图 4-17。

4.3.2.4 搓毛灰

搓毛灰时用木抹子在罩面上搓毛而形成的装饰面层。它适用于外墙装饰抹灰。搓毛灰的基本处理、底层抹灰、中层抹灰和面层抹灰的操作方法与一般抹灰相同，分层做法见表 4-6。所不同的是，抹毛灰是用木抹子在罩面层上搓毛。搓毛时，若罩面过干应边洒水边搓毛，不能干搓；抹纹要顺直，不要乱搓，应搓得均匀一致、没有接茬，见图 4-18。

图 4-17 洒毛灰

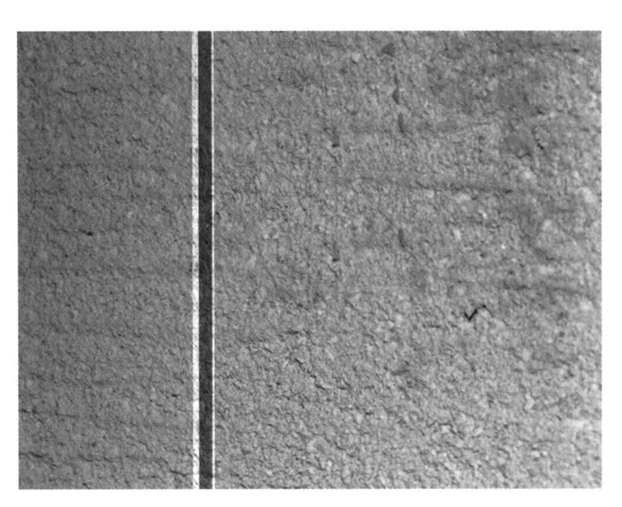

图 4-18 搓毛灰饰面

4.3.2.5 扒拉灰

扒拉灰使用钢丝刷子在罩面上刷毛扒拉而形成的装饰面层。它适用于外墙装饰抹灰。扒拉灰的分层做法见表 4-6。扒拉灰一般用 1∶0.5∶3 水泥石灰砂浆抹底和中层，罩面用 1∶0.5∶3 水泥石灰砂浆或 1∶1 水泥砂浆，然后用钢刷子刷毛。一般扒拉灰饰面多数进行分格，所以在罩面前先粘分格条，按设计要求的横竖分格施工。分格条粘好后，在中层应先刮一遍水灰比为 0.37 ~ 0.40 的水泥浆，再抹面层灰，并应一次与分格条抹平，找平稍收水，用木抹子搓平，并用铁抹子压实压平，使砂浆与中层黏结牢固、密实。然后用钢丝刷子、刷毛扒拉表面。扒拉时，手的动作是划圈移动，手腕部要活，动作要轻，否则扒拉的深浅不一致，表面观感不好。

4.3.2.6 扒拉石

扒拉石适用于外墙装饰抹灰。扒拉石的基层处理和底层抹灰、中层抹灰的操作方法与扒拉灰相同，分层做法见表 4-6。其面层用 1∶2 水泥细砾石浆。厚度一般为 10 ~ 12mm，然后用钉耙子扒拉表面。抹扒拉石面层，要求使用的细砾石颗粒以 3 ~ 5mm 的砂粒为最好，可节约材料、降低成本。待中层砂浆六至七成干时，以分格法抹面层，抹水泥细砾石浆的稠度不易太低，略比水泥砂浆抹面干些即可，一次抹够厚度，找平后用铁抹子反复压实压平，以增强水泥细砾石浆的密实度。扒拉石压平压实后，按设计要求四边留出 4 ~ 6cm 不扒拉的框。当然，也有在格的四个角套好样板做成弧形，以增加美感。

扒拉石用的钉耙，可在 100mm×50mm×15mm（长 × 宽 × 厚）的木板上钉 20mm 长小圆钉，针尖穿透板面，钉子的纵横距离以 7 ~ 8mm 为宜。用钉耙进行扒拉石操作时，时间过早会出现颜色不一致、露底子及杂乱无章；时间过迟则扒拉不动，也影响表面质量。一般以不粘钉耙为准，这样扒拉出来的表面有砂粒的地方形成凹陷砂窝，无砂粒的地方出现凸出的水泥砂浆（但要不出现抹子压的光面）。要求颜色一致，没有死坑、漏划或划掉水泥浆，不准出现接槎，见图 4-19。

4.3.2.7 拉条灰

拉条抹灰是用专用模具把面层砂浆做出竖线条的装饰抹灰做法。利用条形模具上下拉动，使墙面抹灰成规则的细条、粗条、半圆形、波形条、梯形条和长方形条等。它可代替拉毛等传统的吸声墙面，具有美观大方、不易积尘及成本较低等优点，可应用于要求较高的室内装饰抹灰。例如，公共建筑的门厅、会议室、观众厅等墙面装饰抹灰。

拉条灰的基层处理、底层抹灰、中层抹灰的操作方法与一般抹灰相同，分层做法见表 4-6。其面层砂浆配合比如无特殊要求，可参考如下数值：采用细条形拉条灰时，面层砂浆一般采用同一种配比，即水泥∶砂∶细纸筋石灰膏 =1∶2∶0.5 的纸筋混合砂浆；采用粗条形拉条灰时，抹灰面层分两层不同配比的砂浆，第一层砂浆配比为：水泥∶细纸筋石灰膏∶砂 =1∶0.5∶2.5；第二层（面层）配比为：水泥∶细纸筋石灰膏 =1∶0.5 的水泥纸筋石灰膏。

面层抹灰完成后，用拉条灰模具靠在木轨道上自上而下多次拉动成型，模具拉动时，不管墙面高度如何，在同一操作层都应一次完成，成活后的灰条应上下顺直、表面光滑、表层密实、无明显接槎。如果线条表面出现断裂细缝时，可在第二天用相同种类和配比的砂浆修补，然后再用同一模具上下来回拉模，见图 4-20。

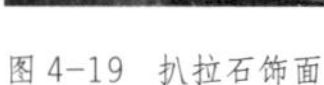

图 4-19 扒拉石饰面

图 4-20 拉条灰饰面

4.3.2.8 假面砖

假面砖是用彩色砂浆抹成相当于外墙面砖分块形式与质感的装饰抹灰面。假面砖抹灰用的彩色砂浆，一般按设计要求的色调调配数种，并先做出样板，确定标准配合比。一般多配成土黄、淡黄或咖啡等颜色。配合比可参考表 4-7。

假面砖的基层处理和底层抹灰、中层抹灰（一般中层灰为 1∶3 水泥砂浆）的操作方法与一般抹灰相同，分层见表 4-6。其面层砂浆涂抹前，先弹水平线，然后粘贴美纹纸或纸模，抹面层砂浆 3 ~ 4mm 厚。揭去美纹纸或纸模，清理基面，见图 4-21。

表 4-7 彩色砂浆参考配合比（体积比）

设计颜色	普通水泥	白水泥	白灰膏	颜料（按水泥量%）	细　砂
土黄色	5		1	氧化铁红（0.2～0.3） 氧化铁黄（0.1～0.2）	9
咖啡色	5		1	氧化铁红（0.5）	9
淡黄		5		铬黄（0.9）9	9
浅桃色		5		铬黄（0.5）、红珠（0.4）	白色细砂（9）
淡绿色		5		氧化铬绿（2）	白色细砂（9）
灰绿色	5		1	氧化铬绿（2）	白色细砂（9）
白色		5			白色细砂（9）

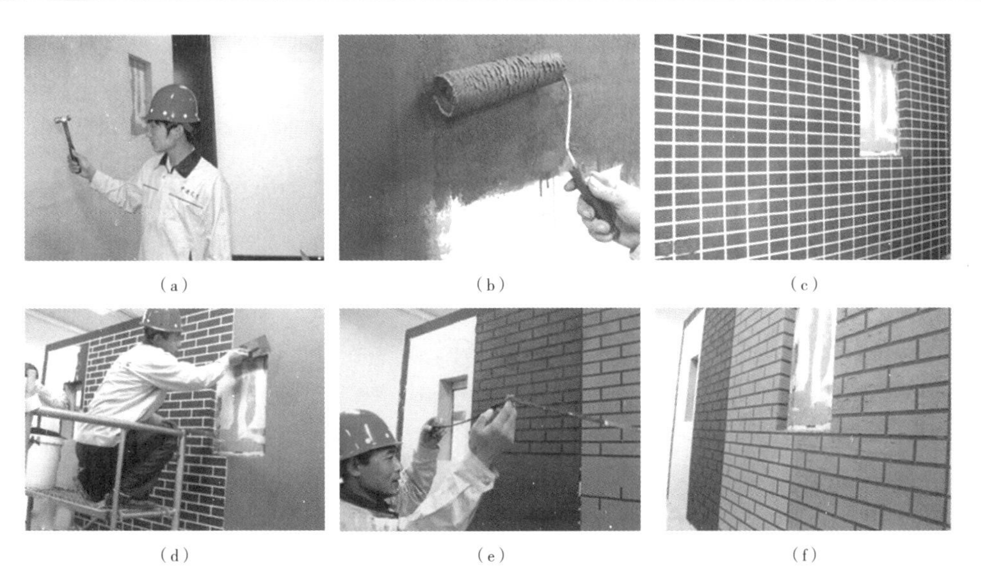

（a）（b）（c）（d）（e）（f）

图 4-21 假面砖施工工序

（a）基层检查；（b）施工底层砂浆；（c）粘贴美文纸（或纸模）；（d）施工面层砂浆；（e）揭去美纹纸（或纸模）；（f）竣工

4.3.2.9 仿石抹灰

仿石抹灰，又称“仿假石”，是在基层上涂抹面层砂浆，分出大小不等的假石状格块，施工方法与假面砖相同，见图 4-22。

图 4-22 仿石抹灰

4.3.2.10 聚合物水泥砂浆外保温装饰抹灰

聚合物水泥砂浆外保温装饰抹灰，由水泥黏接层、防火酚醛泡沫保温板（岩棉板）、抹面砂浆、纤维网格布（或镀锌钢丝网）、柔性腻子（砂浆）加饰面砂浆喷涂构成。其施工示意图见图 4-23。

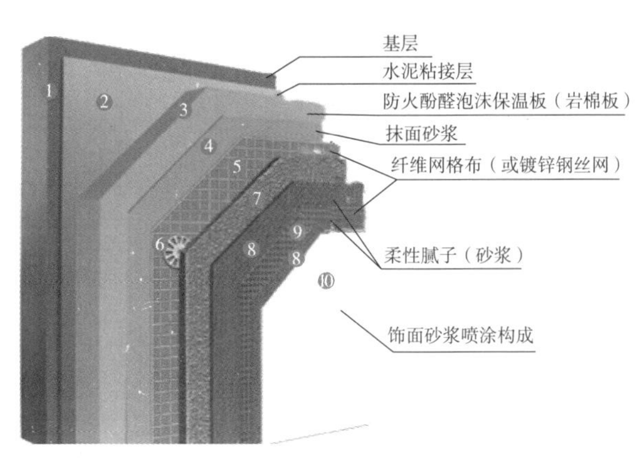

岩棉板

图 4-23 聚合物水泥砂浆外保温装饰抹灰

4.3.3 石粒类装饰抹灰

石粒类装饰抹灰主要用于外墙，它靠石粒的本色和质感来达到装饰目的，具有色泽明亮、质感丰富、耐久性好等特点。常用的石粒类装饰抹灰，主要有水刷石、干粘石、斩假石、水磨石以及机喷石、机喷石屑、机喷砂等。

4.3.3.1 分层做法

石粒类装饰抹灰在各种基层上的分层做法见表 4-8。

表 4-8 石粒类装饰抹灰在各种基层上的分层做法

种类	基层	分层做法（体积比）	厚度（mm）	使用范围
水刷石	砖墙基层	（1）1∶3 水泥砂浆抹底层； （2）1∶3 水泥砂浆抹中层； （3）刮水灰比为 0.37 ~ 0.40 水泥浆一遍为结合层； （4）水泥砂粒浆或水泥石灰膏石粒浆面层（按使用石粒大小）： 1）1∶1 水泥大八厘石粒浆（或 1∶0.5∶1.3 水泥石灰膏石粒浆）； 2）1∶1.25 水泥中八厘石粒浆（或 1∶0.5∶1.5 水泥石灰膏石粒浆）； 3）1∶1.5 水泥小八厘石粒浆（或 1∶0.5∶2.0 水泥石灰膏石粒浆）	5 ~ 7 5 ~ 7 20 15 10	一般多用于建筑物墙面、檐口、腰线、窗楣、窗套、会脸、门套、柱子、壁柱、阳台、雨篷、勒脚、花台等
	混凝土墙基层	（1）刮水灰比为 0.37 ~ 0.40 水泥浆或洒水泥砂浆； （2）1∶0.5∶3 水泥石灰砂浆抹底层； （3）1∶3 水泥砂浆抹中层； （4）刮水灰比为 0.37 ~ 0.40 水泥浆一遍为结合层； （5）水泥石粒浆或水泥石灰膏粒浆面层（按使用石粒大小）： 1）1∶1 水泥大八厘石粒浆（或 1∶0.5∶1.3 水泥石灰膏石粒浆）； 2）1∶1.25 水泥中八厘石粒浆（或 1∶0.5∶1.5 水泥石灰膏石粒浆）； 3）1∶1.5 水泥小八厘石粒浆（或 1∶0.5∶2.0 水泥石灰膏石粒浆）	 0 ~ 7 5 ~ 6 20 15 10	
	加气混凝土墙基层	（1）涂刷一遍 1∶（3 ~ 4）聚乙烯醇缩甲醛胶水溶液； （2）2∶1∶8 水泥石灰砂浆抹底层； （3）1∶3 水泥砂浆抹中层； （4）刮水灰比为 0.37 ~ 0.40 水泥浆一遍为结合层； （5）水泥石粒浆或水泥石灰膏石粒浆面层（按使用石粒大小）： 1）1∶1 水泥大八厘石粒浆（或 1∶0.5∶1.3 水泥石灰膏石粒浆）； 2）1∶1.25 水泥中八厘石粒浆（或 1∶0.5∶1.5 水泥石灰膏石粒浆）； 3）1∶1.5 水泥小八厘石粒浆（或 1∶0.5∶2.0 水泥石灰膏石粒浆）	 7 ~ 9 5 ~ 7 20 15 10	
干粘石	砖墙基层	（1）1∶3 水泥砂浆抹底层； （2）1∶3 水泥砂浆抹中层； （3）刷水灰比为 0.40 ~ 0.50 水泥浆一遍为结合层； （4）抹水泥：石灰膏：砂子：107 胶 =100∶50∶200∶（5 ~ 15）聚合物水泥砂浆黏结层； （5）小八厘彩色石粒或中八厘彩色石粒	5 ~ 7 5 ~ 7 4 ~ 5 （5 ~ 6，当采用中八厘石粒时）	同水刷石
	混凝土墙基层	（1）刮水灰比为 0.37 ~ 0.40 水泥浆或洒水泥砂浆； （2）1∶0.5∶3 水泥混合砂浆抹底层； （3）1∶3 水泥砂浆抹中层； （4）刷水灰比为 0.40 ~ 0.50 水泥浆一遍为结合层； （5）抹水泥：石灰膏：砂子：107 胶 =100∶50∶200∶（5 ~ 15）聚合物水泥砂浆黏结层； （6）小八厘彩色石粒或中八厘彩色石粒	3 ~ 7 5 ~ 6 4 ~ 5 （5 ~ 6，当采用中八厘石粒时）	
	加气混凝土墙基层	（1）涂刷一遍 1∶（3 ~ 4）（107 胶：水）胶水溶液； （2）1∶0.5∶4 水泥混合砂浆抹底层； （3）1∶0.5∶4 水泥混合砂浆抹中层； （4）刷水灰比为 0.40 ~ 0.50 水泥浆一遍为结合层； （5）抹水泥：石灰膏：砂子：107 胶 =100∶50∶200∶（5 ~ 15）聚合物水泥砂浆黏结层； （6）小八厘彩色石粒或中八厘彩色石粒	7 ~ 9 5 ~ 7 4 ~ 5 （5 ~ 6，当采用中八厘石粒时）	
机喷石、机喷石屑、机喷砂	砖墙基层	（1）、（2）和（3）同干粘石（砖墙）； （4）抹水泥：石灰膏：砂子：107 胶 =100∶50∶200∶（5 ~ 15）聚合物水泥砂浆黏结层； （5）机械喷粘小八厘石粒、米粒石或石屑、粗砂	（5 ~ 5.5，小八厘石粒）、（2.5 ~ 3，米粒石）、（2 ~ 2.5，石屑）	同干粘石
	混凝土墙基层	（1）、（2）、（3）和（4）同干粘石（混凝土墙）； （5）抹水泥：石灰膏：砂子：107 胶 =100∶50∶200∶（5 ~ 15）聚合物水泥砂浆黏结层； （6）机械喷粘小八厘石粒、米粒石或石屑、粗砂	（5 ~ 5.5 或 2.5 ~ 3.2）	

续表

种类	基层	分层做法（体积比）	厚度（mm）	使用范围
机喷石、机喷石屑、机喷砂	加气混凝土墙基层	（1）、（2）、（3）和（4）同干粘石（加气混凝土墙）； （5）和（6）同机喷石（混凝土墙）		同干粘石
斩假石	砖墙基层	（1）1∶3水泥砂浆抹底层； （2）1∶2水泥砂浆抹中层； （3）刮水灰比为0.37～0.40水泥浆一遍； （4）1∶1.25水泥石粒（中八厘掺30%石屑）浆	5～7 6～7 10～11	同水刷石
	混凝土墙基层	（1）刮水灰比为0.37～0.40的水泥浆或洒水泥砂浆； （2）1∶0.5∶3水泥石灰砂浆抹底层； （3）1∶2水泥砂浆抹中层； （4）刮水灰比为0.37～0.40的水泥浆一遍； （5）1∶1.25水泥石粒（中八厘掺30%石屑）浆	 0～7 5～7 10～11	
现制水磨石		（1）1∶3水泥砂浆打底； （2）刮素水泥浆一遍； （3）1∶1～1∶2.5水泥石粒浆罩面	12 8	室内墙面

4.3.3.2 水刷石

水刷石是石粒类材料饰面的传统做法。水刷石常用于建筑物的外墙面、檐口、腰线、窗楣、窗套、会脸、门套、柱子、壁柱、阳台、雨篷、勒脚、花台等处。水刷石的工艺流程为：抹灰中层验收→弹线、粘贴分格线→抹面层石粒浆→刷洗面层→起分格条及浇水养护。

水刷石的基层处理和底层抹灰、中层抹灰的操作方法与一般抹灰相同，抹好的中层表面要划毛，分层做法见表4-8。

4.3.3.3 干粘石

干粘石是将彩色石粒直接粘在砂浆层上的一种饰面做法，也是由水刷石演变而来的一种装饰工艺。其外观效果可与水刷石相比。干粘石的施工操作比水刷石简单，工效高，造价低，又能减少湿作业，因而对于一般装饰要求的建筑可以推广采用。干粘石的适用范围与水刷石相同。但是，房屋底层不宜采用干粘石。

干粘石的施工工艺流程为：中层抹灰验收→弹线、粘贴分格条→抹黏结层砂浆→撒石粒、压平→起分格条并修整。

干粘石的基层处理和底层抹灰、中层抹灰与水刷石相同，分层做法见表4-8。

（1）抹黏结层。待中层抹灰六至七成干并经验收合格后，应按设计要求弹线、粘贴分格条，然后洒水润湿，刷素水泥浆一道，接着抹水泥砂浆黏结层。黏结层砂浆稠度以6～8cm为宜。黏结层施工后用刮尺刮平，要求表面平整、垂直，阴阳角方整。

（2）撒石粒、拍平。黏结层抹平后，待干湿情况适宜时即可手甩石粒，然后即用铁抹子将石子均匀地拍入黏结层。甩石粒应遵循“先边角后中间，先上面后下面”的原则，阳角处甩石粒时应两侧同时进行，以避免两侧收水不一而出现明显接槎。甩石粒时，用力要平稳有劲，方向应与墙面垂直，使石粒均匀地嵌入黏结砂浆中，然后用铁抹子或胶辊滚压坚实。拍压时，用力要合适，一般以石粒嵌入砂浆的深度不小于粒径的1/2为宜。对于墙面石粒过稀或过密处，一般不宜补甩，应将石粒用抹子（或手）直接补上或适当剔除，见图4-24。

图4-24 干粘石

4.3.3.4 机喷石、机喷石屑、机喷砂

干粘石人工甩石粒，劳动强度大，效率低。近年来，实验采用机喷粘石，又称“机喷石”（简称“喷石”），即用压缩空气带动喷斗喷射石粒代替手工甩石粒，使部分工序实现了机械操作，提高了工效，减轻了劳动强度，石粒也粘得更牢固。不仅如此，在喷机石的基础上，目前又创造出喷石屑（简称“喷石屑”）、机喷砂（简称“喷砂”）等装饰新工艺。

1. 机喷石

（1）施工工具：①喷斗；②空气压缩机（排气量 6m³/min，工作压力 0.6 ~ 0.8MPa），一台空气压缩机可带两个喷石粒斗；③喷气输送管，即采用内径为 8mm 的乙炔胶管（长度按需要）；④其他工具，如装石粒簸箕、油印橡胶滚、接石粒的钢筋粗布盛料盘等。

（2）工艺流程：基层处理→浇水湿墙→分格弹线→刮素水泥浆粘布条→涂抹黏结层砂浆→喷石→滚压→揭布条→修理。

（3）操作方法。机喷石的分层做法见表 4-8。在墙面基层处理、浇水润湿、分格弹线后，抹素水泥浆，然后将浸泡湿透的布条平直地粘贴在已抹平压光的素水泥浆上，并按分格布条分出的区格，先满刮素水一遍（水灰比 0.37 ~ 0.40），接着涂抹黏结层砂浆。为了有充足的时间操作，砂浆中最好还掺入水泥量 0.3% 的木质素磺酸钙，砂浆厚度 4 ~ 5mm。抹好的黏结砂浆应不留抹子痕迹。

黏结砂浆抹完一个区格后，即可喷射石粒，一人手持喷枪，一人不断向喷枪的漏斗装石粒，先喷边角，后喷大面。喷大面时应自下而上，以免砂浆流坠，喷枪应垂直于墙面，喷嘴距墙面约 15 ~ 25cm。喷完石粒，待砂浆刚收水时，用油印橡胶辊从上往下轻轻滚压一遍。

2. 机喷石屑

机喷石屑是机喷石做法的发展。机喷石虽然初步实现了机械操作，但石粒由喷头嘴喷出也有一定的分散角度，上墙后分布密度不如手甩粘石密集。另外，手持式喷斗受质量限制，装用石粒数量很少，因此还需要有一人配合不断向斗内装石粒，喷石屑则解决了上述两个问题。

（1）机具设备。主要有空气压缩机（排气量 0.6m³/min，工作压力 0.4 ~ 0.6MPa）、挤压式砂浆泵（UBJ—1.2 型或 UBJ—0.8 型）、喷斗（喷嘴口径 8mm）、小型砂浆搅拌机或携带式砂浆搅拌器。

（2）操作方法。机喷石屑的分层做法见表 4-8。先喷或刷 107 胶水溶液作基层处理（当基层为砂浆或混凝土时，107 胶∶水 =1∶3；当基层为加气混凝土时，107 胶∶水 =1∶2），然后根据设计要求弹线分格，粘或钉分格条。黏结砂浆可以用手抹，也可机喷，按预先分格逐块喷抹，厚度为 2 ~ 3mm。用挤压式砂浆泵喷涂黏结砂浆时，应先遮挡门窗及不喷涂部位。喷涂应连续两遍成活，防止流坠。手抹时应尽量不留抹子痕迹。喷抹黏结砂浆后，喷斗从左向右、自下而上喷粘石屑。喷嘴应与墙面垂直，距离 30 ~ 40cm。空压机的压力、气量要适当，要求表面均匀密实、满粘石屑。石屑在装斗前应稍加水湿润，以避免粉尘飞扬，保证黏结牢固。如果黏结砂浆层表面干燥，影响石屑黏结时，应补砂浆，切忌刷水，以免造成局部析白而颜色不均，见图 4-25。

3. 机喷砂

机喷砂的操作方法与机喷石屑相同，分层做法见表 4-8。

4.3.3.5　斩假石

斩假石，又称"剁斧石"，是用水泥和白石屑加水拌和在建筑物或构件表面，待硬化后用斩斧（剁斧）、单刃或多刃斧、凿子等工具剁成像天然石那样有规律的石纹的一种人造石料装饰。

图 4-25　机喷石屑

斩假石的施工工艺流程为：抹底层、中层灰→弹线、粘贴分格条→抹面层水泥石粒浆→斩剁面层。除了抹面层水泥石粒浆和斩剁面层外，其余均同前。

斩假石在不同基层上的分层做法与水刷石基本相同（见表 4-8）。所不同的是，斩假石的中层抹灰应用 1∶2 水泥砂浆，面层使用 1∶1.25 的水泥石粒（内掺 30% 石屑）浆厚度为 10 ~ 11mm。

（1）面层抹灰。斩假石的基层处理与一般抹灰相同。基层处理后即抹底层和中砂浆，底层和中层表面应划毛。待抹灰中层六至七成干后，要浇水湿润，并满刮水灰比为 0.37∶0.40 的素水泥浆一道，然后按设计要求弹线分格、粘贴分格条，继而抹面层水泥石粒浆。

面层石粒浆常用粒径为 2mm 的白色米粒石，内掺 30% 粒径为 0.3mm 左右的白云石屑。面层石粒浆的配比一般为 1∶（1.25 ~ 1.5），稠度为 5 ~ 6cm。

面层石粒浆一般分两遍成活，厚度不宜过大，一般为 10 ~ 11mm。先薄薄地抹一层砂浆，待稍收水后再抹一遍砂浆与分格条平，并用刮子赶平。待第二层收水后，再用木抹子拍实，上下顺势溜直，不得有砂眼、空隙，并要求同一分格区内的水泥石粒浆必须一次抹完。石粒浆抹完后，即用软毛刷蘸水顺纹清扫一遍，刷去表面浮浆至露石均匀。面层完后不得受烈日暴晒或遭冰冻，24h 后应洒水养护。

（2）斩剁面层。在常温下，面层抹好 2 ~ 3d 后，即可试剁。试剁以墙面石粒不掉、容易剁、声音清脆为准。斩剁顺序一般遵循"先上后下，先左后右，先剁转角和四周边缘、后剁中间墙面"的原则。转角和四周应剁水平纹，中间剁垂直纹，先轻剁一遍，再盖着前一遍的剁纹剁深痕。剁纹深浅要一致，深度一般以不超过石粒粒径的 1/3 为宜。墙角、柱边的斩剁，宜用锐利的小斧轻剁，以防掉边缺角。

斩剁完成后，墙面应用水冲刷干净，并按要求修补分格缝。

斩假石的另一种做法是：用 1∶2.5 水泥砂浆打底，抹面层灰前先刷水泥浆一道。面层抹灰使用 1∶2.5 水泥白云石屑浆抹 8 ~ 10mm 厚，面层收水后用木抹子搓平，然后用压子压实、压光。水泥终凝后，用抓耙依着靠尺按同一方向抓，这种做法称为"拉斩假石"，见图 4-26。

4.3.3.6　水磨石

水磨石是石粒类材料饰面的常见做法。其施工工艺流程为：中层灰验收→弹线、贴镶嵌条→抹面层石子浆→水磨面层→磨光酸洗→打蜡出亮。

（1）弹线、贴镶嵌条。在中层灰验收合格后，即可在其表

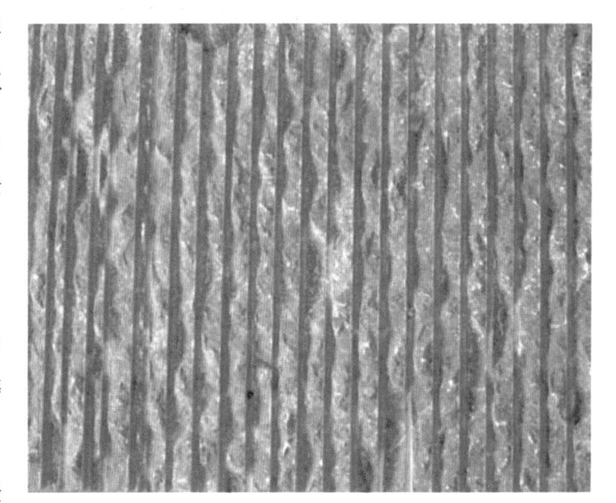

图 4-26　斩假石

面按设计要求弹出分隔线。镶条常用玻璃条，除了按已弹好的底线作为找直的标准外，还需要拉一条上口通线，作为找平的标准。铜嵌条与铝嵌条在镶嵌前应调直，并按每 1m 打 4 个小孔，穿上 22 号铝丝。镶条时先用靠尺板与分格线对齐，压好靠尺，再将镶条紧贴靠尺板，用素水泥浆在另一侧根部抹成八字形灰埂，然后拿去靠尺，再在未抹灰一侧抹上对称的灰埂固定。灰埂高度比镶条顶面低 3mm。铝条应涂刷清漆以防水泥腐蚀。

（2）抹面层石子浆。用 1∶1 ~ 1∶1.5 的水泥石粒浆罩面，厚度约为 8mm。所用石粒的粒径不宜过大，否则不易压平。罩面的施工方法为一般常规做法，即向中层砂浆表面洒水，抹素水泥浆形成 1 ~ 2mm 厚的黏结层，按标高要求弹出地面上口水平线，贴分格条，抹石粒浆，待稍收水后用抹子压实，以压出浆液为度，再用清水刷去浮浆，接着统压一遍，压平石粒尖露出的棱角，最后再用毛刷横扫大面一遍。

（3）水磨面层、磨光酸洗和打蜡。面层抹完后，经过一定时间，即可进行试磨。试磨时，石渣不松动便可正式打磨面层。第一次打磨完成，要进行补浆，即采用同色水泥浆将低凹及棕眼修补平整。第二次打磨要更换磨石，选择目数较大的细砂轮进行打磨，然后进行第二次补浆。用草酸水溶液清洗地面，后用清水冲洗，然后抛光打蜡，见图 4-27。

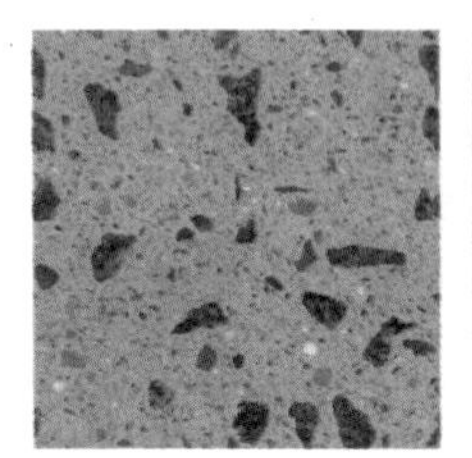

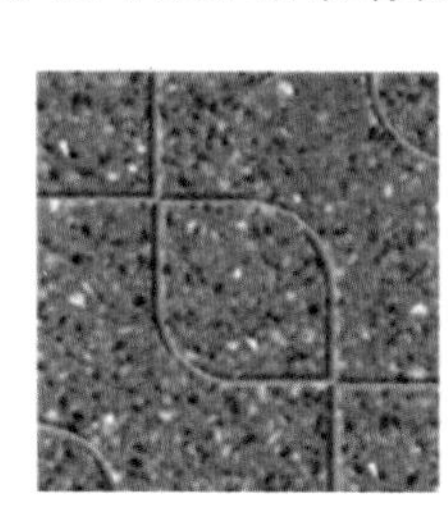
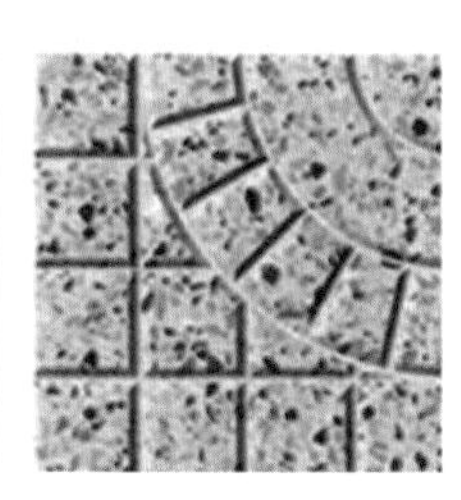

图 4-27 水磨石

4.3.3.7 仿假石

仿假石是将石粒或卵石与砂浆混合拌成彩色混凝土，用硅胶模压模成型的一种仿石工艺。具体做法可采用注模法和压模法进行。注模法是用速凝水泥混凝土添加颜料，注入专用硅胶磨具，拍实、压平、振动、脱模后进行蒸汽养护，预制成型，干燥后罩面漆。其规格一般参照石料大小，用于墙面装饰。

压模法用普通混凝土铺设找平压光，立刻用硅胶仿石模具在表面锤压出仿石纹路，并进行养护，干燥后罩面漆。因其造价低，工艺简单，广泛适用于公园、广场地面等，见图 4-28。

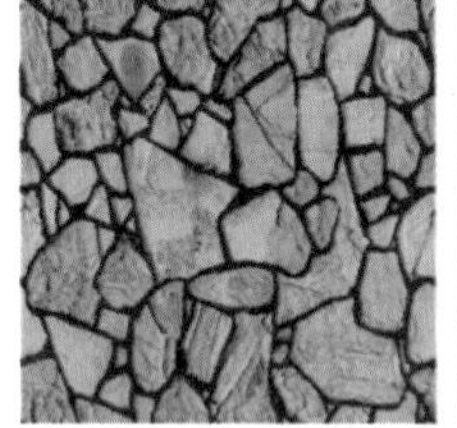

图 4-28 仿假石

4.3.4 聚合物水泥砂浆装饰抹灰

聚合物水泥砂浆装饰抹灰，又称“特殊抹灰”，即在普通砂浆中掺入适量的有机聚合物，以改善原材料性质。目前，我国能用于聚合物水泥砂浆的有机聚合物主要有聚乙烯醇缩甲醛胶（即 107 胶）、聚甲基硅醇钠、木质素磺酸钙等。其中，以掺 107 胶的聚合物水泥砂浆的价格最低、性能较好而应用广泛。

在砂浆中掺入 107 胶的作用主要有 5 个方面：①提高饰面层与基层的黏结程度；②减

少或防止饰面层开裂、粉化脱落等现象；③改善砂浆的和易性，减轻砂浆的沉淀、离析等现象；④砂浆早期受冻时不开裂，而且后期强度仍能增长；⑤降低砂浆容重，减慢吸水速度。掺入 107 胶的缺点有：①会使砂浆强度降低；②由于其缓凝作用析出氢氧化钙，容易引起颜色不匀，特别是低温施工更容易产生析白现象。

根据施工工艺的不同，聚合物水泥砂浆装饰抹灰可分为喷涂、滚涂和弹涂三种。

4.3.4.1　喷涂

喷涂是用挤压式砂浆泵或空气压缩机通过喷枪将砂浆喷涂于抹灰中层而形成的饰面面层。其施工工艺流程如下：基层处理→抹底层、中层砂浆→粘贴胶布分格条→喷涂→喷憎水剂罩面。

喷涂施工的基层处理、底层抹灰和中层抹灰的操作方法与一般抹灰相同，喷憎水剂罩面与喷砂要求相同。

1. 粘贴分格条

喷涂前，应按设计要求将门窗和不喷涂的部位采取遮挡措施，以防污染，分格缝宽度如无特殊要求，以 20mm 左右为宜。分格缝做法有两种：一种在分格缝位置上用 107 胶粘贴胶布条，待喷涂结束后，撕去胶布条即可。另一种不粘贴胶布条，待喷涂结束后，在分格缝位置压紧靠尺，用铁皮刮子沿着靠尺刮去喷上去的砂浆，露出基层即可。分格缝要求位置准确，横平竖直，宽窄一致，无明显接槎痕迹。

2. 喷涂

喷涂分波面喷涂、粉状喷涂和花点喷涂三种。其材料品种、颜色和配合比应符合设计要求。如无特殊要求，一般采用如下两种配比：一种是白水泥：砂：107 胶 =1：2：0.1，再掺入适量的木质素磺酸钙；另一种是普通水泥：石灰膏：砂：107 胶 =1：1：4：0.2，再掺入适量的木质素磺酸钙。要求配比正确，颜色均匀，稠度符合要求。

（1）波面喷涂。波面喷涂一般分三遍成活，厚度 3 ~ 4mm。第一遍使基层变色；第二遍喷至墙面出浆不流为宜；第三遍喷至全部出浆，表面呈均匀波状，不挂坠，并且颜色一致。波面喷涂一般采用稠度为 13 ~ 14cm 的砂浆。喷涂时，喷枪应垂直墙面，距离墙面约 50cm，挤压式砂浆泵的工作压力为 0.1 ~ 0.15MPa，空气压缩机的工作压力为 0.3 ~ 0.5MPa。

（2）粒状喷涂。粒状喷涂采用喷斗分两遍成活，厚度为 3 ~ 4cm。第一遍满喷，要求满布基层表面并有足够的压色力，第二遍喷涂要求在第一遍收水后进行，操作时要开足气门，并快速移动喷斗喷布碎点，以表面布满细碎颗粒、颜色均匀不出浆为准。

粒状喷涂有喷粗点和喷细点两种情况。在喷粗点时，砂浆稠度要稠，气压要小；喷细点时，砂浆要稀，气压要大。操作时，喷斗应与墙面垂直，距离墙面约 40cm。

（3）花点喷涂。花点喷涂是在波面喷涂的基础上再喷花点，工艺同粒状喷涂第二遍做法。施工前应根据设计要求先做样板，当花点的粗细、疏密和颜色满足要求后，方可大面积施工。施工时，应随时对照样板调整花点，以保证整个装饰面的花点均匀一致，见图 4-29。

4.3.4.2　滚涂

滚涂是将砂浆抹在墙体表面后，用滚子滚出花纹而成。其工艺流程除滚涂外，均与喷涂相同。

图 4-29 花点喷涂

滚涂的面层厚度一般是 2 ~ 3mm，砂浆配合比为水泥：砂：107 胶 =1：(0.5 ~ 1)：0.2，再掺入适量的木质素磺酸钙。砂浆稠度为 10 ~ 12cm，要求配比正确、搅拌均匀，并要求在使用前必须过筛，以除去砂浆中的粗粒，保证滚涂饰面的质量。

施工前因按设计要求准备不同花纹的辊子若干，常用的有胶辊、多孔聚氨酯辊和多孔泡沫辊等。滚子长一般为 15 ~ 25cm。

滚涂操作时需两人合作，一个人在前面用色浆罩面；另一个人紧跟滚涂，滚子运行要轻缓平稳、直上直下，以保持花纹的均匀一致。滚涂的最后一道应自上而下拉，使滚出的花纹有自然向下的流水坡度。

滚涂的方法分干滚和湿滚两种。

(1) 干滚法。要求上下一个来回，再自上而下走一遍，滚的遍数不宜过多，只要表面花纹均匀即可，它施工工效高，花纹较粗。

(2) 湿滚法。滚涂时滚子蘸水上墙，注意控制蘸水量，应保持整个滚涂面水量一致，以免造成表面色泽不一致，它的花纹较细，但较费工。

滚涂施工应按分格缝或工作段滚拉成活，不得任意甩槎。施工中如果出现翻砂现象，应重抹一层薄砂浆后滚涂，不得事后修补。滚涂 24h 后，喷一遍防水剂（憎水剂），以增强饰面的耐久性能，见图 4-30。

图 4-30 温滚法

4.3.4.3 弹涂

弹涂是在墙面涂刷一遍砂浆后，用弹涂器分多遍将不同色泽的砂浆弹涂在一涂刷的基层上面，结成大小不同的色点，再喷一遍防水层，形成相互交错、相互衬托的一种彩色饰面。

弹涂的施工工艺流程为：基层处理（抹灰底层或中层）→刷底色浆→弹分格线、粘贴分格条→弹浆两道、修弹一道→罩面。

弹涂操作除底色浆和弹浆外，其余均同前。

(1) 刷底色浆。底色浆刷在抹灰的底层或中层上，待基层干燥后先洒水湿润，无明水后，即可刷底色浆。色浆用白色或彩色石英砂、普通水泥或白水泥（有条件时，用彩色水泥），其配比一般为水泥：砂：107 胶 =1：(0.15 ~ 0.2)：0.13，并根据设计要求掺入适量的颜料。色浆一般按自上而下、由左到右的顺序施工，要求刷浆均匀，表面不流淌、不挂坠、不漏刷。

(2) 弹浆。待墙浆胶干后，将调制好的色浆按色彩分别装入弹涂器内，先弹比例多的色浆，后弹另一种色浆。色浆应按设计要求配制，做出样板后方可大面积弹浆。弹涂时应垂直于墙面，与墙面距离保持一致，使弹点大小均匀、颗粒丰满。弹浆分多遍成活而成：

第一道弹浆应分多次弹匀，并避免重叠；第二道弹浆收水后进行，把第一道弹点不匀及露点处覆盖，后进行修弹。弹涂完成后，可用铁滚沾水将弹涂颗粒滚平，形成浮雕，因此弹涂又被人们称为浮雕涂料。弹涂层干燥后，再喷刷一遍防水剂，以提高饰面的耐久性能，见图 4-31。

图 4-31　弹浆

第5章 建筑装饰陶瓷及其施工方法

制造建筑陶瓷的黏土是由天然岩石经长期分化而成，如长石的分化。一般黏土是多种矿物组成的混合体，其化学成分有：二氧化硅、三氧化二铝、三氧化二铁、氧化钙、氧化镁、氧化钾、氧化钠、氧化钛等。含以高岭土为主的黏土为瓷土；含微晶高岭土的黏土是一种含铁的铝硅酸盐，称为蒙脱土或膨润土，主要用于烧制陶器，所以称为陶土。以黏土为主要原料，经配料、制坯、干燥、熔制成的成品，称为陶瓷制品。而用于建筑工程的陶瓷制品称为建筑陶瓷。

用于卫生间、厨房的陶瓷称为卫生陶瓷。由于建筑装饰范围越来越广，因此，本章除介绍建筑陶瓷之外，也介绍部分卫生陶瓷。

5.1 陶瓷的分类与性能

陶瓷可分为陶器、瓷器和炻（shí）器。

5.1.1 陶器

陶器吸水率大，不透明、不明亮，敲击声粗哑，断面粗糙无光，有的无釉，有的施釉。陶器可分为粗陶器和精陶器。

5.1.1.1 粗陶器

粗陶器主要是由砂质黏土烧制而成，它一般带有颜色，吸水率较大，为 27% 左右，如红砖、青砖、瓦、缸等，如图 5-1 所示。

图 5-1 粗陶器

5.1.1.2 精陶器

精陶器是指坯体呈白色或象牙色的多孔制品，大多是以可塑性黏土、高岭土、长石、石英等为原料。精陶一般分两次烧制，素烧的温度一般为 1270℃左右，釉烧的温度为 1050 ~ 1150℃，吸水率一般为 9% ~ 12%，最大为 17%。常用的建筑制陶釉面砖、美术陶器、日用精陶如图 5-2 所示。

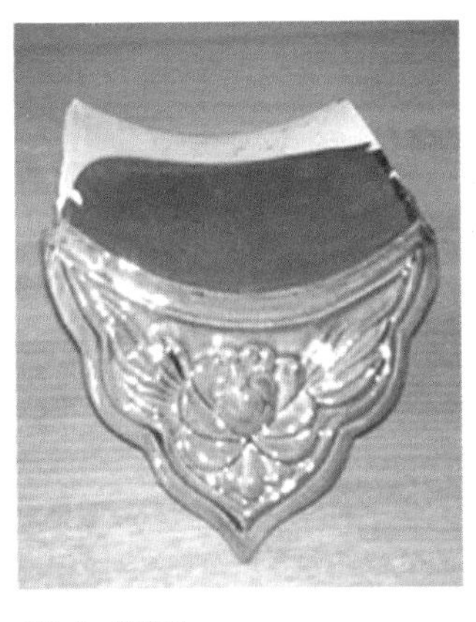

图 5-2　精陶器

5.1.2　瓷器

瓷器是由瓷土烧制而成。瓷器坯体致密、基本上不吸水，有一定的半透明性，通常都施有釉层。瓷器通常可用作日用餐、茶具和美术用品，如图 5-3 所示，也可以生产出一些特种瓷。一般瓷的表面要施釉。

图 5-3　瓷器

釉是附于陶瓷表面的连续的玻璃质层。釉可以认为是玻璃体，某些理化性质类似玻璃，但毕竟不是玻璃。重要差别在于釉一般在溶化时很黏稠而不动，能保持釉涂层不会流走，在直立表面不会下坠。釉按化学成分分为：长石釉、石灰釉、滑石釉、混合釉、铅釉、硼釉、土釉、食盐釉。施釉能改变坯体表面性能，提高机械强度；保证坯体不吸水、不透气；保护彩釉画面，防止有毒性元素溶出，提高瓷器的应用范围和艺术性能。

5.1.3　炻（shí）器

炻器，又称半瓷。炻器是介于陶器和瓷器之间的一类产品，它与陶器的区别在于陶器坯体多孔，与瓷器的区别在于炻器坯体多带颜色，且无半透明性。

炻器通常可以分为粗炻器和细炻器。建筑用外墙、缸砖、锦砖、地砖均为粗炻器；电器陶瓷、部分日用陶瓷如白陶砂锅、黑陶瓷器、紫砂等均为细炻器，如图 5-4 所示。

建筑装饰中，按陶瓷用途不同可以分为外墙面砖、内墙面砖、地面砖、锦砖（马赛克）、陶瓷壁画等。

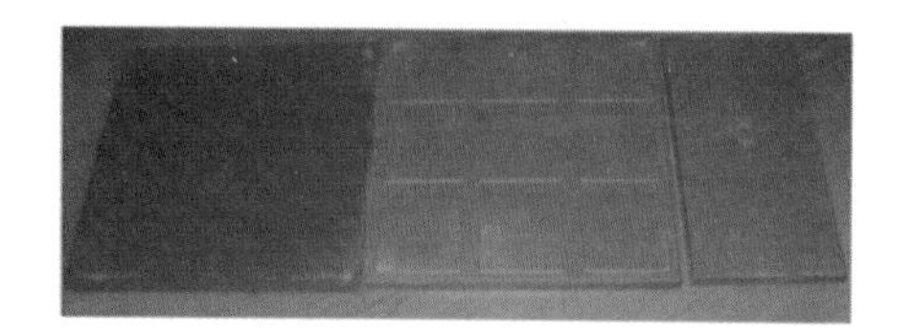

图 5-4 炻器

5.1.4 古代建筑陶瓷名称分类及结构形式

古代建筑陶瓷主要是指琉璃制品。琉璃制品是以难溶黏土作为原料，经配料、成型、干燥素烧，表面涂以琉璃涂料后，再经烧制而成的制品。琉璃制品是我国独特的陶瓷艺术，具有悠久的历史，造型古朴优美、色泽鲜艳、质地坚密、表面光滑、不易玷污，富有传统的民族特色。琉璃制品品种多样，包括琉璃砖、琉璃瓦、琉璃兽、琉璃管道以及装饰制品（如花窗花格、栏杆等）。琉璃制品色彩艳丽，主要有金黄、翠绿、宝石蓝等，被广泛应用在古建筑、纪念性建筑物、园林建筑中等，如图 5-5 所示。

图 5-5 琉璃制品

5.1.5 卫生陶瓷

卫生陶瓷多采用耐火黏土外加石英和长石等原料烧制而成。卫生陶瓷的釉层多为洁白或浅淡色，表面光亮，不透水，不易玷污，便于清洗，耐化学侵蚀，主要有坐便器、蹲便器、小便器、洗面器、妇洗器、水箱、洗涤槽、存水弯、皂盒、手纸盒，见图5-6。

图5-6 卫生陶瓷

5.2 面砖及其施工方法

5.2.1 饰面砖镶贴施工

5.2.1.1 饰面砖的选择

（1）应根据建筑物内外装饰的不同场合和条件，按设计要求合理地选择釉面砖、墙地砖、外墙面砖、劈离砖等相应类型材料。饰面砖订购时，除准备掌握产品中尺寸、颜色、造型和等级外，还需根据工程的特殊要求，提出物理、化学和机械的特性要求，如化学稳定性、热稳定性、耐磨性等。北方寒冷地区用于室外工程时，宜选用低吸水率、抗冻型外墙砖和墙地砖等贴面陶瓷饰材。

（2）对于进场的饰面砖需进行选择，即根据设计要求挑选规格一致、外形平整方正、不缺棱掉角、不开裂和脱釉、颜色均匀的砖块及其配件。将实际尺寸不同的砖，按其与公称尺寸正负值量区别开，分大、中、小三级分别堆放，以便保证同一层间或同一墙面的装饰贴面接缝均匀一致。

5.2.1.2 饰面砖的预排

（1）预排时要注意同一墙面的横竖排列，不得有一行以上非整砖。非整砖应排在不明显部位或墙面阴角处，较有效的方法是用接缝宽度调整砖行。

（2）室内镶贴釉面砖如无具体设计规定时，釉面砖的接缝宽度可在1.0 ~ 1.5mm之间调整。在管线、灯具、卫生设备支承等部位，应采用整砖套割吻合，不得以非整砖拼凑镶贴。

（3）外墙面砖要根据设计图纸规定尺寸进行排砖分格，必要时应绘制大样图。一般要求水平缝楹脸、窗台齐平；竖向要求阳角及窗口处都是整砖。分隔按整块均分，并根据已确定的分格缝和面砖接缝尺寸做分格及划出皮数杆。对窗心墙、墙垛等处要事先测好中心线、水平分格线和阴阳角垂直线。

5.2.1.3 饰面砖浸水

饰面砖镶贴前先清扫干净，然后置于清水中浸泡。浸水时间一般不少于 20h，吸水率小的砖也不得少于 15min；有的外墙面砖则需隔夜浸泡，然后取出阴干备用，阴干时间视气候和环境温度而定，一般为 4h 左右，即以饰面砖表面有潮湿感但手捺无水迹为宜。

5.2.1.4 基层处理要求

镶贴饰面砖的基层，必须平整且粗糙。根据不同材质的基体，应分别采用不同的处理方法。如有不实、不平或脱壳现象，以及尺寸标高不服，不得进行饰面砖镶贴施工。饰面砖镶贴前，必须严格按照《建筑装饰装修工程质量验收规范》(GB 50210—2001)的有关规定进行贴砖基层验收。

5.2.1.5 饰面砖镶贴的黏结材料

(1)釉面砖和外墙面砖宜采用 1∶2 水泥砂浆镶贴，砂浆厚度为 6 ~ 10mm。也可掺入不大于水泥重量 15% 的石膏以改善砂浆的和易性。

(2)釉面砖和外墙面砖也可采用胶黏剂或聚合物水泥浆进行镶贴。当采用聚合物水泥浆时，其配合比应由试验确定。参考配比是：聚合物水泥浆(水泥∶107 胶∶水=100∶5∶26)；聚合物水泥砂浆(水泥∶砂=1∶2.0，另掺入水泥重量 2% ~ 3% 的 107 胶)；采用胶黏剂时 1 份胶黏剂∶205 份水泥(425 号)。

(3)如果采用彩色砂浆进行墙地砖镶贴时，砂浆调制应选用无机化合着色剂，着色剂的用量不应超过水泥重量的 10% ~ 15%。

5.2.1.6 饰面砖镶贴施工工艺

(1)清理并浸湿墙面。

(2)用 1∶3 水泥砂浆找平，厚度 5 ~ 10mm。

(3)刮出齿纹。

(4)在瓷砖背面刮 1∶2 水泥砂浆，厚度 5 ~ 6mm。

(5)调平并锤实。

(6)清理缝隙，白水泥浆做缝。其过程见图 5-7。

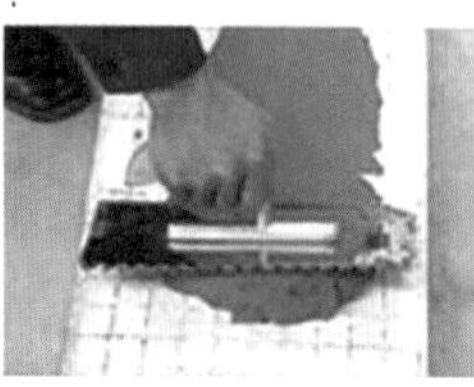

图 5-7 饰面砖镶贴施工

5.2.2 釉面砖镶贴施工

镶贴釉面砖时，先用废瓷砖粘贴在基层上作为标志块（灰饼），间距为 1.0 ~ 1.6m，上、下标志块用靠尺找好垂直，横向标志块拉通线或用靠尺板校正平整度。以标志块作为控制釉面砖镶贴的表面平整依据，利于操作时掌握结砂浆的厚度。

镶贴顺序一般是先大面，后阴阳角和凹槽部位，大面镶贴由上而下。按设计和预排，依地（楼）面水平线嵌上八字靠尺或直靠尺，釉面砖的下口坐在靠尺上，作为第一行饰面砖镶贴的依据，并防止釉面砖因自重而向下移动，以确保横平竖直。釉面砖上墙之前，在其背面刮黏结浆，上墙后用力捺压，使之与墙面紧密粘合。最下一皮砖贴好后，用长靠尺横向找平，对于高出标志块者，可用铲刀木柄轻敲使之平齐；如有低于标志块而亏灰者，应取下釉面砖刮满刀灰再镶贴，不得采用在砖口塞灰的做法，否则会造成空鼓。然后依次往上镶贴，注意缝隙宽窄一致。当贴至上口，如无压条（镶边或装饰线脚）或吊顶时，应采用一边圆的配件砖贴成平直线。阳角的最上面一块砖，用两边圆的釉面砖镶贴。内墙釉面砖饰面一般采用长毛刷蘸粥状白水泥素浆进行擦缝，要求缝隙均匀密实，见图 5-8。

(a)

(b)

(c)

(d)

图 5-8 瓷砖黏结剂墙砖施工工艺
(a) 确定基准点；(b) 墙面找平处理；(c) 瓷砖黏结剂；(d) 小方砖 45° 斜贴

5.2.3 外墙面砖镶贴施工

外墙面砖镶贴施工应根据施工大样图要求统一弹线分格、排砖。方法可采取在阳角用钢丝花篮螺丝拉垂线，根据钢丝出墙面每隔 1.5 ~ 2.0m 做标志块，并找准阳角方正，抹找平层，找平找直。在找平层按设计图案先弹出分层水平线，再每隔 1m 左右弹一条垂直线（根据面砖块数决定），在层高范围内根据皮数杆的皮数从上到下弹出若干条水平线，并按面砖尺寸弹出竖直方向的控制线。如采取离缝分格，应按整砖的尺寸分匀，确定分格缝尺寸，并按离缝实际宽度制备分格条，分格条的宽度一般为 5 ~ 10mm。

外墙面砖的镶贴顺序，应自上而下分层分段进行；每段内镶贴程序应是自下而上逐排进行，且应先贴附墙柱，后贴墙面，再贴窗间墙。

外墙面砖前做好标志块，挂线方法与内墙釉面砖做法相同。墙面基层一般要求预先浇水湿润，与浸水的面砖湿度相一致。

粘贴面板时，在最下一排砖的下皮位置先稳好靠尺，以此托住第一皮砖，作法同于釉面砖。先用少量黏结浆在面砖背面薄刮一下，然后抹满刀灰。采用水泥浆或水泥混合砂浆时，砂浆厚度是 6 ~ 10mm；采用聚合物水泥砂浆时，其厚度一般不大于 5mm；对于大面积墙地砖铺贴，其黏结浆厚度可采用 10 ~ 15mm，以便在允许范围内借助砂浆调整其表面平整。贴完一行后，需将每块砖上的灰浆刮净。如面砖上口不在同一直线上，应在砖下口垫小木片以取得每行砖上口的平直。然后在上口放分格条，以控制水平缝的大小与平直，又可防止面砖向下滑移，随后即进行第二皮面砖的镶贴。分格条已在隔夜后起出。面砖镶贴的竖缝控制，除依靠墙面的控制线外，还应及时用线锤检查，如果竖缝离缝，对挤入竖缝内的灰浆要随手清理干净。

镶贴室外突出的檐口、腰线、窗台、雨篷和女儿墙压顶部位的面砖时，上部需有流水坡度，下面应做滴水线或滴水槽。面砖压向应采取顶面面砖压立面面砖的做法，以避免向内渗水造成空鼓。

在完成一个层段墙面的贴砖并检查合格后，即可进行勾缝。勾缝用 1∶1 水泥砂浆和水泥浆分两次嵌实，第一次用一般水泥砂浆，第二次按设计要求用普通水泥浆或彩色水泥浆勾缝。勾缝通常做成凹缝，深度为 3mm 左右。面砖密封处用与面砖相同颜色的水泥擦缝。完工后，清除表面残留灰浆，用布或棉丝蘸浓度为 10% 的稀盐酸擦洗，并随即用清水冲洗干净。

5.3 锦砖及其施工方法

5.3.1 陶瓷锦砖的镶贴

5.3.1.1 排砖、分格和放线

陶瓷锦砖施工排砖、分格是按照设计图纸要求，根据门窗洞口、横竖装饰线条的布置，首先明确墙角、墙垛、出檐、窗台、分格或界格等节点的细部处理。一般需绘出细部构造详图，然后按排砖模数画出施工大样图，以保证镶贴操作顺利。

根据图纸弹出水平线与垂直线。水平线按每联（方）锦砖一道；垂直线每联一道或 2 ~ 3 联一道。垂直线与房屋大角及墙垛中心线保持一致；水平线与门窗脸及窗台等相平行。若要求分格，按大样图规定的留缝宽度弹出分格线，按缝宽备好分格条。

5.3.1.2 镶贴

将底灰表面浇水湿润，先薄抹一道素水泥浆（也可掺水泥重 7% ~ 10% 的 107 胶），再抹黏结层。黏结材料可用 1∶0.3 水泥细纸筋灰；1∶1.5= 水泥∶（砂 +5% 的 107 胶）水泥砂浆；1∶1 水泥砂浆加入 2% 的聚醋酸乙烯乳液。水泥砂浆可薄至 1 ~ 2mm。

将陶瓷锦砖铺在木垫板上，底面朝上，洒水湿润，用铁抹子挂一层厚约 2mm 的白水泥浆，使锦砖缝隙里灌满水泥浆。另一种做法是向缝里灌细砂，用软毛刷刷净锦砖地面后少刷一点水，再薄抹一层灰浆。此后即可在黏结层上镶贴陶瓷锦砖。对齐缝隙轻击拍实。拍击要均匀，先拍四周，后排中部，使其黏结牢固。如有分格，在贴完一组后，将分格条放在上口线继续贴第二组，依次镶贴。

5.3.1.3 揭纸调缝

用软毛刷蘸水刷湿陶瓷锦砖护纸面，揭纸时间一般为 30min 左右。揭纸时应有顺序地

仔细操作，若有小块陶瓷砖随纸带下，要在揭纸后重新补上。揭纸后认真检查缝隙的大小平直，不符合要求的缝隙必须拨正。调整砖缝的工作，要在黏结砂浆初凝前进行。调缝时先调横缝，一手将开刀放于缝间，一手用抹子轻敲开刀，按要求逐条将缝隙拨正、拨匀、调直。拨缝后用小锤敲击木拍板将砖面拍实一遍，以增强黏结。

5.3.1.4 擦缝

待黏结材料凝固后，用素水泥浆找补擦缝。方法是用橡胶刮板在锦砖面上刮一遍，嵌实缝隙，接着加些干水泥（如为浅色陶瓷锦砖，应使用白水泥），进一步找补擦缝，最后取出分格条，用 1∶1 水泥细砂浆八分格缝勾严、勾平，再用布擦净。全部清理擦干净后，次日浇水养护，见图 5-9。

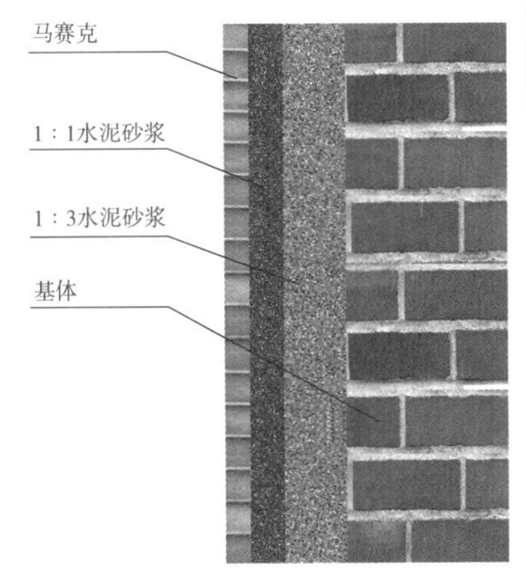

图 5-9 锦砖施工示意图

5.3.2 玻璃锦砖的镶贴

玻璃锦砖因其呈晶体毛面，不吸水，故粘贴施工与陶瓷锦砖不尽相同。尤其是有的玻璃锦砖外露明面大，黏结面小，四面成八字形，给镶贴带来一定难度。

5.3.2.1 抹底灰及基层处理

玻璃锦砖表面光泽度较高，镶贴时对底灰（或基层）平整度要求比陶瓷锦砖严格。因此底灰或基层的表面平整、立面垂直和阴阳角方正与垂直，必须符合高级抹灰的要求，既要保证每张玻璃锦砖的平整，又要保证张与张之间的平整。

玻璃锦砖呈半透明体，要求底灰的颜色一致，黏结层的颜色也一致。如果是用水泥浆或聚合物水泥浆做黏结层，应在玻璃锦砖的背面及缝隙处刮满一层白水泥浆；如果采用胶黏剂镶贴时，胶黏剂的颜色和底灰的颜色要一致，使透过玻璃锦砖的色泽均匀一致。

5.3.2.2 擦缝

玻璃锦砖呈玻璃晶体毛面，擦缝时不能同陶瓷锦砖一样满涂满刮，防止水泥砂浆将晶体毛面填满而失去光泽。因此，擦缝时只能在缝隙部位仔细刮浆，将不饱满处擦均匀，同时应及时用棉纱擦净，以防治污染表面。

根据设计要求，有的玻璃锦砖饰面在镶贴完成后，可涂刷罩面剂。方法是待玻璃锦砖面层干燥后，涂刷 191 丙烯酸清漆∶天那水 =1∶2 的防水罩面剂，可以避免饰面起碱发白，使之洁净美观，见图 5-10。

图 5-10 玻璃锦砖

5.4 地砖及其施工方法

陶瓷地砖规格：将600mm×600mm以下的称为普通型砖，大于600mm×600mm以上的称为大砖型。对于普通型砖，一般在完成垫层基础上用1∶(3～5)(体积比)砂浆直接铺设为湿铺。而对于大砖，常用铺设大理石地面的方法进干铺。

5.4.1 湿铺

一般情况下，二次装修的地面，已有找平层，一般不再找平，而新建楼房，找平层也已完成，因此，一般也不需要做找平层。

施工程序：清扫基底→按砖块大小分别拉出垂直线条→挑砖、浸泡、预排→铺设→找平→养护→做缝。

(1)泡砖一般不少于4h，但对于一部分通体瓷砖洇湿即可。用1∶3水泥砂浆再掺入10%的107胶(108胶)，预制成稠砂浆，稠度4cm左右。

(2)测长边墙面，比量砖大小、拉线，并拉其垂直边线。粘铺时靠近墙体的第一列和第一行先不铺设；而是先铺设第二行第二列作为第一块进行铺设，不断用水平尺进行多次检验，然后再从第三行第三列，一块块铺设下去，并用手指检验每块砖三个点是否水平。对于有泛水要求的地面，注意检查坡度，一般可采用"L"形和"T"形铺设，并且要用皮锤砸实，以免"空鼓"。

(3)铺贴完成后，养护至少2d，然后做缝。将白水泥调成干性浆团，用毛巾在缝隙处擦抹，使缝隙处饱满，并将砖面进行清洗。

5.4.2 干铺

干铺主要针对大规格的地板砖(600mm×600mm以上)，容易空鼓，并且不易找平，此法与大理石地面铺设的方法相同。具体施工工艺：清理地面并浸湿→1∶3干硬性水泥砂浆赶平→找平并试铺敲实→揭起面砖，在其背面抹5～10mm1∶1水泥砂浆并找平→粘贴到原试铺位置→调正找平敲实→清理缝隙→浇水养护2～3d→用白色水泥浆做缝，见图5-11。

图5-11 地面瓷砖干铺法

5.5 屋顶琉璃瓦面的施工

屋顶琉璃瓦面施工是我国古代建筑高超技艺流传至今为数不多的中华绝技。它是在屋顶木基础之上，通过苫背、铺瓦等施工工艺而形成。苫背是指在屋顶木基础之上，铺设防水、保温垫层等的一项施工过程。铺瓦是指在苫好背的背面上进行拴线、派瓦、铺瓦的一系列过程。

5.5.1 苫背的施工工艺

苫背的标准施工工艺流程为：木基层→抹护板灰→锡背或泥背→抹灰背→扎肩→晾背。

5.5.1.1 抹护板灰

护板灰是保护木望板并与上一层泥背分割的抹灰层。它是在木望板上抹一层1～2cm厚的深月白麻刀灰，要求表面平整。其中灰内的麻刀可以少一些，灰质要软一些，主要起保护作用。若木基层不是望板，而是用苇箔或席箔时，则不需要护板灰。

5.5.1.2 锡背或泥背

1. 锡背

锡背是指将铅锡合金的金属板铺苫在护灰板上的一种高级抹灰防水层。锡背做法有很好的延展性，不易氧化，防水性能好，使用寿命长，但是成本太高，因此常使用在高级建筑物上。

锡背一般苫两层，即现在护灰板苫一层锡背，然后苫一层泥背，抹平稍干后再苫层锡背。每块锡背之间要用焊接，决不可用钉接。

坡屋顶的锡背苫好后，要进行粘麻，即把麻分成若干把，每间格一段距离，分别用灰把麻粘到锡背上。待粘灰干透后再开始下一步抹灰背。

2. 泥背

泥背使用麻刀泥或秸秆泥取代锡背的一种防水层。一般抹2～3层，每层厚不超过5cm。在坡面较陡的地方，每层泥背苫完后，还要随时压麻。压麻是将麻分成把，按适当间距将麻的一端压在一段才铺的泥背下，待苫下一段泥背之前，将马尾部分翻倒泥背上来，并分散摊开成网状，然后扎进泥背中去，以此类推。

5.5.1.3 抹灰背

1. 抹月白灰背

灰背是对防水层进行保护，并起到保温和垫层的作用。它是在锡背或泥背上苫2～4层大麻刀灰或大麻刀灰月白灰，每层灰背厚不超过3cm，每层之间应铺一层“三麻布”以加强灰背的整体性。每层苫完后要铁抹子反复赶坚实后再苫下一层。

2. 抹青灰背

抹完月白灰背后抹青灰背。青灰背也用大麻刀灰月白灰抹木一层，厚约2-3cm，但应配合刷青浆和扎背，赶扎次数不少于“三扎三浆”，要扎实赶光。

3. 打拐子

青背灰干至七八层时，用木棍在青灰背上打一些浅窝称为打拐子。在重要建筑物还要

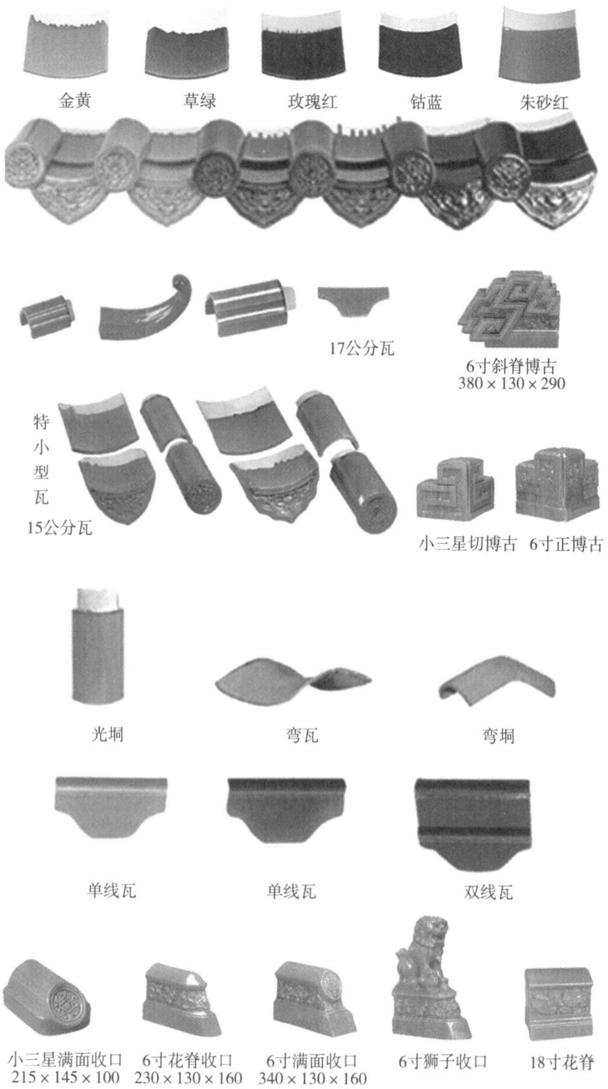

金黄
草绿
玫瑰红
钴蓝
朱砂红
17公分瓦
6寸斜脊博古
380×130×290
特小型瓦
15公分瓦
小三星切博古
6寸正博古
光垌
弯瓦
弯垌
单线瓦
单线瓦
双线瓦
小三星满面收口
215×145×100
6寸花脊收口
230×130×160
6寸满面收口
340×130×160
6寸狮子收口
18寸花脊

图 5-12 琉璃瓦屋面的瓦件

粘麻，即俗称“粘麻打拐子”，防止铺瓦时瓦面滑落。

5.5.1.4 扎肩

抹完灰背后，在脊上要抹扎肩灰称为“扎肩”。即在两坡相交的脊线上，拴一道推平准线，沿线在脊上抹灰，抹灰高与线平直，抹灰宽度 30 ~ 50cm，两边垂直落脚在前后坡的灰背上，为屋脊打下基础。

5.5.1.5 晾背

晾背是指等灰背晾干后铺瓦。晾背时间要月余，干透为止。

5.5.2 铺瓦的施工工艺

在我国封建等级社会里，屋面用瓦也是有等级的，黄色琉璃瓦为最尊，只能用于皇家和庙宇；绿色琉璃瓦次之，用于亲王世子和群僚；一般地方贵族使用布筒瓦；劳动平民只能使用布板瓦。

园林建筑屋顶的常用瓦面一般有：琉璃瓦屋面、削割瓦屋面、剪边瓦屋面（即屋面边用尊贵瓦，屋面心用次等瓦）、合瓦屋面和干槎瓦屋面等，其他仰瓦灰梗屋面、石板瓦屋面等用的很少。而在这五种瓦面中，削割瓦和攒边瓦屋面的施工工艺基本与琉璃瓦屋面相同，所以，这里着重介绍琉璃瓦，而合瓦和干槎瓦在亭廊建筑中很少用，故不予介绍。

5.5.2.1 琉璃瓦屋面的瓦件及组合

琉璃瓦屋面的瓦件较为复杂，其瓦件如图 5-12 所示。

整个琉璃屋面的面瓦由筒瓦垄、板瓦垄、沟头瓦、滴水瓦、星星瓦、竹子瓦和抓泥瓦等组成（见图 5-13 和图 5-14）。具体介绍如下。

（1）琉璃板瓦垄。有一块块琉璃板瓦，由下而上层层叠接形成凹行垄沟，是承接雨水的导水沟槽。板瓦横截面的形状为 1/4 半圆形，前端宽后端窄，仰铺在泥灰背上，一般统

宝顶（珠）
脊上龙
正脊
正脊形瓦
瓦片
瓦筒
龙吻或博古
垂脊收口
满面或博古
垂脊
斜脊
斜眉形瓦
飞檐
檐口兽头
满面筒
满面瓦
莲花斗拱
梁头套
梁花饰
大型雀替
柱头饰
拱梁托
雀替

图 5-13 玻璃瓦屋面各部件名称（一）

亭
亭珠
斜眉形瓦
半边脊
歇山、垂脊
脊顶弯博古或弯脊
斜脊收口博古
或满面收口
歇山装饰
半边脊
斜脊
弯筒
弯瓦
围墙
三星博古
大、小三星
三星卷尾
竹节窗
花窗
女儿墙、围墙
切角博古

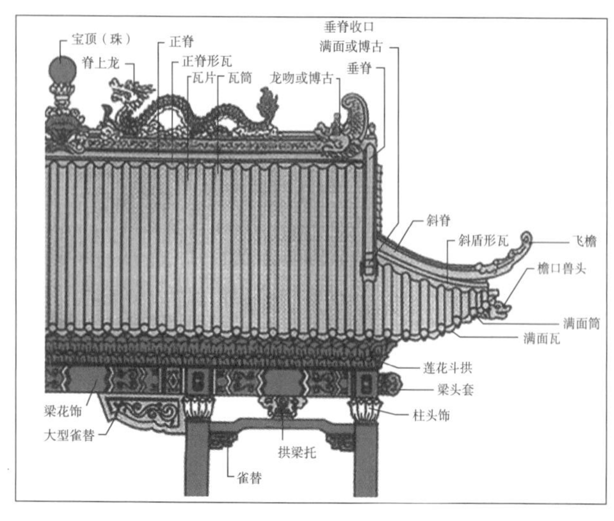

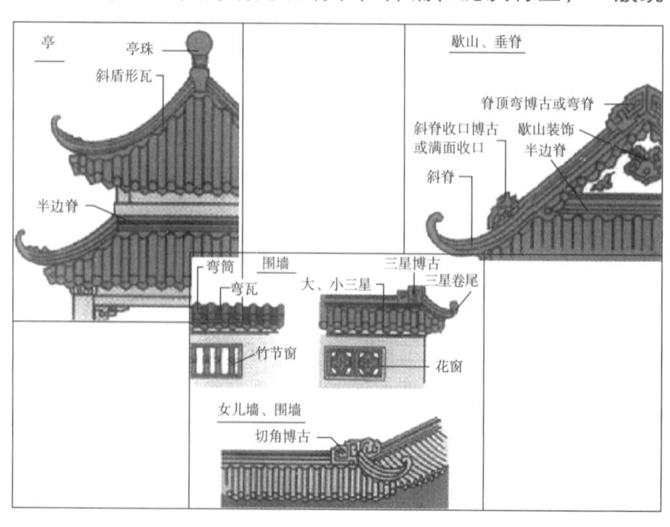

图 5-14 玻璃瓦屋面各部件名称（二）

称为“底瓦”。

（2）琉璃筒瓦垄。由一块块琉璃筒瓦，由下而上首尾相互衔接而成的凸形瓦垄，是散水避雨、封闭瓦垄之间空隙（称为蛐蜒当子）的垄埂。筒瓦的形状为一半圆形，尾端留有用于衔接的企口榫（称为熊头），扣盖在蛐蜒当上，一般统称为“盖瓦”。

（3）琉璃沟头瓦与钉帽。它是封闭筒瓦檐端的端头装饰瓦件。它的前端为刻有花纹的圆形，瓦背上有一钉孔，用来钉钉防止下滑，当钉子钉好后，用钉帽盖住，防止雨水渗入。沟头瓦尾端留有熊头，以便与筒瓦连接。

（4）琉璃滴水瓦。它是封闭板瓦垄檐口的装饰瓦件。它的前端为下垂的弧形化饰面，引导雨水下流；后端压入板瓦之下，在其两边又各有一缺口后钉孔，用以钉钉防止下滑。

（5）琉璃星星瓦。它分琉璃星星筒瓦和琉璃星星板瓦两种。其不同之处是：星星筒瓦在瓦背之间有空孔，星星板瓦在后端中间有一钉孔，用以钉钉来加固整个瓦垄的防滑作用。星星筒瓦钉孔上用钉帽盖住防水。琉璃星星瓦一般是在每条瓦垄上每隔适当距离，安插 1 ~ 3 块，作为加强瓦垄牢固的作用。

（6）琉璃竹子瓦。它是用在圆形攒尖屋顶的瓦件，分琉璃竹子筒瓦和琉璃柱子板瓦两种。因为圆形攒尖屋顶的瓦垄是呈辐射状，上小下大。为此，将筒、板瓦也加工成前大后下的形状，安装起来有似竹节状，故称为“竹子瓦”。

（7）琉璃抓泥瓦。它也是用在坡度较陡的攒尖屋顶上一种瓦件，分为琉璃抓泥筒瓦和琉璃抓泥板瓦两种。抓泥筒瓦是在筒瓦的底面设有一小肋条，抓泥板瓦是在瓦尾端底面设有一肋条，铺筑时将肋条嵌入铺浆内而起到牢固作用。

5.5.2.2　铺琉璃瓦的具体操作

琉璃瓦的操作过程为：审瓦冲垄→铺沟滴瓦→铺底瓦→铺盖瓦→捉节夹垄→翼角铺瓦。具体介绍如下。

1. 审瓦冲垄

“审瓦”是指在铺瓦之前，对所用瓦件进行检查一边，将带有扭曲变形、破损掉釉、尺寸偏差过大的瓦件挑选出来。“冲垄”是指选择几处适当位置拴线铺筑几条标准瓦垄（一般是屋顶中间的两淌底瓦和一淌盖瓦），以作为屋面高低检查标准。

2. 铺沟滴瓦

这是指对沟头瓦和滴水瓦的铺筑和安放。安放滴水瓦时，应先在滴水瓦尖位置拴一道与“檐口线”平行的线，滴水瓦的高低和出檐以次线为准，滴水瓦出檐一般控制在 6 ~ 10cm 之间。当位置确定后，即可铺筑瓦泥灰，（用掺泥灰或月白灰）安放滴水瓦，并在瓦的尾端缺口内加钉固定。

沟头瓦应以“檐口线”为标准，先在沟头处放一块遮心瓦（可用碎瓦片）以拦住蛐蜒当铺筑的瓦泥灰，然后安放沟头瓦，沟头瓦的出檐为瓦头“烧饼盖”的厚度，是沟头盖里皮紧贴滴水瓦外皮，最后再钉孔内钉钉，钉子上扣钉帽。

3. 铺底瓦

先按照以排号的瓦当标记，拴挂一根上下方向的“瓦刀线”，“瓦刀线”的上端固定在尖顶上，下端拴一块瓦吊在屋檐下，线的上中下高低以拴线为准。一般底瓦的“瓦刀线”拴在瓦垄的左侧（瓦盖拴在右侧）。

拴好线后即可铺筑瓦泥灰安放底瓦，铺灰厚度一般为 4cm 左右，依据线高进行增减。铺瓦工作应在对称坡面上对称同时进行，防止屋架偏向受压。底瓦应窄头朝下，压住滴水瓦，然后从下往上依次叠放。搭接密度有句口诀："三搭头压六露四；稀瓦檐头密瓦脊"。即指三块瓦中，首尾两块瓦要能搭头，上下瓦要压叠 6/10，外露 4/10；而檐头部分的瓦可适当少大点，脊根部位的瓦可多搭点。

底瓦的高低和顺直应以"瓦刀线"为准，瓦要摆正，避免"不合蔓"（即指因瓦的弧度不一致所造成合缝不严），不得偏歪，防止"喝风"（即指因摆得不正而造成合缝不严）。明显不和蔓的瓦应及时选换。

摆好瓦以后，要进行"背瓦翅"，即用灰泥将瓦的两侧边抹实抹直。背完翅后进行"扎风"，即用大麻刀灰抹实蚰蜒当，扎缝灰应已能盖住两边底瓦垄的瓦翅为度。

4. 铺盖瓦

同铺底瓦一样，在盖瓦垄的右侧挂好"瓦刀线"，铺筑瓦泥灰安放盖瓦，从下往上衔接，第一块筒瓦应压住沟头瓦后的熊头，后面的瓦都应如此衔接，一块压一块，熊头上要挂素灰（素灰应依不同琉璃颜色掺加色粉，黄的琉璃掺红土，其他掺青灰）。每块瓦的高低和顺直要"大瓦跟线、小瓦跟重"，即一般瓦要安瓦刀线，个别规格稍小的瓦以瓦垄中线为准，不能出现一侧齐，一侧不齐的现象。

5. 捉节夹垄

这是指对每垄筒瓦进行勾缝补隙的操作过程。"捉节"是指将每垄筒瓦的衔接峰（似于竹节），用小麻刀灰勾抹严实，上口与瓦翅外棱要抹平；"夹垄"是指将筒瓦梁便于底瓦之间的空隙，用夹垄灰填满抹实，下脚平顺垂直。上述完成后，应清扫干净，釉面擦净擦亮。

6. 翼角铺瓦

翼角铺瓦又称"攒角"。设计有"套兽"的先将"套兽"套入仔角梁的兽桩上，然后在其上立放"遮朽瓦"，使其背后紧挨连檐木，并用灰堵塞严实，用以保护连檐木。再在"遮朽瓦"上铺灰安放两块"割角滴水瓦"，压住"遮朽瓦"，继续在两块滴水瓦之上放一块遮心瓦，然后铺灰安放螳螂勾头，如图 5-15 所示。

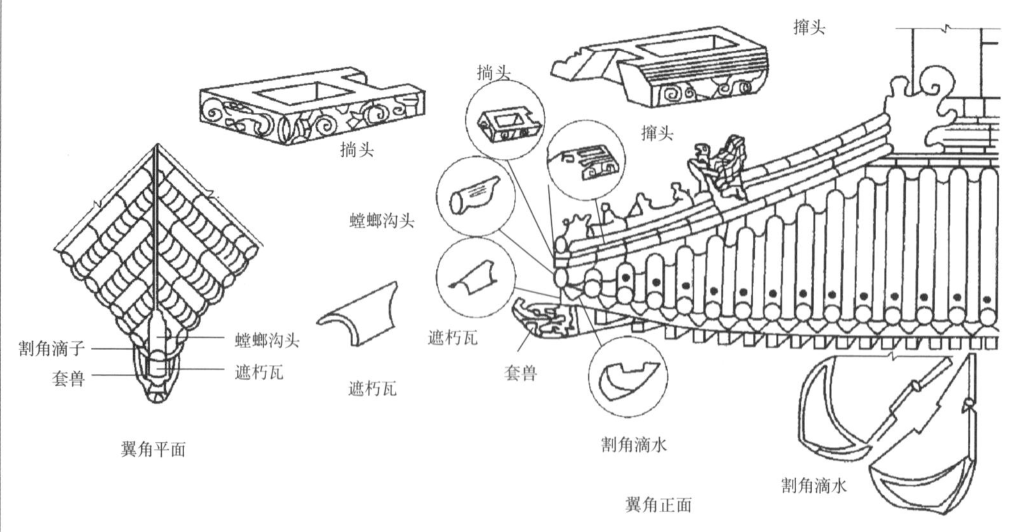

图 5-15 翼角铺瓦示意图

在螳螂勾头的上口正中于前后坡边垄交点的上口之间，拴一道线称"槎子线"，作为

斜房檐
（斜方砚）
羊蹄沟头（斜盆沿）
沟筒（水沟）
沟筒嘴（水沟头）（盆沿滴子）
围脊
羊蹄沟头
斜房檐
窝角沟
沟筒嘴
沟筒

图 5-16　沟筒嘴和沟筒示意图

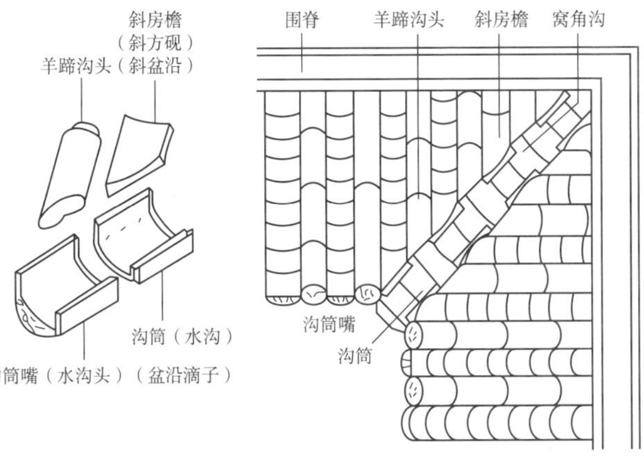

翼角线上的“瓦刀线”，当为屋殿歇山屋顶时，此线应按前后坡屋面的灰背面形，作成具有囊度的曲面，该曲线的做法使用若干个铁钎，按曲率大小分成若干小段钉在角线的灰背上，将“瓦刀线”别在铁钎上形成折线，按此线开始铺灰铺瓦，两坡翼角相交处的两块瓦要用割角滴水瓦和割角筒瓦。

拐弯廊窝角部位的底瓦为“沟筒嘴和沟筒”，与其相交处的盖瓦和底瓦改用“羊蹄勾头”和“斜房檐”，如图 5-16 所示。

5.5.2.3　琉璃瓦屋脊

玻璃瓦屋面的屋脊做法，在我国古典建筑中样式及类型繁多，既是建筑物本身结构构造的需要，又是重要部位的装饰艺术形式。一般情况下，有兽脊和翼角者称为“大式做法”，多见于庑殿和庙宇等建筑；无脊兽和翼角者称为“小式做法”，多见于民间建筑。屋脊之上常有骑梁兽，它既是装饰品，又是具有较强等级含义的建筑符号，如图 5-17 所示。

仙人骑凤
龙
凤
狮子
海马
天马
押鱼
狻猊
獬豸
斗牛
行什

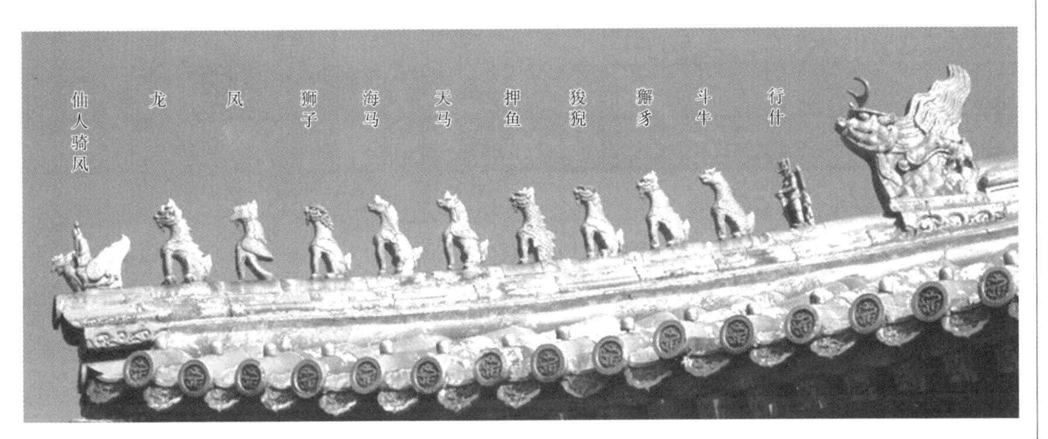

图 5-17　骑梁兽

5.6　卫生陶瓷洁具及其安装方法

5.6.1　卫生陶瓷洁具

卫生陶瓷洁具在我国历史悠久，它是采用丰富的国产原料，经过洗选、粉碎、研磨、除铁、成型、烧结等工艺制成，具有色泽柔和洁白、釉面光亮、造型美观等特点。

卫生陶瓷洁具包括：配套卫生洁具、洗面器、大便器、小便器、高低水箱、洗涤槽、妇女洗涤槽等。

（1）配套卫生洁具由洗面器、坐便器、低水箱、妇女洗涤器、面具腿等组成。

（2）洗面器分挂、立、台式等三种。

（3）大便器分坐、蹲式两种。

（4）小便器分挂、立式两种。

（5）高低水箱分高水箱、低水箱两种。

（6）洗涤槽分卷沿洗涤槽、直沿洗涤槽两种。

（7）其他如肥皂盒、手纸盒、手巾架、杆等。

陶瓷卫生洁具的主要品种规格见表 5–1。

表 5–1　　陶瓷卫生洁具的主要品种规格表

品　种	产品编号及名称	规格（mm×mm×mm）	特　点
配套卫生洁具	7201 坐便器 低水箱 洗面器 面具腿	670×350×390 480×220×340 660×530×200 220×285×650	有白色、绿色、红色、黄色、蓝色釉
	7301 坐便器 低水箱 妇洗器 洗面器 面具腿	670×350×390 490×190×330 590×370×360 653×510×235 220×200×650	普通釉、乳白、黄、粉、蓝釉等
	7901 坐便器 低水箱 妇洗器 洗面器 面具腿	670×350×390 490×190×330 590×370×360 660×510×200 200×200×650	普通釉、乳白、黄、粉、蓝釉
	SP–1 坐便器 低水箱 洗涤器	590×350×370 510×200×350 510×400×230	
	前进 4* 坐便器 低水箱 妇洗器 洗面器	751×350×390 500×220×360 590×370×340 653×510×210	白釉、彩釉
	卫 2* 坐便器 低水箱 洗面器 面具腿	460×330×330 440×190×290 365×420×195 高 630	乳白釉
	前进 6* 坐便器 低水	610×350×350 530×210×310	乳白釉 彩釉
洗面器	3# 港市 22 英寸挂式	560×410×295	普通釉、乳白釉
	1# 台式	590×485×200	白釉、彩釉
	7# 立柱式	710×530×800 610×470×800 560×460×800	
大便器	3# 福州坐式大便器	400×350×360	普通釉、乳白釉
	20#—116 型坐式大便器	580×550×190	普通釉、乳白釉，黄、粉、蓝色釉。大方盘冲洗式
	21#—123 型坐式大便器	600×445×160	普通釉、乳白釉，黄、粉、蓝色釉。后进水带踏板
	4# 基隆式弯管坐式大便器	440×360×390	颜色同上、虹吸式
	2# 平蹲式大便器	600×330×270	
		540×320×270	
		540×300×275	
		610×280×200	
		610×280×200	
小便器	610 型挂式小便器	610×330×310	
	3# 平面式挂式小便器	490×290×165	
	1# 立式小便器	410×360×1000	
	1# 大立式小便器	1000×410×360	普通釉、乳白釉等
	半立式小便器	340×310×615	白色、乳白彩色釉

续表

品 种	产品编号及名称	规格（mm×mm×mm）	特 点
水箱	1# 高水箱	410×280×240	
		420×260×280	
		410×270×250	
		420×280×240	
		440×260×280	
		420×255×280	
		420×240×280	
		435×260×260	
	3# 方角式低水箱	515×195×390	普通釉、乳白釉，黄、粉、蓝色釉
	5# 方角式低水箱	495×190×405	
	6# 小凹式低水箱	460×202×380	
	7# 大凹式低水箱	577×216×325	
洗涤槽	3# 卷沿洗涤槽或家具槽	510×357×204 610×360×200 510×357×204	
	2# 直沿洗涤槽或家具槽	610×408×204	普通釉、乳白釉，黄、粉、蓝色釉
	直喷水洗涤器	610×410×200	
其他类	1# 小肥皂盒（配6201，无手巾杆）	152×152×95	普通釉、乳白釉，黄、粉、蓝色釉
		152×152×80	
	2# 大肥皂盒（配7021，无手巾杆）	305×152×13	
	手纸盒	152×152×95 152×152×80	
	毛巾杆架	65×65×86 65×55×57	

5.6.2 卫生陶瓷洁具的安装

（1）台上盆的安装，如图5-18所示。

（2）台下盆的安装，如图5-19所示。

（3）立盆安装结构，如图5-20所示。

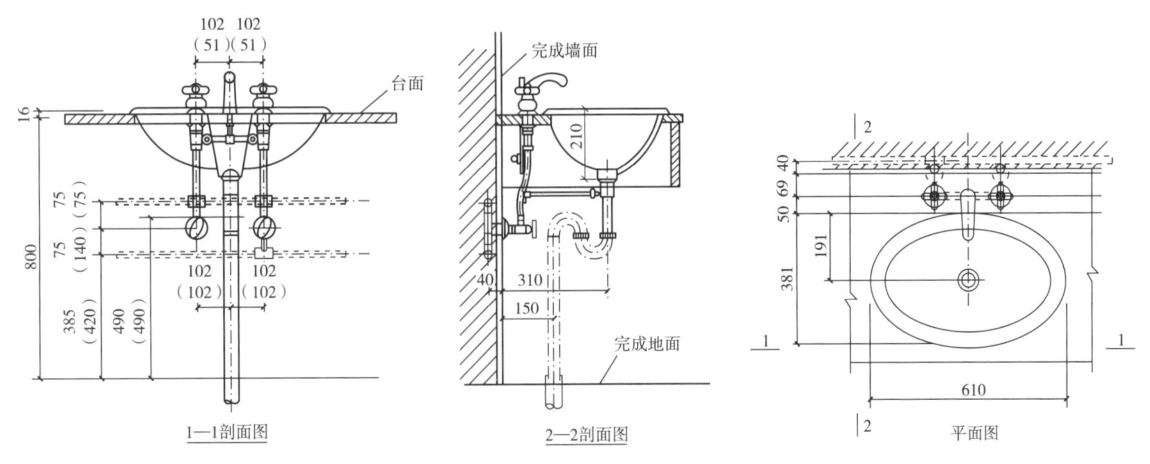

图5-18 台上盆的安装结构图（单位：mm）

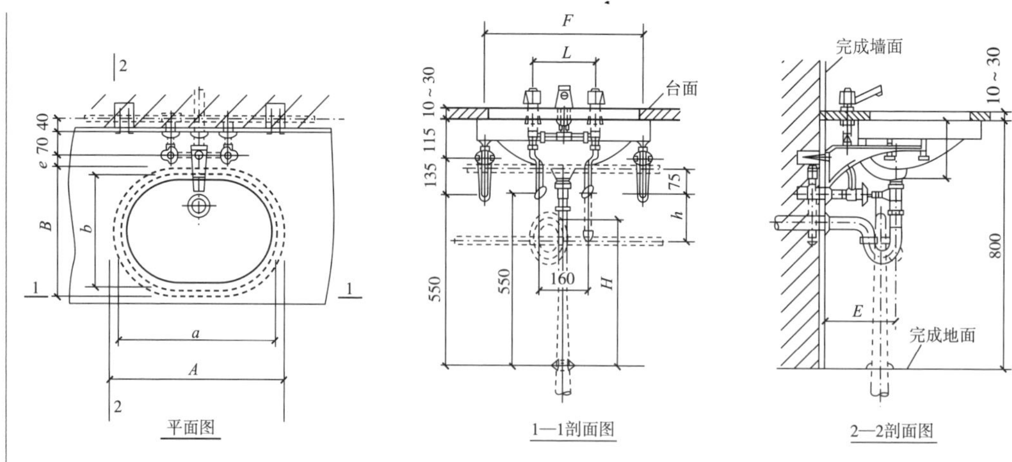

图 5-19 台下盆的安装结构图（单位：mm）

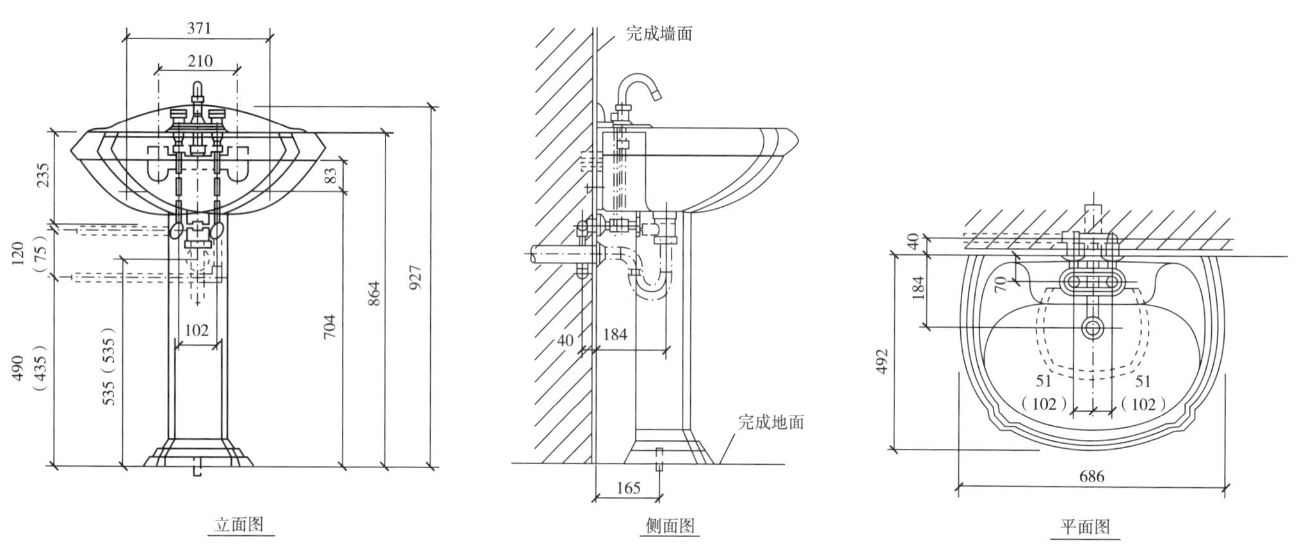

图 5-20 立盆的安装结构图（单位：mm）

（4）水箱冲洗式蹲便器安装，如图 5-21 所示。

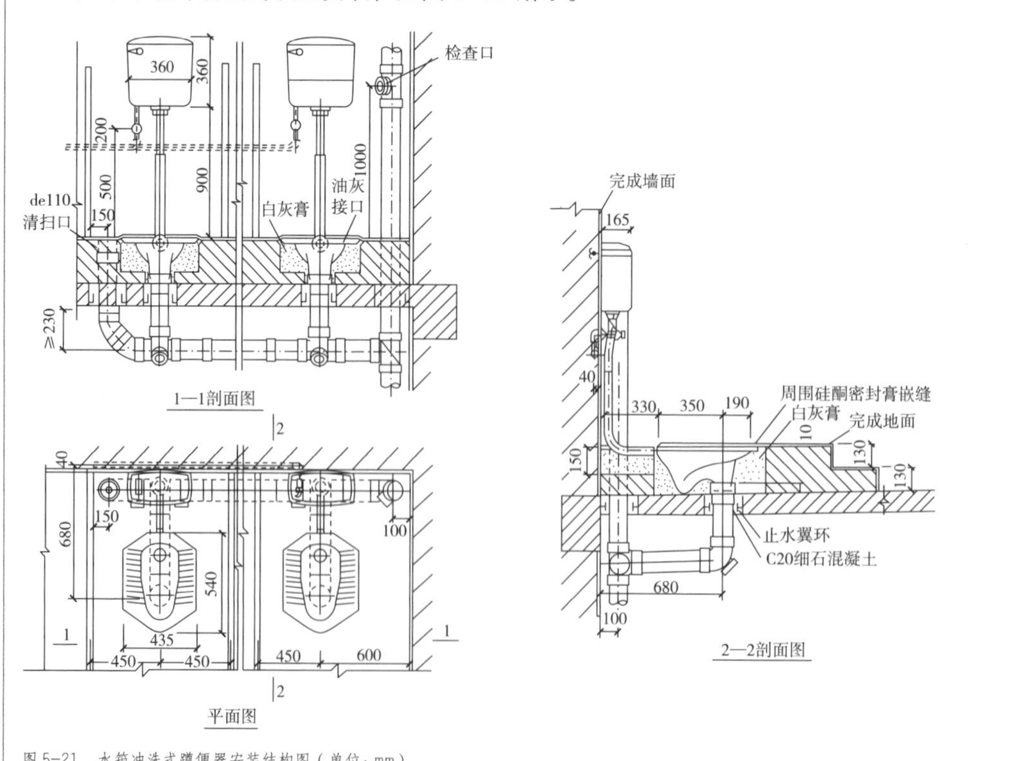

图 5-21 水箱冲洗式蹲便器安装结构图（单位：mm）

（5）延时自闭式冲洗蹲便器安装，如图 5-22 所示。

（6）分体式坐便器安装，如图 5-23 所示。

（7）连体式坐便器安装，如图 5-24 所示。

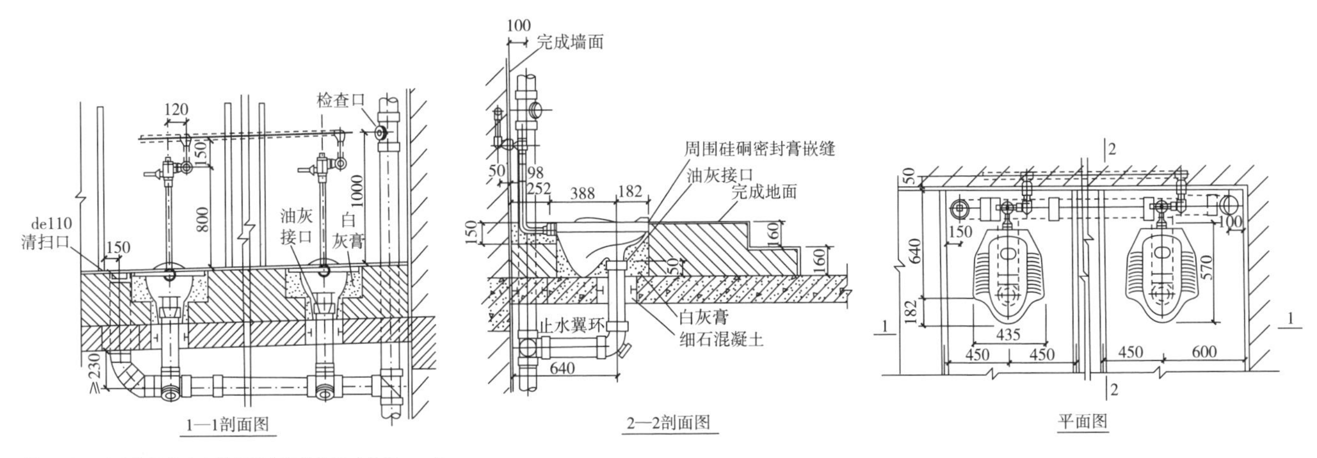

图 5-22　延时自闭式冲洗蹲便器安装结构图（单位：mm）

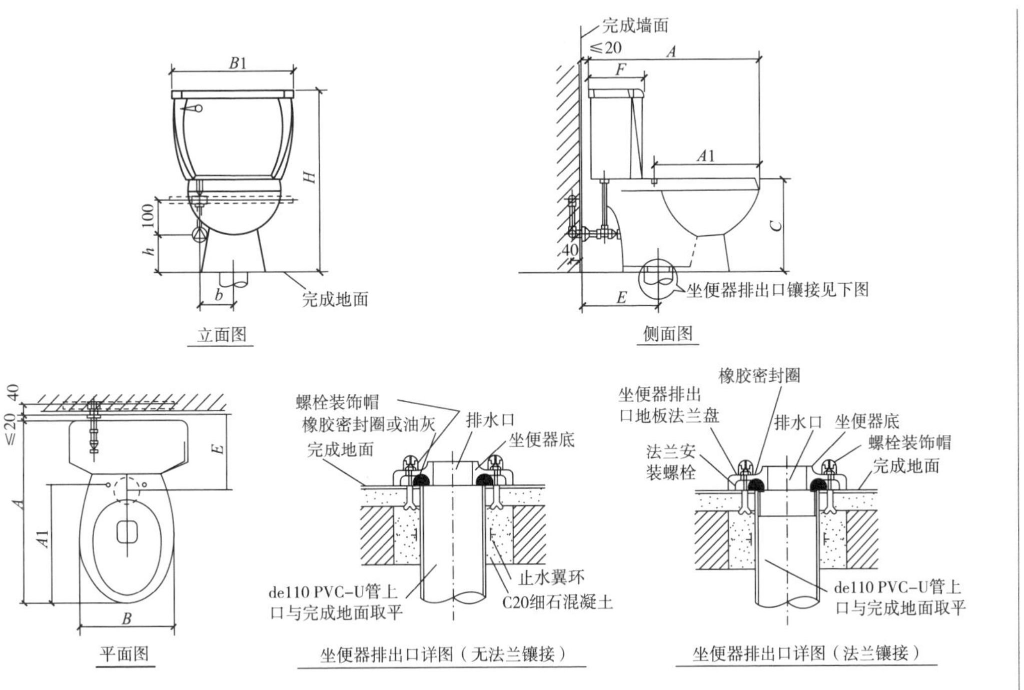

图 5-23　分体式坐便器安装结构图（单位：mm）

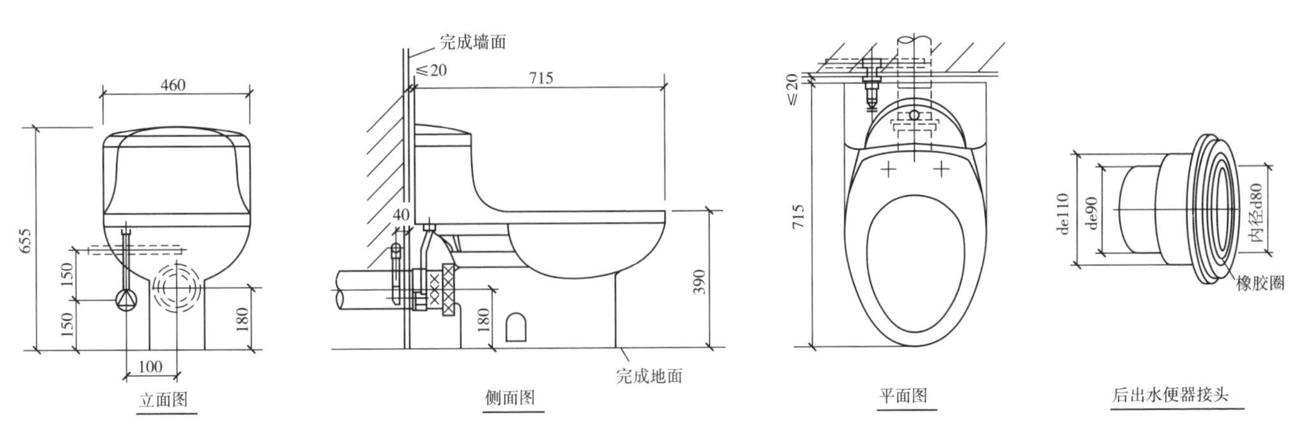

图 5-24　连体式坐便器安装结构图（单位：mm）

（8）妇洗器安装，如图5-25所示。

（9）立式小便器安装，如图5-26所示。

（10）浴盆的安装，如图5-27所示。

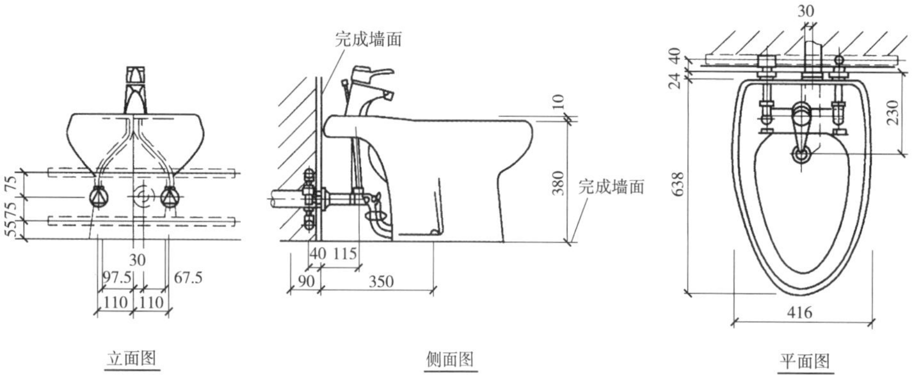

图5-25 妇洗器安装结构图（单位：mm）

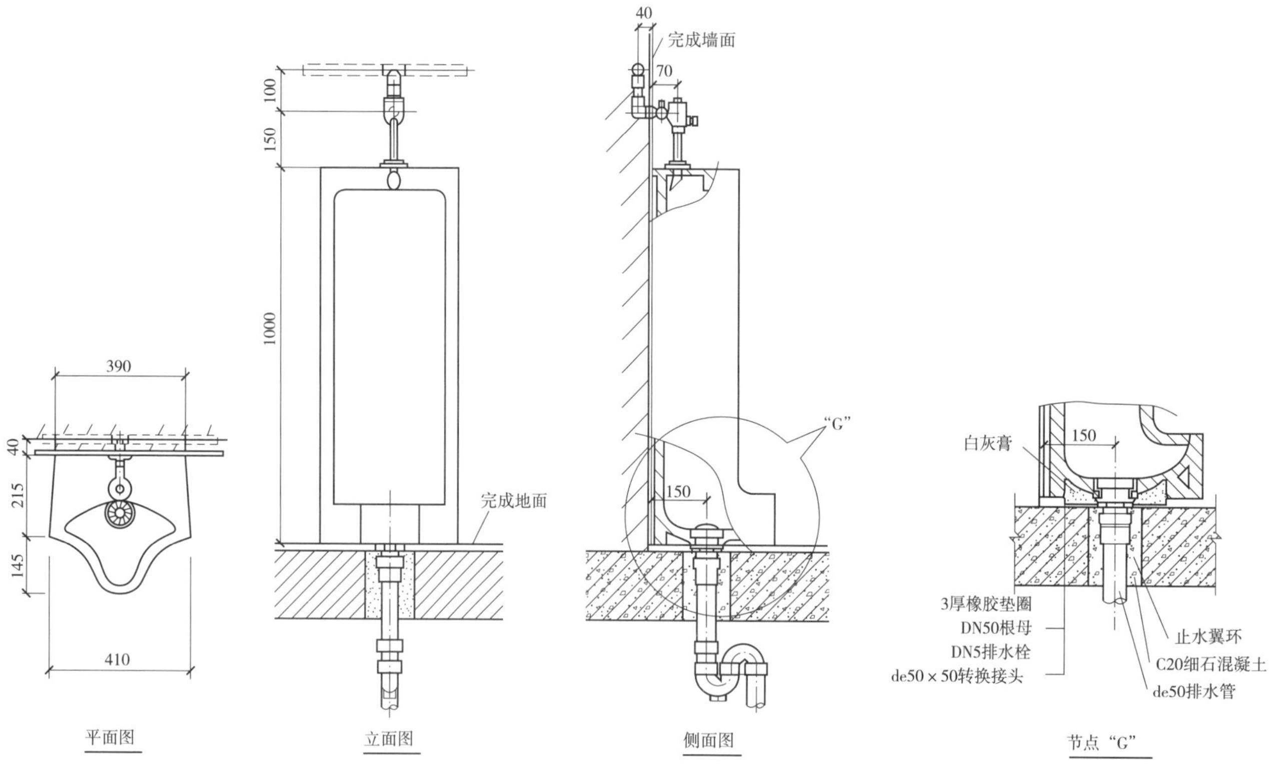

图5-26 立式小便器安装结构图（单位：mm）

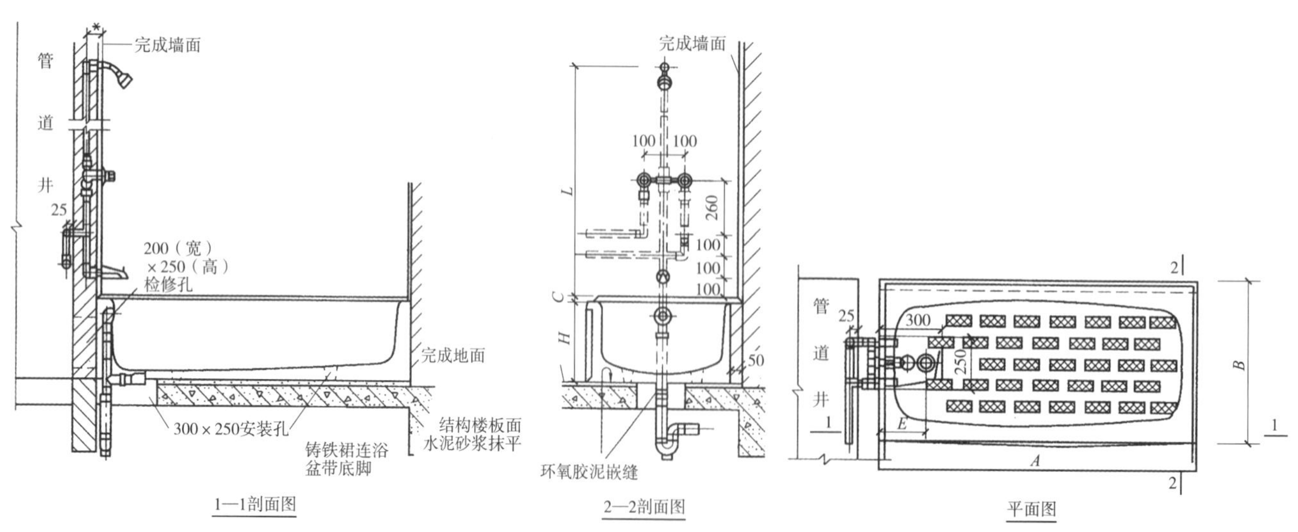

图5-27 浴盆的安装结构图（单位：mm）

（11）整体淋浴器安装，如图 5-28、图 5-29 所示。

（12）淋浴头安装，如图 5-30 所示。

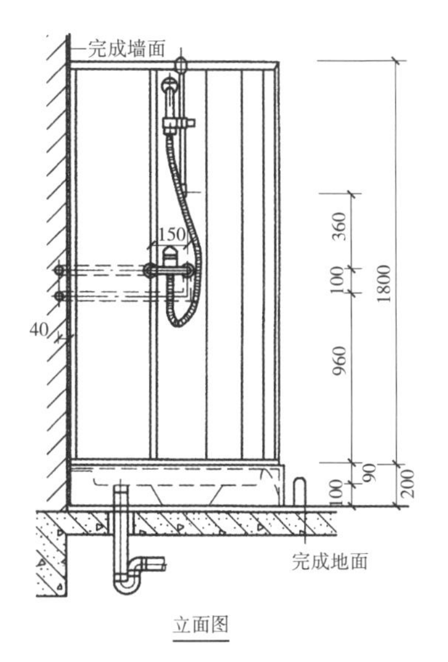

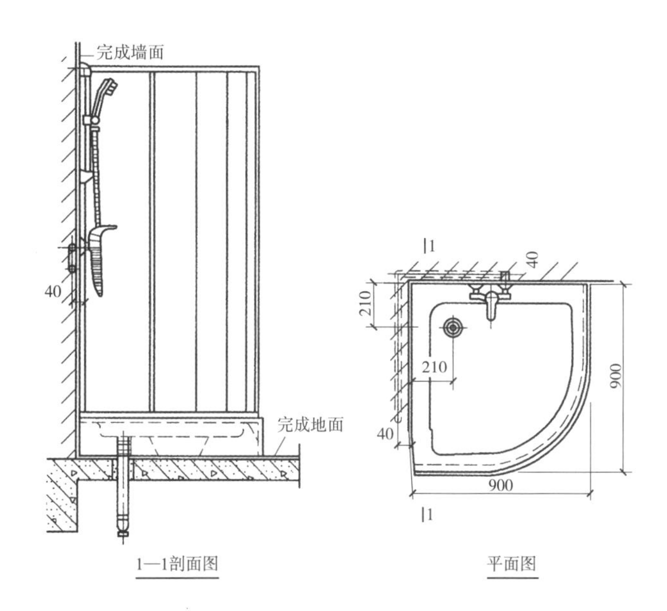

图 5-28　整体淋浴器安装结构图（单位：mm）

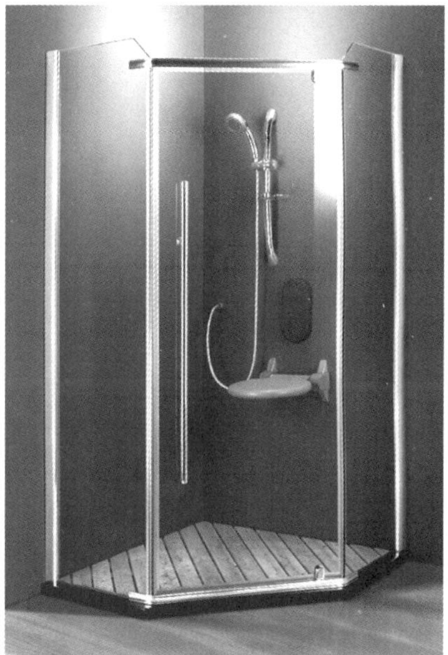

size：900mm × 900mm × 1900mm
铝材颜色：光银、砂银超强全钢化安全玻璃
玻璃厚度：6mm
二固一活（全弧）

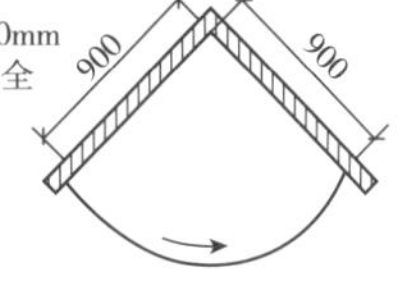

size：900mm × 900mm × 1900mm
1000mm × 1000mm × 1900mm
铝材颜色：光银、砂银超强全钢化安全玻璃
玻璃厚度：8mm
二固一开（钻石形）

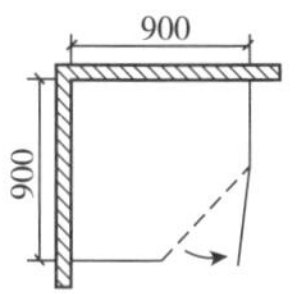

图 5-29　整体淋浴器（单位：mm）

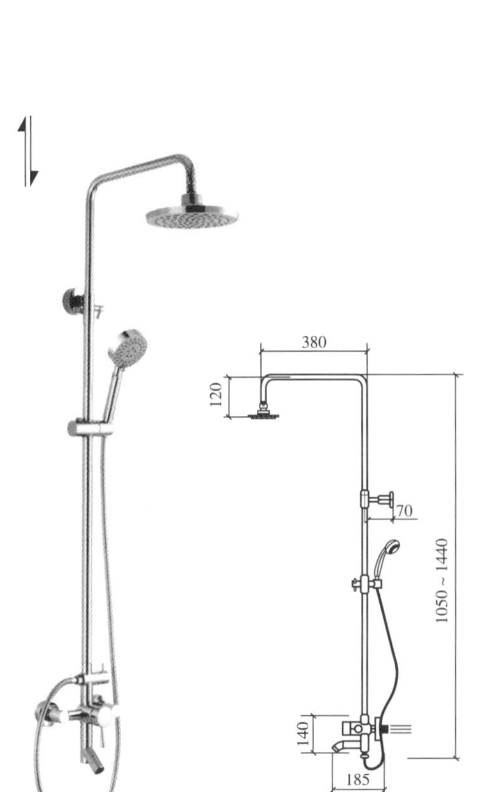

图 5-30　淋浴头（花洒）（单位：mm）

第6章　玻璃工程及其施工方法

在建筑装饰工程中，玻璃是一种十分重要的装饰材料。它不仅具有装饰功能，而且具有透光、透视、控制光线、隔热、隔声、保温、密闭、节能、围护、分隔等功能。同时，可以降低建筑结构自重，改善建筑环境，提高建筑艺术。玻璃不仅用于门窗，还可用于屋面、墙体以及有关设施中。

6.1 玻璃工程施工的材料及常用工具

6.1.1 玻璃工程施工的材料

6.1.1.1 玻璃

1. 普通平板玻璃

普通平板玻璃，又称“净片玻璃”，侧面翠绿色，表面光滑，高度透明。这是一般建筑工程中常用的玻璃，主要装配于门窗，起透光、挡风和保温作用。普通平板玻璃主要用于普通民用住宅、工业建筑和各种公共建筑门窗上，见图 6-1（a）。

2. 浮法玻璃

浮法玻璃是平板玻璃的一种，侧面暗绿色，具有表面平整光洁、厚度均匀、光学畸变极小等特点。它适用于高级建筑门窗、橱窗、指挥塔窗、夹层玻璃原片、中空玻璃原片、制镜玻璃、有机玻璃模具等，见图 6-1（b）。

3. 超白玻璃

超白玻璃是一种超透明低铁玻璃，也称低铁玻璃、高透明玻璃。它是一种高品质、多功能的新型高档玻璃品种，透光率可达 91.5% 以上，具有晶莹剔透、高档典雅的特性，有玻璃家族“水晶王子”之称。超白玻璃同时具备优质浮法玻璃所具有的一切可加工性能，具有优越的物理、机械及光学性能，可像其他优质浮法玻璃一样进行各种深加工。无与伦比的优越质量和产品性能使超白玻璃拥有广阔的应用空间和光明的市场前景，见图 6-1（c）。

4. 磨砂玻璃

磨砂玻璃，又称“毛玻璃”，是用机械喷砂、手工研磨或氢氟酸溶蚀等方法，将普通平板玻璃表面处理成均匀毛面而制成的。它只能透光不能透视，能使室内光线柔和而不刺目。磨砂玻璃常用于透光不透视的门窗、卫生间、浴室、办公室、隔断等，也可用作黑板面及灯罩等，见图 6-1（d）。

5. 压花玻璃

压花玻璃，又称“滚花玻璃”，是在玻璃硬化前，经过刻有花纹的滚筒，在玻璃单面或两面压铸有深浅不同的各种花纹图案而制成的。它透光不透视，能起到窗帘的作用。压花玻璃常用于需要装饰并遮挡视线的场所，如高级卫生间、浴室、走廊、会议室和公共场所的分隔室的门窗玻璃和隔断等，见图 6–1（e）。

6. 有色玻璃

有色玻璃，又称“彩色玻璃”，分透明和不透明两种。透明有色玻璃是在原料中加入一定的金属氧化物使玻璃带色而制成的；不透明有色玻璃则是在一定形状的平板玻璃的一面，喷以色釉，经过烘烤而制成的。有色玻璃具有耐腐蚀、抗冲刷、易于清洗的特点，而且还可以拼成各种图案和花纹。有色玻璃适用于门窗及对光有特殊要求的采光部位和内、外墙面的装饰，见图 6–1（f）。

7. 钢化玻璃

钢化玻璃是普通玻璃经过特殊的热处理而制成的。其强度比未经处理的玻璃大 3 ~ 5 倍，具有良好的抗冲击、抗折和耐急冷、急热的性能。钢化玻璃使用安全，玻璃破碎时，裂成圆钝的小碎片，不致伤人。因此，钢化玻璃适用于高层建筑门窗和高温操作车间作防护玻璃，见图 6–1（g）。

8. 夹层玻璃

夹层玻璃是用聚乙烯醇缩叮醛塑料衬片，将 2 ~ 8 层平板玻璃粘合在一起而制成的。其强度较高，被击碎时，可借中间的塑料层的粘合作用，使碎片不易脱落伤人，且不影响透明度和产生折光现象。

夹层玻璃常用于高层建筑门窗及工业厂房的天窗，还可作为航空用安全玻璃，见图 6–1（i）。

9. 夹丝玻璃

夹丝玻璃，又称“钢丝玻璃”，是将普通平板玻璃加热至红热软化状态，接着把经预热处理的钢丝网压入玻璃中间而制成的。其表面有压花和磨光之分，颜色有透明和彩色之分。由于中间夹有一层钢丝网，因而强度很高，当玻璃受到冲击破碎或温度剧变炸裂时，不会使碎片飞出伤人，有良好的安全性和防护性，且有防震、防火作用。夹丝玻璃适用于既要采光，又要安全、防震的厂房天窗及仓库门窗上。

10. 中空玻璃

中空玻璃，又称“双层玻璃”，是用两块平板玻璃组成的。通常中空玻璃的外层为钢化有色玻璃，内层为普通玻璃，玻璃四周用框架架空并密封，中间充入干燥气体，两玻璃的间距，根据其导热性和强度而定。中空玻璃能起到控光、控音和装饰效果，并能避免冬期窗户结露，保持室内一定的温度。

中空玻璃适用于对隔声、隔热、保温等有特殊要求的房间，见图 6–1（j）。

11. 吸热玻璃

吸热玻璃是普通硅酸盐玻璃中加入一定量有吸热性能的着色剂，或在玻璃表面喷镀吸热和着色的氧化物涂膜而制成的。它能全部或部分吸收热射线，改善室内光泽，减少射线透射对人体的损害，并保持良好的透明度。吸热玻璃适用于体育馆、展览馆、商店和车站等建筑的门窗及玻璃幕墙。

12. 热反射玻璃

热反射玻璃，又称“镀膜玻璃”，是一种既有较高的热反射能力，又保持较好的透光性的平板玻璃。它在迎光面具有镜子的特性，而在背光面又如窗玻璃那样透明，对建筑物起遮蔽和帷幕的作用。

热反射玻璃适用于各种建筑的门窗以及各种艺术装饰。

13. 镭射玻璃

镭射玻璃，又称“激光全息装饰玻璃”，就是把全息图案转印到玻璃上，即经过特种工艺处理玻璃背面而出现的全息光栅，使玻璃呈现全息图像的一种产品。由于全息图像有着丰富的色彩，立体的图像，随着光源或视角的变化可有很强的动感，产生物理衍射的七彩光，且对同一感光点或感光面随光源入射角或观察的变化，会感到光谱分光的颜色变化，使装饰物显得华贵高雅，给人以美丽神奇的感觉，是极好的装饰材料，见图 6-1（k）。

14. 玻璃砖

玻璃砖有空心砖和实心砖两种。实心玻璃砖是采用机械压制而成的；空心玻璃砖则是采用箱式摸具压制而成的，即两块玻璃加热熔接成整体的空心砖，中间充以干燥空气，经退火，最后涂饰侧面而成。空心玻璃砖有单腔和双腔两种，所用的玻璃可以是光面的，亦可以在内部或外部压铸成带各种花纹或是各种颜色的，玻璃空心砖用来砌筑透光的墙壁、隔壁以及楼面，具有热控、光控、隔声、减少灰尘透过及结露等优点，见图 6-1（l）。

15. 玻璃锦砖

玻璃锦砖，又称“玻璃马赛克”，是一种小规格的彩色饰面玻璃。它具有色调应柔和、质地坚硬、性能稳定、朴实典雅、美观大方、不变色、不积尘、能雨天自涤等特点，是一种理想的外墙饰面材料见图 6-1（m）。

16. 防火玻璃

防火玻璃是为了适应现代建筑功能的需要而研制的新产品。它和普通玻璃一样是透明的，在火灾发生时，防火玻璃受热膨胀发泡，形成很厚的防火隔热层，起到防火保护作用。防火玻璃分为夹层防火玻璃和夹丝防火玻璃两种类型。夹层防火玻璃是由两层以上的平板玻璃，中间灌以起防火作用的黏剂，经一定工序而制成；夹丝防火玻璃是将有颜色的丝网用防火胶黏剂牢牢地和玻璃黏结在一起。目前，我国的防火玻璃，以夹层防火玻璃为主。建筑用防火玻璃属 A 类，并分为甲、乙、丙三级。其防火要求是：试样防火 50℃恒温箱 6h 取出后，外观应无变化。透明度分别为：甲级不小于 65% 为合格；乙级不小于 70% 为合格；丙级不小于 75% 为合格，见图 6-1（n）。

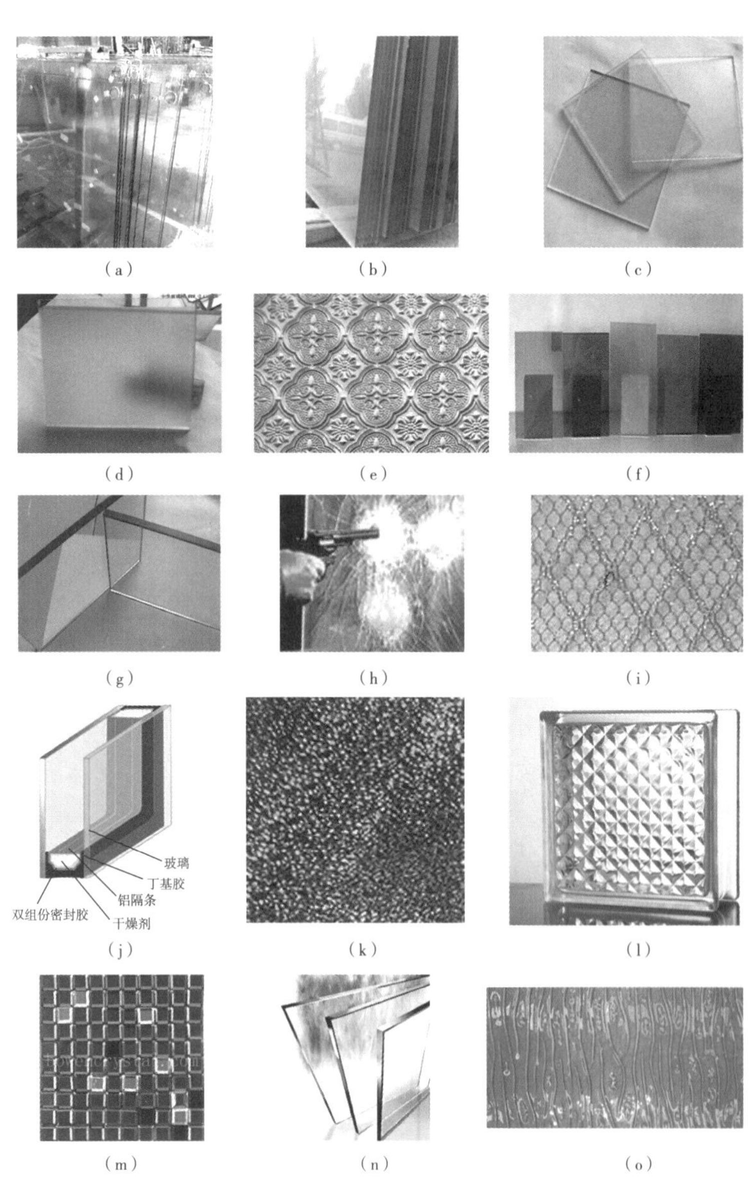

图 6-1 玻璃种类

（a）普通平板玻璃；（b）浮法玻璃；（c）超白玻璃；（d）磨砂玻璃；（e）压花玻璃；（f）有色玻璃；（g）钢化玻璃；（h）夹层防弹玻璃；（i）夹丝玻璃；（j）中空玻璃；（k）镭射玻璃；（l）玻璃砖；（m）玻璃马赛克；（n）防火玻璃；（o）艺术玻璃

6.1.1.2　安装用辅助材料

（1）橡皮条。有商品供应，可按设计要求自制。

（2）木压条。在工地加工而成，按设计要求自制。

（3）小圆钉。有商品供应，可按要求选购。

（4）胶黏剂。用来黏结中空玻璃，常用的有环氧树脂加 701 固化剂和稀释剂配成的环氧胶黏剂。

6.1.2　玻璃的运输与保管

6.1.2.1　玻璃的运输

（1）在装载时，要把箱盖向上，直立紧靠放置，不得摇晃碰撞。若有空隙，应以稻草等软物填实或用木条钉牢。

（2）做好防雨措施，防止雨水浸水箱内。这是因为成箱的玻璃遭雨淋后，容易发生玻璃间相互粘连现象，分开时容易破裂。

（3）装卸和堆放时，要轻抬轻放，不能随意溜滑，防止振动和倒塌。

6.1.2.2　玻璃的保管

（1）玻璃应按规格、等级分别堆放，以免混淆。

（2）玻璃堆放时，要使箱盖向上，立放紧靠，不得歪斜或平放，不得受重压和碰撞。

（3）玻璃木箱底下必须垫高 100mm，以防受潮。

（4）玻璃在露天堆放时，要在下面垫高，离地面 30 ~ 80mm，上面用帆布盖好，且日期不宜过长。

（5）若玻璃受潮发霉，可用棉花蘸煤油或酒精揩擦，若用丙酮揩擦效果更好。

6.1.3　玻璃工程施工的常用工具

玻璃工程施工常用工具，主要有玻璃刀、直尺、木折尺、水平尺、水平托尺、粉线包、钢丝钳、毛笔、刮刀、吸盘器、工作台。工作台一般用木料支撑，台面大小根据需要而定。常用的有 1m × 1.5m、1.2m × 1.5m、1.5m × 2m。为了改变台面的刚度，以防止操作时台面变形，台面厚度不得小于 50mm。玻璃裁割时，一般需加垫绒布或其他缓冲材料。图 6-2 所示为部分玻璃工程施工工具。

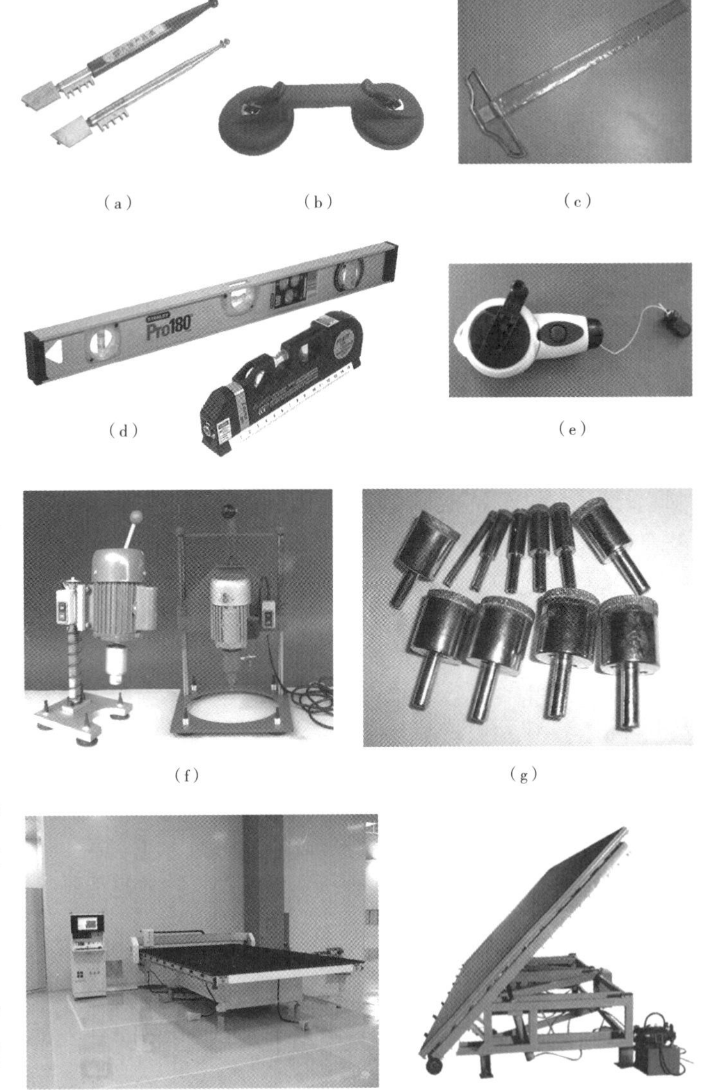

(a)　(b)　(c)　(d)　(e)　(f)　(g)　(h)　(i)

图 6-2　玻璃工程施工工具

(a) 琉璃刀；(b) 玻璃吸盘器；(c) 丁字尺；(d) 水平尺；(e) 墨斗；(f) 玻璃钻孔机；(g) 金刚石玻璃打孔器；(h) 全自动全能型玻璃切割机；(i) 玻璃切割机

6.2 玻璃的裁割与加工

6.2.1 玻璃裁割

6.2.1.1 玻璃裁割的一般要求

（1）根据设计要求确定玻璃品种，并按材料计划且留有适当余量组织进场，按要求尺寸进行集中配料。

（2）根据安装所需的玻璃规格，结合装玻璃规格，合理进行套裁。

（3）玻璃应集中裁割。套裁是应按照“先裁大，后裁小；先裁宽，后裁窄”的顺序进行。

（4）选择几樘不同尺寸的框、扇量准尺寸进行试裁和试安装，核实玻璃尺寸正确、留量合适后方可成批裁制。

（5）钢化玻璃严禁裁划或用钳板，应按设计规格要求，预先订货加工。

（6）玻璃裁割留量，一般按实测长、宽各缩小 2 ~ 3m 为准。

（7）裁割玻璃时，严禁在一划过的刀路上重划第二遍。必要时，只能将玻璃翻过面来重划。

6.2.1.2 玻璃裁割的操作要点

玻璃裁割应根据不同的玻璃品种、厚度及外形尺寸，采取不同的操作方法，以保证裁割质量。

（1）2 ~ 3mm 厚的平板玻璃裁割。裁割薄玻璃，可用 12mm × 12mm 细木条直尺，用折尺量出玻璃门窗框，再在直尺上定出所划尺寸。此时，要考虑 3mm 空档和 2mm 刀口。对于北方寒冷地区的钢框、扇，要考虑门窗的收缩，留出适当空档。例如，玻璃框宽50mm，在直尺上 495mm 处钉小钉，再加刀口 2mm，则所划的玻璃为 497mm，这样安装效果就很好。操作时将直尺上的小钉紧靠玻璃一端，玻璃到紧靠玻璃的另一端，一手掌握小钉挨住的玻璃边口不使松动，另一手掌握刀刃段直向后退划，不能有轻重弯曲。

（2）4 ~ 6mm 的厚玻璃裁割。裁割 4 ~ 6mm 的厚玻璃，除了掌握薄玻璃裁割方法外，还要按下述裁割法裁割：用 50mm × 40mm 直尺，玻璃到紧靠直尺裁割。裁割时，要在划口上预先刷上煤油，使划口渗油易于扳脱。

（3）5 ~ 6mm 厚大玻璃裁割。裁割 5 ~ 6mm 厚的大玻璃，方法与用 5mm × 40mm 直尺裁割相同，但因玻璃面积大，人需脱鞋站在玻璃上裁割。裁割前用溶垫垫在操作台上，使玻璃受压均匀；裁割后双手紧握玻璃，同时向下扳脱。另一种方法是：一人爬在玻璃上，身体下面垫上麻袋布，一手掌握玻璃刀，一手扶好直尺，另一人在后拉动麻布后退，刀子顺直拉下，中途不宜停顿，若中途停顿则找不到锋口。

（4）夹丝玻璃的裁割。夹丝玻璃的裁割方法与 5 ~ 6mm 平板玻璃相同。但夹丝玻璃割因高低不平，裁割是刀口容易滑动难掌握，因此要认清刀口，握稳刀口，用力比一般要大，速度相应要快，这样才不致出现弯曲不直。裁割后双手紧握玻璃，同时用力向下扳脱，是玻璃沿裁口线裂开。如有夹丝未断，可在玻璃口内夹一细长木条，再用力往下扳，即可扳断，然后用钳子将夹丝划倒，以免搬运时划破手掌。裁割边缘上宜刷防锈涂料。

（5）压花玻璃的裁割。裁割压花玻璃时，压花面应向下，裁割方法与夹丝玻璃同。

（6）磨砂玻璃的裁割。裁割磨砂玻璃时，毛面应向下，裁割方法与平板玻璃相同，但向下扳时用力要大要均匀，向上回时要在裁开的玻璃缝处压一木条再上回。

（7）玻璃条（窄条）的裁割。玻璃条（宽度 8 ~ 12mm，水磨石地面嵌条用）的裁割可用 5mm×30mm 直尺。先把直尺的上端用钉子固定在台面上（不能钉死、钉实，要能转动、能上下升降），再在台面上距直尺右边约 2 ~ 3mm 的间距处，钉上两只小钉挡住玻璃，然后在贴近直尺下端的左边台面上钉一小钉，作为靠直尺用。

6.2.2 玻璃加工

6.2.2.1 玻璃钻孔

玻璃钻孔视洞眼的直径大小，一般有两种方法：玻璃刀划孔和台钻钻孔。玻璃刀划孔适用于加工直径大于 20mm 的洞眼，台钻钻孔使用于加工直径小于 20mm 的洞眼。当洞眼直径 10 ~ 20mm 时，两种方法均可选择，但以台钻钻孔为佳。

（1）玻璃刀划孔。先定出圆心，用玻璃刀划住出圆圈并从背面将其敲出裂痕，然后再用一块尖头铁器轻而慢地把圆圈中心击穿，用小锤逐点向外轻敲圆圈内玻璃，使玻璃破裂后取出即成毛边的洞眼，最后用金刚石或油石磨光圈边即可。此法使用于加工直径大于 20mm 的洞眼。

（2）台钻钻孔。定出圆心并点上墨水，将玻璃垫实，平放于台钻上，不得转动。再将内掺煤油的 280 ~ 320 目金刚砂点在玻璃钻眼处，然后将安装在台钻平台上的平头工具刚钻头对准圆心墨点轻轻压下，不能摇晃，旋转钻头，不断上下运动钻磨，边磨边点金刚砂。钻磨自始至终用力要轻而均匀，尤其是接近磨穿时，用力更要轻，要有耐心。此法使用于加工直径小于 10mm 的洞眼。直径在 11 ~ 20mm 之间的洞眼，采用打眼和钻眼均可，但以钻为佳。

6.2.2.2 玻璃打槽

玻璃打槽先在玻璃上按要求槽的长、宽尺寸划出墨线，将玻璃平放于工作台上的手摇砂轮机下，紧贴工作台，使砂轮对准槽口的墨线，选用边缘厚度稍小于槽宽的细金刚砂轮，倒顺交替摇动摇把，使砂轮来回转动，转动弧度不大于周长的 1/4，转速不能太快，边磨边加水，注意控制槽口深度，直至打好槽口。

6.2.2.3 玻璃磨砂

玻璃磨砂常用手工研磨，即将平板玻璃平放在垫有棉毛毯等柔软物的操作台上。将 280 ~ 300 目金刚砂堆放在玻璃面上并用粗瓷碗反扣住，后用双手轻压碗底，并推动碗底打圈移动研磨；或将金刚砂均匀地铺在玻璃上，再将一块玻璃覆盖在上面，一手拿稳上面一块玻璃的边角，一手轻轻压住玻璃的另一边，推动玻璃来回打圈研磨，也可以在玻璃上放置适量的矿砂或石英砂，再加少量的水，用磨砂铁板研磨。研磨从四角，逐步移向中间，直至玻璃呈均匀的乳白色，达到透光不透明即成。研磨时用力要适度，速度可慢一些，以避免玻璃压裂或缺角。实际生产中，使用喷砂的办法处理玻璃表面。采用专用喷枪，在高压气泵的带动下，将金刚砂喷在玻璃表面，利用金刚砂将玻璃表层破坏形成小砂坑，即为喷砂。

6.2.2.4 玻璃磨边

玻璃磨边需先加工一个槽形容器，用长约 2m、边长为 40mm 的等边角钢在起两端焊以薄钢板封口即成。槽口朝上置于工作凳上，槽内盛清水和金刚砂。将玻璃立放在槽内，双手紧握玻璃两边，使玻璃毛边紧贴槽底，用力推动玻璃来回移动，即可磨去毛边棱角。磨时勿使玻璃同角钢碰撞，防止玻璃缺棱掉角。现在，先进的机器设备已将磨边变为非常简单的事情，采用磨边机，再复杂的角度都能加工出来。

6.3 玻璃的安装

6.3.1 门窗玻璃的安装

6.3.1.1 木门窗玻璃的安装

木门窗玻璃的安装工艺，一般分为分放玻璃、清理裁口、涂抹底油灰、嵌钉固定、涂表面油灰或钉木压条等五道工序。具体介绍如下：

（1）分放玻璃。按照当天需安装的数量、大小，将已裁割好的玻璃分放于安装地点，注意切勿放在门窗开关范围内，以防不慎碰撞碎裂。

（2）清理裁口。玻璃安装前，必须清除门窗裁口（玻璃槽）内的灰尘和杂物，以保证油灰与槽口的有效黏结。

（3）涂抹底油灰。在玻璃底面与裁口之间，沿裁口的全长抹厚 1 ~ 3mm 底油灰，要求均匀连续，随后将玻璃推入裁口并压实。待底油灰达到一定强度时，顺着槽口方向，将溢出的底油灰刮平清除。

底油灰的作用是使玻璃和玻璃框紧密吻合，以免玻璃在框内振动发声，也可减少因玻璃振动而造成的碎裂，因而涂抹应挤实严密。

（4）嵌钉固定。玻璃四边均须钉上玻璃钉，每个钉间距离一般不超过 300mm，每边不少于 2 个，要求钉头紧靠玻璃。钉完后，还需检查嵌钉是否牢固，一般由轻敲玻璃所发出的声音判断。

（5）涂抹表面油灰。选用无杂质、稠度适中的油灰涂抹表面。油灰不能抹得太多或太少，太多造成油灰的浪费，太少又不能涂抹均匀。一般用油灰刀从一角开始，紧靠槽口边，均匀地用力向一个方向刮成斜坡形，再向反方向理顺光滑，如此反复修整，四角成八字形，表面光滑无流淌、裂缝、麻面和皱皮现象，黏结牢固，以使打在玻璃上的雨水易于流走而不致腐蚀门窗框。涂抹表面油灰后用刨铁收刮油灰时，如发现玻璃钉外露，应敲进油灰面层。

（6）木压条固定玻璃。选用大小宽窄一致的优质木压条，用小钉钉牢。钉帽应进入木压条表面 1 ~ 3mm，不得外露。木压条要紧贴玻璃、无缝隙，也不得将玻璃压得过紧，以免挤破玻璃，要求木压条光滑平直。

6.3.1.2 塑钢、铝合金、彩色钢板门窗玻璃的安装

塑钢、铝合金、涂色镀锌钢板门窗由于加入了复合元素加工制成，不但提高了强度和硬度，还具有良好的耐久性、耐腐蚀性和装饰性。为了保证框扇的密封性，安装玻璃时应

注意控制以下几点：

（1）玻璃裁割。玻璃裁割必须尺寸准确，边缘不得歪斜，玻璃与槽口的间隙应符合设计要求。

（2）清理槽口。框扇槽口内的灰尘、杂物应清除干净，排水孔畅通。使用密封胶时，黏结处必须干净、干燥。

（3）安装玻璃。在安装玻璃时，应注意下列事宜：

首先按设计要求安装。玻璃应准确放入槽内，用专用扣条压入扣座内，保证玻璃垂直平整，用玻璃胶或橡胶条压住玻璃，注意：玻璃施工中与洞口结合部位要塞入海绵密封条或泡沫胶，并用密封胶或石膏填充缝隙。同时在下滑道上向外开口，以利于排水，见图6-3。

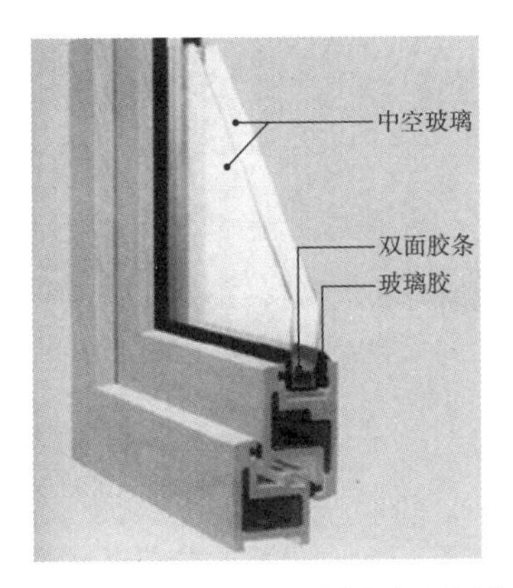

图6-3 塑钢、铝合金、彩色钢板门窗玻璃的安装

6.3.2 无框玻璃门的安装

无框玻璃门是指用12mm以上厚度的玻璃装饰门。一般由活动扇和固定玻璃两部分组合而成，其门框分不锈钢、铜和铝合金饰面。

6.3.2.1 材料

施工前先检查地面标高、门框顶部结构标高是否符合设计要求。确定门框的位置及玻璃安装方位。根据设计要求选裁好玻璃、门夹、地弹簧、不锈钢铰链、拉手、玻璃胶及其他材料。

6.3.2.2 无框门的安装要点

（1）放线、定点。根据设计要求，放出门框位置线确定固定及活动部分位置线。

（2）用型钢或铝合金做出门窗框，根据设计要求和门框位置线，打眼固定门框并保证其坚固性。需要安装地弹簧的要预埋好地弹簧，按照门框大小预制好不锈钢包边。

（3）裁玻璃。应实测底部、中部和顶部的尺寸，选择最小尺寸作为玻璃厚度的裁切尺寸。如果上、中、下测得的尺寸一致，则裁切尺寸，其宽度小于实测尺寸2～3mm，高度小于实测尺寸3～5mm。裁好的玻璃，应用手细砂轮块在四周边进行倒角磨角，倒角宽2mm。

（4）安装玻璃。用玻璃吸盘把厚玻璃吸紧抬起，将厚玻璃板先插入门框顶部的限位槽内，然后用玻璃胶粘贴加工好的不锈钢边条。

（5）注入玻璃胶封口。在顶部限位槽处和底托固定，以及厚玻璃板与框柱的对缝处注入玻璃胶，使玻璃胶在缝隙处形成一条表面均匀的直线。最后刮去多余的玻璃胶，并用干净布擦去胶迹。

在厚玻璃对接时，对接缝应留 2 ~ 3mm 的距离，厚玻璃边需倒角。两块相接的厚玻璃定位并固定后，将玻璃胶注入缝隙中，注满之后，在厚玻璃两面刮平玻璃胶，用净布擦去胶迹。

6.3.2.3 无框玻璃门扇的安装要点

无框玻璃门扇分为地弹簧无框门和金属铰链无框门。地弹簧无框门安装要点如下。

（1）在门扇的上下横档内划线，并按线固定转动销的孔板。安装时可参考地弹簧产品所附的安装说明。

（2）钻好安装门把手的孔洞（通常在购买厚玻璃时，就要求加工好）。注意厚玻璃的高度尺寸应包括插入上下横档的安装部分。通常厚玻璃的裁切尺寸，应小于测量尺寸 5mm 左右，以便进行调节。

（3）把上下横档分别安装在厚玻璃门扇上下两边，并进行门窗高度测量。如果门扇的上下两边距门框和地面的缝隙超过规定值，可向上下横档内的玻璃底下垫木夹板条。如果门扇高度超过安装尺寸，则需裁去玻璃门扇的多余部分。

（4）在定好高度后，进行上下横档的固定。在厚玻璃与金属上下横档内的两侧空隙处同时插入小木条，然后在小木条、厚玻璃横档之间的缝隙中注入玻璃胶。

（5）门窗定位安装。先将门框横梁上的定位销用本身的调节螺钉调出横梁平面 1 ~ 2mm。再将玻璃门扇竖起来，把门扇下横档内的转动销连接件的空位对准弹簧的转动销轴，并转动门扇将孔位套在销轴上。然后以销轴为中心，将门扇转动 90°（转动时要扶正扇门），使门扇与门横梁成直角，此时即可把门扇上横档中的转动连接件的孔对正门框横梁上的定位销，并把定位销调出，插入门扇横档转动销连接件孔内 15mm 左右。

（6）安装玻璃门拉手。安装前，在拉手插入玻璃的部分涂少许玻璃胶。拉手组装时，其根部与玻璃贴靠紧密后，再上紧固定螺钉，以保证拉手没有丝毫松动现象。

金属铰链无框门安装参考地弹簧无框门安装方法。由于其铰链体积小，安装简单，可用于室内门的安装，见图 6-4。

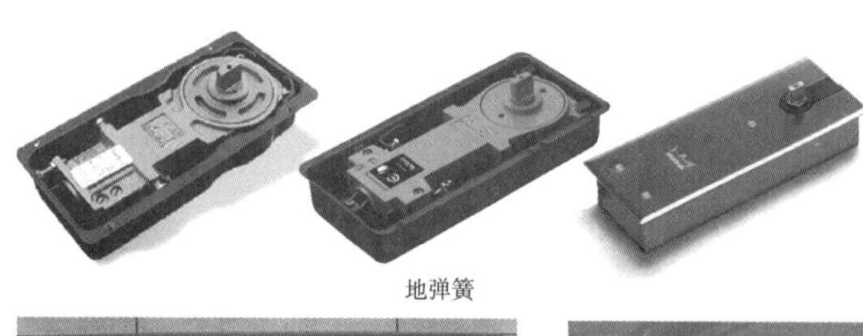

地弹簧

无框玻璃门

图 6-4 金属铰链无框门的安装

6.3.3 玻璃隔断的安装

玻璃隔断，可根据需要选用彩色玻璃、刻花玻璃、压花玻璃和玻璃砖等，或者采用夹花、喷漆等工艺。

（1）玻璃隔断安装前，应按拼花要求计划好各类玻璃和零配件需要量。

（2）把已裁好的玻璃按部位编号，并分别竖向堆放待用。

（3）用木框安装玻璃时，在木框上要裁口或挖槽，其上镶玻璃，玻璃四周常用木压条固定。

（4）用铝合金框时，玻璃镶嵌后应用橡胶带固定。

（5）玻璃安装后应随时清理，特别是冰雪片彩色玻璃，要防止污垢积淤，影响美观。

6.3.4　玻璃砖隔墙的施工

玻璃砖以砌筑局部墙面为主，其特色是可以提供自然采光，兼隔热、隔声和装饰作用，其透光和散光现象所造成的视觉效果非常富于装饰性。

6.3.4.1　施工准备

（1）根据需砌玻璃砖隔墙的面积和形状，计算玻璃砖的数量和排列顺序。两玻璃砖对砌砖缝的间距为 5 ~ 10mm。

（2）根据玻璃砖的排列做出基础底脚，底脚厚度通常为 40mm 或 70mm，略小于玻璃砖的厚度。

（3）将与玻璃砖隔墙相连的建筑墙面的侧边修平整垂直。

（4）若玻璃砖是砌筑在木制或金属框架中，则应先将框架固定好。

（5）做好防水层及保护层。用素混凝土或垫木找平并控制好标高。

（6）在玻璃砖四周弹好墙身线，在墙下面弹好撂底砖线，按标高立好皮树杆，皮树杆的间距以 15 ~ 20mm 为宜。

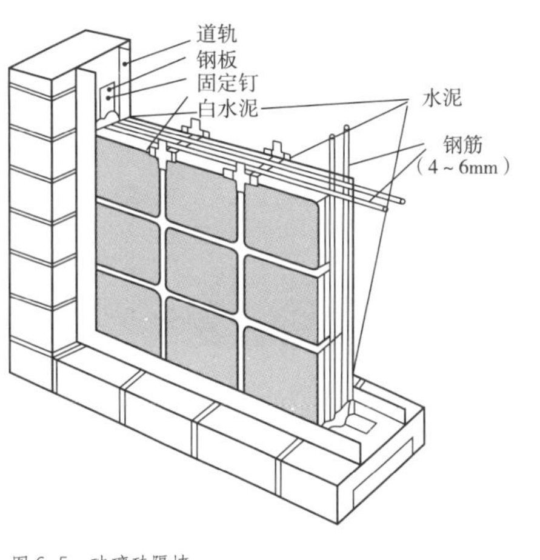
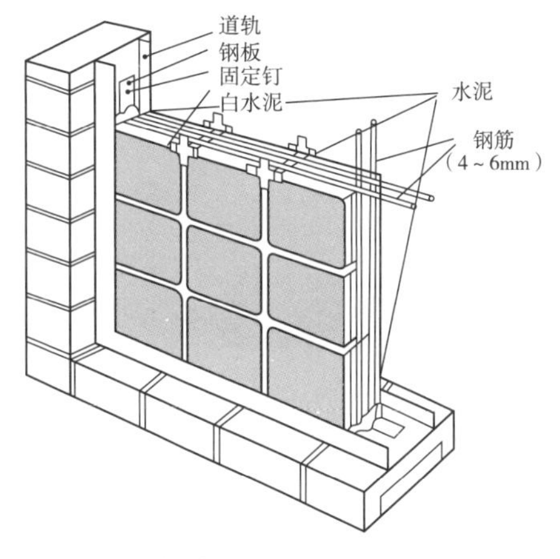

图 6-5　玻璃砖隔墙

6.3.4.2　施工方法

玻璃砖砌体隔墙的施工采用十字缝立砖砌法，见图 6-5。

（1）排砖。根据弹好的位置线，首先要认真核对玻璃砖墙长度尺寸是否符合排砖模数。若不符合，可调整隔墙两侧的槽钢或木框的厚度及砖墙的厚度，但隔墙两侧调整的宽度要保持一致，并与隔墙上部槽钢调整后的宽度也要尽量保持一致。

玻璃砖应挑选棱角整齐、规格相同、砖的对角线基本一致、表面无裂痕和磕碰的砖。

（2）挂线。砌筑第一层应双面挂线。若玻璃砖隔墙较长，则应在中间多设几个支线点，每层玻璃砖砌筑时均需挂平线。

（3）砌筑要点有以下几点：

1）玻璃砖采用白水泥：细砂 =1：1 水泥浆，或白水泥：107 胶 =100：7 水泥浆（重量比）砌筑。白水泥浆要有一定的稠度，以不流淌为好。

2）按上下层对缝的方式，自下而上砌筑。

3）为了保证玻璃砖墙的平整性及砌筑方便，每层玻璃砖在砌筑之前，宜在玻璃砖上放置垫木块。

其长度有两种：玻璃砖厚度为 50mm 时，木垫块长 35mm 左右；玻璃砖厚度为 80mm 时，木垫块长 60mm 左右。

每块玻璃砖上放两块，卡在玻璃砖的凹槽内。

（4）砌筑时，将上层玻璃砖压在下层玻璃砖上，同时使玻璃砖的中间槽卡在木垫块上，两层玻璃砖的间距为 5 ~ 8mm。

缝中承力钢筋间隔小于 650mm，伸入竖缝和横缝，并与玻璃砖上下两侧的框体和结构体牢固连接。

（5）每砌完一层后，要用湿布将玻璃砖面上沾着的水泥浆擦去。

（6）玻璃砖墙砌筑完后，立即进行表面勾缝。先勾水平缝，再勾竖缝，缝的深度要一致。

6.3.4.3 施工注意事项

（1）玻璃砖不要堆放过高，以防打碎伤人。

（2）玻璃砖隔墙砌筑完后，在距玻璃砖隔墙两侧各约 100 ~ 200mm 处搭设木架，防止玻璃砖隔墙遭到磕碰。

（3）水平砂浆要铺得稍厚一些，慢慢挤揉，立缝灌砂浆一定要捣实，勾缝时要勾严，以保证砂浆饱满。

6.3.4.4 质量要求

（1）砌筑砂浆必须密实饱满，水平灰缝和竖向灰缝的饱满度应为 100%。

（2）墙平应横平竖直，清洁整齐，水平灰缝与竖向灰缝宽度要基本一致。玻璃砖隔墙的允许偏差见表 6-1。

表 6-1 玻璃砖隔墙的砌筑允许偏差

项　目	允许偏差（mm）	检验方法
轴线位移	10	用钢尺或经纬仪检查
墙面垂直	±5	用 2m 托线检查
墙面平整	5	用 2m 靠尺和楔形赛尺检查
水平缝、立缝平直（一面墙）	7	用拉线和尺量检查
水平缝、立缝平直（两块砖之间）	2	用尺量检查

6.3.5 装饰玻璃镜的安装

装饰玻璃镜是采用高质量平板玻璃、茶色平板玻璃为基材，在其表面经镀银工艺，再覆盖一层镀银，加之一层涂底漆，最后涂上灰色面漆而制成。它具有抗烟雾、抗温热、使用寿命长的特点，用于室内墙面、柱面、天棚面的装饰。安装固定通常用玻璃钉、黏结和压线条的方式。小尺寸镜面厚度为 3mm，大尺寸镜面厚度为 5mm 以上。

6.3.5.1 天棚镜面玻璃的安装要点

1. 基本要求

（1）天棚玻璃镜敷设的基层，一般为木基层，且要求基层做防水。

（2）固定玻璃镜的固定件，必须固定在吊顶龙骨上。

（3）玻璃镜安装前，应根据吊顶龙骨尺寸和玻璃镜面尺寸，在基层弹线，确定镜面排列方式，并尽量做到每块尺寸相同。

2. 嵌压式固定

嵌压式一般采用木压条、铝合金压条、不锈钢压条固定。用木压条固定时，最好用20～35mm的射钉枪固定，避免用普通圆钉，以防止在钉压条时震破玻璃镜。铝合金压条和不锈钢压条可用木螺钉固定在其凹部。

3. 玻璃钉固定

（1）安装前应按木骨架的间距尺寸在玻璃上打孔，孔径小于玻璃钉端头直径3mm。每块玻璃板需钻出4个孔，孔位均匀布置，并不应太靠近镜面的边缘，以防开裂。

（2）玻璃块逐块就位后，先用直径2mm的钻头，通过玻璃镜上的孔位，在吊顶骨架上钻孔，然后再呈对角线拧入玻璃钉，以玻璃不晃动为准，最后在玻璃钉上拧入装饰帽。

4. 黏结与玻璃钉双固定

在一些重要场所，或玻璃面积大于1m^2的顶面、墙面，经常采用黏结与玻璃钉双固定的方法，以保证玻璃镜在偶然开裂时，不至于下落伤人。

（1）将镜的背面清扫干净，除去尘土和沙粒，在镜的背面涂刷一层白乳胶，用一层薄的牛皮纸粘贴在镜的背面，并刮平整。

（2）分别在镜背面的牛皮纸上和顶面木基层面涂刷万能胶。当胶面不黏手时，把玻璃镜按弹线位置粘贴到顶面木基层上。使其与顶面粘合紧密，并注意边角处的粘贴情况。然后用玻璃钉将镜面四个角固定。应当注意的是，在粘贴玻璃镜时，不能直接将万能胶涂在镜面背后，以防对镜面涂层的腐蚀损伤。

6.3.5.2 墙面镶贴镜面玻璃的要点

1. 基层处理

镶贴的基层先埋入木砖，然后钉立筋铺钉衬板。木砖横向与镜面宽度相等，竖向与镜面高度相等，大面积安装还应在横竖向每隔500mm埋木砖。基层表面要进行抹灰，在抹灰上刷热沥青或贴油毡，也可以将油毡铺在木衬板和玻璃之间，其目的是防止潮气使木衬板变形和使水银脱落。

墙筋采用40mm×40mm或50mm×50mm小木方，钉于木砖上。安装小块镜面多为双向立筋，安装大片镜面可以单向立筋，横竖墙筋的位置与木砖一致。要求立筋横平竖直，以便于衬板和玻璃的固定。

衬板采用15mm厚木板或5mm厚胶合板，钉在墙筋上的衬板要求表面无翘曲、起皮现象，表面平整、清洁，板与板之间的缝隙应固定在立筋处。

2. 镜面玻璃的固定方法

（1）螺钉固定。即用ϕ3～5平头或圆头螺钉，透过玻璃上的钻孔钉在墙筋上，对玻璃起固定作用。一般从下到上，由左至右进行安装。全部镜面固定后，用长靠尺靠平，以全部调平为准。然后将镜面之间用玻璃胶嵌缝，要求密实、饱满、均匀、不污染镜面。

（2）嵌钉固定。即用嵌钉钉于墙筋上，将镜面玻璃的四个角压紧。先在平整的木衬板上铺一层油毡，油毡两端用木压条临时固定，以保证油毡的平整，然后按镜面玻璃分块尺寸，在油毡表面弹线。安装是从下向上进行，安装第一排时，嵌钉应临时固定，装好第二排后再拧紧。

（3）粘贴固定。即是将镜面玻璃用环氧树脂或单组分硅酮结构胶进行固定，将玻璃胶粘贴于木衬板上。检查木衬板的平整度和固定牢靠程度后，清除木衬板表面污物和浮灰，并在木衬板上按镜面玻璃分块尺寸弹线。然后刷胶粘贴玻璃。环氧树脂胶应涂刷均匀，不宜过厚，每次刷胶面积不宜过大，随刷随粘贴，并及时将从镜面缝中挤出的胶浆擦净。用打胶筒打玻璃胶，胶点应均匀。粘贴应按弹线分格自下而上进行，应待底下的镜面黏结达一定强度后，再进行上一层粘贴。

以上三种方法固定的镜面，还可在周边加框，起封闭端头和装饰作用。

（4）托压固定，即是靠压条和边框将镜面托压在墙上。压条和边框可采用木材和金属型材。自下而上，先用竖向压条固定最下面镜面，安放上一层镜面后再固定横向压条。木压条一般宽 30mm，表面可做出装饰线，每 200mm 内钉一颗钉子，钉头应没入压条中 0.5 ~ 1mm，用腻子找平后刷漆。因为钉子要从镜面玻璃缝中钉入，因此，两镜面之间要考虑留 10mm 左右缝宽。大面积单块镜面多以压托做法为主，也可结合粘贴的方法固定。镜面的重量主要落在下部边框或砌体上，其他边框起防止镜面外倾和装饰作用。

6.3.6 玻璃栏板的安装

玻璃栏板，又称“玻璃栏河”或“玻璃扶手”。它是采用大块的透明安全玻璃做楼梯栏板，上面加设不锈钢、铜或木扶手，用于高级宾馆的主楼梯等部位，见图 6-6。

图 6-6 玻璃栏板

玻璃栏河主要由扶手、钢化玻璃板、栏河底座三部分构成。

6.3.6.1 材料

（1）玻璃。常用的是钢化玻璃和夹层钢化玻璃。单块尺寸多为 1.5m 或 2m 左右，厚 12mm。

（2）扶手。常用的扶手有不锈钢圆管、黄铜圆管和高级木材（柚木或水曲柳）。

6.3.6.2 厚玻璃的安装

楼梯扶手中的厚玻璃安装主要有半玻式和全玻式两种，通常采用不锈钢管和全铜管扶手。

（1）半玻式安装。半玻式楼梯扶手的厚玻璃有两种安装方法，一种是用卡槽安装于楼梯扶手立柱之间；另一种在立柱上开出槽位，将厚玻璃直接安装在立柱内，并用玻璃胶固定。采用卡槽安装，卡槽的下端头必须起到托住厚玻璃的作用，并且应与斜裁玻璃一致，在其端头有两种封闭端，一种封闭端上斜，一种封闭端下斜，安装时配对使用。

（2）全玻式安装。全玻式楼梯扶手的厚玻璃，其下部固定在楼梯踏步地面内，上部与不锈钢管或全铜管连接。厚玻璃与不锈钢管或全铜管的连接方式有以下三种：

1）在管子的下部开槽，厚玻璃插入槽内。

2）在管子的下部安装卡槽，厚玻璃卡装在槽内。

3）用玻璃胶直接将厚玻璃黏结于管子下部。

厚玻璃的下部与楼梯的结合方式也有两种：

1）用角钢（高度不宜小于 100mm）将厚玻璃先夹住定位，角钢间距除玻璃厚度外，每侧留 3 ~ 5mm 缝隙，然后再用玻璃胶将厚玻璃固定。

2）用花岗岩或大理石饰面板，在安装厚玻璃的位置处留槽，留槽宽度大于玻璃厚度 5 ~ 8mm，将厚玻璃安放在槽内后，再注入玻璃胶。

6.3.6.3 施工注意事项

（1）在墙、柱施工时，应注意楼梯的锚固预埋件的设置，并保证位置准确。

（2）玻璃栏河底座施工时，固定件的埋设应符合设计要求。需加立柱时，应确定柱的位置。

（3）扶手与铁件可用焊接或螺栓连接，也可用膨胀螺栓锚固铁件。

（4）扶手安装完后，要对扶手表面进行保护。当扶手较长时，要考虑扶手的侧向弯曲，在适当的部位加设临时立柱，减少其变形。

（5）不锈钢管、铜管扶手在交工前，除进行擦拭外，一般还要抛光。

（6）安装玻璃前，应检查玻璃板的周边有无缺口，如有则应用磨角机或砂轮打磨，以免伤人。

6.4 玻璃幕墙

玻璃幕墙是由玻璃板作墙面材料，与金属构件组成的悬挂在建筑物主体结构外面的非承重连续外围护墙体。由于它像帷幕一样，故称为“玻璃幕墙”，简称“幕墙”。

6.4.1 玻璃幕墙的构造

6.4.1.1 全隐框玻璃幕墙

全隐框玻璃幕墙的构造是在铝合金构件组成的框格上固定玻璃框，玻璃框的上框挂在铝合金整个框格体系的横梁上，其余三边分别用不同方法固定在竖杆及横梁上。玻璃用结构胶预先粘贴在玻璃框上。玻璃框之间用结构密封胶密封。玻璃为各种颜色镀膜镜面反射玻璃，玻璃框及铝合金框格体系均隐在玻璃后面，从外侧看不到铝合金框，形成一个大面积的有颜色的镜面反射屏幕幕墙。这种幕墙的全部荷载均由玻璃通过胶传给铝合金框架，见图 6-7。

6.4.1.2 半隐框玻璃幕墙（见图 6-8）

1. 竖隐横不隐玻璃幕墙

这种玻璃幕墙只有竖杆隐在玻璃后面，玻璃安放在横杆的玻璃镶嵌内，镶嵌槽外加盖

图 6-7 全隐框玻璃幕墙

铝合金压板，盖在玻璃外面。这种体系一般在车间将玻璃粘贴在两竖边有安装沟槽的铝合金玻璃框上，再将玻璃框竖边固定在铝合金框格体系的竖杆上；玻璃上、下两横边则固定在铝合金框格体系横梁的镶嵌槽中。由于玻璃与玻璃框的胶缝在车间内加工完成，材料粘贴表面洁净有保证，况且玻璃框是在结构胶完全固化后才运往施工现场安装，所以胶缝强度得到保证。

2. 横隐竖不隐玻璃幕墙

这种玻璃幕墙横向采用结构胶粘贴式结构性玻璃装配方法，在专门车间内制作，结构胶固化后运往施工现场；竖向采用玻璃嵌槽内固定竖边，用铝合金压板固定在竖杆的玻璃镶嵌槽内，形成从上到下整片玻璃由竖杆压板分隔成长条形画面。

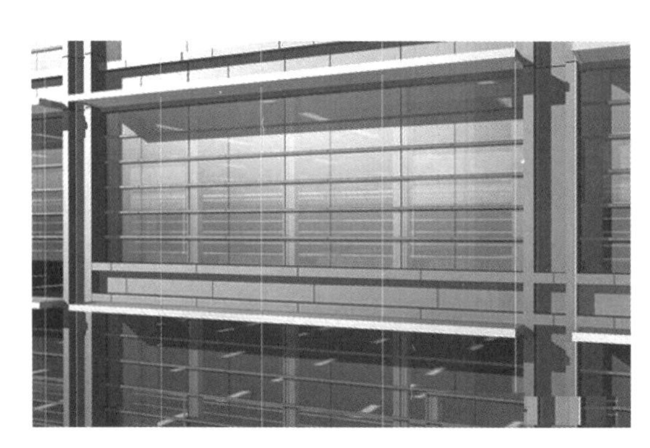

图 6-8 半隐框玻璃幕墙

6.4.1.3 明框玻璃幕墙（见图 6-9）

（1）型钢骨架。型钢作玻璃幕墙的骨架，玻璃镶嵌在铝合金的框内，然后再将铝合金框与骨架固定。型钢组合的框架，其网格尺寸可适当加大，但对主要受弯构件，截面不能太小，厚度最大处宜控制在 5mm 以内。否则将影响铝框的玻璃安装，也影响幕墙的外观。

图 6-9 明框玻璃幕墙

（2）铝合金型材骨架。用特殊断面的铝合金型材作为玻璃幕墙的骨架，玻璃镶嵌在骨架的凹槽内。玻璃幕墙的竖杆与主体结构之间用连接板固定。安装玻璃时，先在竖杆的内侧安上铝合金压条，然后将玻璃放入凹槽内，再用密封材料密封。支撑玻璃的横杆略有倾斜，目的是排除因密封不严而流入凹槽内的雨水。外侧用一条盖板封住。

6.4.1.4 挂架式玻璃幕墙

采用四爪式不锈钢挂件与立柱焊接，每块玻璃四角在厂家加工钻 4 个 ϕ20 孔，挂件的每个爪与一块玻璃一个孔相连接，即一个挂件同时与 4 块玻璃相连接，或一块玻璃固定于4个挂件上，见图6-10。

图6-10 挂架式玻璃幕墙

6.4.1.5 无骨架玻璃幕墙

前面介绍的4种玻璃幕墙均属于采用骨架支托着玻璃饰面。无骨架玻璃幕墙与前4种的不同点是：玻璃本身既是饰面材料，又是承受自重及风荷载的结构构件。这种玻璃幕墙又称“结构玻璃”，采用悬挂式，多用于建筑物首层，类似落地窗。由于采用大块玻璃饰面，使幕墙具有更大的透明性，见图6-11。

无骨架玻璃幕墙

超大玻璃

图6-11 无骨架玻璃幕墙和超大玻璃

为了增强玻璃结构的刚度，保证在风荷载下安全稳定，除玻璃应有足够的厚度外，还应设置与面部玻璃垂直的玻璃肋。

6.4.2 玻璃幕墙材料的选用要求

6.4.2.1 一般规定

（1）幕墙材料应符合现行国家标准和行业标准，并应有出厂合格证。

（2）幕墙材料应有足够的耐气候性，金属材料和零部件除不锈钢外，钢材应进行表面热浸镀锌处理；铝合金材料应进行表面阳极氧化处理。

（3）幕墙材料应采用不燃性和难燃性材料。

（4）隐框和半隐框幕墙使用的结构硅酮密封胶，应有与接触材料相容性试验合格证报告，并应有物理耐年限和保险年限的质量证书。

6.4.2.2 铝合金材料、钢材及配件

（1）幕墙所用铝合金型材，应符合国家标准的规定，其膜厚不低于 AA15 级。

（2）与幕墙配套用铝合金门窗，应符合国家标准的规定。

（3）幕墙采用的标准五金件，应符合国家标准的规定。

（4）幕墙采用非标准五金件，应符合设计要求，并应有出厂合格证。

（5）幕墙用的承重件和连接件的钢材，应符合国家标准的规定。

（6）幕墙用的不锈钢应符合国家标准。

6.4.2.3 玻璃

（1）幕墙可根据功能要求选用安全玻璃（包括钢化和夹层玻璃）、中空玻璃、热反射镀膜玻璃、吸热玻璃、浮法玻璃、夹丝玻璃和放火玻璃。

（2）幕墙玻璃的外观质量和性能应符合国家标准的规定。

（3）幕墙使用热反射镀膜玻璃时，应采用真空磁控阴极溅射镀膜玻璃。

（4）幕墙使用的中空玻璃，除应符合国家标准中的有关规定外，还必须采用双道密封。明框幕墙中空玻璃的密封胶和丁基密封腻子；半隐框和隐框幕墙的中空玻璃的密封胶，必须是结构硅酮密封胶和丁基密封腻子。干燥剂宜采用专用设备填装，以保证其密实度和干燥度。

（5）幕墙使用夹层玻璃时，应采用聚乙烯醇缩丁醛（PVB）胶片干法加工合成的夹层玻璃。

（6）幕墙使用夹层玻璃时，裁割后玻璃的边缘应及时进行修理和防腐处理。当加工成中空玻璃时，夹丝玻璃应朝室内一侧。

（7）所有幕墙玻璃的边缘，必须进行倒棱、倒角处理。

6.4.2.4 密封材料

密封材料是保证幕墙具有防水功能、气密性能和抗震性能的关键，用于接缝密封。

在高层建筑中，为了防止高空强大的风力使雨水渗入室内，一般在接缝的一定位置处设置排水孔，排水孔将渗入空腔的雨水通过排水系统排至室外。为了防止雨水渗入排水孔，一般均加外屏障或保护罩。

（1）幕墙用的橡胶制品宜采用合成的三元乙丙橡胶、氯丁橡胶；密封胶条应用挤出成形产品，橡胶块宜用压模成形产品。

（2）密封胶条应符合国家标准。

（3）幕墙用的聚硫密封胶应具有优良的耐水、耐溶剂和耐大气老化性，并应有低温弹性好、低透气率等特点，其性能应符合中空玻璃用弹性密封剂 JC486 的规定。

6.4.2.5 低发泡间隔双面胶带

该种胶带用于幕墙之间防水、防风的连接。其选用原则如下：

（1）根据幕墙风荷载、高度和玻璃的大小，选用低发泡间隔双面胶带。

（2）幕墙风荷载大于 1.8N/m^2 时，宜选用中等硬度的聚氨基甲酸乙酯低发泡间隔双面胶带，其性能应符合国家规定。

（3）幕墙风荷载小于 1.8kN/mm^2 时，以选用聚乙烯底法泡间隔双面胶带。

6.4.2.6 其他材料

（1）填充材料可选用圆形、半圆形、椭圆形和三角形等聚乙烯法泡材料，其密度应控制在 0.037g/cm³ 以内。

（2）聚乙烯法泡填充材料，应具有优良的稳定性、弹性、防水性、耐酸碱性和耐老化性。

（3）幕墙宜采用岩棉、矿棉、玻璃棉、防火板等不燃性和难燃性材料作隔热保温材料。并应采用铝箔和塑料薄膜包装的复合材料，以保证其防水和防潮性。

6.4.3 幕墙的专用施工工具

玻璃幕墙的专用施工工具主要有手动真空吸盘、牛皮带、电动吊篮、嵌缝枪、撬板、竹签、滚轮、热压胶带、电炉等。

6.4.4 玻璃幕墙的安装施工

玻璃幕墙的安装施工方式，除挂架式和无骨式外，大致被分为单元式（工厂组装）和元件式两种。

单元式是将铝合金框架、玻璃、垫块、保温材料、减震和防水材料等，由工厂制成分格窗，用专用运输车运往施工现场，在现场吊装装配，与建筑物主体结构连接。这种幕墙由于直接与建筑物结构的楼板、柱子连接，所以其规格应与层高、柱距尺寸一致。当与楼板和梁连接时，幕墙的高度应相当于层高或是层高的倍数；当与柱连接时，幕墙的宽度相当于柱距。

元件式是将必须在工厂制作的单件材料运至施工现场，直接在建筑物结构上逐件进行安装。这种幕墙是通过竖向骨架（竖杆）与楼板和梁连接，并在水平方向设置横杆，以增加横向刚度和便于安装，其分块规格可以不受层高和柱间尺寸的限制。这是目前采用较多的一种方法，即适用于明框幕墙，也适用于隐框和半隐框幕墙。

6.4.4.1 基本要求

1. 作业条件

（1）应编制幕墙施工组织设计，并严格按施工组织设计的顺序进行施工。

（2）幕墙应在主体施工结构施工完毕后开始施工。对于高层建筑的幕墙，实因工期需要，应在保证质量与安全的前提下，可按施工组织设计沿高度分段施工。在与上部主体结构进行立体交叉施工幕墙时，结构施工层下方及结构幕墙施工上方，必须采取可靠的防护措施。

（3）幕墙施工时，原主体结构施工搭设的外脚手架宜保留，并根据幕墙施工要求进行必要的拆改（脚手架内层距主体结构不小于 300mm）。如果用吊篮安装幕墙时，吊篮必须安全可靠。

（4）幕墙施工时，应配备必要的安全可靠的起重吊装工具。

（5）当装修分项工程会对幕墙造成污染和损伤时，应将该项工程安排在幕墙施工之前施工，而后应对幕墙采取可靠的保护措施。

（6）不应在大风大雨气候下进行幕墙施工。当气温低于 −5℃时不得进行玻璃安装，不应在雨天进行密封胶施工。

（7）应在主体结构施工时控制和检查固定幕墙的各楼层（屋）面的标高、边线尺寸和预埋件位置的偏差，并在幕墙施工前对其进行检查与测量。当结构边线尺寸偏差过大时，应先对结构进行必要的修正；当预埋件位置偏大时，应调整框料的间距或修改连接件与主体结构的连接方式。

2. 玻璃幕墙安装

（1）应采用（激光）经纬仪、水平仪、线锤等仪器工具，在主体结构上的框料与主体结构连接点的中心位置，x、y 和 z 轴三个方向位置的允许偏差为 ±1.0mm。

（2）对于元件式幕墙，如玻璃为钢化玻璃、中空玻璃等现场无法裁割的玻璃，应事先检查玻璃的实际尺寸，如与设计尺寸不符，应调整框料与主体结构连接点中心位置。然后可按框料的实际安装位置（尺寸）定制玻璃。

（3）按测定的连接点中心位置固定连接件，确保牢固。

（4）单元式幕墙安装宜由下往上进行。元件式幕墙框料宜由上往下进行安装。

（5）当元件式幕墙框料和单元式幕墙各单元与连接件连接后，应对整幅幕墙进行检查和纠偏，然后应将连接件与主体结构（包括用膨胀螺栓锚固）的预埋件焊牢。

（6）单元式幕墙的间隙用 V 形和 W 形或其他型胶条封闭，嵌填密实，不得遗漏。

（7）元件式幕墙应按设计图纸要求进行玻璃安装。安装玻璃就位后，应及时用橡胶条等嵌填材料与边框固定，不得临时固定或明摆浮搁。

（8）玻璃周边各侧的橡胶条应各为单根整料，在玻璃角部断开。橡胶条型号应无误，镶嵌平整。

（9）橡胶条外涂敷的密封条，品种应无误（镀膜玻璃的镀膜面严禁采用醋酸型有机硅酮胶），应密实均匀，无遗漏，外表平整。

（10）单元式幕墙各单元的间隙、元件式幕墙的框架料之间的间隙、框架料与玻璃之间的间隙，以及其他所有的间隙，应按设计图纸要求予以留够。

（11）单元式幕墙各单元之间的间隙及隐式幕墙各玻璃之间的缝隙，应按设计要求安装，保持均匀一致。

（12）镀锌连接件施焊后应去掉药皮，镀锌面受损处焊缝表面应刷两道防锈漆。所有与铝合金型材接触的材料（包括连接件）及构造措施，应符合设计图纸要求，不得发生接触腐蚀，且不得直接与水泥砂浆等材料接触。

（13）应按设计图纸规定的节点构造要求进行幕墙的防雷接地，以及所有构造节点（包括防火节点）和收口节点的安装与施工。

（14）清洗幕墙的洗涤剂应经检验，应对铝合金型材铝合金型材膜、玻璃及密封胶条无侵蚀作用，并应及时将其冲洗干净。

6.4.4.2 单元式玻璃幕墙的安装方法

1. 工艺流程

单元式玻璃幕墙现场安装的工艺流程为：测量放线→检查预埋 T 形槽位置→穿入螺钉→固定牛腿→牛腿精确找正→焊接牛腿→将 V 形和 W 形胶带大致挂好→起吊幕墙并垫减震胶垫→紧固螺丝→调整幕墙平直→塞入热压防风带→安设室内窗台板、内扣板→填塞梁、柱间的防火、保温材料。

2. 安装要点

（1）测量放线。测量放线的目的是确定幕墙安装的准备位置，因此必须先研究透幕墙设计施工图纸。对主体结构的质量（如垂直度、水平度、平整度及预留孔洞、埋件等）进行检查，做好记录，如有问题应提前进行剔凿处理。根据检查的结果，调整幕墙与主体结构的间距。校核建筑物的轴线和标高，然后弹出玻璃幕墙安装位置线（挂板式）。

（2）牛腿安装。在建筑物上固定幕墙，首先要安装牛腿铁件。牛腿铁件应在土建结构施工时按设计要求将固定牛腿的T形槽预埋在每层楼板（梁、柱）的边缘或墙面上。预埋件标高偏差不大于10mm，预埋件轴线与幕墙轴线垂直方向的前后距离偏差不大于20mm，平行方向的左右偏差不大于30mm。

当主体结构为钢结构时，连接件可直接焊接或用螺栓固定在主体结构上；当主体结构为钢筋混凝土结构时，如施工能保证预埋件位置的精确，可采用在结构上预埋铁件或T形槽来固定连接，否则应采用在结构上钻孔安装金属膨胀螺栓来固定连接件。

在风荷载较大地区和地震区，预埋件应埋设在楼板结构层上，采用膨胀螺栓连接时，亦需锚固在楼板结构层上，螺栓距结构边缘不应小于100mm，螺栓不应小于M12，螺栓埋深不应小于70mm。

牛腿安装前，用螺钉先穿入T形槽内，再将铁件初次就位，就位后进行精确找正。

牛腿找正是幕墙施工中重要的一环，它的准确与否将直接影响幕墙安装质量。

按建筑物轴线准确据牛腿外表面的尺寸，用经纬仪测量平直，误差控制在±1mm。水平轴线确定后，即可用水平仪抄平牛腿标高，找正时标尺下端放置在牛腿减震橡胶平面上，误差控制在±1mm。同一层牛腿与牛腿的间距用钢尺测量，误差控制在±1mm。每层牛腿测量要“三个方向”同时进行，即外表定位（x轴方向）、水平高度定位（y轴方向）和牛腿间距定位（z轴方向）。

水平找正时可用（1～4）mm×40mm×300mm的镀锌钢板条垫在牛腿与混凝土表面进行调平。当牛腿初步定位时，要将两个螺丝稍加紧固，待第一层全部找正后再将其完全紧固，并将牛腿与T形槽接触部分焊接。牛腿各零件间也要进行局部焊接，防止移位。凡焊接部分均应补刷防锈油漆。

牛腿的找正和幕墙安装要采用“四四法”，即找正八层牛腿时，只能吊装四层幕墙，这样就无法依据已找正的牛腿，作为其他牛腿找正的基准了。

（3）幕墙的吊装和调整。幕墙由工厂整榀组装后，要经质检人员检验合格后，方可运往现场。幕墙必须采取立运（切勿平放），应用专业车辆进行运输。幕墙与车架接触面要垫好毛毡减震、减磨，上部用花篮螺丝将幕墙拉紧。幕墙运到现场后，有条件的应立即进行安装定位。否则，应将幕墙存放箱中，也可用脚手架支搭临时存放，但必须用苫布遮盖。牛腿找正焊牢后即可吊装幕墙，幕墙吊装应由下逐层向上进行。吊装前须将幕墙之间的V形和W形防风橡胶带暂时铺挂外墙面上。幕墙起吊就位时，应在幕墙就位位置的下层设人监护，上层要有人携带螺钉、减振橡胶垫和扳手等准备紧固。幕墙吊至安装位置时，幕墙下端两块凹型轨道插入下层已安装好的幕墙上端的凸型轨道内，将螺钉通过牛腿孔穿入幕墙螺孔内，螺钉中间要垫好两块减震橡胶圆垫。幕墙上方的方管梁上焊接的两块定位块，坐落在牛腿悬挑出的长方形橡胶块上，用两个六角螺栓固定。幕墙吊装就位后，通过紧固螺栓、加垫等方法进行水平、垂直、竖向三个方向调整，使幕墙横平竖直，外表一致。

（4）塞焊胶带。幕墙与幕墙之间的间隙，用V形和W形橡胶带封闭，胶带两侧的圆形槽内，用一条 ϕ6mm 胶棍将胶带与铝棍固定。胶带遇有垂直与水平接口时，可用专业热压电炉将胶带加热后压为一体。塞圆形胶棍时，为了润滑，可用喷壶在胶带上喷硅油（冬季）或洗衣粉水（夏季）。全部塞胶带和热压接口工作基本在室内作业，但遇无窗口墙面（如在建筑物内、外拐角处），则需在室外乘电动吊篮进行。

（5）填塞保温、防火材料。幕墙内表面与建筑物的梁柱间，四周均有约200mm间隙，这些间隙要按防火要求进行收口处理，用轻质防火材料充塞严实。空隙上封铝合金装饰板，下封大于口0.8mm厚镀锌钢板，并宜在幕墙后面粘贴黑色非易燃织品。

施工时，轻质耐火材料与幕墙内侧锡箔纸接触部位黏结严实，不得有间隙，不得松动，否则将达不到防火和保温要求。

6.4.4.3 元件式玻璃幕墙的安装方法

1. 玻璃幕墙的安装方法

明框玻璃幕墙安装的工艺流程为：检验、分类堆放幕墙部件→测量放线→次龙骨装配→层紧固件安装→安装主龙骨（竖杆）并抄平、调整→安装次龙骨（横杆）→安装保温镀锌钢板→在镀锌钢板上焊铆螺钉→安装层间保温矿棉→安装楼封闭镀锌板→安装单层玻璃窗户密封条、卡→安装单层玻璃→安装双层中空玻璃密封条、卡→安装双层中空玻璃→安装侧压力板→镶嵌密封条→安装玻璃幕墙铝盖条→清扫→验收、交工。

（1）测量放线。主龙骨（竖杆）由于与主体结构锚固，所以位置必须准确，次龙骨（横杆）以竖杆为依托，在竖杆布置完毕后再安装，所以对横杆的弹线可推后进行。在工作层上放出 x、y 轴线，用激光经纬仪依次向上定出轴线。再根据各层轴线定出楼板预埋件的中心线，并用经纬仪垂直逐层校核，再定各层连接件的外边线，以便与主龙骨连接。如果主体结构为钢结构，由于弹性钢结构有一定挠度，故应在低风时测量定位（一般在8:00，风力在1～2级以下时）为宜，且要多测几次，并与原结构轴线复核、调整。放线结束，必须建立自检、互检与专业人员复核制度，确保万无一失。

预埋件位置的偏差于单元时安装相同。

（2）装配铝合金主、次龙骨。这项工作可在室内进行，主要是装配好竖向主龙骨紧固件之间的连接件、横向次龙骨的连接件、安装镀金钢板、主龙骨之间接头的内套管、外套管以及防水胶等。装配好横向次龙骨与主龙骨连接的配件及密封橡胶、垫等。

（3）安装主、次龙骨。常用的固定办法有两种：一种是将骨架竖杆型钢连接与预埋铁件依弹线位置焊牢；另一种是将竖杆型钢连接件与主体结构上的膨胀螺栓锚固。

两种方法各有优势：预埋铁件由于是在主体结构施工中预先埋置，不可避免地会产生偏差，必须在连接件焊接时进行接长处理；膨胀螺栓则是在连接件设置时随钻孔埋设，准确性高，机动性大，但钻孔工作量大，劳动强度高，工作较困难。如果土建施工中安装与土建能统筹考虑，密切配合，则应优先采用预埋件。

应该注意，连接件与预埋件连接时，必须保证焊接质量。每条焊接的长度、高度及焊条型号需符合焊接规范要求。

采用膨胀螺栓时，钻孔应避开钢筋，螺栓埋入深度应保证满足规定的抗拔能力。连接件一般为钢型，形状随幕墙结构竖杆型式变化和埋置部位变化而不同。连接件安装后，可进行竖杆的连接。主龙骨一般每 2 层 1 根，通过紧固件与每层楼板连接。主龙骨安装完一根，即用水平仪调平、固定。将主龙骨全部安装完毕，并复验其间距、垂直度后，即可安装横向次龙骨。

高层建筑幕墙采用竖向杆件型材的工序，尤其是型铝骨架，必须用连接件穿入薄壁型材中用螺栓拧紧。考虑到钢材的伸缩，接头应留有一定的空隙。接头应采用 15° 接口。

横向杆件型材的安装，如果是型铝骨架，可焊接，亦可用螺栓连接。焊接时，因幕墙面积较大，焊点多，要排列一个焊接顺序，防止幕墙骨架的热变形。

固定横杆的另一种办法是用穿插件，将插件放入横杆两端，然后将横杆两端与穿插件固定，穿插件用螺栓与竖杆固定，并保证横竖杆间有一个微小间隙便于温度变化伸缩。

在采用铝合金横竖杆型材时，两者间的固定多用角钢或角铝作为连接件。角钢、角铝应各有一支固定横竖杆。如果横杆两端套有防水橡胶垫，则套上胶垫后的长度较横杆位置长度稍有增加（约 4mm）。安装时，可用木撑将竖杆撑开，装入横杆，拿掉支撑，则将横杆胶垫压缩，这样有较好的防水效果。

幕墙主、次龙骨安装，应符合以下要求：

1）立柱（即主龙骨、竖杆）与连接件连接，连接件与主体结构埋件连接，应按立柱轴线前后偏差不大于 2mm、左右偏差不大于 3mm、立柱连接件标高偏差不大于 3mm 调整、固定。相邻两根立柱连接件标高偏差不大于 3mm，同层立柱连接件标高偏差不大于 5mm，相邻两根立柱距离偏差不大于 2mm。立柱安装就位应及时调整、紧固，临时固定螺栓在紧固后应及时拆除。

2）横杆（即次龙骨）两端的连接件以及弹性橡胶垫，要求安装牢固，接缝严密，应准确安装在立柱的预定位置。相邻两根横杆的水平标高偏差不大于 1mm，同层水平标高偏差：当一幅幕墙宽度不大于 35m 时，不应大于 5mm；当一幅幕墙宽度大于 35m 时，不应大于 7mm。横杆的水平标高应与立柱的嵌玻璃凹槽一致，其表面高低差不大于 1mm。同一楼层横杆应由下而上安装，安装完一层时应及时检查、调整、固定。

（4）安装楼层间封闭镀锌钢板（贴保温矿棉层）。将橡胶密封垫套在镀锌钢板四周，插入窗台或天棚次龙骨铝件槽中，在镀锌钢板上焊钢钉，将矿棉保温层粘在钢板上，并用铁钉、压片固定保温层。如设计有冷凝水排水管线，亦应进行管线安装。

（5）安装玻璃。幕墙玻璃的安装，由于骨架结构不同的类型，玻璃固定方法也有差异。型钢骨架，因型钢没有镶嵌玻璃的凹槽，一般要用窗框过渡。可先将玻璃安装在铝合金窗框上，而后再将窗框与型钢骨架连接。铝合金型材骨架，此种类型骨架界面分别为立柱和横杆，它在生产成型过程中，已将玻璃固定的凹槽同整个截面一次积压成型。故玻璃安装工艺与铝合金窗框安装一样。但要注意立柱和横杆玻璃安装构造处理。立柱安装玻璃时先在内侧安上铝合金压条，然后将玻璃放入凹槽内，再用密封材料密封。横杆装配玻璃与立柱在构造上不同，横杆支撑玻璃的部分呈倾斜状，要排除因密封不严而流入凹槽内的雨水，外侧需用一条盖板封住。安装时，先在下框塞垫两块橡胶定位块，其宽度与槽口宽度相同，长度不小于 100mm，然后嵌入内胶条，嵌胶条的方法是先间隔分点嵌塞，然后再分边嵌塞。橡胶条的长度比边框内槽口长 1.5% ~ 2%，其断口应留在四角，斜面断开后拼成预定设计角度，用胶黏剂黏结牢固后嵌入槽内。

2. 隐框玻璃幕墙的安装方法

隐框玻璃幕墙安装的工艺流程为：测量防线→固定支座的安装→立柱、横杆的安装→外维护结构组件间的密封及周边收口处理→防火隔层的处理→清洁及其他。其中，外维护结构组件的安装及其之间的密封与明框玻璃幕墙不同。

（1）安装要点。外维护组件的安装。在立柱和横杆安装完毕后，就开始安装外围护结构组件。在安装前，要对外维护结构组件作认真检查，其结构胶固化后的尺寸要符合设计要求，同时要求胶缝饱满平整，连续光滑，玻璃表面不应有超标准的损伤及脏物。

外围护结构件的安装主要有两种形式：一是外压板固定式；二是内构固定式。不论采用什么形式进行固定，在外围护结构组件放置到主梁框架后，在固定件固定前，要逐块调整好组件相互的齐平及间缝的一致。检验平面的齐平采用刚性的直尺或铝方通料来进行测定，不平整的部分应调整固定块的位置或加入垫块。为了保证板间间隙的一致，可采用类似木质的半硬材料制成标准尺寸的模块，插入两板间之间。插入的模块，在组件固定后应取走，以保证板间有足够的位移空间。

（2）外围护结构组件调整、安装固定后，开始逐层实施组件间的密封工序。首先检查衬垫材料的尺寸是否符合设计要求。衬垫材料多为闭孔的聚乙烯发泡体。对于要密封的部位，必须进行表面清理工作。首先要清除表面的积灰，再用类似二甲苯等挥发性能强的溶剂擦除表面的油污等脏物，然后用干净布再清擦一遍，以保证表面干净并无溶剂存在。放置衬垫时，要注意衬垫放置位置的正确，过深或过浅都影响工程的质量。间隙间的密封采用耐候胶灌注，注完以后要用工具将多余的胶压平刮去，并清除玻璃或铝板面的多余黏结胶。

（3）施工注意事项有以下三点：

1）提高立柱、横杆的安装精度是保证隐框幕墙外表面平整、连续的基础。因此在立柱全部或基本悬挂完毕后，要再逐根进行检验和调整，再施行永久性固定的施工。

2）外维护结构组件在安装过程中，除了要注意其个体的位置以及相邻间的相互位置外，在幕墙整幅沿高度或宽度方向尺寸较大时，还要注意安装过程中的累积误差，适时进行调整。

3）外维护结构组件的密封是确保隐框幕墙密封性能的关键，同时密封胶表面处理是隐框幕墙外观质量的主要衡量标准。因此，必须正确放置衬杆位置并防止密封胶污染玻璃。

3. 挂架式幕墙的安装方法

该项技术在北京西客站北大厅首次采用。全部幕墙只有立柱而无横杆，所有玻璃均靠挂件挂于立柱上。其施工要点如下：

（1）测量放线后，按正确的幕墙边线确定预埋件位置，用膨胀螺栓将埋件固定在主体结构混凝土内。

（2）自幕墙中心向两边做立柱和边框，并保证其垂直及间距。

（3）焊装挂件，并用与玻璃同尺寸同孔的模具，校正每个挂件的位置，以确保准确无误。

（4）采用吊架自上而下地安装玻璃，并用挂件固定。

（5）用硅胶对每块玻璃之间的缝隙进行密封处理。

（6）清理。

4. 无骨架玻璃安装方法

由于玻璃长、大、重，施工时一般采用机械化施工方法，即在叉车上安装电动真空吸盘，将玻璃吸附就位，操作人员站在玻璃上端两侧搭设的脚手架上，用夹紧装置将玻璃上端安装固定。每块玻璃之间用硅胶嵌缝。

5. 细部和节点的处理

不论是单元式、元件式、挂件式以及无骨架式玻璃幕墙，均需要对外围护结构中的一些细部、节点进行处理，它是一项非常细致重要的工作。不同类型幕墙的节点细部处理有所不同。现仅就一些典型做法介绍如下：

（1）擦窗机导轨。为了经常保持幕墙室外侧的清洁，若不考虑通过开启窗外或在屋顶设置吊篮等方法擦洗，则应在竖杆（立柱）外侧设置擦窗机轨道。

（2）转角部位处理。当房屋转角处相邻两墙面均为幕墙时，根据转角的角度，其节点构造有如下几种处理情况：

1）当转角为阳（钝）角时，如有所需角度的转角铝合金型材，则宜采用一根铝合金型材，两个方向的玻璃直接镶嵌在型材槽内；当无合适的转角铝合金型材时，可在转角处两个方向各设一根竖杆，用铝合金装饰板将其连起来。竖杆与铝饰板间的竖缝及铝饰板之间的水平缝宽度宜大于10mm，深度宜大于20mm，并用橡胶条和密封胶进行双层密封。

2）当转角为90°阴角时，可直接采用两根竖杆拼成。

（3）伸缩缝部位处理。当房屋有沉降缝、温度缝或防震缝，且该部位幕墙连续时，应在缝的两侧各设一根竖杆，用铝饰板将其连起来，连接处应进行双层密封处理。

（4）压顶缝部位处理。按照建筑构造形式的不同，有以下几种做法：

1）挑檐处理。将幕墙顶部与挑檐板下部之间的间隙用封缝材料填实，并在挑檐口做滴水，以免雨水顺檐流下。

2）封檐处理。一般做法是用钢筋混凝土压檐或轻金属顶盖顶。

（5）室内顶棚处理。由于玻璃幕墙是悬挂在主体结构上的，一般与主体结构有一定的间隙，此空间可装设防火、保温材料。在使用要求上对内装修要求不高且无吊顶时，可不考虑幕墙与吊顶的处理，但在上一层楼板上应设置栏杆。

（6）窗台板的处理。窗台板可用木板或金属板，窗台下部宜用轻质板材。

（7）下封口处理。最下一根横杆与窗台、墙体之间的空隙不得填充，应在空隙室外侧填充密封材料。

6. 安全措施

幕墙施工的施工人员都在建筑物外缘高空操作，为此，在编制施工组织设计或施工方案时，应全面考虑、措施得力，切实保证安全施工。

（1）应根据有关劳动安全、卫生法规，结合工程制定安全措施，并经有关负责人批准。

（2）安装幕墙用的施工机具，在使用前必须进行严格检验。吊篮需做荷载试验和各种安全保护装置的运转试验；手电钻、电动改锥、焊钉枪等电动工具，需做绝缘电压试验；手持玻璃吸盘和玻璃吸盘安装机，需做吸附持续时间试验。

（3）施工人员须配备安全帽、安全带、工具袋，防止人员及物件的坠落。

（4）在高层建筑幕墙安装与上部结构施工交叉作业时，结构施工层下方需架设挑出3m以上防护装置。建筑在地面上3m左右，应搭设挑出6m水平安全网。如果架设竖向安全平网有困难，可采取其他有效方法，保证安全施工。

（5）防止因密封材料在工程使用中溶剂中毒，且要保管好溶剂，以免发生火灾。

（6）玻璃幕墙施工应设专职安全人员进行监督和巡回检查。

（7）现场焊接时，应在焊件下方加设接火斗，以免发生火灾。

玻璃幕墙现场安装见图6-12。

图6-12 玻璃幕墙现场安装

6.4.5 玻璃幕墙安装质量要求及验收

6.4.5.1 安装质量要求

（1）幕墙以及铝合金构件要横平竖直、标高正确，表面不允许有机械损伤（如划伤、擦伤、压痕），也不允许有需处理的缺陷（如斑点、污迹、条纹）。

（2）幕墙全部外露金属件（压板），从任何角度看均应外表平整，不允许有任何小的变形、波纹、紧固件的凹进或凸出。

（3）牛角铁件与T形槽固定后应焊接牢固，与主体结构混凝土接触面的间隙不得大于1mm，并用镀锌钢板塞实。牛角铁件与幕墙的连接，必须垫好防震胶垫。施工现场焊接的钢件焊缝，应在现场涂两道防锈漆。

（4）在与砌体抹面或混凝土表面接触的金属表面，必须涂刷沥青漆，厚度大于100μm。

（5）玻璃安装时，其边缘与龙骨必须保持间隙，使上、下、左、右各边空隙均有保证。同时，要防止污染玻璃，特别是镀膜一侧应尤加注意，以防止镀膜剥落形成花脸。安装好的玻璃表面应平整，不得出现翘曲等现象。

（6）橡胶条和胶条的嵌塞应密实、全面，两根橡胶条的接口处必须用密封胶填充严实。使用封缝胶密封时，应挤封饱满、均匀一致，外观应平整光滑。

（7）层间防火、保温矿棉材料，要填塞严实，不得遗漏。

6.4.5.2　工程验收

（1）幕墙工程验收应在建筑物完工（不包括两次装修）后进行，验收前应将其表面擦洗干净。

（2）幕墙工程验收时应提交下列资料：①设计图纸、文件、设计修改和材料代用文件；②材料、构件出厂质量证书，型材试验报告、结构硅酮封胶相容性和黏结力试验报告；③隐蔽工程验收文件；④施工安装自检记录。

（3）幕墙工程抽样检验应按下列要求进行：①铝合金料及玻璃表面不应有毛刺、油斑或其他污垢；②分格玻璃必须安装或黏结牢固，橡胶条和密封条应镶嵌密实、填充平整；③分格玻璃表面质量，应符合表6-2的规定；④分格铝合金料表面，应符合表6-3的规定；⑤铝合金框架构件质量，应符合表6-4的规定；⑥隐框幕墙的安装质量，应符合表6-5的规定。

表6-2　　每1/m^{2}玻璃表面的质量要求

项　次	项　目	质量要求
1	0.1～0.3mm宽划伤痕	长度小于100mm，允许8条
2	擦伤	不大于500mm^2

表6-3　　一个分格铝合金料表面的质量要求

项　次	项　目	质量要求
1	擦伤、划伤深度	不大于氧化膜的2倍
2	擦伤总面积	不大于500
3	划伤总长度	不大于150
4	擦伤和划伤次数	不大于4

表6-4　　铝合金构件安装质量要求

项　次	项　目		允许偏差（mm）	检查方法
1	幕墙垂直度	幕墙高度小于或等于30m	10	激光仪或经纬仪
		幕墙高度大于30m，小于60m	15	
		幕墙高度大于60m，小于90m	20	
		幕墙高度大于90mm	25	

续表

<table>
<tr><th>项　次</th><th colspan="2">项　目</th><th>允许偏差（mm）</th><th>检查方法</th></tr>
<tr><td>2</td><td colspan="2">竖向构件直线度</td><td>3</td><td>3m 靠尺、塞尺</td></tr>
<tr><td>3</td><td colspan="2">横向构件水平度小于 2000mm
大于 2000mm</td><td>2
3</td><td>水平仪</td></tr>
<tr><td>4</td><td colspan="2">同高度相邻两根横向构件高度差</td><td>1</td><td>钢板尺、塞尺</td></tr>
<tr><td rowspan="2">5</td><td rowspan="2">幕墙横向构件水平度</td><td>幅度不大于 35m</td><td>5</td><td rowspan="2">水平仪</td></tr>
<tr><td>幅度大于 35m</td><td>7</td></tr>
<tr><td rowspan="2">6</td><td rowspan="2">分格框对角线差</td><td>对角线长小于 2000mm</td><td>3</td><td rowspan="2">3m 钢卷尺</td></tr>
<tr><td>对角线长大于 2000mm</td><td>3.5</td></tr>
</table>

表 6-5　隐框幕墙安装质量要求

<table>
<tr><th>项　次</th><th colspan="2">项　目</th><th>允许偏差（mm）</th><th>检查方法</th></tr>
<tr><td rowspan="4">1</td><td rowspan="4">竖缝及墙面垂直度</td><td>幕墙高度不大于 30m</td><td>10</td><td rowspan="4">激光仪或经纬仪</td></tr>
<tr><td>幕墙高度大于 30m，小于 60m</td><td>15</td></tr>
<tr><td>幕墙高度大于 60m，小于 90m</td><td>20</td></tr>
<tr><td>幕墙高度大于 90mm</td><td>25</td></tr>
<tr><td>2</td><td colspan="2">幕墙平面度</td><td>3</td><td>3m 靠尺、钢板尺</td></tr>
<tr><td>3</td><td colspan="2">竖缝直线度</td><td>3</td><td>3m 靠尺、钢板尺</td></tr>
<tr><td>4</td><td colspan="2">横缝直线度</td><td>3</td><td>3m 靠尺、钢板尺</td></tr>
<tr><td>5</td><td colspan="2">拼缝宽度（与设计值比）</td><td>2</td><td>卡尺</td></tr>
</table>

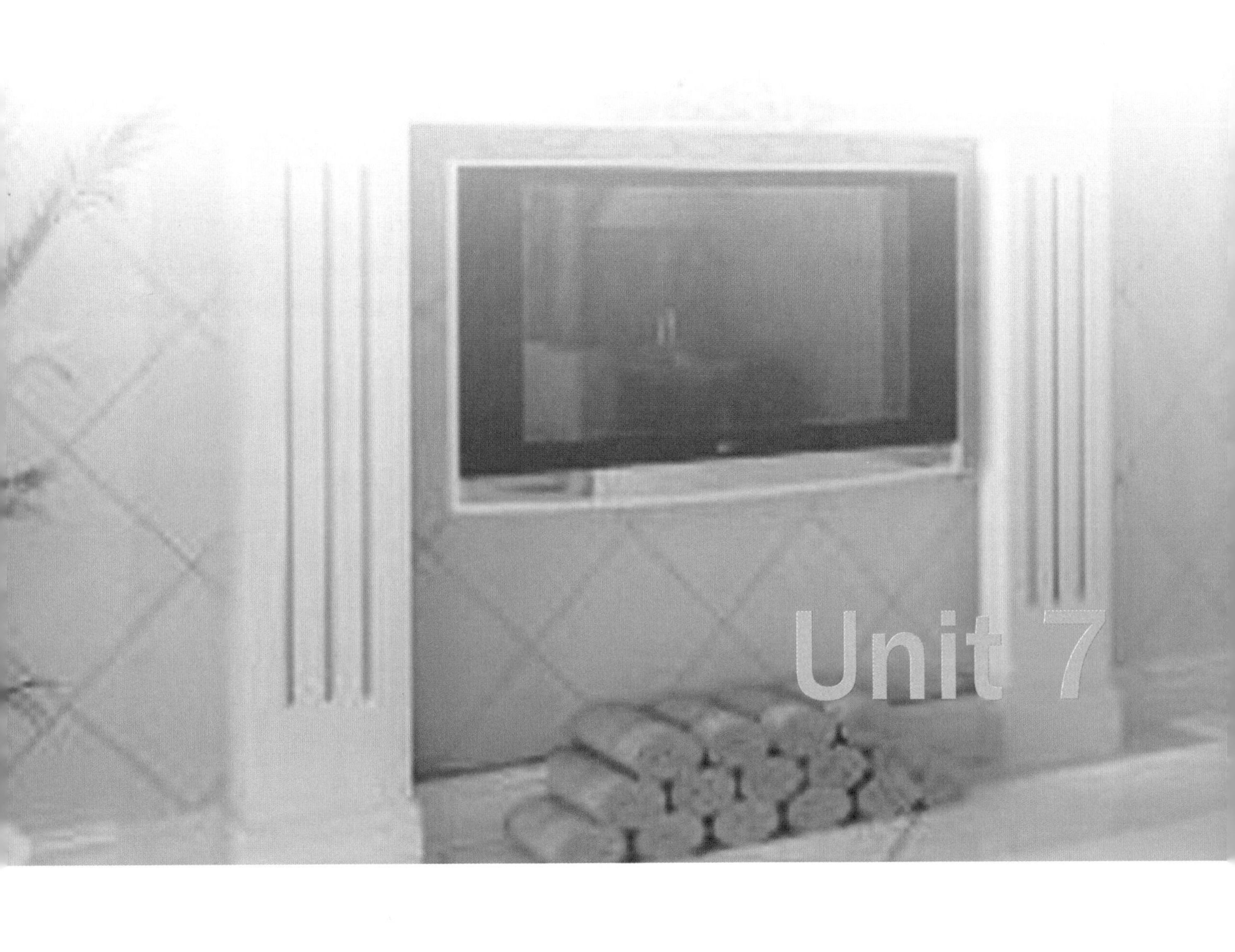

第7章 装饰木材、木制品及其施工方法

木材的天然纹理与质感有非常良好的装饰性。木材用于装饰已有悠久的历史，尽管我国森林短缺，但木材仍是一种室内外装饰必不可缺的重要原材料。由于木材是稀缺资源，对于木材的充分合理应用的新技术、新方法、新产品越来越多，即木制产品种类越来越多。

7.1 木材的性质和分类

木材优点是加工性能好、强度高、弹性和韧性好、花纹美丽、保温性好。缺点是易变形、易燃、易腐，常有天然缺陷。

7.1.1 木材的含水率

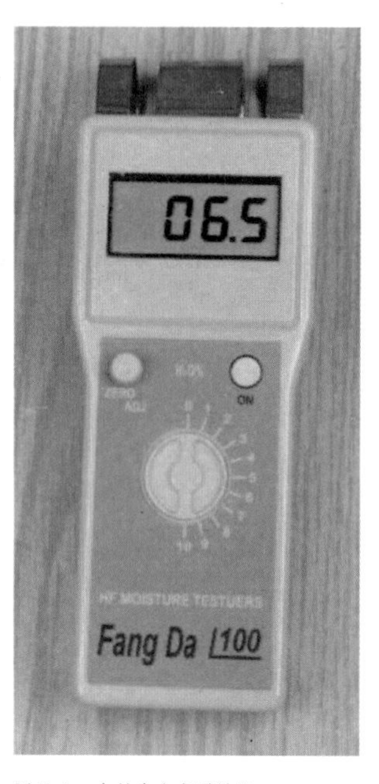

图 7-1 木材含水率测量仪

木材中水分的含量称为含水率。它的大小直接影响到木材的强度和体积。树种不同，含水率也不同，一般树种含水率在 40% ~ 60%，多的可达 200%。木材含水率测量仪见图 7-1。

按含水率木材可分为以下几种。

（1）生材：刚找到的树称为生材，含水率一般为 70% ~ 140%。

（2）湿材：长期处于水中的木材称为湿材。

（3）气干材：在自然状态下风干，平均含水率 5%。

（4）炉干材：含水率 4% ~ 12%。

（5）绝干材：采用蒸汽烘干（100 ~ 105℃），含水率为 0。

7.1.2 木材的强度及特性

木材顺纹方向的强度比横纹方向的强度大得多。俗语说“立木顶千斤”，就是这个道理。一般情况下，阔叶树的顺纹抗压强度要高于针叶树种。木材纹理见图 7-2、图 7-3。

木材含水率越高，其强度越小；含水率越小，其强度越大。当木材受热时，强度会很快下降，高于 140℃时木材会发生碳化。一般来说，硬度和耐腐性也都受强度的影响。如泡桐强度小，其耐磨性也是树种里最低的，荔枝叶、红豆耐磨性最大。木材有明显的湿胀干缩性，特别容易吸收空气中的潮气，并产生形变。因此，在使用木制品时，应注意季节气候的变化，及时修正方案，或采用一些技术方法。

木材在含水率达 40% 左右、湿度 10% ~ 30%、空气流通不畅的环境下，极易发生腐朽。因此，在实际生产当中，要注意木材含水率的控制。换句话说，就是要使用干木头。

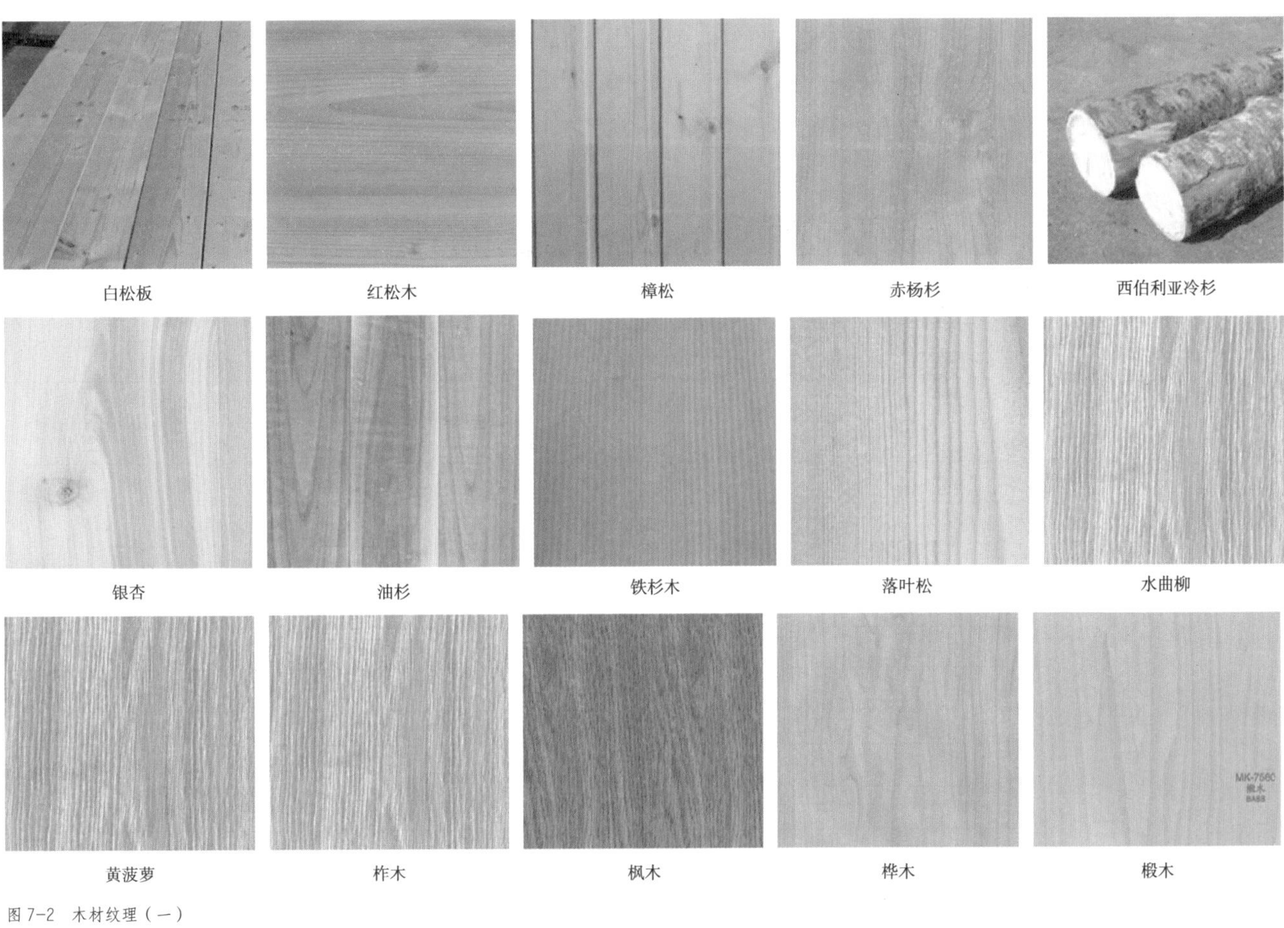

图 7-2　木材纹理（一）

图 7-3　木材纹理（二）

7.1.3 木材的种类

木材的种类见表 7-1、表 7-2。

表 7-1 建筑装饰常用树种

树种名称	硬 度	性 能	用 途
白松	软	纹直、结构细、质软	用于木龙骨、门、窗、吊顶等，北方常用木种
红松	软	纹直、耐水、耐腐、易加工	用于门、窗、家具等，北方常用木种
樟松	软	纹直、结构细、易加工	口料、部分家具
云松	略软	纹直、结构细、有弹性	适于装饰装修、南方常用
冷杉	软	纹直、结构细、有弹性	适于装饰装修、南方常用
泡杉	软	纹直、结构细、有弹性	适于装饰装修、南方常用
马尾松	略硬	结构粗、耐油漆	常作建筑跳板等
油杉	略硬	纹粗而不均	常作建筑跳板等
铁坚杉	略硬	纹粗而不均	常作建筑跳板等
杉木	软	纹理直、结构细、易加工	是不错的装饰用材
银杏	软	纹理直、结构细、易加工	是不错的装饰用材
（以上为针叶树类）			
水曲柳	略硬	纹直、纹美、结构细	是主要装饰材料
黄菠萝	略软	纹直、纹美、收缩小	是主要装饰材料
柞木	硬	纹斜、光泽美、结构粗	主要用于木地板等
色木	硬	纹直、结构细、质坚	实木地板、家具
桦木	硬	纹直、有花纹、易变形	普通家具、地板
椴木	软	纹直、质坚耐磨、易裂	家具、装饰板
樟木	略软	纹斜、质坚	细木家具
山杨	甚软	纹直、质轻、易加工	木制品原材料
木荷	硬	纹直或纹斜、结构细	木制家具、工艺品
楠木	略软	纹理斜、质细、纹美、有香气	是上等名贵木材
榉木	硬	纹直、结构细、纹美	常用主要装饰材料
黄杨木	硬	纹直、结构细、有光泽	木雕、实木装饰
泡桐	略软	纹直、质轻、易加工	木线等
麻栎	硬	纹直、质坚耐磨、易裂	木地板、实木家具
柚木	硬	纹直、花纹美、有油性、耐久木地板、家具、	是上等木材
红檀	硬	纹斜、极细密、不易加工	属装饰用第一高档材料
紫檀	硬	纹斜、极细密、不易加工	属装饰用第一高档材料
花梨木	硬	纹直、质细、纹美	实木家具、上等木板
乌木	硬	纹细、质坚、耐磨	高级木材，用于家具雕刻
酸枝木	硬	纹细、质坚、耐磨、不易加工	高级木材，用于家具雕刻
鸡翅木	硬	纹细、质坚、耐磨、不易加工	高级木材，用于家具雕刻

表 7-2 建筑装饰工程常用树种选材和要求

使用部位	材质要求	建议选用的树种
墙板、镶板天花板	要求具有一定强度、质软轻和有装饰价值花纹的木材	异叶罗汉松、红豆杉、叶核桃、核桃楸、胡桃、山核桃、长柄山毛榉、栗、珍珠栗、木槠、红椎、栲树、苦槠、包栎树、铁槠、面槠、槲栎、白栎、柞栎、麻栎、小叶栎、白克木、悬铃木、皂角、香椿、刺楸、蚬木、金丝李、水曲柳、红楠、楠木等

续表

使用部位	材质要求	建议选用的树种
门窗	要求木材容易干燥、干燥后不变形、材质较轻、易加工、油漆、胶黏性质良好、并具有一定花纹和材色的木材	异叶罗汉松、黄杉、铁杉、云南铁杉、云杉、红皮云杉、细叶云杉、鱼鳞云杉、冷杉、冷松冷杉、臭冷杉、油杉、云南油杉、杉木、柏木、华山松、白皮松、红松、广东松、七裂槭、色木槭、青榨槭、满洲槭、紫椴、椴木、大叶桉、水曲柳、野核桃、核桃楸、胡桃、山核桃、枫杨、枫桦、红桦、黑桦、亮叶桦、香桦、白桦、长柄山毛榉、栗、珍珠栗、红楠、楠木等
地板	要求耐腐、耐磨、质硬和具有装饰花纹的材料	黄杉、铁杉、云南铁杉、油杉、云南油杉、兴安落叶松、四川红杉、长白落叶松、红杉、黄山松、马尾松、樟子松、油松、云南松、柏木、山核桃、枫桦、红桦、黑桦、亮叶桦、香桦、白桦、长柄山毛榉、栗、珍珠栗、米槠、红椎、栲树、苦槠、包栎树、铁槠、槲栎、白栎、柞栎、麻栎、小叶栎、蚬木、花榈木、红豆木、水曲柳、大叶桉、七裂树、色木槭、青榨槭、满洲槭、金丝莉、红杉、杉木、红楠、楠木等
装饰材料、家具	要求材色悦目、具有美丽的花纹、加工性质良好，切面光滑、油漆和胶黏性质均好，不裂劈的木材	银杏、红豆杉、异叶罗汉松、云杉、红皮云杉、细叶云杉、鱼鳞云杉、紫果云杉、红松、桧木、福建柏、侧柏、柏木、响叶杨、青杨、大叶杨、辽杨、小叶杨、毛白杨、山杨、旱柳、胡桃、野核桃、核桃楸、山核桃、枫杨、枫桦、红桦、黑桦、亮叶桦、香桦、白桦、长柄山毛榉、栗、珍珠栗、包栎树、铁槠、互利、白栎、柞栎、麻栎、小叶栎、春榆、大叶榆、大果榆、榔榆、白榆、光叶榉、樟木、红楠、楠木、檫木、白克木、枫香、黄菠萝、香椿、七裂槭、色木槭、青榨槭、满洲槭、蚬木、紫椴、大叶桉、水曲柳、楸树等

7.2　木地板

随着科学技术的发展，木材的综合利用有了突飞猛进的发展，越来越多价廉物美、形式多样、用途广泛的木装饰制品应运而生。例如：木地板、纤维板、刨花板、密度板、大芯板、复合板、微贴板、层板、橡胶木板、企口拼板、压缩木板等。

7.2.1　木地板

木地板按生产方式可分为：实木地板、强化木地板、复合木地板、实木复合木地板、竹木地板和软木地板等。

7.2.2　实木地板

实木地板利用木材的加工性能，采用横切、纵切以及拼接办法制成的木地板。尤以润泽的质感、良好的触感、高贵的观感、自然环保的美感，受到人们的推崇。

实木地板可分为平口实木地板、拼花木地板、企口木地板、竖木地板、指接木地板、集成地板等。

7.2.2.1　企口木地板

企口木地板板面呈长方形，其中一侧有榫，一侧有槽口，榫槽接口，背面开有抗变形槽。目前市场上大量的木地板属这一类，为防止变形，出厂前已完成整面的喷漆涂饰过程。一般规格为：(600 ~ 1500) mm×(60 ~ 120) mm×(10 ~ 20) mm，见图 7-4。

图 7-4　企口木地板

7.2.2.2　拼花木地板

拼花木地板是将条状木条以一定规格和木纹肌理拼成正方

形。其加工精度要求很高，生产工艺讲究，适用于高级地板，如图 7-5 所示。

图 7-5 拼花木地板

7.2.3 实木复合木地板

近几年来，市场上出现了大量高档的实木地板，如紫檀、鸡翅木、红豆木、酸枝木、铁力木、乌木等。实际上它是一种木材的复合体，一般由三层或多层组成，见图 7-6。

实木复合木地板表面层为优质硬木规格薄板条镶拼而成，层膜不厚。芯层为软木条黏结而成，底层为旋切单板，然后层压成型。特点是保留了实木地板的天然特性，又突出了高档木板的装饰性，并大大降低了地板成本，提高了木板的使用率。在许多家具制作中，也采用了类似的木材，常被人们称之为“橡胶木”的也是这一类产品。

实木复合木地板的特点有以下四点：

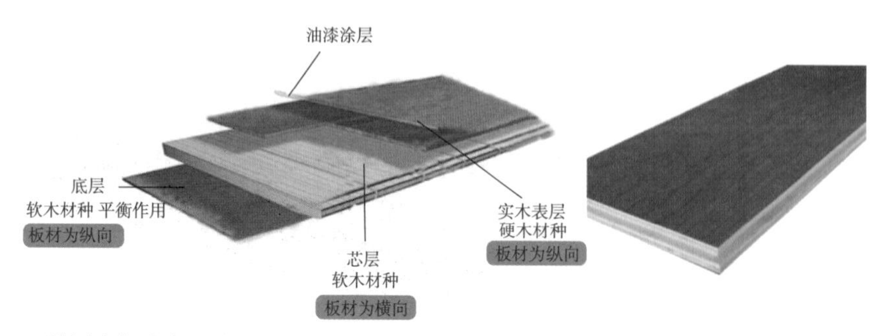

三层实木复合地板由一层实木贴面，中间较稳定的芯层，底面防潮平衡层构成。

图 7-6 实木复合木地板示意图

（1）结构对称，相邻层板之间纤维互相垂直。

（2）规格尺寸大，不易变形，不翘曲，尺寸稳定性好。

（3）施工简单。一般地，实木复合木地板出厂前已将 6 面全部涂刷，只需铺设安装。

（4）阻燃、绝缘、隔潮、耐腐蚀。

实木复合木地板的缺点：大量使用脲醛树脂胶接，含有甲醛，易造成空气污染。

7.2.4　复合木地板

7.2.4.1　复合木地板结构

复合木地板也是近几年市场上用量最大的一种人造地板，又称强化木地板。它一般分为4层：耐磨层、装饰层、芯层和防潮层，见图7-7。

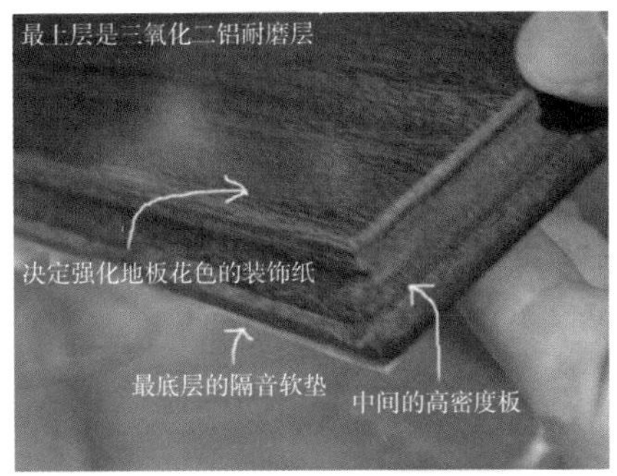

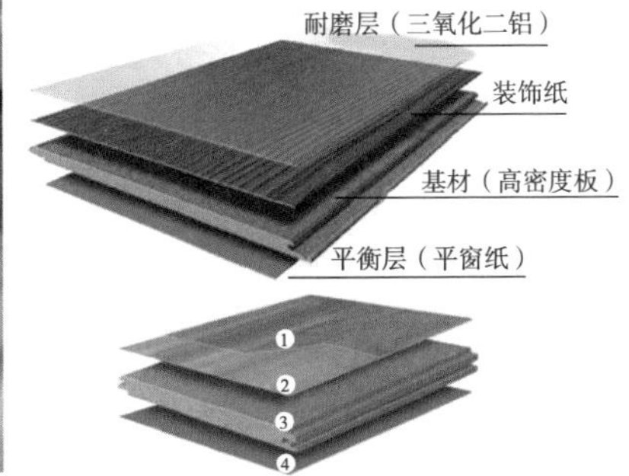

图7-7　复合木地板结构

1—耐磨层；2—装饰层；3—基层（芯层）；4—防潮层

（1）耐磨层：耐磨层是由Al_2O_3涂层构成，要求表面Al_2O_3极细，既要透明，又要均匀。Al_2O_3含量越大，表面的耐磨性能越高。

（2）装饰层：主要采用电脑仿真技术制造出印刷纸，可仿各种树种，即天然石材花纹，效果逼真。用三聚氰胺浸渍，可制成防腐、防水、抗酸碱、抗紫外线、永不褪色的装饰层。装饰层可采用仿真印刷，如黑胡桃、柚木、酸枝木、紫檀木、水曲柳等木种，也可以印刷出天然大理石花纹，如大花绿、云灰、中国红、将军红等。

（3）芯层：采用高密度纤维板、中密度板构成。它是在高压、高温条件下胶结压制而成。强化密度的好坏直接受到芯层质量的影响。因此，对基层要求很高。

（4）防潮层：防潮层又称底层，作用是防潮和防止强化木地板变形。一般是用牛皮纸在三聚氰胺树脂中浸渍而得。

7.2.4.2　复合木地板的特点和技术要求

（1）复合木地板的优点：耐磨性，不变色，花色品种多，色彩典雅，抗静电，耐酸、耐碱、耐热、耐香烟灼烧。特别适用于北方冬季地热的使用。其抗污染性也是它的另一大优点，容易清洗，施工时，可以粘，也可以直接铺设，不用黏胶，对基层平整度要求不高，与之施工配套使用的发泡塑料既解决了其弹性差的问题，也使施工更简便。

（2）缺点：复合木地板的脚感没有实木地板好；时间较长时，接缝易产生起翘现象，接口明显，特别是一类价位较低的复合木地板，这种现象十分普遍；不同质量的复合木地板，耐磨性也不同，通常复合木地板的耐磨性用“转”来表示，质量好的木地板耐磨性在18000转以上。但也有一部分复合木地板转数不足，耐磨性差，在使用多的地方，易发生磨损。国家标准《室内装饰装修材料人造板及其制品中甲醛释放限量》（GB 18580—2001）中规定甲醛释放量必须小于或等于1.5mg/L的标准，而部分复合木地板在胶粘剂中含有一定量的甲醛。过量的甲醛对人体有危害作用，长期生活在甲醛环境中会有致癌的危险。

复合木地板常见规格为：（1120～1400）mm×（180～200）mm×（6～10）mm，榫面宽度不小于3mm。

7.2.5　竹木地板

竹木地板是近几年发展速度很快的一种地板。它采用天然优质楠竹，刨开、压平、切削，与木材结合在一起，利用了竹材硬度大、质细、不易变形、纤维长的特点，是一种优质地板。

竹木地板通过粗加工、碳化、蒸煮漂白、粗材胶合、板材成型等工艺工程压制而成，如侧压竹木地板、竹表皮地板（绿色）、竹木结合木地板、竹拼块地板、竹丝地板，见图 7-8。

图 7-8 竹木地板

按竹材结构不同，竹木地板可分为侧压竹木地板、竹皮地板、竹木复合地板、竹拼块地板、竹丝地板。

7.2.5.1 侧压竹木地板

侧压竹木地板是将圆竹刨开，压型成为窄条板，将窄条板侧压黏结成型，如图 7-8 所示。侧压竹木地板的特点是致密、硬度大、不易变形、耐腐性好。

7.2.5.2 竹皮地板

竹皮地板是将压型竹板取表皮部分，与竹板丝横压三层形成表面带有天然绿竹表皮颜色的地板。由于竹表皮表面光滑、结构细、天然纹路清晰，是竹制地板的上品。

7.2.5.3 竹木复合地板

表面用竹板，中间和底层均采用薄木片或胶合板黏结压型而成的，称为竹木地板。

7.2.5.4 竹拼块地板

竹拼块地板是将竹板加工成麻将块状黏结做表面，与竹板三层黏合而成，质感强、表面细致，属艺术性较强的高档地板。近几年来，大量出口日本、美国、韩国等国家。

7.2.5.5 竹丝地板

竹丝地板是将竹子加工成竹丝纤维，密结成型与竹板压型而成。此种地板是一种较新产品，受到外商的欢迎。

7.2.5.6 塑胶竹地板

塑胶竹地板采用废旧塑料、橡胶颗粒与竹子加工废料粉碎后加入黏合剂热压成型的一种结实环保的户外地面材料，此技术由日本引进，是较新的环保材料，被广泛使用。

7.3 木饰面板

木饰面板是非常重要的装饰材料，木饰面板种类越来越多，大体有以下几种：胶合板、细木工板、纤维板、刨花板、木装饰线条。

7.3.1 胶合板

图 7-9 胶合板

胶合板是将原木采用旋切或横切的方法，切成木皮，采用奇数拼接的方法，以各层纤维相互垂直，热黏成型的人造板材。按照胶合板层次可分为：三合板、五合板、七合板、九层板、十一层板等。常用的是三合板、五合板和九层板。常用规格有：1220mm×2440mm、915mm×1830mm、1220mm×1830mm、915mm×2135mm 几种，见图 7-9。

胶合板板材幅度大，易于加工；表面平整，适应性强，收缩性小，不易变形；板面面皮种类繁多、花纹美丽，是装饰工程中常用的、数量最大的板材。

胶合板适用于室内装饰的各个部位。它可以用作装饰基础；可用作壁面装饰；可直接用来吊顶；可用来做口、门、窗；可包柱；可制作暖气罩、护墙板；以及制作各种家具、橱窗。

常用的装饰性板主要是三合板，品种有：水曲柳、白缘、白栓、白橡、柳桉、黑胡桃、红胡桃、红榉、沙贝利、雀眼、树瘤、白影、红影、紫檀、黑檀、白枫、美柚、泰柚等多种贴面的三合板。

7.3.2 细木工板

细木工板是由上、下两层木片，及中间的小木条芯板拼接而成，市场上所用的木皮为旋切木片，常用柳桉做上、下两面，中间夹杨木条板芯，压黏而成。见图 7-10。

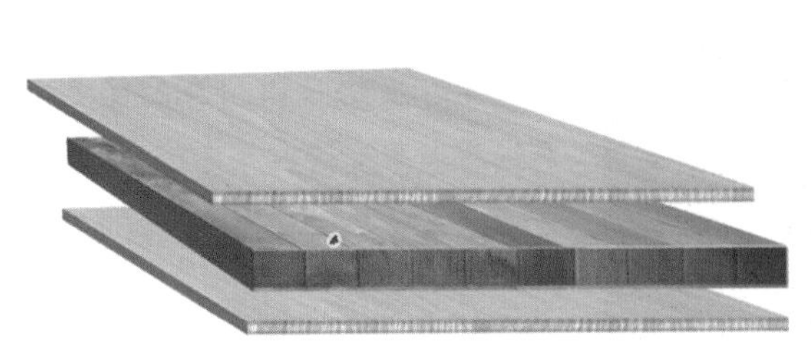

图 7-10 细木工板

细木工板，又称“大芯板”。根据芯板的组成不同而分为三种：一种是采用同种木材齿接长条，而又无缝黏合在一起，这种板质量好，断面无空隙，强度大，常用来做龙骨或柜子；第二种是采用杂木密集排列，木条之间少有空隙，但不黏结，这种结构的截面无缝，常用于中档家具和门窗骨料；第三种板条中间有缝，并无黏结，两面用木皮黏合而成，价格低廉，常用于整片龙骨和吊顶骨架。

细木工板常用尺寸：1220mm×2440mm×（10 ~ 24）mm，小尺寸必须订制。

特点：可代替原木板材使用，不变形，光洁度好，易加工，施工方便。可直接作为面层板使用，也可作龙骨，是目前装饰最常用的材料。它与三合板贴面组合，可完成各种造型，如展台、展柜、家具、门、窗套工程，也常用作木地板、吊顶、墙壁木龙骨。

7.3.3 纤维板

纤维板以木质纤维或其他植物纤维材料为原料，经过破碎浸泡、研磨成木浆，再加入添加剂、胶料、垫压成型，并经干燥、切割工序制成的一种人造板材。

按原料和生产工艺不同可分为：包装用纤维板、高密度板、中密度板。

纤维板的原材料来源非常丰富，有木材剩余物（如树枝、薪炭材）、木板加工剩余物（如板皮、边条、刨花、锯末）、木质植物（如棉秆、麻秆、甘蔗渣）、粉尘（如棉纺尘）。

7.3.3.1 包装用纤维板

包装用纤维板主要利用木质植物、粉尘加工而成，体积密度小于500kg/m^3，结构松散，强度低，但有较强的吸音和保温性能，常用作包装材料或部分吊顶、临时门板贴面。常用规格为：1220mm×2440mm×（6 ~ 8）mm。

7.3.3.2 中密度板

中密度板一般体积密度为500 ~ 800kg/m^3，多采用硬质纤维组成。按所适用的黏合剂可分为脲醛树脂中密度板、酚醛树脂中密度板、异氰酸酯中密度板。常用规格为：2400mm×1220mm×（10 ~ 12 ~ 15 ~ 16 ~ 18 ~ 21 ~ 24）mm。

中密度板结构均匀、密度适中、力学强度高、尺寸稳定、变形小、光洁度好、无纹理方向、利用率高、易加工，并可定型加工。因此，它可制成地板、桌面、家具、车辆、门、隔断等。同时，它也是重要的浮雕材料和画框材料，见图7-11。

图7-11 中密度板

7.3.3.3 高密度板

高密度板体积密度在800kg/m^{3}以上，是制作强化木地板基层的主要原料，也是厨房操作台及家具的主要材料，属高强硬质纤维板。

高密度板在材料及制作工艺上均与中密度板有所不同。因而，其强度更高、耐磨、不易变形，而且具有较强的防水性。其各方面的物理性能大大优于中密度板。

7.3.4 刨花板

（1）刨花板是利用胶凝材料和木粉、刨花、锯末、亚麻屑、甘蔗渣等压制成型的人造板材。按原材料，特别是凝胶材料不同，可分为木材刨花板、甘蔗渣刨花板、水泥刨花板、亚麻屑刨花板、竹木刨花板、棉秆刨花板、稻壳刨花板、麦秆刨花板等，见图 7-12。

图 7-12 刨花板

刨花板和印刷纸浸三聚氯胺树脂结合，制成三聚氯胺刨花板（称为防火刨花板）；用 PVC 饰面成 PVC 刨花板；用油漆刷成油漆刨花板。刨花板常用规格：1830mm×915mm、2000mm×1000mm、2440mm×1220mm、1220mm×1220mm，厚度有 4mm、8mm、10mm、12mm、16mm、19mm、22mm、25mm 和 30mm。刨花板是制作板式家具、喷漆家具的主要原材料，在装饰上常用来制作造型龙骨材料。它价格便宜、成材幅面大、容易加工，是一种中低档装饰材料。缺点是强度较低，遇水膨胀变形。

（2）欧松板。从广义上讲，欧松板应当归属于刨花板的一类，它以松木为原料，刨出长 40 ~ 100mm，宽 5 ~ 20mm，厚 0.3 ~ 0.7mm 的长条刨片，经干燥、筛选、脱油、施胶、定向铺装、热压成的一种新型高强度承重木质板材，由于其在热压过程中表面和内部的木刨片方向不一致，从而加强了其强度和握钉能力。优点：环保性能优于刨花板和密度板，硬度大强度高，不变形，防潮防火性能不错，木螺丝握钉能力好。缺点：铁钉握钉能力差，表面平整度不好（由于板材使用不同的薄木片热压而成）。这个产品在欧美日等地区比较流行，广泛用于装饰、家具、建筑、包装等行业，见图 7-13。

图 7-13 欧松板

7.3.5 木装饰线条

木装饰线条，简称木线。制作材料要求较高，一般选用无疤、无裂、干燥、材直的优质木材。

加工木线要用专门的机械，如木线机、高速压刨、齿接机等。按加工方法不同可分为：木线机刨制而成、电烫压花、车床旋刨。有时，也可用密度板类材料注压成型。按材质可分为：泡桐线、红松线、水曲柳线、黑胡桃线、椴木线、樟木线、白榉线、红榉线、柚木线、紫檀线等。按功能可分为：扶手线、压边线、门窗套线、阴角线、阳角线、腰线、挂镜线、上楣线、花线、柱角线，如图 7-14 和图 7-15 所示。

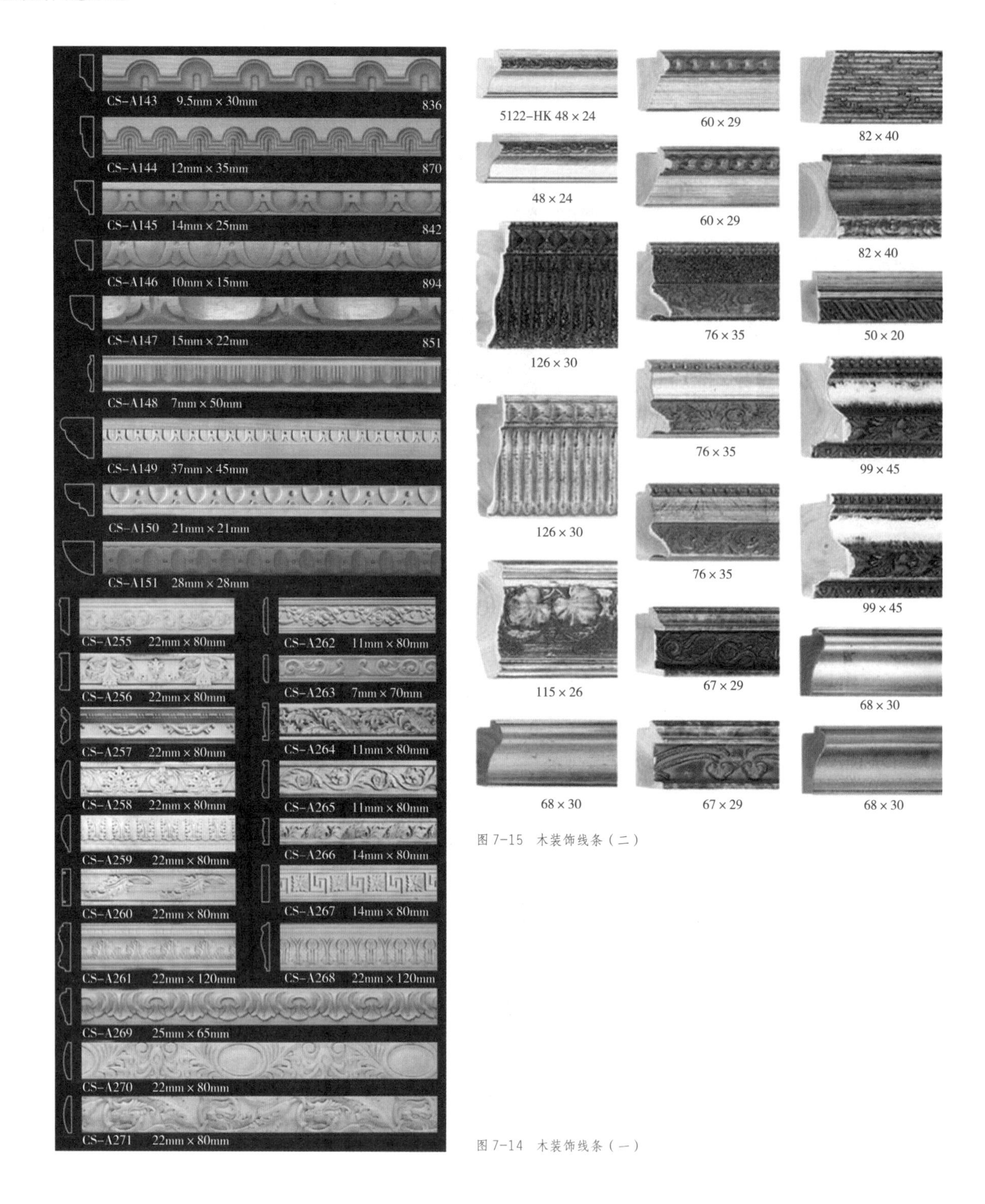

图7-15 木装饰线条（二）

图7-14 木装饰线条（一）

7.4 木地板的施工方法

木地板的施工按其面板和板型不同，分为普通条型木地板、硬木拼花木地板、复合木地板等。普通条型木地板现在已成为市场上主要的木地板，它自带漆，不需涂刷，不用防潮，是一种施工方便的装饰地板。

7.4.1 低架空木地板的铺设方法

低架空木地板在传统上称为实铺木地板，一般用于钢筋混凝土楼板或混凝土垫层，如

图 7-16 所示。施工程序为：清理基层→弹线，确定木龙骨间距→打眼钉木楔→固定龙骨→铺设毛地板（有时采用顺铺面板方法，将铺设毛地板工序省略，直接在龙骨上铺设面板）→铺设木地板（或铺设拼花木地板），见图 7-17。

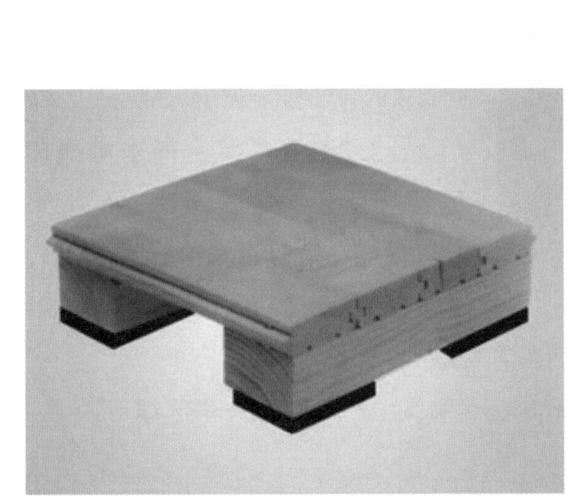

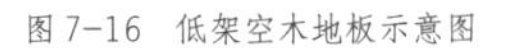

图 7-16　低架空木地板示意图

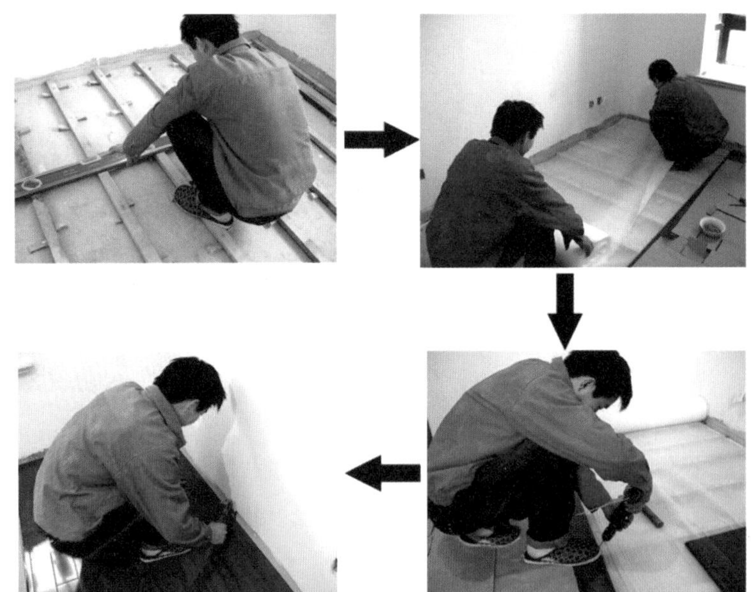

图 7-17　低架空木地板的铺设方法

7.4.1.1　楼地面处理

用水泥砂浆 1∶3 找平地面。在基层上涂刷防水涂料两遍，如果为底层房间的地面，通常需做一毡二油防潮层。

7.4.1.2　木搁栅的固定

木搁栅与楼地面的固定目前采用最多的是在水泥地面或楼板上按照木地板铺设防线弹线，并等距用电锤打眼，一般孔距为 0.8m 左右，然后用长钉将木搁栅固定在埋入的木楔上。为防止木搁栅（或木龙骨）发生移动，常在木搁栅两边做 45° 的水泥护坡（1∶3 水泥砂浆），以防止木地板铺设时吱吱作响。

7.4.1.3　条形地板和硬木拼花地板安装

条形地板和硬木拼花地板安装，常采用双层施工，即加铺一层基面板，以增强木地板的隔音和防潮作用，再固定木搁栅表面粘贴条形地板和硬木拼花地板。但对于家庭装修的室内木地板，特别是条形地板，一般直接铺设在木龙骨上。

毛地板规格尺寸一般为宽度 120 ~ 150mm、厚度 25mm 的松木板，铺设时与木搁栅成 30° 或 45° 斜向铺排，每块板间距 2 ~ 3mm，不能紧贴，以免引起摩擦响声，并与周边墙面之间留出 10 ~ 20mm 缝隙。有时，也可用多层板或薄细木工板做基层毛地板。毛地板与龙骨之间用白乳胶贴合，并用 50 汽钉采用“八”字钉两钉的办法固定。

对于不设毛地板的长条形木地板，其宽度一般在 10cm 左右，带企口，铺钉时与木龙骨呈垂直排放，并要顺进门方向，所有接缝均应是在木搁栅中线位置，且错缝排列。板缝宽度不得大于 1mm，使用 30 汽钉枪从门的侧边凹角斜向钉入。面层板应与门口和四周围墙留有 1cm 左右的伸缩缝。现在的木地板都已完成油漆涂饰，因此不用再进行加工。

7.4.2 高架空木地板的铺设方法

高架空木地板主要适用于体育场馆永久使用的专用地板，其铺设方法见图 7–18。施工程序为：地垄沟或砖墩的砌筑→预埋木方→固定木搁栅→制作剪刀撑→铺毛地板→镶拼木地板。高架木地板适用于体育馆、舞台以及礼堂等大型公共设施的铺设，强度高，耐久性强，有较强的弹性和优良的脚感。

图 7–18 高架空木地板的铺设方法

7.4.2.1 高架空铺木地板的基层

1. 地垄墙的砌筑

地垄墙应该用 500 号水泥砌筑。将砖块与水泥砌筑成墙，然后埋木方，干燥后用防潮涂料粉刷。

每条地垄沟均应预留两个 120mm × 120mm 通风洞口，而且要在同一条直线上。

2. 木骨架与地垄沟的连接

地板木格栅与地垄沟的连接，通常采用预埋木方的办法完成。当木方较大时，可在格栅上先钻出与钉秆直径相同的孔，孔深为木格栅高度的 1/3，以利于格栅与地面砌筑体内预埋木方的钉接。

3. 垫木、沿缘木、剪刀撑与木格栅的组装要求

先将垫木等材料按设计要求做防腐处理。核对四周墙面水平高线，在沿缘木表面划出木格栅搁置中线，并在木格栅端头也划出中线，然后把木格栅对准中线摆好，再依次摆正中间的木格栅。木格栅与墙边应留有 30mm 的间距，以便湿胀干缩。对于木格栅要进行调平，可采用刨平或垫平的方法，安装木格栅后必须用 100m 长的铁钉从木格栅两边 45° 角与垫木钉牢，为了防止木格栅与剪刀撑在钉接时跑偏，要加临时木支架。

7.4.2.2 高架空铺木地板的结构

高架空铺木地板的传统的铺设方法，由木格栅、剪刀撑、企口板等组成。主要是针对房屋建筑底层房间的木地板，其木格栅两端一般是搁置于基础墙地垄的沿缘木上。当木格栅跨度大时，中间架设地垄墙或砖墩，地垄墙和砖墩顶部加铺油毡和垫木。格栅上铺设单层或双层木地板。若基础墙或地垄墙的间距大于 2m 时，要在木格栅之间架设剪刀撑。这种木地板往往还要采取通风措施以防止木材腐朽；同时为了防潮，其骨架、垫木、地板底面均需刷涂焦油沥青。格栅之间必须加剪刀撑，格栅上面铺设单层或双层木地板。

7.4.2.3 硬木拼花木地板的铺钉

钉接式硬木拼花地板应铺钉于装钉好的毛地板基础上，铺油纸后按设计要求的拼花图案进行拼板铺钉。其拼花纹样通常有游方格式、席纹式、阶梯式等。

7.4.3 黏结式木地板

木地板可直接黏结在水泥地面上。直接粘贴法有沥青胶粘贴、胶黏剂铺贴和蜡铺法。

7.4.3.1 沥青胶黏法

使用沥青胶粘贴拼花木地板，其基层应平整、干燥、洁净，先涂刷一层冷底子油，一昼夜后再用热沥青胶随涂随抹。在铺贴时木板块背面也应涂刷一层薄而均匀的沥青胶材料。将木地板粘贴在地面。

7.4.3.2 胶黏剂铺贴法

可粘木地板的胶不下几十种，如环氧树脂胶、万能胶、氯丁胶。粘铺前应将地面清洗干净然后进行铺粘。

7.4.3.3 蜡铺法

蜡铺法是利用溶熔蜡脂将木地板直接与地面黏结在一起的一种古老的方法。它的最大优点是解决了木地板受潮变形的问题，既结实耐用，又价廉物美，是一种不错的木地板施工方法。

7.4.4 复合木地板施工

复合木地板施工方法非常简单，它对地面要求不高，只要地面基本平整就可以施工。复合木地板适用于地热地面需要铺设地板的工程。施工方法是清扫基底，然后铺设轻体发泡卷材胶垫，在胶垫上完成复合木地板的拼装工程。每块木地板之间要胶结，在周边要留伸缩缝，门口要断缝，并用断缝压条压口。施工程序为：找平地面→铺设发泡卷材胶垫→拼铺木地板，见图 7-19。

图 7-19 复合木地板施工程序

7.5 木门窗的安装工程

7.5.1 木门的造型与构造

7.5.1.1 木门的功能类型

木门分为镶嵌门、子母门、百叶门、折叠门、推拉门等几种，如图 7-20 所示。

施工程序为：找方门洞→用木房及大芯板打底→贴面板→压木线→安装门窗→油漆。

7.5.1.2 门的结构造型

1. 西洋风格造型门的制作

西洋风格造型门的造型与结构见图 7-21、图 7-22。

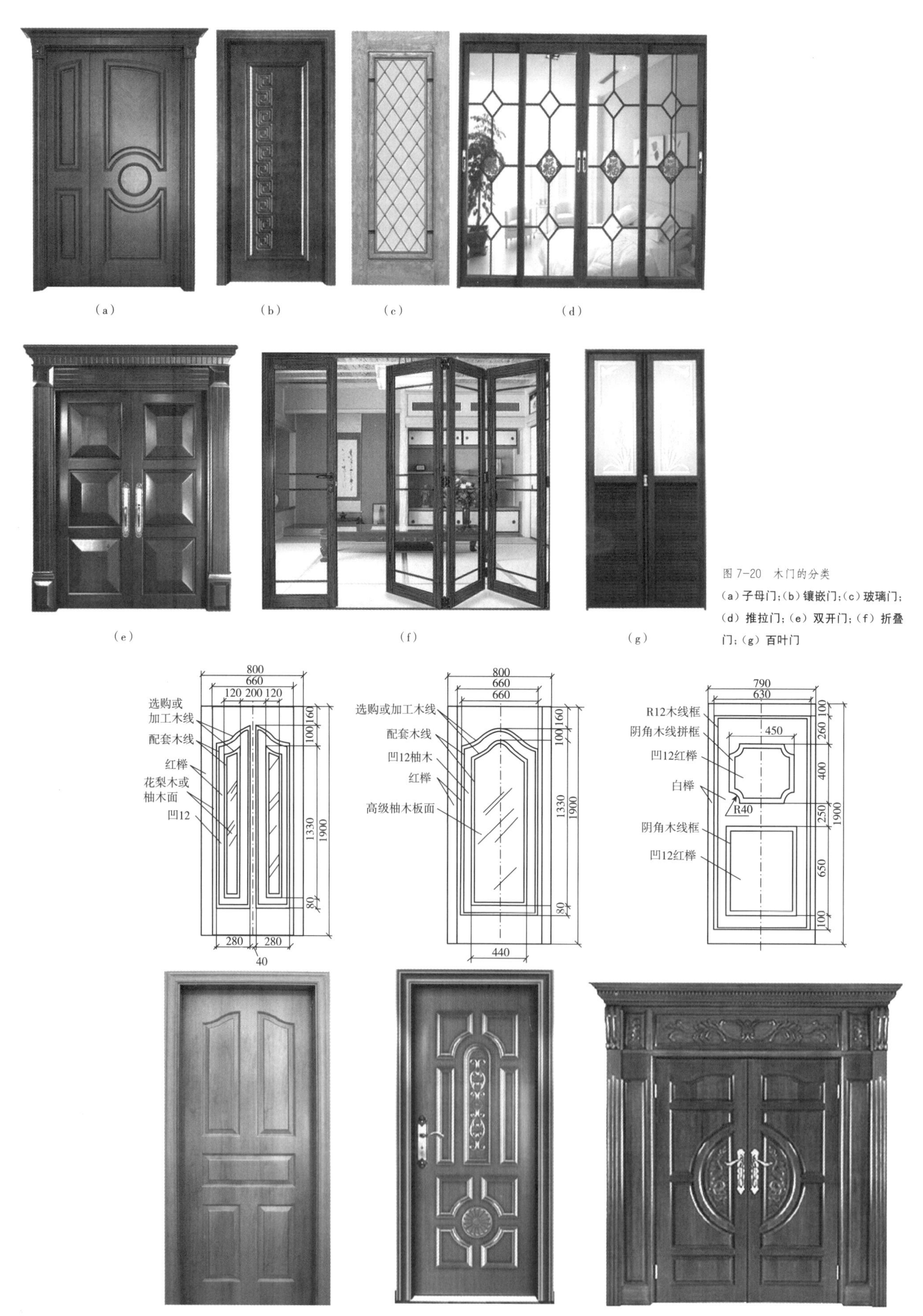

图 7-20 木门的分类

(a)子母门;(b)镶嵌门;(c)玻璃门;(d)推拉门;(e)双开门;(f)折叠门;(g)百叶门

图 7-21 西洋风格门的造型与结构(一)(单位:mm)

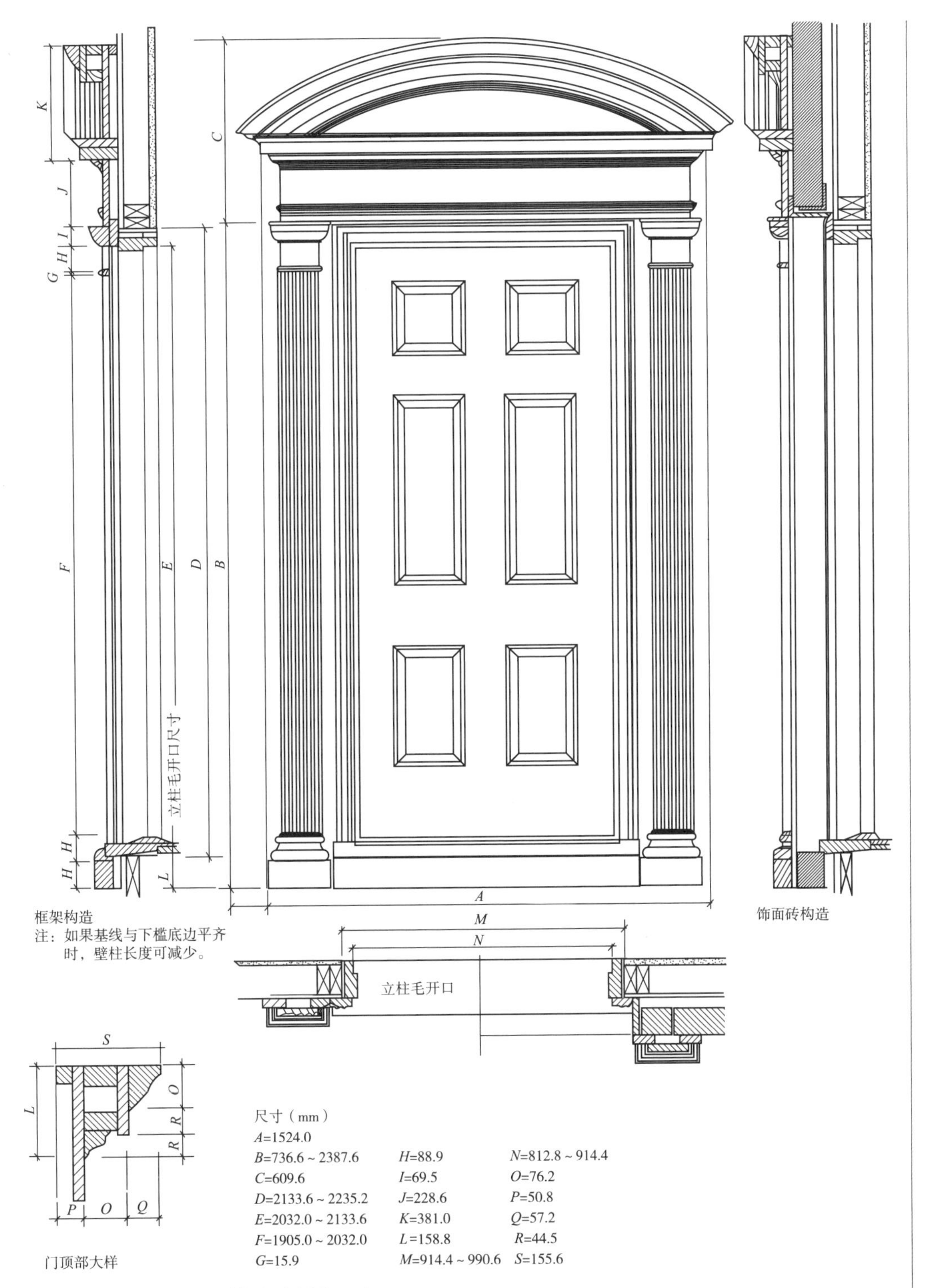

图 7-22　西洋风格门的造型与结构（二）（单位：mm）

传统的西洋风格造型门，通常是用高档实心木制成，门窗厚重，立体感强。在目前的装修施工中，有两种形式的做法。一种是全实木的榫槽固定结构的传统做法，费工、费料，且对材料的干湿度要求较高。另一种为基板与造型板胶钉固定结构，这种门结构简单、省工、省料，且不易变形，并可在现场施工。

（1）基板与造型板的选用。造型门的厚度为 35 ~ 45mm，根据所要求的门厚度来决定基板的厚度，通常采用 12 ~ 18mm 的进口木工板。根据饰面及设计要求不同，可选择不同造型的造型板。

如果使用清水漆，可选用高档木料，如花梨、柚木等；如果使用混水漆，则可使用一般的硬木。

（2）造型板的加工。造型板分为造型内板和组成门造型框格的边框板。将实木板先开成厚 15 ~ 20mm、宽 130mm（或按设计要求）的板条，并精加工成边框板。造型内板的加工要求相同，但比边框板薄 2 ~ 4mm。对加工平整的造型边框板和内板进行刻线或切斜角加工。在门窗四周的造型板的一侧刻线，中部横向板的两侧刻线，造型内板的四周刻线。造型内板也经常加工成斜角的周边。

（3）造型门的组装有以下步骤：

1）按比实际门尺寸短 20mm 的尺寸下基板料，因门四周有厚 10mm 的封边条。

2）按造型式样在基板双面弹线。

3）对门四周的造型边框板开 45° 角对碰角，同时开出与横向中隔板的碰口。按实际尺寸截取横向中隔，并开除与边框板的对碰口。

图 7-23　古典门头施工样图

4）将门四周边的造型边框板按其正确的角位用胶钉法固定在基板上，固定同向中隔板的方法同上。

5）均匀等距在边框与横向中隔板组成的框格内安装造型内板。

6）按弹线位置安装背面的造型板。

7）双面安装完毕后，检查并修正门的四周侧边角度及尺寸，合格后便用胶钉法安装门四周封边条，用 45° 角对碰口相接。

8）安装门锁及铰链。

2. 造型门头的制作

西式风格的门头造型，是指在门的上方部位的造型，它与门框或门套装饰线组成一个平面上的完整造型。主要用于大门、房间门。以下是几种古典门头施工样图，见图 7-23。

造型门头的制作：造型门有很强的立体感和造型效果，施工难度也较大。造型的准确和线条安装的平直，是施工中的关键，主要是要用木方和胶合板做出立体造型的基本形状。其制作和安装方法有两种，一种是在地面做好门头造型的基本形状，然后用脚码或暗木方将整个造型固定安装在墙面上，这只适用于小型立体门头；另一种是在墙面上先安装木方和厚板制作的骨架，然后在骨架上蒙板，基本形状完成后再安装装饰面和装饰线条。后一种方法的制作流程如下：

（1）在门头位置弹线。

（2）挑选材料并按设计要求下料。

（3）做造型骨架并固定于墙面。

（4）蒙基面板并完善造型的基本形状。

（5）安装饰面材料和装饰线条。

这种方法适用于大型的立体门头的制作与安装。

3. 中国传统风格门造型

中国传统风格门造型见图 7-24。

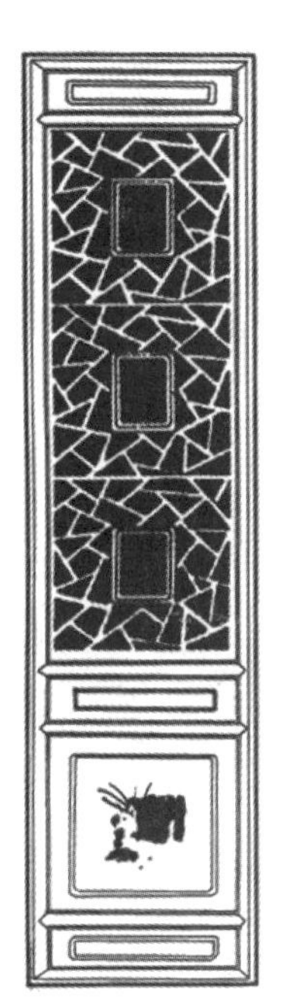
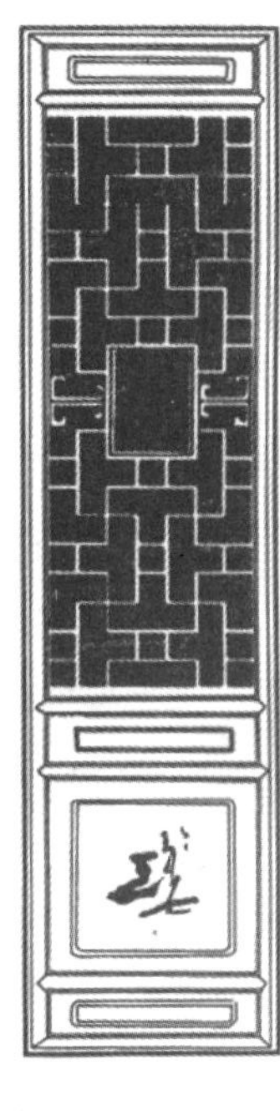
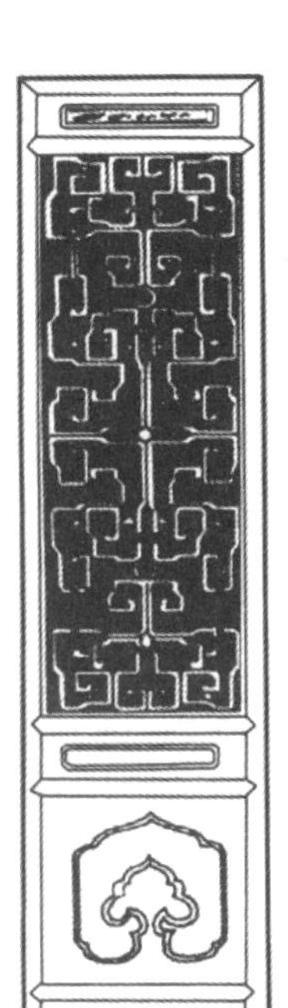
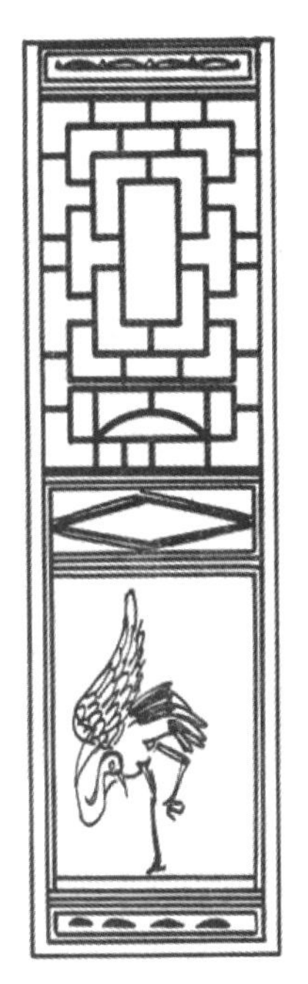

图 7-24　中国传统风格门造型

中式门头常用大木及琉璃瓦制作，也常用砖雕及砖石拱券完成造型，常用琉璃制品或砖刻表现动物、植物图案及几何图案，赋予特定含义，如图 7-25 所示。

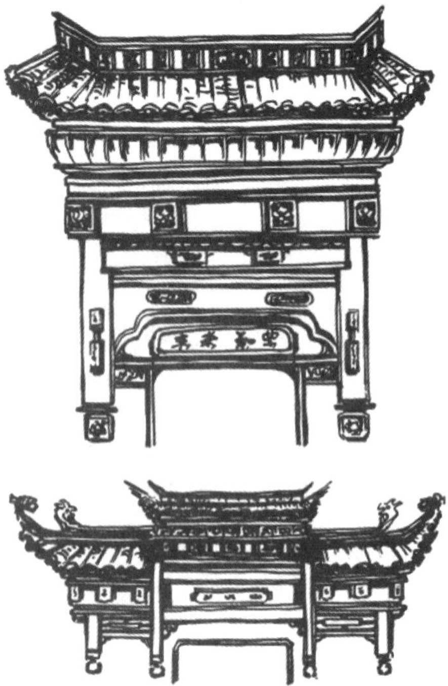

图 7-25 中国民居门头

7.5.2　窗的造型与构造

7.5.2.1　窗的造型与施工原则

窗主要包括窗套、窗扇，在遵守窗洞结构制约的条件下，积极、能动地创造美的形式，给人们以美的享受。窗与门必须紧密结合，风格一致。窗的施工必须做到透光、透气、配合严密、关启自由；选择耐腐、耐变形的木头，如松木、水曲柳、桦木、椴木、檀木、楠木、黄杨木等。

7.5.2.2　窗扇的造型风格类型

窗扇造型见图 7-26 及图 7-27。

图 7-26　中式风格造型

图 7-27　欧式风格造型

7.5.2.3　窗帘盒的制作及构造

窗帘盒与窗户紧密结合，窗帘盒的结构与造型要与窗户风格一致。窗帘盒按照结构不同分为明装式窗帘盒和暗装式窗帘盒两种，其构造如图 7-28 及图 7-29 所示。

（1）明装式窗帘盒：即在窗口的上沿以上，安装具有装饰风格，内有轨道窗帘的一种结构。

（2）暗装式窗帘盒：与吊顶面齐平，在需挂窗帘的地方向上留出轨道槽，用于安装窗帘。一般有吊顶施工的房屋，均采用这种方法，多用大芯板进行订制。

图 7-28 明装式窗帘盒

图 7-29 暗装式窗帘盒

7.6 墙体构造与安装

现代居室将墙体分为两个区域：一是墙裙；二是墙裙以上部分（称为墙面），见图 7-30。

图 7-30 墙裙

在室内设计中，墙裙的高度一般与窗台板的高度一致，大约在 1m 以下。而 1m 以上部分为墙面。

有特定的地方，如大型宾馆、会议室。不设计墙裙，而制作护墙板。在北方地区，设有暖气，暖气罩经常会与墙裙同时施工。

7.6.1　墙裙

墙裙的施工程序为：弹线→钉木楔→安装木龙骨→设地板→贴面板→造型→油漆。一般墙裙构造，如图 7-31、图 7-32 所示。

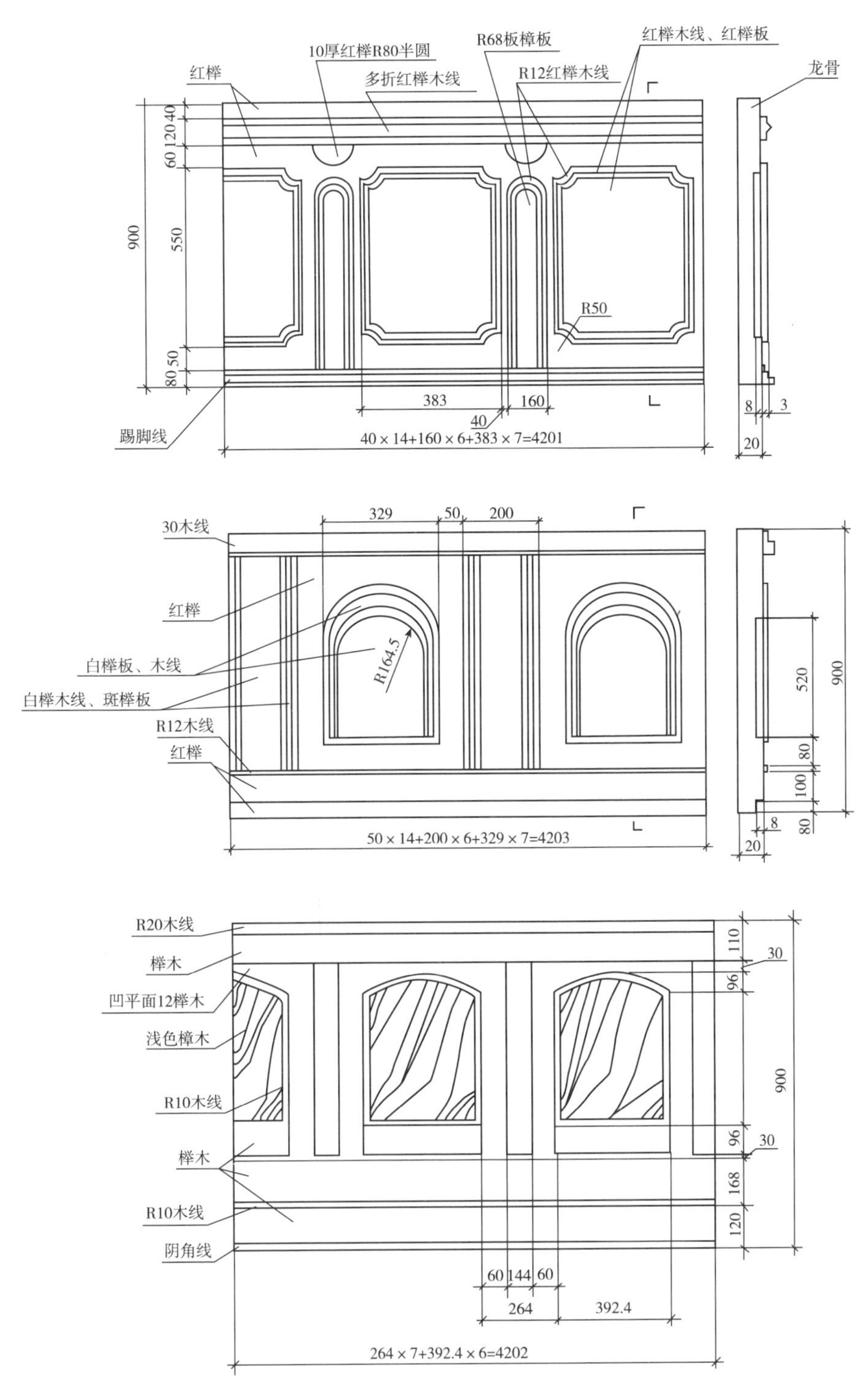

图 7-31　一般墙裙构造（一）（单位：mm）

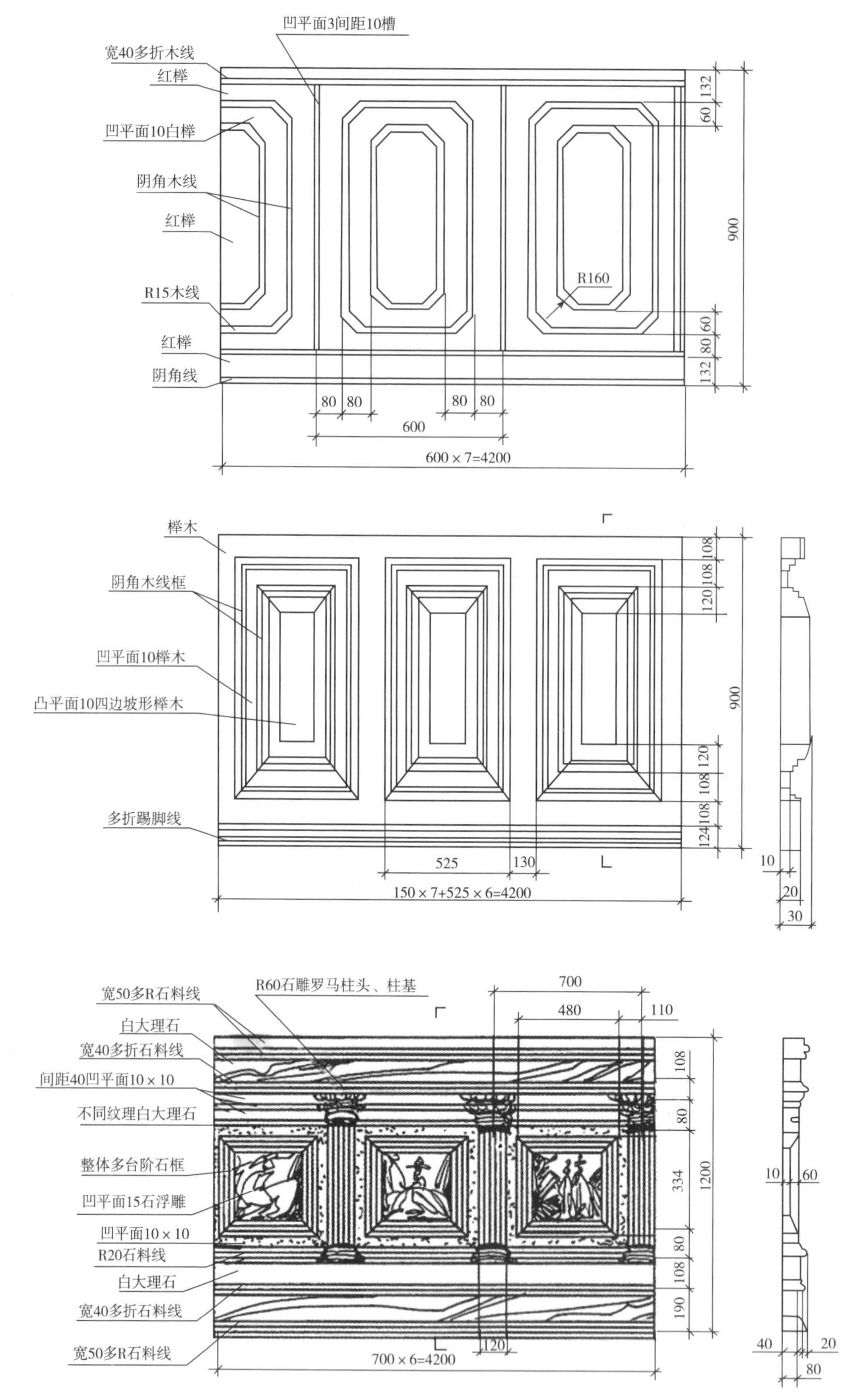

图 7-32 一般墙裙构造（二）（单位：mm）

7.6.2 壁炉的造型

壁炉在室内任何位置都很引人注目，但必须结合家具布置来考虑。伴随着时代的发展，壁炉已成为一种追求怀古情调的装饰品，而失去了取暖功能。有时保持外形，制作成假壁炉。

制假壁炉通常采用的手法有：

（1）将木材堆砌在炉边，用红绸鼓风，结合红色灯光作成火焰燃烧的模样。

（2）用灯光效果，结合电热器做出火焰放热燃烧的效果。

壁炉的造型及构造如图 7-33、图 7-34 所示。

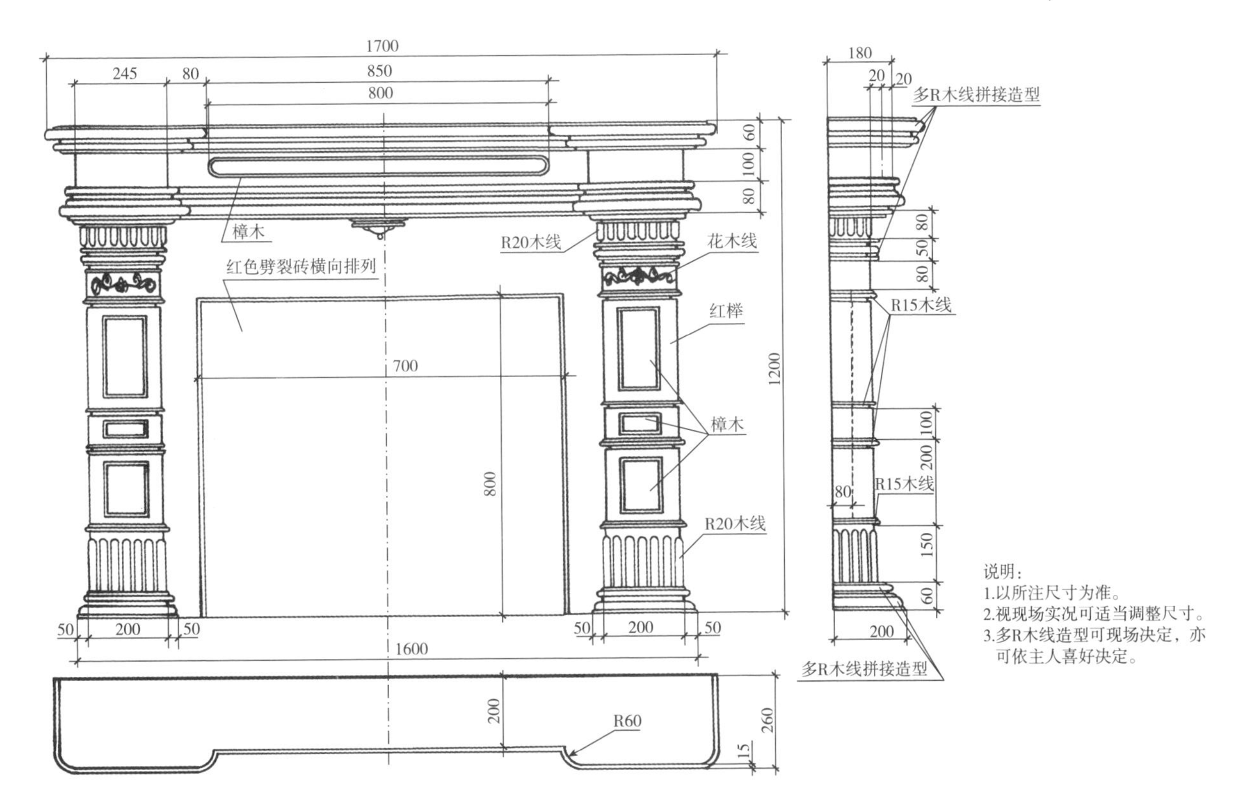

图 7-33 壁炉的造型及构造（一）（单位：mm）

图 7-34 壁炉的造型及构造（二）（单位：mm）

7.6.3 木护墙的构造与安装

护墙装饰是墙面装饰的主要手段。木护墙是用木方和细木工板、层板制作墙面造型，三合板贴面，结合大理石、壁布、装饰布、壁毯、挂毯等改制而成。

住宅内的墙面，可以采用各种硬质或软质材料作为饰面，分别称为木护墙或软包墙面。

木护墙是由固定于墙体一侧的木骨架和固定于木骨架上的各饰面所组成。半截的木护墙称为墙裙。用于护墙的饰面，一般有微孔木贴面板、木板（条）、胶合板、石膏板、不锈钢板等，从而形成了各种形式的护墙，其装修方法与木护墙相同。木护墙的构造如图7-35、图7-36所示。

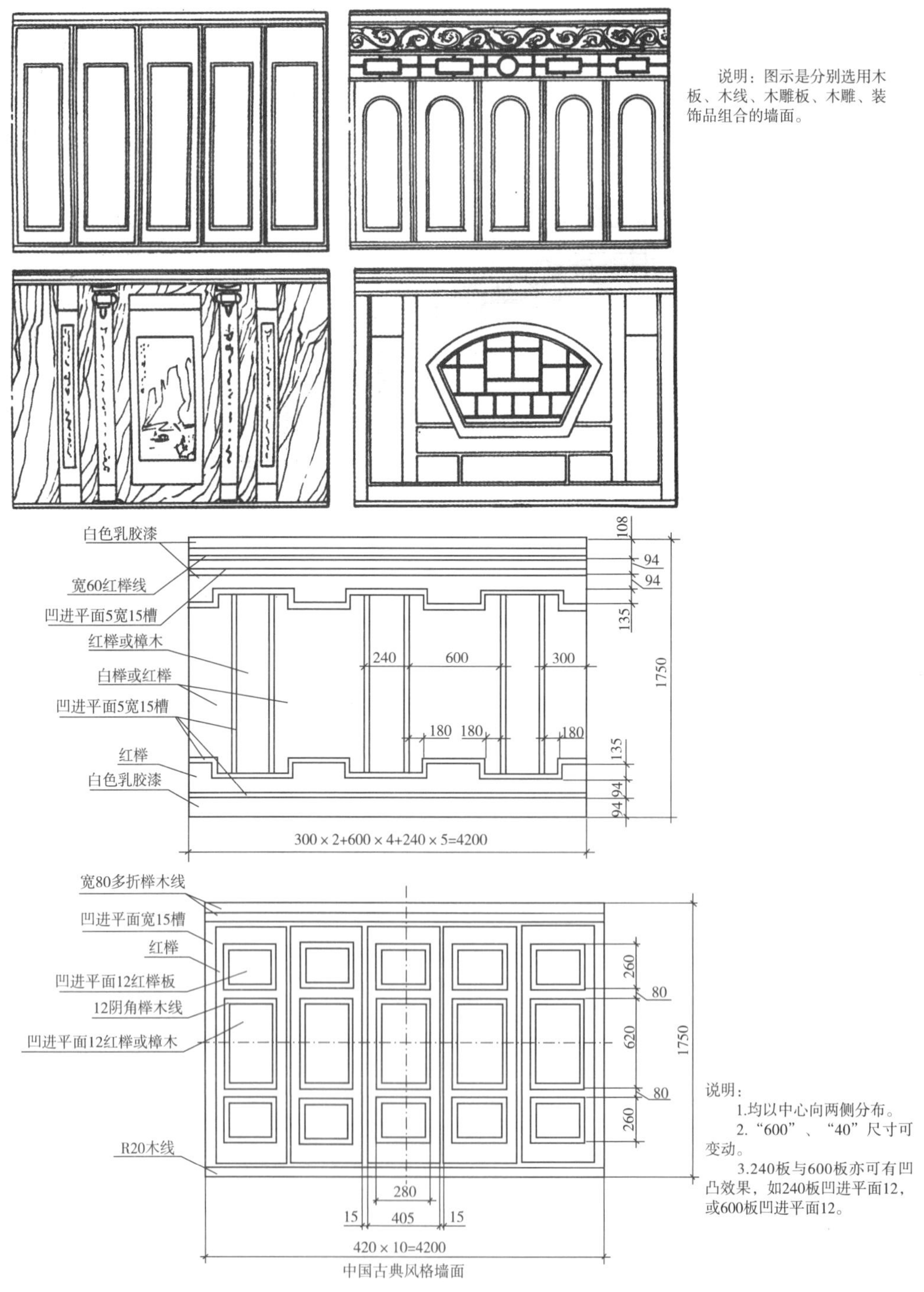

图7-35 木护墙的构造（一）（单位：mm）

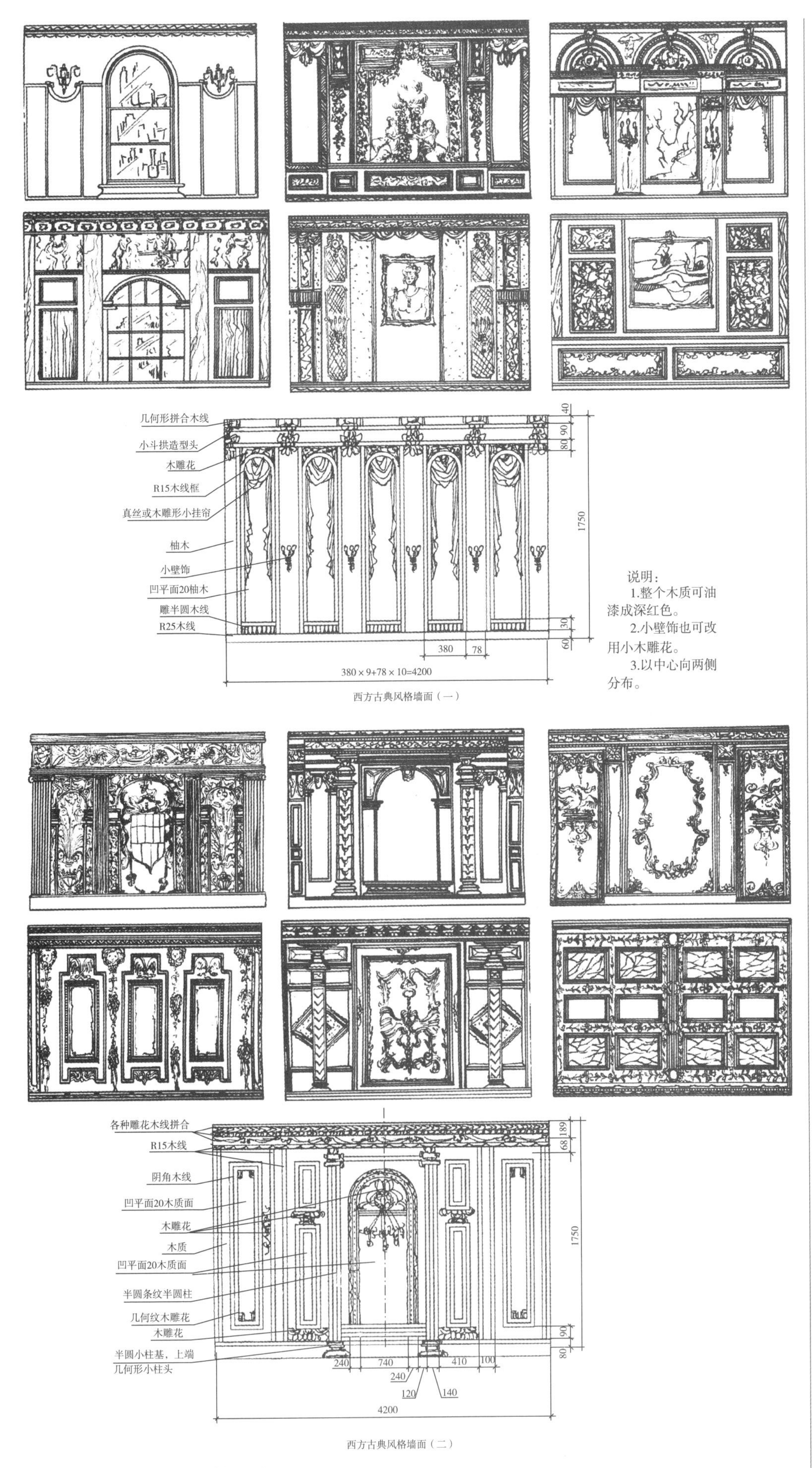

图 7-36 木护墙的构造（二）（单位：mm）

木护墙的制作工艺流程为：弹线、分格→钻孔打入木楔→墙面防潮→钉木龙骨→铺钉木板→钉冒头→钉踢脚板。

造价较低时，可不钉毛地板，但墙面应做防潮处理（如刷热沥青），有条件的还应做防火处理。

用石膏板、不锈钢板、织棉作饰面时，其做法基本相同，只是根据饰面的不同，在安装时有其各自的特点。

木护墙施工方法如下所述。

1. 在墙体上预埋木砖

砌墙体时，在设计位置预埋防腐木砖。如果事先未预埋木砖，也可临时打入膨胀螺栓，或用冲击钻冲孔后埋入木楔，固定在墙里。

2. 墙面基层准备

对墙面基层做处理时，先使墙面干燥，然后涂冷底子油，铺贴油毯防潮层，再在墙上弹线分格。

根据施工图弹水平标高线后，接着弹分档线。分档线即为墙筋安装线，横向间距一般为400mm，竖向间距为500mm。木砖或木楔的位置应符合分档尺寸，间距不大于400mm，位置不适宜或间距过大者，应补设木砖或木楔。

3. 龙骨（墙筋）的安装

龙骨（墙筋）的断面尺寸，应根据墙板到墙面的尺寸而定。两者接触面应刨光，背面垫实，表面平整，并作防腐处理。龙骨必须与每一块木砖钉牢。如果未埋木砖，也可用钢钉直接把墙筋钉入水泥浆面层固定。龙骨钉完后，检查表面平整性与立面的垂直性，阴阳角用方尺套方。调整龙骨表面偏差所垫的木垫块，必须与龙骨钉牢。若需隔音（如视听室），中间应充填轻质隔音材料。

4. 墙板的安装

（1）面板上如果是涂刷清漆显露木纹时，应挑选相同树种及颜色、木纹相近的面板用在同一房间里，木纹根部向下、对称、颜色一致，无污染，嵌合严密，分格拉缝均匀一致，顺直光洁。如果面板上涂刷色漆则可不限，木板的年轮凸面应向内放置。

（2）墙面板的固定有两种方法：一种是粘钉结合，它是在墙筋上刷胶结剂，将墙面板粘在墙筋上，然后钉小钉（目的是为了使墙面板和墙筋粘贴牢固），目前均用射钉枪或蚊钉枪；另一种方法是用黏结法将墙板粘在墙筋上，一般用氯丁胶将墙板与墙筋两面抹胶，待表干后紧密黏结在一起，并用橡皮锤敲实。板面不得有伤痕，墙面伤口应平齐，高低相差不大于3mm。

（3）墙面板面层一般采用竖向分格拉缝，以防止其翘鼓。墙面板层的竖向拉缝形式有直拉缝和斜拉缝两种，为了美观，竖向拉缝外可镶钉压条。

（4）压条处理时应挑选颜色相近、木纹一致的压条，以求美观。

7.7 柱体表面的构造与安装

柱体是装饰中的主要环节，按造型分为：圆柱、方柱、棱柱等。

木柱的制作共有以下三种方法：

（1）用实木制作木柱。采用旋切、刨凿、雕的办法，制作出实木柱。

（2）用木龙骨和细木工板等，表面粘贴三合板，并用各种木线条和木花饰完成柱头和柱身的施工。

（3）用木龙骨与其他装饰板结合，如用型板、不锈钢板以及防火板、其他卷材包柱表面。

以上三种方法，多可采用木制龙骨，用三合板、细木工板做内胎，表面粘贴外表装饰材料。

用胶合板和木方材料可做出墙面造型柱，主要是扁方形柱和半圆形柱，如图7-37所示。

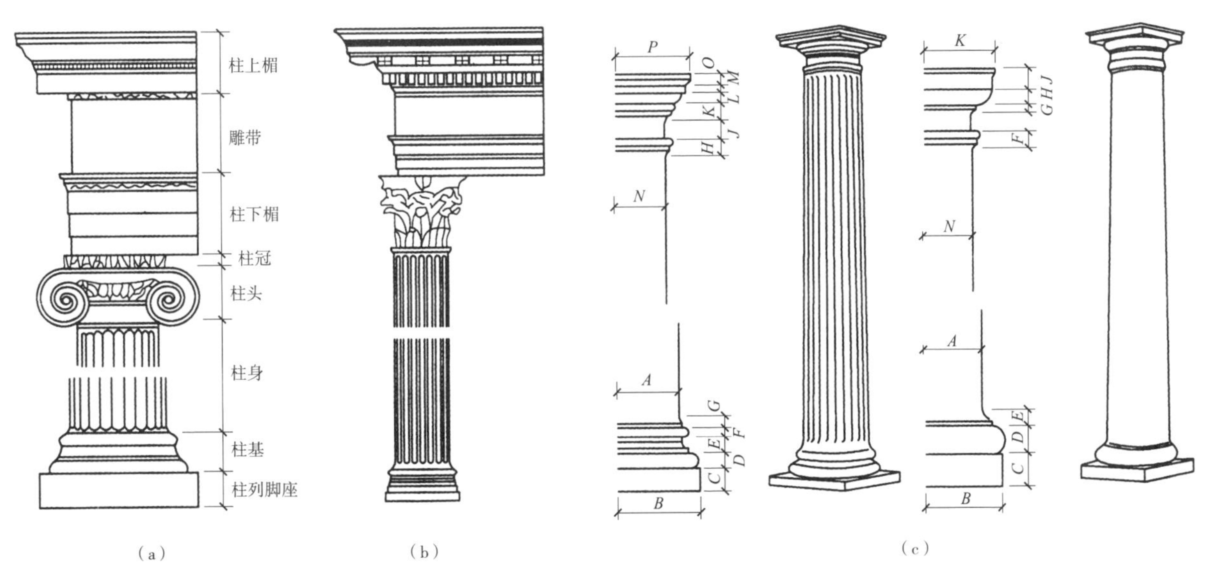

图7-37　墙面造型柱的造型及制作尺寸

（a）爱奥尼克柱的造型及制作尺寸；（b）科林斯柱的造型及制作尺寸；（c）陶立克柱的造型及制作尺寸

7.7.1　扁方形柱的制作

扁方形柱可仿造西洋风格的柱饰，按柱头、柱身花式来区分，罗马柱和爱奥尼克柱头仿造较为容易，可用代替法仿造出近似的形状。

（1）罗马柱的仿制。罗马柱的形式较为简单，仿制时，先用木方做出框架，再用5～7mm的胶合板外蒙，也可用12～15mm厚的木夹板整体做成上、下宽度一致或上宽下窄形状的柱身，如图7-38所示。柱身高一般顶至墙面与吊顶的交接部位。柱顶端的装饰线条，通常与吊顶交接部位的装饰线条一致，可同时安装施工。在离柱顶面200～300mm处，开始固定柱颈线条，其尺寸小于柱顶装饰线条如图7-39所示。柱身线条有两种做法。一种方法是用手提雕刻机根据柱身的宽度在12～15mm厚的蒙面板上开出几条深为5～6mm、宽10～12mm的等距离、等高度的半

图7-38　罗马柱柱身的仿制

圆槽，且上距柱颈线 150 ~ 200mm，下距柱脚线 200 ~ 250mm，如图 7-40 所示。另一种方法是在柱身上用胶钉法固定几条宽度为 15mm 和 20mm 的半圆木线条，安装方式如图 7-41 所示。用 9mm 胶合板开出高 100 ~ 150mm 的半条做成柱脚板，并用胶钉法固定在柱脚处，再在柱脚板上压一条 10 ~ 15mm 的小角线条。罗马柱柱身的仿制见图 7-42。

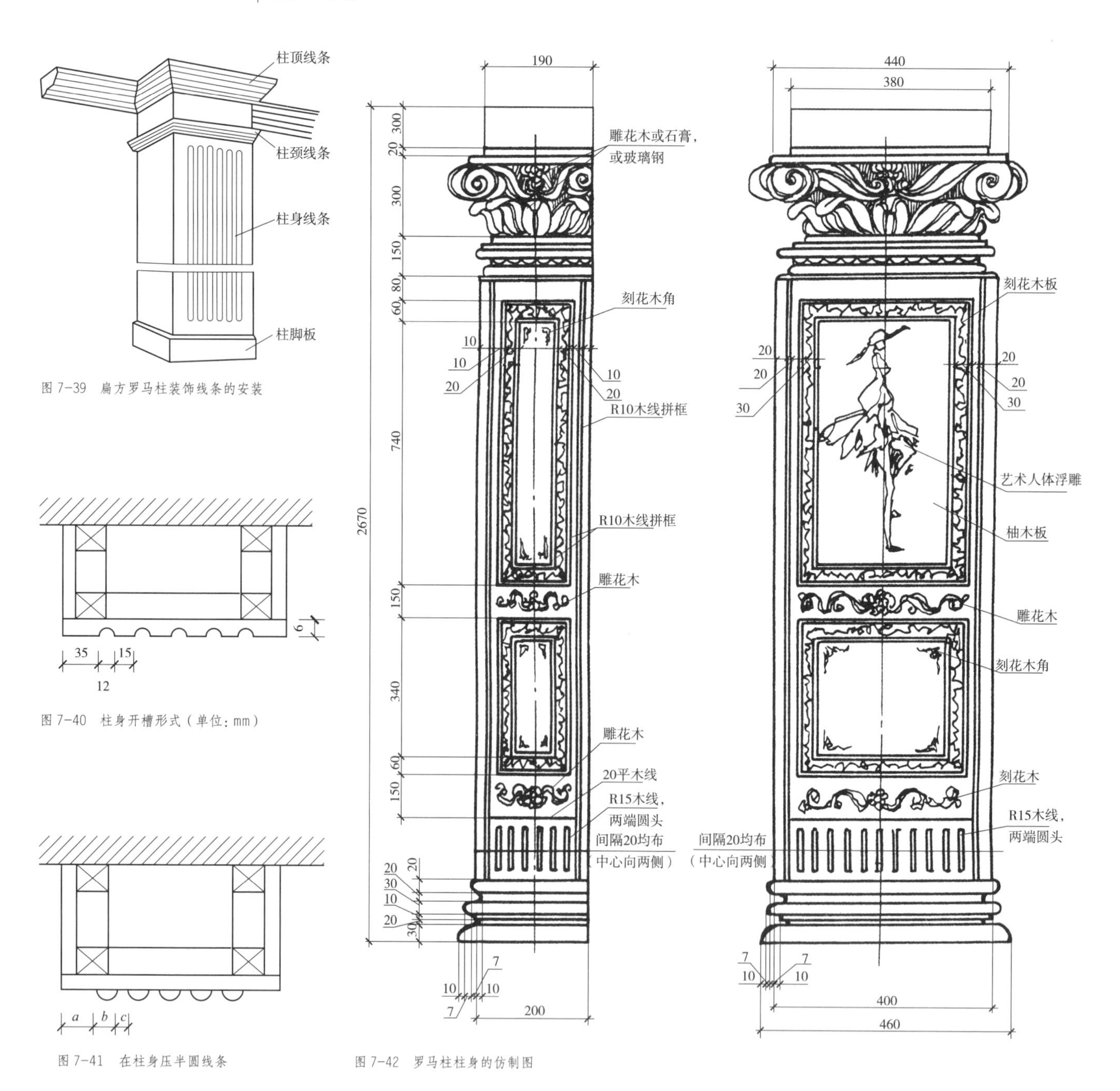

图 7-39　扁方罗马柱装饰线条的安装

图 7-40　柱身开槽形式（单位：mm）

图 7-41　在柱身压半圆线条

图 7-42　罗马柱柱身的仿制图

（2）爱奥尼克柱的仿制。正规的爱奥尼克柱是圆形柱，但在现代装饰中，也常用扁方柱来表现爱奥尼克柱的形态。其柱身、柱脚的结构和做法，都与上述扁方罗马柱相同，只有柱头不同，如图 7-43 所示，为扁方形的爱奥尼克柱式。按图中所标尺寸，用 12 ~ 15mm 厚夹板开出爱奥尼克柱的基本形状板（见图 7-44），然后将其固定组合成柱头的毛坯，再用胶钉法将毛坯固定在柱头位

图 7-43　扁方形爱奥尼克柱

置，如图 7-45（a）所示。然后用 3mm 的胶合板自基本形状板两侧的弧形开始，将整个圆弧部分蒙起来；或者用实木车削成与两侧圆弧直径相同的圆柱，塞入两块圆弧之间，使基本板两侧的圆弧板变为圆柱体，如图 7-45（b）所示。然后按基本形状板尺寸，在 9mm 厚的胶合板上画出具有爱奥尼克柱头特点的曲线圆弧，并加工成 15mm 宽的线条，如图 7-45（c）所示。最后用胶钉法予以固定。柱身线条种类与做法，与罗马柱相同。

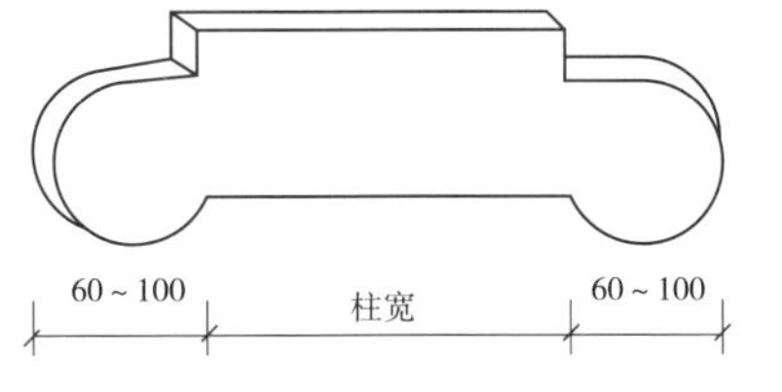

图 7-44　爱奥尼克柱头的基本形状板（单位：mm）

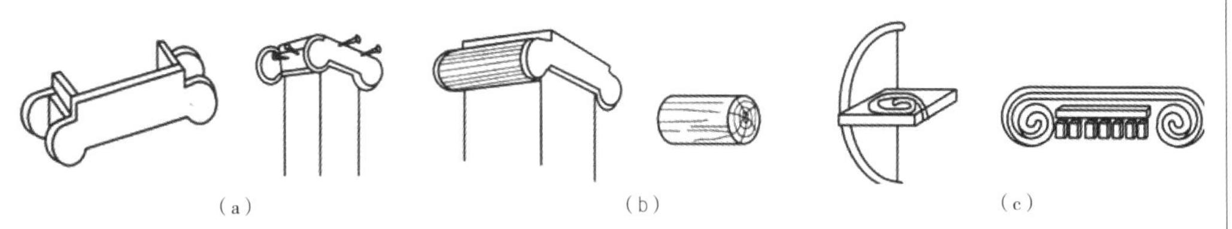

图 7-45　爱奥尼克柱的仿制
（a）将柱头毛坯固定在柱体上；（b）将柱头两侧改为圆柱体；（c）爱奥尼克柱头线条形状

7.7.2　半圆柱的制作

半圆柱按柱头区分，也可分为罗马柱和爱奥尼克柱两种。制作时，罗马柱身和柱头部分均可作成统一的半圆形，其柱身和柱头的做法与扁方柱相同，只是用柱颈装饰线条来区分。而爱奥尼克柱由于其柱头的特点，可将其柱身做成半圆柱，再将柱头部分加上方框，最后柱头部分的造型按扁方柱头的形状做出，并安装在方框上即可。

7.7.2.1　半圆柱身的制作

半圆柱身可有骨架和外蒙板组成。制作骨架时的步骤如下：

（1）先用 9 ~ 12mm 厚木板开出与柱身半径相同的弧形板，如图 7-46（a）所示。当半圆柱的半径在 150mm 左右时，也可不用弧形板。

（2）用木方与弧形板相组合，固定成半圆柱的骨架，并将骨架固定在墙面上，如图 7-46（b）所示。

（3）在半圆骨架上外蒙 3mm 的进口薄胶合板。有时为了安装装饰线条的方便，需在半圆骨架上蒙两层薄胶合板；或者在半圆柱上需要加装饰线条的柱顶和柱脚部分，增加弧形板，以便钉装饰线条。

7.7.2.2　爱奥尼克半圆柱的仿制

（1）先制作出半圆柱身的木骨架。

（2）用厚木夹板在柱头部位做出柱头的扁方体，并与半圆柱身的木方骨架固定。

（3）将半圆柱身蒙上薄胶合板，直至柱头扁方体的下沿（不包括柱头部分），并在半圆柱身上安装上半圆装饰线条，如图 7-46（c）所示。

（4）按制作扁方柱头的方法，做出柱头的造型部分并安装在柱身上。

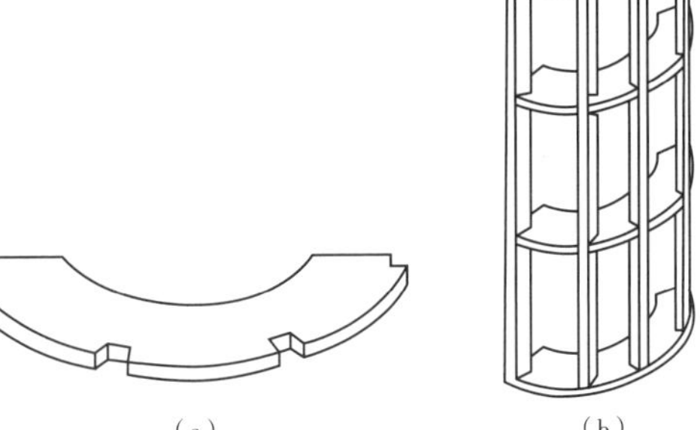
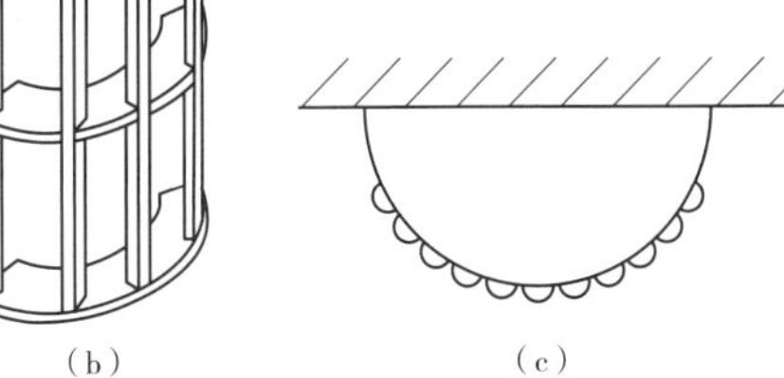

图 7-46　半圆柱的制作
（a）半圆柱骨架中的弧形板；（b）半圆柱骨架；（c）在半圆柱身上安装半圆装饰线条

7.7.3 装饰大线条的替代制作

装饰大线条主要用于墙面与吊顶交接部位，是西洋风格装饰的重点装饰件。在没有成品材料的情况下，可用胶合板或实木板条来制作替代品。制作大线条时，首先按所需的线条宽度规格在 9 ~ 12mm 厚的胶合板或实木板上开出长木板。再根据线条的造型式样进行加工，并用胶钉法进行组合固定，如图 7-47 所示。线条的组合工艺，关键是保证大线条的厚度、角度一致，线条的边条顺直，造型的大小尺寸一致。

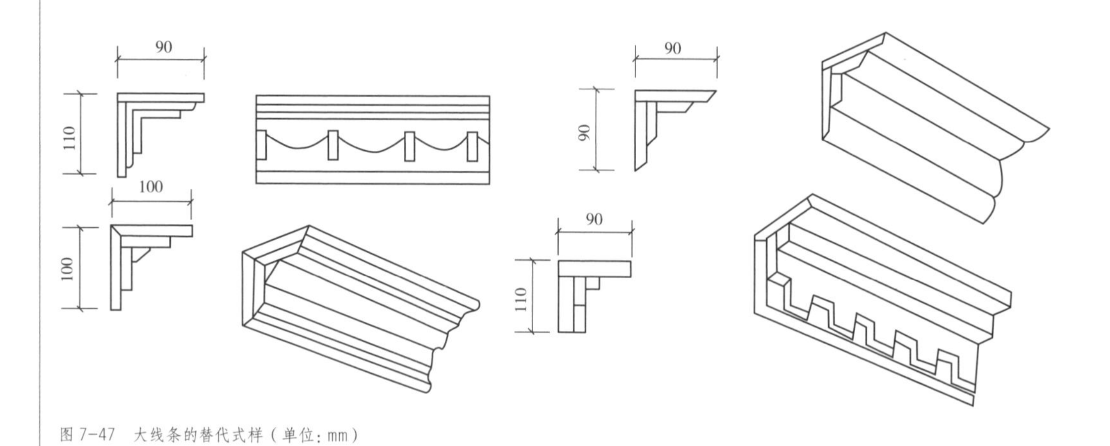

图 7-47 大线条的替代式样（单位：mm）

7.8 木楼梯的施工

当前用木质材料加工和安装的楼梯，多为装饰性小型楼梯。楼梯的扶手、体柱和栏杆等构件，市场上均有成品出售，其造型形式和艺术风格，可与木质护墙板、木质材料装饰吊顶、硬质木板、装饰大门及木制家具等相协调。

7.8.1 木楼梯的组成

木楼梯由踏脚板、踢脚板、平台、斜梁、楼梯柱、栏杆和扶手等几部分组成。其中楼梯斜梁是支撑楼梯踏步的大梁；楼梯柱是装置扶手的立柱；栏杆和扶手装置在梯级和平台临空的一边，高度一般为 900 ~ 1100mm。

7.8.2 木楼梯的构造

7.8.2.1 明步楼梯

明步楼梯主要是指其侧面外观有脚踏板和踢脚板所形成的齿状阶梯，属外露型的楼梯。它的宽度以 800mm 为限，超过 1000mm 时，中间需加一根斜梁，在斜梁上钉三角木。三角木可根据楼梯坡度及踏步尺寸预制，在其上铺钉踏脚板和踢脚板。踏脚板的厚度为 30 ~ 40mm，踢脚板的厚度为 25 ~ 30mm，踏脚板和踢脚板用开槽方法结合。如果设计无挑口线，踏脚板应挑出踢脚板 20 ~ 25mm；如果有挑口线，则应挑出 30 ~ 40mm。为了防滑和耐磨，可在踏脚板上口加钉金属板。踏步靠墙处的墙面也需做踢脚板，以保护墙面并遮盖竖缝。

在斜梁上镶钉外护板，用以遮斜梁和三角木的接缝且使楼梯外侧立面美观。斜梁的上下两端做吞肩榫，与楼搁栅（或平台梁）及地搁栅相结合，并用铁件进一步加固。在底层斜梁的下端也可做凹槽压在垫木上。明步楼梯的构造如图 7-48 所示。

7.8.2.2　暗步楼梯

暗步楼梯是指其踏步被斜梁遮掩，其侧立面外观不露梯级的楼梯。暗步楼梯的宽度一般可达 1200mm，其结构特点是在安装踏脚板一面的斜梁上开凿凹槽，将踏脚板和踢脚板逐块镶入，然后与另一根斜梁合拢敲实。踏脚板的挑口线做法与明步楼梯相同，但踏脚板应比斜梁稍有缩进。楼梯背面可做板条抹灰或铺钉纤维板等，再进行其他饰面处理。暗步楼梯的构造如图 7-49 所示。

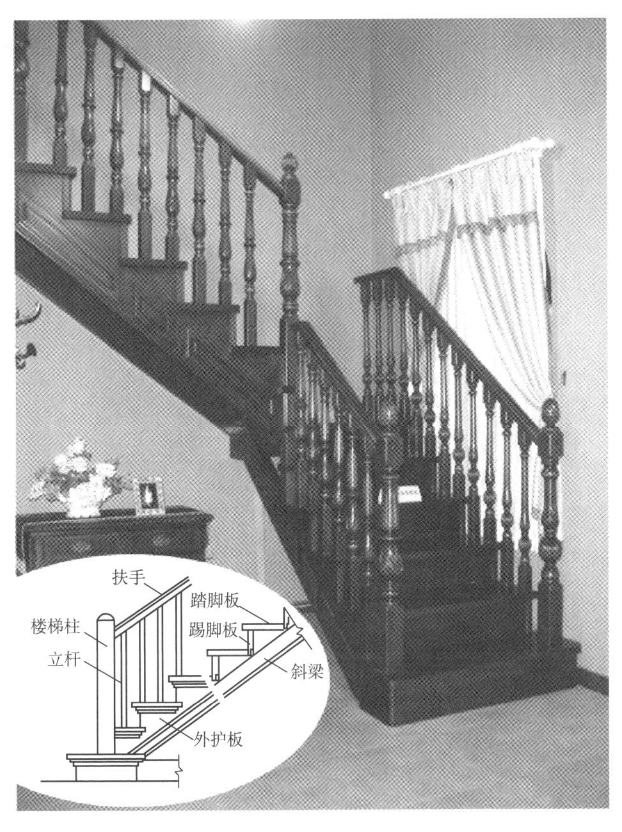

图 7-48　明步木楼梯构造

图 7-49　暗步木楼梯构造

1—扶手；2—立杆；3—压条；4—斜梁；5—踏脚板；6—挑口线；7—踢脚板；8—板条筋；9—板条；10—饰面

7.8.2.3　栏杆与扶手

（1）楼梯栏杆。栏杆既是安全构件，又是装饰性很强的装饰构件，故多是加工为方圆多变的断面。在明步楼梯的构造中，木栏杆的上端做凹榫插入扶手，下部凸榫插入踏脚板；在暗步楼梯中，木栏杆的上端凸榫也是插入木扶手，其下端凸榫则是插入斜梁上的压条中，如果斜梁不设压条则直接插入斜梁。

木栏杆之间的距离一般不超过 150mm，有的还在立杆之间加设横档连接。在传统的木楼梯中，还有一种不露立杆的栏杆构造，称为实心栏杆，实际上是栏板。其构造做法是将板墙木筋钉在楼梯斜梁上，再用横撑加固，然后在骨架两边铺钉胶合板或纤维板，以装饰线脚盖缝，最后做油漆涂饰。

（2）扶手。楼梯木扶手的类型主要有两种：一种是与木楼梯组合安装的栏杆扶手；另一种是不设楼梯栏杆的靠墙扶手。其示例见图 7-50。

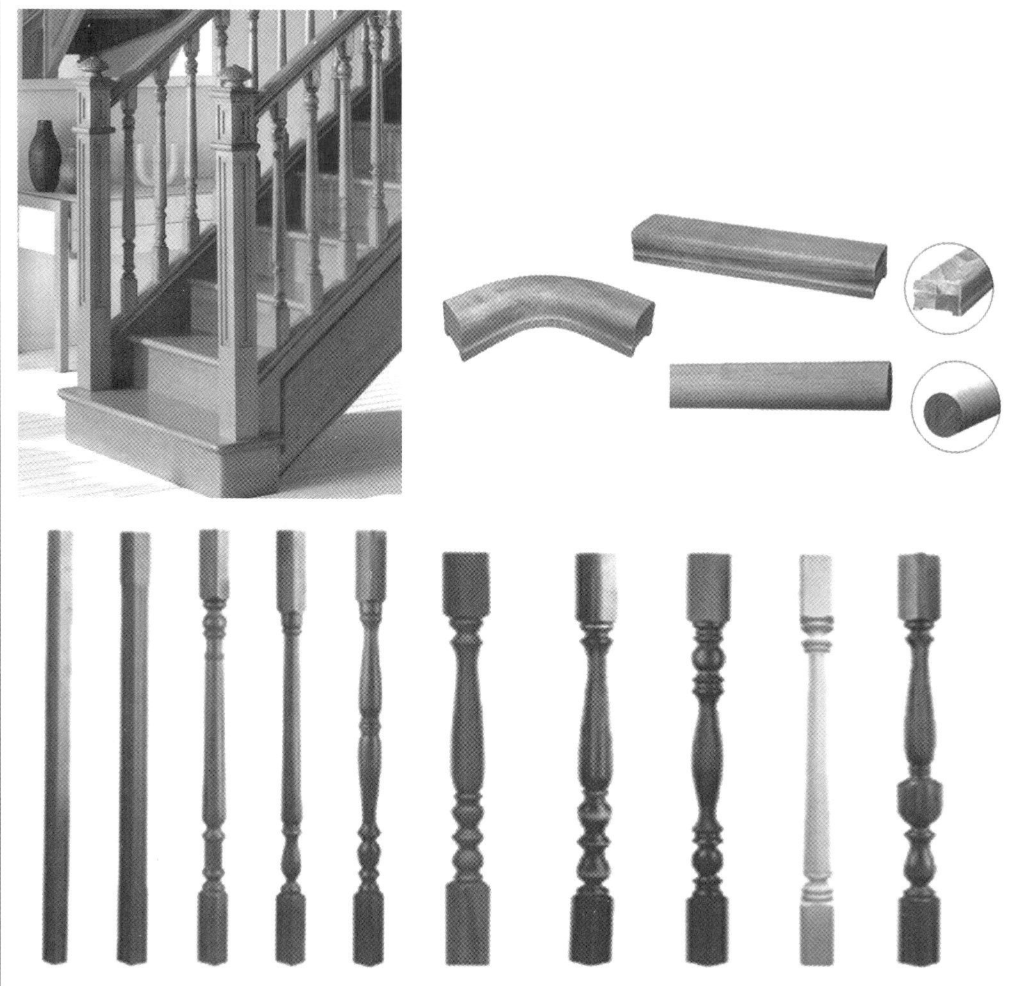

图 7-50 木楼梯扶手示例

7.8.3 木楼梯的制作与安装

木楼梯的制作，应根据施工图纸把楼梯踏步高度、宽度、级数及平台尺寸放出大样；或者按图纸计算出各部分构件的构造尺寸，制出样板，确定楼搁栅和地搁栅的中心线和标高，安装好楼搁栅和地搁栅之后再安装楼梯斜梁。三角木由下而上一次铺钉并安装踏脚板，根据踏脚板的数量确定楼梯柱立杆的位置和数量，同时安装木楼梯扶手，立杆和立柱要与踏板紧密相连，可采用榫卯结合或连接件结合的方法，保证其坚固性。其中踏步三角一般都画成直角。

7.9 木工工具

木工工具主要分为手工工具和电动工具两大类。

7.9.1 手工工具

常用手工工具有：刨、锯、钻、凿、锤、斧、锉。

1. 刨

刨的种类如图 7-51 所示。

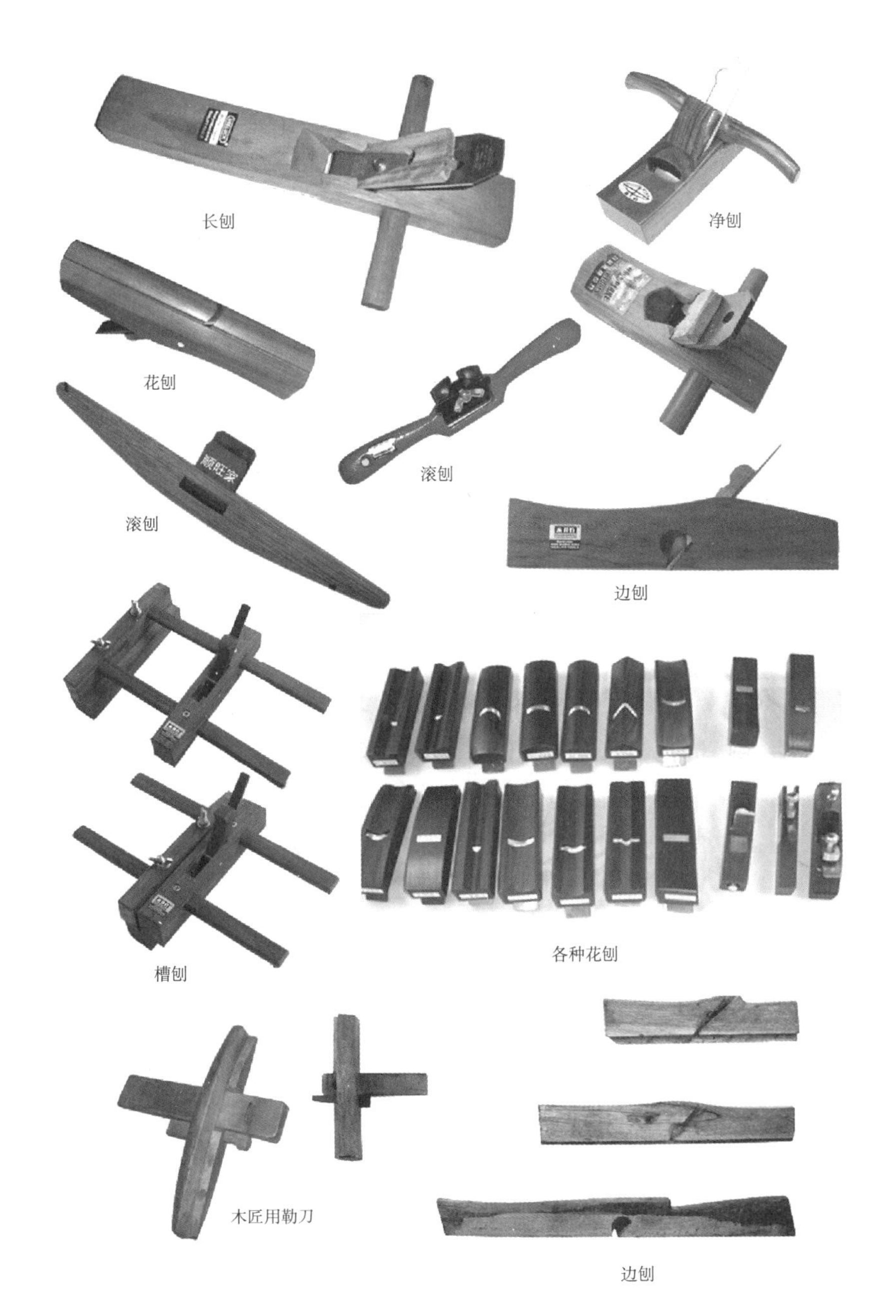

图 7-51　刨的种类

2. 锯

锯的种类如图 7-52 所示。

3. 斧、凿、锉、钻、墨斗

斧、凿、锉、钻、墨斗见图 7-53。

7.9.2　电动工具

电动工具如图 7-54 所示，电动木工机床及木工雕刻机如图 7-55 所示。

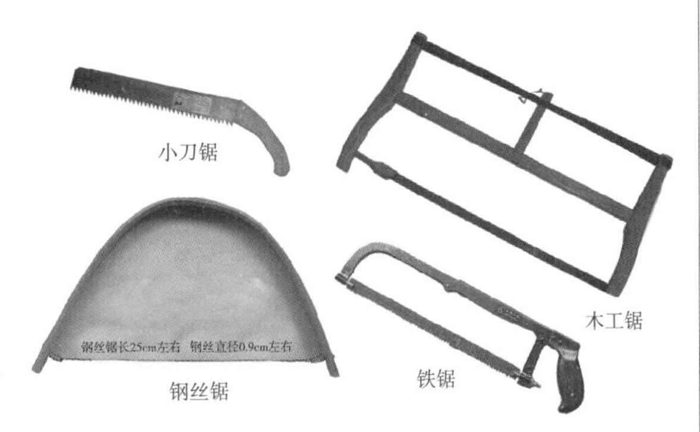

图 7-52　锯的种类

菱形锉刀
木锉刀
斧头
板锉刀
量角器
三角尺
凿子
磨刀石
墨斗
手钻
牵钻

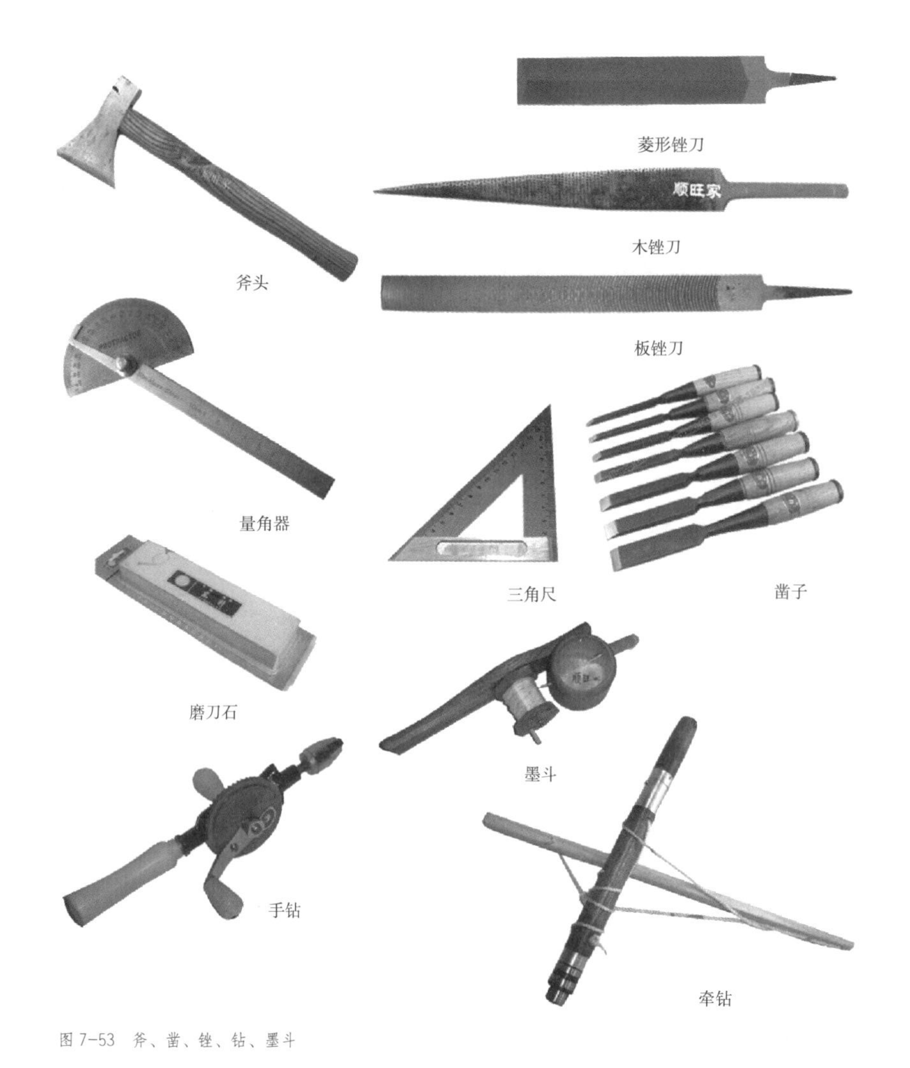

图 7-53 斧、凿、锉、钻、墨斗

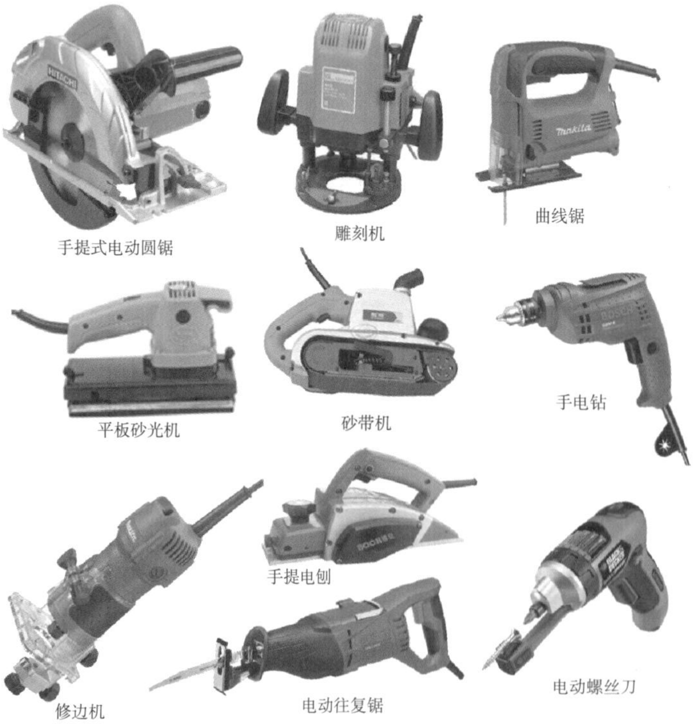

手提式电动圆锯
雕刻机
曲线锯
平板砂光机
砂带机
手电钻
手提电刨
修边机
电动往复锯
电动螺丝刀

图 7-54 电动工具

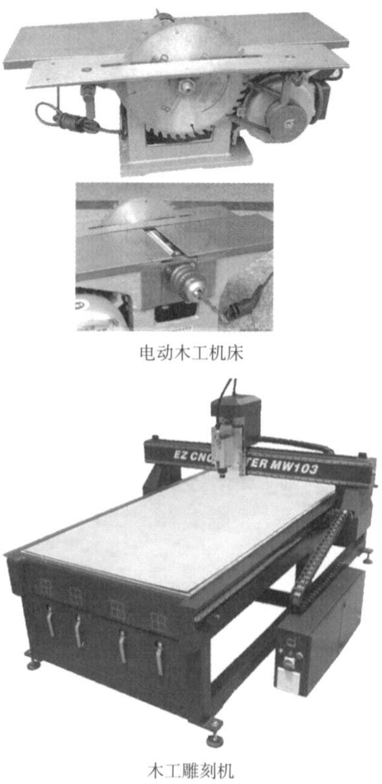

电动木工机床
木工雕刻机

图 7-55 电动木工机床及木工雕刻机

第8章 涂料及其施工方法

涂料和油漆在装饰过程中约定俗成都被统称为“涂料”。俗话说：“三分木工，七分油工”，从一个侧面反映了涂料在装饰中的重要作用。合理选用涂料、科学地施工、艺术地搭配颜色、严格的施工规范和要求是装饰涂料工程中必须认真做到的。

8.1 涂料

涂敷于物体表面，并与物体表面紧密黏合在一起，并能形成一层均匀的保护膜，从而对物体表面形成装饰、保护或使物体表面具有特定功能的材料称为涂料。早期的涂料采用天然植物干性或半干性油，如亚麻、胡麻、桐油、松香、漆树、豆油、虫胶等作为原料，也可用动物的骨、血、皮等制成动物性涂膜涂料。开始时，人们将这种涂料称为油漆。

在中国，涂料的利用已有几千年历史，漆树采割的大漆，早在殷商时期就已出现。而近代涂料的形成只有两三百年历史。18 世纪后，涂料在欧洲有了迅速的发展，人们开始使用天然树脂，干性植物油漆膜的性能得到了提高。20 世纪 20 年代，酚醛树脂的出现使漆的质量水平达到新的高度，以人工合成树脂和人工合成有机溶剂为主的乳液型的涂膜材料出现，“油漆”又有了新的代名词——“涂料”。

当今涂料工业最发达的国家有美国、日本、德国、英国。其中，美国是世界涂料生产大国，位居世界第一。美国涂料主要有丙烯酸系列、聚醋酸乙烯（乳胶漆）系列。其中，丙烯酸系列涂料为室外墙的主要涂料，占外墙涂料的 65% 左右，内墙涂料涂料中聚醋酸乙烯涂料占 85% 以上。日本涂料生产量仅次于美国，居世界第二位。

日本的建筑涂料品种多、质量好，外墙涂料主要有层平滑涂料、丙烯酸乳液涂料、氯乙烯树脂涂料、环氧树脂涂料，丙烯树脂涂料、双组份聚氨酯树脂弹性涂料、含氟树脂涂料等。

20 世纪 70 年代，我国建筑涂料有了很大的发展，相继出现了聚乙烯醇水玻璃内墙涂料（106 涂料）和聚乙烯醇缩甲醛（107 胶）外墙涂料。在此期间出现许多涂料种类，如醋酸乙烯丙烯酸酯共聚乳液、苯乙烯丙烯酸酯共聚乳液、氯偏共聚乳液等，还有以苯丙乳液为基料的彩砂喷涂涂料、环氧双组份外墙涂料、用特殊喷墙喷制的水包油系列多彩喷涂涂料，以及利用丙烯酸和聚酯乙烯制成的内外墙涂料等。

8.2 涂料的组成

涂料的组成包括成膜物质、溶剂、填料、助剂四类，即涂料 = 成膜物质（主要为树脂类）+ 溶剂 + 填料 + 助剂。

8.2.1 成膜物质

成膜物质是指能牢靠地附在基层表面，形成连续均匀、坚韧的保护膜的物质。目前成膜物质以合成树脂为主，如醇酸树脂、硝基树脂、聚氨酯、聚酯、酚醛树脂、丙烯酸树脂、聚乙烯醇树脂、聚醋酸乙烯、苯丙乳液、乙丙乳液、硅酸钠、氯偏共聚乳液。

8.2.2 溶剂

溶剂又称稀释剂，是涂料中不可缺少的组成部分。通过溶剂的添加比重变化，可以调整涂料黏度、干燥时间、硬度等一系列指标，同时它也是施工过程中不可缺少的重要原料。溶剂既能起到溶解作用，而且还有一定稀释作用，并可降低黏度，提高渗透力；而且许多溶剂还是重要的固化剂，容易挥发，加快漆膜的干燥速度；通过对溶剂的合理使用，可降低涂料涂刷成本；涂料在施工过程中时刻离不开溶剂，如进行工具的清洗、现场工作面的清洗等。

常用的溶剂有：香蕉水、酒精、汽油、苯、二甲苯、丙酮、乙醚、乙酸乙酯、丁醇、醋酸丁酯、水等。

溶剂有较强的挥发性、易燃性，有些溶剂还有一定的毒性，如苯类溶剂、二氯乙烷。

8.2.3 填料

填料是指为了提高漆膜遮盖能力，增强黏度，改变颜色，改善涂料的性能，降低成本，而向由成膜物质和溶剂构成的混合液体内加入的一些粉末状物质。

常用的填料有两部分组成：一是填料；二是颜料。

8.2.3.1 普通填料

常用的填料有钛白粉、石粉、轻质碳酸钙、重质碳酸钙、滑石粉、瓷土、石英石粉、云母粉、可赛银粉、立德粉、老粉、石膏，细砂等。

8.2.3.2 颜料

颜料的品种很多，按其化学性质可分为有机颜料和无机颜料，在对颜色没有严格要求的情况下，尽可能选用耐光性、耐候性较好的无机类和特殊有机大分子结构色浆。常用的颜料品种见表8-1。

表8-1 常用颜料品种

颜料颜色	化学组成	品 种
黄色颜料	无机颜料	铅铬黄（$PhCrO_4$）、铁黄（$FeO(OH)\cdot nH_2O$）
	有机颜料	耐晒黄、联苯胺黄等
红色颜料	无机颜料	铁红（Fe_2O_3）、银朱（HgS）
	有机颜料	甲苯胺黄、立索尔红等
蓝色颜料	无机颜料	铁蓝、钴蓝（$Co\cdot Al_2O_3$）、群青
	有机颜料	酞青蓝（$Fe(NH_4)Fe(CN)_5$）等
黑色颜料	无机颜料	碳黑（C）、石墨（C）、铁黑（Fe_3O_4）等
	有机颜料	苯胺黑
绿色颜料	无机颜料	铬绿、锌绿等
	有机颜料	酞青绿等
白色颜料	无机颜料	钛白粉（TiO_2）、氧化锌（ZnO）、立德粉（$ZnO+BaSO_4$）
金属颜料		铝粉（Al）、铜粉（Cu）等

8.2.4 助剂

助剂，又称辅助材料，是为了进一步改善涂料的某些性能，在配置涂料中加入的物质，其掺量较少，一般只占涂料总量的百分之几到万分之几，但效果显著。常用的助剂有如下几类：

（1）硬化剂、干燥剂、催化剂等。这类助剂的加入能加速涂膜在室温下的干燥硬化，改善感应或涂膜的性能。

（2）增塑剂、增白剂、紫外线吸收剂、抗氧化剂等。这类助剂有助于改善涂膜的柔软性、耐候性等。

（3）防污剂、防霉剂、阻燃剂、杀虫剂等。这些助剂可使涂料具有防霉、防污、防火、杀虫等特殊性能。

此外还有分散剂、增调剂、防冻剂、防锈剂、芳香剂等。

8.3 涂料的分类、命名和型号

8.3.1 涂料的分类

涂料品种多，适用范围广，分类方法也不尽相同。一般可按构成涂膜主要成膜物质的化学成分、按构成涂料的主要成膜物质、按建筑物使用部位、按建筑涂料的主要功能等进行分类。

8.3.1.1 按构成涂膜主要成膜物质的化学成分分类

按构成涂膜主要成膜物质的化学成分，可将涂料分为有机涂料、无机涂料、无机有机复合涂料三类。

1. 有机涂料

有机涂料常用的有以下三种类型。

（1）溶剂型涂料。溶剂型涂料是以高分子合成树脂为主要成膜物质，有机溶剂为稀释剂，加入适量的颜料、填料（体质颜料）及辅助材料，经研磨而成的涂料。这类涂料形成的涂膜细腻光洁而坚韧，有较好的硬度、光泽、耐水性和耐候性，气密性好，耐酸碱，对建筑物有较强的保护性，使用温度最低可到0℃。它的主要缺点是：易燃，溶剂挥发对人体有害，施工时要求基层干燥，涂膜透气性差。常用品种有过氯乙烯、聚乙烯醇缩丁醛、绿化橡胶、丙烯酸酯等。

（2）水溶性涂料。水溶性涂料是以水溶性合成树脂为主要成膜物质，以水为稀释剂，加入适量的颜料及辅助材料，经研磨而成的涂料。此类涂料的水溶性树脂可直接溶于水中，与水形成单相的溶液。它的耐水性较差，耐候性不强，耐洗刷性差，一般只用于内墙涂料。常用品种有聚乙烯醇水玻璃内墙涂料、聚乙烯醇甲醛类涂料等。

（3）乳胶涂料。乳胶涂料又称乳胶漆。它是由合成树脂借助乳化剂的作用，以0.1 ~ 0.5μm的极细微粒子分散于水中构成乳液，并以乳液为主要成膜物质，加入适量的颜料、填料及辅助材料经研磨而成的涂料。由于这种涂料以水为稀释剂，价格便宜，无毒、不燃，对人体无害，有一定的透气性，涂布时不需基层很干燥，涂膜固化后的耐水、耐擦洗性较好，可作为内外墙建筑涂料。但施工温度一般应在 10℃以上，由于潮湿部位易发霉，需加入防霉剂。常用品种有聚醋酸乙烯乳液、乙烯醋酸乙烯、醋酸乙烯丙烯酸酯、苯乙烯丙烯酸酯等共聚乳液。

2. 无机涂料

无机涂料是历史上最早使用的涂料，如石灰水、大白粉、可赛银等。但它们的耐水性差、涂膜质地疏松、易起粉，早已被以合成树脂为基料配置的各种涂料所取代。目前所使用的无机涂料是以水玻璃、硅溶胶、水泥等为基料，加入颜料、填料、助剂等经研磨、分散等而成的涂料。

无机涂料价格低，资源丰富，无毒、不燃，具有良好的遮盖力，对基层材料的处理要求不高，可在较低温度下施工，涂膜具有良好的耐热性、保色性、耐久性等。无机涂料可用于建筑内外墙，是一种有发展前途的建筑涂料。

3. 无机有机复合涂料

不论是有机涂料还是无机涂料，在单独使用时，都存在一定的局限性。为克服这个缺点，发挥各自的长处，出现了无机有机复合涂料，如聚乙烯醇水玻璃内墙涂料就比聚乙烯醇有机涂料的耐水性好。

此外，硅溶胶、丙烯酸系列复合的外墙涂料在涂膜的柔韧性及耐候性方面都更好。

8.3.1.2 按构成涂料的主要成膜物质分类

按构成涂膜的主要成膜物质，可将涂料分为聚乙烯醇系列建筑涂料、丙烯酸系列建筑涂料、氯化橡胶外墙涂料、聚氨酯建筑涂料和水玻璃及硅溶胶建筑涂料、醇酸系列涂料、硝基系列涂料。

8.3.1.3 按建筑物使用部位分类

按建筑物使用部位，可将涂料分为外墙建筑涂料、内墙建筑涂料、地面建筑涂料、顶棚建筑涂料和屋面防水涂料等。

8.3.1.4 按建筑涂料的主要功能分类

按使用功能，可将涂料分为装饰性涂料、防火涂料、保温涂料、防腐涂料、防水涂料、抗静电涂料、防结露涂料、闪光涂料、幻彩涂料等。涂料的分类（见表 8-2），我国的涂料共分为 17 大类，每一类用一个汉语拼音字母为代号表示。

表 8-2 涂料的分类和命名代号

序号	代号	名称	序号	代号	名称
1	Y	油脂漆类	10	X	烯烃树脂漆类
2	T	天然树脂涂料	11	B	丙烯酸漆类
3	F	酚醛漆类	12	Z	聚酯树脂漆类
4	L	沥青漆类	13	H	环氧树脂漆类
5	C	醇酸树脂漆类	14	S	聚氨酯漆类
6	A	氨基树脂漆类	15	W	元素有机聚合物漆类
7	Q	硝基漆类	16	J	橡胶漆类
8	M	纤维素漆类	17	E	其他漆类
9	G	过氯乙烯漆类			

8.3.2 涂料的命名

根据国家标准《涂料产品分类、命名和型号》(GB 2705—92)对涂料命名的规定，涂料全名一般是由颜色或颜料名称加成膜物质名称，再加基本名称组成。对不含颜料的清漆，其全名一般是由成膜物质的名称加上基本名称组成。命名中，对涂料名称成膜物质应作适当简化。例如，聚氨基甲酸酯简化为聚氨酯。如果基料中含有多种成膜物质，则选择其起主要作用的那一种成膜物质命名。基本名称表包括了涂料的基本品种、特性和专业用途(见表 8-3)，如清漆、瓷漆、内墙涂料等。在成膜物质和基本名称之间，必要时可插入适当词语来表示专业用途和特性等。

表 8-3 涂料基本名称表

代号	基本名称	代号	基本名称	代号	基本名称	代号	基本名称
00	清油	24	家电漆	46	油舱漆	77	内墙涂料
01	清漆	26	自行车漆	47	车间(预涂)底漆	78	外墙涂料
02	厚漆	27	玩具漆	50	耐酸漆	79	屋面防火涂料
03	调和漆	28	塑料漆	51	耐碱漆	80	地板漆、地坪漆
04	磁漆	30	(浸渍)绝缘漆	52	防腐漆	81	鱼网漆
05	粉末涂料	31	(覆盖)绝缘漆	53	防锈漆	82	锅炉漆
06	底漆	32	抗弧(磁)漆、互感器漆	54	耐油漆	83	烟筒漆
07	腻子	33	(黏合)绝缘漆	55	耐水漆	84	黑板漆
09	大漆	34	漆包线漆	60	防火漆	85	调色漆
11	电泳漆	35	硅钢片漆	61	耐热漆	86	标志漆、路标漆、马路划线漆
12	乳胶漆	36	电容器漆	62	示温漆	87	汽车漆(车身)
13	水溶(性)漆	37	电阻漆、电位器漆	63	涂布漆	88	汽车漆(底盘)
14	透明漆	38	半导体漆	64	可剥漆	89	其他汽车漆
15	斑纹漆、裂纹漆、橘纹漆	39	电缆漆、其他电工漆	65	卷材涂料	90	汽车修补漆
16	锤纹漆	40	防污漆	66	光固化涂料	93	集装箱漆
17	皱纹漆	41	水线漆	67	隔热涂料	94	铁路车辆用漆
18	金属(效应)漆、闪光漆	42	甲板漆、夹板防滑漆	70	机床漆	95	桥梁漆、输电塔漆及(大型露天)其他钢结构用漆
20	铅笔漆	43	船壳漆	71	工程机械漆	96	航空、航天用漆
22	木器漆	44	船底漆	72	农机用漆	98	胶漆
23	罐头漆	45	引水舱漆	73	发电、输配电设备用漆	99	其他

8.3.3 涂料的型号

涂料的型号由三部分组成：第一部分是涂料的类别，用汉语拼音字母表示；第二部分是基本名称，用两位数字表示；第三部分是产品序号(一位或两位数字，用来区别同类、同名称涂料的不同品种)，涂料基本名称和序号间加“—”。例如，Q01—17 硝基清漆、H07—5 灰环氧腻子等。

8.4　内墙涂料

内墙涂料也可用作顶棚涂料，它的主要功能是装饰及保护内墙墙面及顶棚，建立一个美观舒适的生活环境。内墙涂料的色彩一般应浅淡、明亮且具备耐碱、耐水、不宜粉化、良好的透气性、吸湿排湿性、无污染。为了保证施工人员和居住者的身体健康，通常内墙涂料不应挥发有毒气体及对人体刺激过大的气体，因此应采用水溶性好的水乳型涂料。

内墙涂料分类如下：

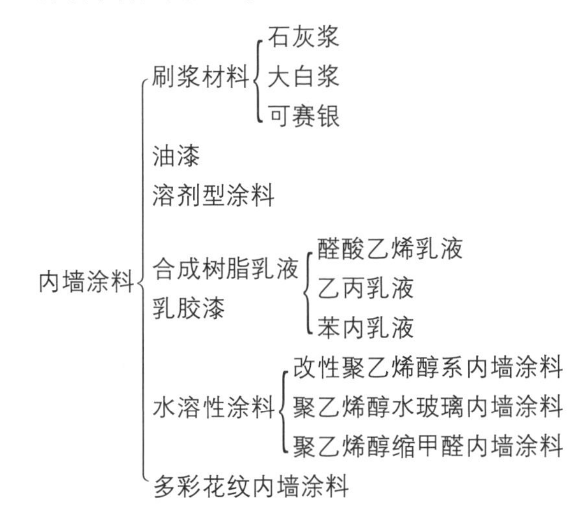

8.4.1　合成树脂乳液内墙涂料

合成树脂乳液内墙涂料（又称乳胶漆）是以合成树脂乳液为基料（成膜材料）的薄型内墙涂料，一般用于室内墙面装饰，但不宜用于厨房、卫生间、浴室等潮湿墙面。目前，常用的品种有苯丙乳胶漆、乙丙乳胶漆、聚醋酸乙烯乳胶内墙涂料、绿偏共聚乳胶内墙涂料等。是目前主要的内墙涂料，简称乳胶漆。

8.4.1.1　苯丙乳胶漆

苯丙乳胶漆内墙涂料是由苯乙烯、甲基丙烯酸等三元聚乳液为主要成膜物质，掺入适量的填料、少量的颜料和助剂，经研磨、分散后配制而成的一种各色无光的内墙涂料。用于内墙装饰，其耐碱、耐水、耐久性及耐擦性都优于其他内墙涂料，是一种高档内墙装饰涂料，同时也是外墙涂料中较好的一种。

8.4.1.2　乙丙乳胶漆

乙丙乳胶漆是以聚醋酸乙烯与丙烯酸酯共聚乳液为主要成膜物质，掺入适量的填料、少量的颜料和助剂，经研磨、分散后配制而成的半光或有光的内墙涂料。用于建筑内墙装饰，其耐碱性、耐水性和耐久性都优于聚醋酸乙烯乳胶漆，并具有光泽，是一种中高档的内墙涂料。

8.4.1.3　聚醋酸乙烯乳胶漆

聚醋酸乙烯乳胶漆是以聚醋酸乙烯乳液为主要成膜物质，加入适量填料、少量的颜料和助剂经加工而成的水乳型涂料。它具有无味、无毒、不燃、易于施工、干燥快、透气性好、附着力强、耐水性好、颜色鲜艳、装饰效果明快等特点，适用于装饰要求较高的内墙。

8.4.1.4　氯偏乳液涂料

氯偏乳液涂料属于水乳型涂料，它是以聚氯乙烯偏氯乙烯共聚乳液为主要成膜物质，添加少量其他合成树脂水溶液（如聚氯乙烯醇树脂水溶液等）共聚液体为基料，掺入不同品种的颜料、填料及助剂等配制而成。氯偏乳液涂料具有无味、无毒、不燃、快干、施工方便、黏结力强，土层坚牢光洁、不脱粉，有良好的耐水、防潮、耐磨、耐酸、耐碱、耐一般化学药品侵蚀、涂层寿命较长等优点，且价格低廉，适用于水泥面和砂石面。

8.4.2 溶剂型内墙涂料

溶剂型内墙涂料与溶剂型外墙涂料基本相同。由于其透气性较差、易结露，且施工时有较大量的有机溶剂逸出，因而现已较少用于住宅内墙装饰。但溶剂型内墙涂料涂层光洁度好、易于清洗，耐久性也好，目前主要用于大型厅堂、室内走廊、门厅等部位。可用作内墙装饰的溶剂型涂料主要有过氯乙烯墙面涂料、聚乙烯醇缩丁醛墙面涂料、氯化橡胶墙面涂料、丙烯酸酯墙面涂料、聚氨酯系列墙面涂料及聚氨酯丙烯酸酯系列墙面涂料等。

8.4.3 水溶性内墙涂料

水溶性内墙涂料是以水溶性化合物为基料，加入适量的填料、颜料和助剂，经过研磨、分散后制成的，属低档涂料。

目前，常用的水溶性内墙涂料有聚乙烯醇水玻璃内墙涂料（俗称 106 内墙涂料）、聚乙烯醇缩甲醛内墙涂料（俗称 803 内墙涂料）和改性聚乙烯醇系内墙涂料。

8.4.3.1 聚乙烯醇水玻璃内墙涂料

聚乙烯醇水玻璃内墙涂料是以聚乙烯醇和水玻璃为基料，加入一定量的颜料、填料和适量的助剂，经溶解、搅拌、研磨而成的水溶性内墙涂料。聚乙烯醇水玻璃内墙涂料具有原料丰富、价格低廉、工艺简单、无毒、无味、耐燃、色彩多样、装饰性较好，并与基层材料有一定的黏结力，涂膜干燥快，表面光滑。但涂层的耐水性及耐洗刷性差，不能用湿布擦洗，且易产生脱粉现象。聚乙烯醇水玻璃内墙涂料被广泛用于住宅、普通公用建筑等的内墙、顶棚等，但不适合用于潮湿环境。它是国内生产较早、使用最普遍的一种内墙涂料。

8.4.3.2 聚乙烯醇缩甲醛内墙涂料

聚乙烯醇缩甲醛内墙涂料又俗称 803 内墙涂料，是以聚乙烯醇与甲醛进行不完全缩合全化反应生成的聚乙烯醇缩甲醛水溶液为基料，加入颜料、填料及助剂，经搅拌、研磨、过滤而成的水溶性内墙涂料。该种涂料的耐洗刷性略优于聚乙烯醇水玻璃内墙涂料，可达 100 次，其他性能与聚乙烯醇水玻璃内墙涂料基本相同。聚乙烯醇缩甲醛内墙涂料可广泛用于住宅、一般公用建筑的内墙和顶棚。

8.4.3.3 改性聚乙烯醇系内墙涂料

上述两种水溶性内墙涂料的耐水性、耐洗刷性均不太高，难以满足内墙装饰的功能要求。而经改性后的聚乙烯醇系内墙涂料，其耐擦洗性提高到 500 ~ 1000 次以上。除可用作内墙涂料外，还可用于外墙装饰。

提高聚乙烯醇系内墙涂料耐水性和耐洗刷性的措施有：提高聚乙烯醇缩醛胶的缩醛度、采用乙二醛或丁醛部分代替或全部代替甲醛作聚乙烯醇的胶黏剂、加入某些新填料等。另外，在聚乙烯醇内墙涂料中加入 10% ~ 20% 的其他合成树脂的乳液，也能提高其耐水性。

8.4.4　幻彩内墙涂料

幻彩内墙涂料，又称梦幻涂料、云彩涂料、多彩立体涂料，是目前较为流行的一种高档装饰性内墙涂料。通过创造性、艺术性的施工，可使幻彩内墙涂料的图案似行云流水、朝霞满天，具有梦幻般、写意般的装饰效果。

幻彩涂料是用特种树脂乳液和专门的有机、无机颜料复合而成的；用特殊树脂与专门制得的多彩金属化树脂颗粒复合而成的。该类涂料又分为使用珠光颜料和不使用珠光颜料两种。特殊的珠光颜料赋予涂膜以梦幻般的感觉，使涂膜呈现珍珠、贝壳、飞鸟、游鱼等优美的珍珠光泽。

幻彩涂料具有无毒、无味、无接缝、不起皮等优点，并具有优良的耐水性、耐碱性和耐洗刷性，的装饰。适用于混凝土、砂浆、石膏、木材、玻璃、金属等多种基层材料，要求基层材料清洁、干燥、平整、坚硬。主要用于办公、住宅、宾馆、商店、会议室等的内墙顶棚等。

幻想涂料施工：封闭涂料——中层涂料主要是增加基层材料与面层的黏结，并可作为底色。可采用水性合成乳胶涂料、半光或有光乳胶涂料——面层涂料是在中层涂料干燥后，再进行施工。面层涂料常用的是苯丙乳液，可单一使用，也可套色配合使用。施工方式有喷、涂、刷、辊刮等。

8.4.5　其他内墙涂料

8.4.5.1　静电植绒涂料

静电植绒涂料是利用高压静电感应原理，将纤维绒毛植入涂胶表面而成的高档内墙涂料，它主要由纤维绒毛和专用胶粘剂等组成。

纤维绒毛可采用胶粘丝、尼龙、涤纶、丙纶等纤维，经过精度很高的专用绒毛切割机切成长短不同的短绒，再经染色和化学精加工，赋予绒毛柔软、抗静电等性能。静电植绒涂料手感柔软、光泽柔和、色彩丰富，有一定的立体感，有良好的吸声性、抗老化性、阻燃性，无气味，不褪色，但不耐潮湿、不耐脏、不能擦洗。主要用于住宅、宾馆、办公室等的高档内墙装饰。

8.4.5.2　仿磁涂料

仿磁涂料又称瓷釉涂料，是一种质感与装饰效果酷似陶瓷釉面层饰面的装饰涂料。仿磁涂料分为溶剂性和乳液型两种。

溶剂型仿瓷涂料是以常温下产生胶粘固化的树脂为基料，目前主要使用的有聚氨酯树脂、丙烯酸聚氨酯树脂、环氧丙烯树脂、有机硅改性丙烯酸树脂等，并加入颜料、填料、溶剂助剂等配制而成具有瓷釉光亮的涂料。此种涂料具有优异的耐水性、耐碱性、耐磨性、耐老化性。

乳液型仿瓷涂料是以合成树脂乳液（主要是用丙烯酸树脂乳液）为基料，加入颜料、填料、助剂等配制而成的具有瓷釉光亮的涂料。乳液型仿瓷涂料价格低廉，且无毒、不燃、硬度高，耐老化性、耐酸性、耐水性、耐沾污性及与基层材料的附着力等均较高，并能较长时间保持原有的光泽和色泽。

仿瓷涂料的应用较为广泛，可用于公共建筑内墙、住宅内墙、厨房、卫生间等处，还可以用于电器、机械及家具的表面防腐与装饰。

8.4.5.3 天然真石漆

天然真石漆是以天然石材为原料，经过特殊加工而成的高级水溶性涂料，以防潮底漆和防水保护膜为配套产品，在室内外装饰、工艺美术、城市雕塑中有广泛的使用前景，见图 8-1。天然真石漆具有阻燃、防水、环保等特点。使用该种涂料后的饰面仿天然岩石效果逼真，且施工简单、价格适中。基层可以是混凝土、砂浆、石膏板、木材、玻璃、胶合板等。施工方法是：刷底漆—放样、弹线并粘美纹纸带—用喷枪喷涂中层—揭去分格美纹纸—喷涂罩面漆。

图 8-1 天然真石漆

8.5 外墙涂料

外墙涂料的主要功能是装饰和保护建筑物的外墙，使建筑物整洁美观，达到美化环境的作用，延长其使用时间。为了获得良好的装饰与保护效果，外墙涂料一般应具有以下特点：

（1）装饰性好。要求外墙涂料色彩丰富多样，保色性好，能较长时间保持良好的装饰性能。

（2）耐水性良好。外墙暴露在大气中，经常受到雨水的冲刷，因此要求外墙涂料应具有良好的耐水性。

（3）防污性能良好。大气中的灰尘及其他物质沾污涂层厚，涂层会失去其装饰效能，因此要求外墙涂料装饰涂层不易被沾污或沾污后容易被清洗掉。

（4）良好的耐候性。由于涂层暴露在大气中，要经受日晒雨淋、风沙、冷热变化等恶劣环境的作用，易发生涂层开裂、剥落、脱粉、变色等老化现象，使涂层失去装饰和保护功能，因此外墙涂料应具有良好的抗老化性能，使其在规定的年限内不发生上述破坏现象。

外墙涂料的主要类型如下所示：

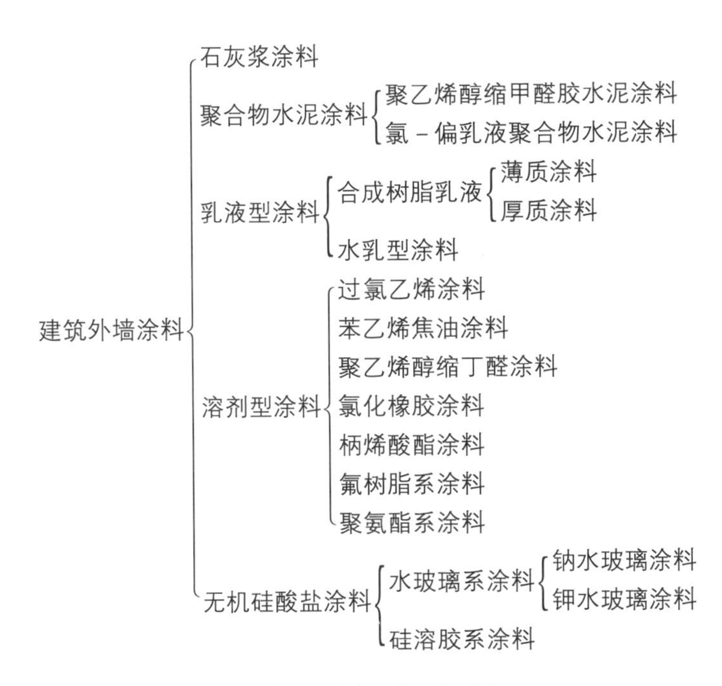

8.5.1　无机硅酸盐外墙涂料

无机硅酸盐外墙涂料是中低档的装饰外墙涂料，一般采用刷涂或滚涂的施工方法。

（1）刷涂前用清水冲洗墙面，无明水后开始粉刷。

（2）刷涂方向一致，长短一致，不能反复涂刷。

（3）新旧接茬应在分格缝处。两到三遍成活。

8.5.2　彩砂涂料

彩砂涂料是由热塑性丙烯酸合成树脂（主要成膜物质）、彩色石英砂、赭黄颜色和各种助剂组成的。该种涂料无毒、不燃、附着力强，保色性及耐候性好，耐水性、耐酸碱腐蚀性也较好。彩砂涂料立体感较强，色彩丰富，适用于各种场所的室内外墙面装饰。如在石英砂中掺入带金属光泽的某种涂料，还能使涂膜具有强烈的质感和金属光亮感。两种施工工艺：一是胶砂混合抹涂工艺；二是先胶后砂喷涂工艺。

（1）彩砂胶砂混合抹涂工艺饰面。饰面全称为彩砂薄抹涂饰面。该饰面是采用苯丙建筑乳液（苯乙烯和丙烯酸酯为主的三元共聚乳液型树脂）为黏结剂，将单色或多色的天然石屑或人造彩砂，用传统的抹灰方法，涂抹在被饰物表面上，形成 2 ~ 3mm 装饰层的一种工艺。

彩砂胶砂混合抹涂工艺饰面工艺流程如下：

清理基面→抹底灰养护后自然干燥→涂刷基层封闭涂料→弹线分格→涂抹（或喷涂）彩砂→抹压→喷罩面胶→成品保护。

操作要点：

1）抹灰底。在混凝土基层上涂刷 YJ302 混凝土界面处理剂，抹 1∶3 的灰底并用 1∶2.5 的水泥砂浆罩面，抹平、压实，并用水刷带毛。

2）涂刷基层处理剂。用毛刷涂刷两遍基层处理剂，待含水率为 10% 以下时，可开始抹彩砂。

3）弹线分格抹涂彩砂。弹线分格后，用电动搅拌器将彩砂涂料拌匀，按涂抹厚度

2 ~ 3mm，薄薄满抹一遍即成。

4）抹压。根据环境温度、湿度等不同情况，并视涂层的干燥程度，掌握抹压时间。抹压时，先将抹子揩干净，然后抹压拍实。

（2）先胶后砂喷涂工艺。主要工具和施工方法如下。

施工工具：空气压缩机、喷砂斗、喷胶斗及胶辊。

方法：底层涂料涂刷 1 ~ 2 遍，基层干燥后，一人喷黏结胶，随后一人喷砂。5 ~ 10min 用胶辊压两遍，2h 以后喷罩面涂料。

8.6 油漆的调配

8.6.1 油漆的配套使用

油漆必须多次涂覆方才有效，各涂层之间，特别是底层与面层之间，宜采用同类油漆配套使用，才能不反层、不起泡，达到预定的效果。在油漆配套使用时应遵循以下原则：

（1）底层涂料。通常选用防腐蚀性能好、涂膜坚韧、附着力强的涂料，并要求具有抵抗上层涂料溶剂作用的性能。

（2）面层涂料。要求与底涂（或中涂）涂料结合好，坚硬耐火，耐候性好，抗腐蚀好，流平性好，光亮丰满。

（3）涂层之间的收缩性、坚硬性和光滑性等特性一定要协调一致，切忌相差太大。上下两层涂料的热胀冷缩性质也应基本一致，否则会发生龟裂或早期脱落。

（4）底层涂料不能采用耐溶剂不良颜色的涂料，因为它与上层涂料配后，容易产生渗透现象而破坏装饰效果。

（5）沥青涂料涂层之间的附着力差，不宜与其他涂料配套使用。

（6）过氯乙烯涂料与硝基涂料、环氧树脂涂料类结合力差，应与同类涂料配套，或与醇酸类涂料、聚氨酯类涂料配套。

（7）油性涂料不宜作挥发性涂料的底层涂料，而挥发性涂料却可作为油性涂料的底层涂料。

各种基面油漆的配套选用，详见表 8-4。

表 8-4 各种基面油漆的选用

底层				中层		面层		效果评价
涂料名称			层次	涂料名称	层次	涂料名称	层次	
木材基础	木门窗	厚漆	1			调和漆	1	较差
		清漆	1	厚漆、调和漆	2	调和漆	1	中等
		清油	1	铅油	2	无光油	1	较好
		润粉、刮腻子	1	厚漆	2	调和漆	1	较好
		润粉、刮腻子	1	无光调和漆	1 ~ 2	磁漆	2 ~ 3	良好
		润粉、刮腻子	1 ~ 2	油色	1	清漆	2 ~ 3	较好
		润粉、刮腻子	1 ~ 2	漆片	1 ~ 2	硝基清漆	成活	较好
		润粉、刮腻子	1 ~ 2	硝基清漆	4 ~ 6	硝基清漆	成活	良好
	木地板	清油	1	油色	1	油漆	2	中等
		清油	1	地板腻子	1 ~ 2	地板漆	2	良好
		润粉	1	油色、漆片	1 ~ 3	软蜡	成活	良好
		润粉、刮腻子	1 ~ 2	油色	1	清漆	2	较好

续表

底层			中层		面层		效果评价
	涂料名称	层次	涂料名称	层次	涂料名称	层次	
金属基面	防锈漆 防锈涂料 防锈涂料 底浆、腻子	1 1 ~ 2 1 ~ 2 2	厚漆 无光调和漆 无光调和漆	2 1 1	调和漆 调和漆 磁漆 磁漆	1 1 2 2	中等 较好 良好 良好
抹灰基面	腻子 腻子 腻子 腻子 腻子	2 2 2 2 2	底油，厚漆 无光调和漆 底油、厚漆 底油、厚漆 石膏腻子拉毛	1，2 1 1，1 1，2 成活	调和漆 磁漆 调和漆 无光调和漆		

8.6.2 油漆的调配

出厂的油漆多为基本色，在使用时，往往不能合意，因而油漆的颜色必须进行调配，才能满足用户的需求。出厂油漆多为浓漆，不能直接涂刷，因此必须调稀油漆的浓度，才能进行施工。

8.6.2.1 油漆颜色的调配

根据色彩三原色原理，油漆颜色的配比可以参照表 8–5 进行。

表 8–5　　常用色漆颜色的调配

颜色	配比（重量比）	颜色	配比（重量比）
奶白色	白漆：黄漆 = 98：2	天蓝色	白漆：蓝漆：黄漆 = 95：4.5：0.5
奶黄	白漆：黄漆 = 96.5：3.5. 略加红漆	海蓝色	白漆：蓝漆：黄漆：黑漆 = 75：21.5：3：0.5
橘黄	黄漆：铁红漆：黑漆 = 18：80：2	深蓝色	白漆：蓝漆：黑漆 = 13：85：2
灰色	白漆：黑漆 = 93.5：6.5	紫红色	红漆：黑漆：蓝漆 = 85：14.5：0.5
蓝灰色	白漆：黑漆：蓝漆 = 90：70.5：2.5	粉红色	白漆：红漆 = 96.5：3.5
绿色	蓝漆：黑漆 = 55：45	肉红色	白漆：红漆：黄漆：蓝漆 = 92.7：3.5：3.5：0.25
苹果绿色	白漆：绿漆：黄漆 = 94.6：3.6：1.8	棕色	红漆：黄漆：黑漆 = 62：30：8
豆绿色	白漆：黄漆：蓝漆 = 75：15：10	奶油色	白漆：黄漆 = 95：5
墨绿色	蓝漆：黄漆：黑漆 = 56：37：7	象牙色	白漆：黄漆 = 99：1

8.6.2.2 油漆浓稀的调配

各色厚漆的调配，可参见表 8–5 进行，根据施工需要的光度选择配比。

8.6.2.3 油漆品种的调配

有的油漆可以自行配置，下面对用于木材和金属表面的油漆的配置方法作简要介绍。

1. 用于木材基面

（1）丙烯酸木器漆的调配。使用时，按规定以组分一（丙烯酸聚酯和促进剂环烷酸钴、锌的甲苯溶液）1 份和组分二（丙烯酸改性醇酸树脂和催化剂过氧化苯甲酰的二甲苯溶液）1.5 份调和均匀，以二甲苯调整其黏度，用多少配多少，随用随配。其有效时间：20 ~ 27℃时为 4 ~ 5h，28 ~ 35℃时为 3h，时间过长就会出现胶化。

（2）润粉调配。润粉分油性粉和水性粉两类，用于高级工程及家具的油漆工序，可以使木材棕眼平、木纹清晰。

1）水粉配比为：大白粉：水：水胶 =45：40：5，然后按样板加色 5% ~ 10%，先将颜料单独调和并过滤，再加入拌成糊状（用水胶均匀）的大白粉内，到调至所需的色调为止。

2）油性粉配比为：大白粉：汽油：光油：清油=45：30：10：7，然后按样板加色5%～10%，注意油性不能过大，否则达不到润粉的作用，配置方法与水性粉基本相同。

（3）水色调配。水色因调配时使用的颜料能溶于水而得名，它是专用于显露木纹的清水漆物面上色的一种涂料。水色因用料不同有以下两种配法。

1）用石原料配置。使用石性原料，如地板黄、黑烟子、红土子、栗色粉、氧化铁红等，其配比为：水：水胶：颜料=（65～75）：10：（15～20），因石性颜料涂刷后物面上留有粉层，故需加皮胶或猪血料以增加附着力。

2）用品色原料配置。使用品色颜料，如黄纳粉、黑纳粉、品红、品绿等，用开水浸泡，最好是将泡好的颜料再煮一下，这种水色是白木着色，水和颜料的比例要视木纹而定。

（4）油色调配。油色是介于铅油和清油之间的一种油漆名称，各种不同颜色的木材在刷了油色后能使颜色达到一致，而且显露木纹。油色的配合比为：溶剂汽油：清油：光油：调和漆=（50～60）：8：10：（15～20）。调配时，可根据颜色组合的主次，先用少量稀料将主色铅油充分调和，然后把次、副色铅油逐渐加入主色油内搅和，直至配成需要的颜色。油色内要少用鱼油，忌用煤油，若用粉质的石性颜料，在配置前需用松香水把颜料充分浸泡。

（5）虫胶清漆的调配。将虫胶漆片放入酒精中溶解，并不断搅拌，漆片完全溶解需较长的时间，只能在常温下自然溶解。因漆片溶液遇铁会发生化学反应，因此应用瓷、塑料等容器存放，且存放时间不能超过半年，以免其变质。在存放过程中应密封，防止灰尘等杂质落入，同时避免酒精挥发，使用前必须过滤。虫胶清漆的调配比（重量比）为：

1）用于排笔刷时，干漆片：酒精=（0.2～0.25）：1。

2）用于揩擦时，干漆片：酒精=（0.15～0.17）：1。

3）用于上色时，干漆片：酒精=（0.1～0.12）：1。

2. 用于金属基面

（1）防锈漆的调配。防锈漆除市面出售的外，也可以自行配置，其调配比为：红丹粉：清漆：松香水：鱼油=50：20：15：15。配制时，注意不能掺和光油，否则红丹粉在24小时会变质。

（2）金、银粉漆的调配。将银粉膏或银粉面加入清漆后，即成银粉漆。用于喷涂时的配比为：银粉膏或银粉面：汽油：清漆=1：5：3；用于涂刷时的配比为：银粉膏或银粉面：汽油：清漆=1：4：3。

金粉漆用金粉（黄铜粉末）与清漆调配而成，配制比例、方法与银漆相同。

3. 用于抹灰基面

无光调和漆的调配。各无光调和漆又名香水油、平光调和漆，它能使室内的光线柔和，常用于医院、戏院、办公室、卧室的涂刷。

无光漆的配合比为：钛白粉：光油：鱼油=40：15：5。此外还须加10%～15%的煤油，30%～35%的松香水，以避免在施工温度达30～35℃时，因干燥太快而造成色泽不一致。

4. 腻子的调配

油漆之前要刮腻子以消除或覆盖基面的缺陷，适用各种基面的腻子的调配方法详见表8-6。

表8-6 常用腻子的配方

腻子名称	配比形式	配合比例及调配方法	用途
石膏腻子	体积比	石膏粉：熟桐油：松香水：水=16：5：1：（4～6），另加少量催化剂，先将熟桐油、松香水、催干剂拌匀，再加石膏粉，并加水调制；石膏粉：白厚漆：熟桐油：松香水（或汽油）=3：2：1：0.6（或0.7）	金属、木材及刷过油的墙面
	重量比	石膏粉：干性油：水=8：5：（4～6）； 石膏粉：熟桐油：水=20：7：50	木材表面
清漆腻子	重量比	（1）大白粉：水：硫酸铁：钙脂清漆：颜料=51.2：2.5：5.8：23：17.5； （2）石膏粉：清油：厚漆：松香水=50：15：25：10，加入适量的水； （3）石膏粉：油性油漆：颜料：松香水：水=75：6：4：14：1	木材表面刷清漆
油粉腻子	重量比	大白粉：松香水：熟桐油=24：16：2	木材表面刷清漆
水粉腻子	重量比	大白粉：骨胶：土黄（或其他颜色）：水=14：1：1：18	木材表面刷清漆
油胶腻子	重量比	大白粉：动物胶水（6%）：红土子：熟桐油：颜料=55：26：10：6：3	木材表面刷清漆
虫胶腻子	重量比	虫胶清漆：大白粉：颜色=24：75：1，虫胶清漆浓度为15%～20%	木器油漆
金属腻子	体积比	氯化锌：碳黑：大白粉：滑石粉：油性腻子涂料：酚醛涂料：甲苯=5：0.1：70：7.9：6：6：5	金属表面油漆
	重量比	石膏粉：熟桐油：油性腻子（或醇酸腻子）：底漆：水=20：5：10：7：45	
喷漆腻子	体积比	石膏粉：白厚漆：熟桐油：松香水=3：1.5：1：0.6，加适量水和催干剂	物面喷漆
聚醋酸乙		聚醋酸乙烯乳液：滑石粉（或大白粉）：2%的羧甲基纤维素溶液=1：5：3.5	混凝土表面或抹灰面
大白腻子及大白水泥腻子	体积比	（1）大白粉：滑石粉：聚醋酸乙烯乳液：羧甲基纤维素溶液（2%）：水=100：100：（5～10）：适量：适量； （2）大白粉：滑石粉：水泥：107胶=100：100：50：（20～30） 混凝土表面及抹灰面	多用于内墙
	体积比	大白粉：滑石粉：聚醋酸乙烯乳液=7：3：2，并加入适量的2%羧甲基纤维素乳液	常用于外墙
内墙涂料腻子	体积比	大白粉：滑石粉：内墙涂料=2：2：10	内墙涂料
水泥腻子	重量比	水泥：107胶：水：羧甲基纤维素=100：（15～20）：适量：适量 聚醋酸乙烯乳液：水泥：水=1：5：1 水泥：107胶：细沙=1：02：2.5，适量加水	外墙、内墙地面、厨房卫生间墙面涂料

5. 稀释剂的调配

各种稀释剂的配合比，详见表8-7。

表8-7 各种稀释剂的配合比

名称	组合材料	1号配方配合比	2号配方配合比	3号配方配合比	配合比
聚氨酯涂料稀释配方	无水甲苯	50	70		
	无水环乙酮	50	20		
	无水醋酸丁酯	—	10		
过氯乙烯稀释剂配方	醋酸丁酯	20	38	10	
	丙酮	10	12	10	
	甲苯	65	—	80	
	环乙酮	5	—	—	
	二甲苯	—	50	—	
环氧树脂涂料稀释剂配方	环乙酮	10	—	—	
	乙醇	30	30	25	
	二甲苯	60	70	75	

续表

名　称	组合材料	1号配方配合比	2号配方配合比	3号配方配合比	配合比
沥青涂料稀释剂配方	重质苯 煤油				80 20
丙酸涂料稀释剂配方	醋酸乙酯 醋酸丁酯 丁醇 丙酮 苯				16.5 44 22 5.5 12
聚乙烯醇缩醛稀释剂配方	醋酸丁酯 丁醇 乙醇 苯				15 15 30 40

注　配合比均为重量配合比，其中聚乙烯醇缩醛稀释剂常温下混合均匀，过滤即可。

8.7　油漆施工操作方法

8.7.1　清理基面

8.7.1.1　木材基面的清理

1. 新木材基面的清理

用铿刀和毛刷清除木材表面黏附的沙浆、灰尘，用碱水洗净木材表面的油污和余胶，并用清水再次洗刷，待木材干燥后用砂纸顺木纹进行打磨。对于会渗出树脂的木材，可用丙酮、甲苯等擦洗，并涂一层清漆。

2. 旧家具漆皮的清理

对于旧家具上的漆皮，可采用以下几种方法进行处理：

（1）碱水清理法。用少量火碱、石灰配成火碱水用排笔将火碱水在旧漆膜上涂刷3 ~ 4 次，然后用铲刀或其他工具将旧漆皮除去，再用清水洗净。

（2）火喷法。用喷灯火焰去烧旧漆皮，并立即用铲刀刮去已烧焦的漆膜。

（3）摩擦法。用浮石或粗号磨石蘸水打磨旧家具的漆皮，直至全部磨去为止。

（4）刀刮法。用切刃刀、铲用力刮铲，直至旧家具的漆皮完全除掉。

（5）脱漆剂法。将 T—1 型脱漆剂涂于旧家具上，待旧漆皮上出现膨胀并起皱时，即可将漆皮刮去。脱漆剂易燃并有刺激味，因此使用时应注意通风防火且不能与其他溶剂混合使用。

8.7.1.2　金属基面的清理

对于金属基面，可采用以下几种方法进行清理：

（1）手工清理。采用纱布、旧砂轮、钢丝刷等工具，用手工除去金属表面的锈皮和氧化皮，并用汽油和松香水清洗干净。

（2）化学处理。将要清洗的物件浸泡在各种配方的酸性溶液中约 10 ~ 12min，待锈渍除净后取出用清水冲洗干净，并晾干待用。此外，还可在金属表面涂刷除锈剂除锈。

对于铝、镁合金制品，可用皂液清除后用清水冲洗，再涂刷 1 ~ 2 遍磷酸溶液，最后用水冲洗干净。磷酸溶液的调配比为：磷酸：杂醇油：清水 =10：70：20。

8.7.1.3　抹灰基面的清理

抹灰基面应除去酥松、裂缝，然后刮腻子填平。此外，必须注意基面的水平面而采取不同的处理方法。各种抹灰基面的成分及特征详见表 8–8；抹灰基面上的常见黏附物及清除方法详见表 8–9。

表 8–8　　各种抹灰基面的成分及特征

基层种类	主要成分	特　征		
		干燥速度	碱　性	表面状态
混凝土	水泥、沙、石	慢，受厚度和构造制约	大，中和时间较长、内部析出水呈碱性	粗，吸水率大
轻混凝土	水泥、轻骨料、清沙或普通沙	慢，受厚度和构造影响	大，中和时间较长、内部析出水呈碱性	粗，吸水率大
水泥石棉板	水泥、沙		极大，中和速度非常慢	吸水不均匀
硅酸钙板	水泥、硅沙、石灰。消石灰，石棉		呈中性	脆面粉化，吸湿性非常大
石膏板	半水石膏（板材为原纸）			吸水率大、与水接触的表面不能用
水泥刨花板	水泥，刨花		呈碱性	粗糙，局部吸水不匀、渗出深色树脂
磨刀灰（厚度 12 ~ 18mm）	消石灰、沙、磨刀	非常慢	非常大，中和时间长	裂缝多
石膏灰泥抹面（厚度 12 ~ 18mm）	半水石膏、熟石灰、沙、白云石灰膏	易受基层影响	板材呈中性，混合石膏呈弱碱性	裂缝少
白云石灰泥抹面（厚度 12 ~ 18mm）	白云石灰膏、熟石灰、麻刀、水泥、沙	很慢	强，需长时间才能中和	裂缝多，表面疏密不均，明显呈吸水不均匀现象
加气混凝土	水泥、硅砂、石灰、发泡剂		多呈碱性	粗，有粉化现象、强度低、吸水率大
水泥砂浆（厚 10 ~ 25mm）	水泥、沙	表面干燥快，内部含水率受主体结构影响	比混凝土大，内部析水呈碱性	有粗糙面，平整光滑面之分，其吸水率各不同

表 8–9　　常见黏附物及清除方法

粘　附　物	清　理　方　法
灰尘及其他粉尘状黏附物	用扫帚、毛刷清理或用洗尘器进行清理
砂浆喷溅物、水泥砂浆流痕、杂物	用铲子、錾子除去，或用砂轮打磨，也可用刮刀、钢丝刷进行清理
油脂、脱膜剂密封材料等	先用 5 % ~ 20% 浓度的火碱水清洗，然后用清水洗净表面
表面泛“白霜”	先用 3 % 的草酸液清洗，再用清水洗净
酥松、起皮、起砂等硬化不良或分离起壳部分	用錾子、铲刀清除脱离部分，用钢丝刷清除浮灰，再用清水洗净
霉斑	先用化学去霉剂清洗，然后再用清水洗净
油漆、彩画及字迹	先用 10% 的碱洗净，或用钢丝刷蘸汽油或去油剂刷洗干净，也可用脱漆剂或刮刀刮去，然后用清水洗净

8.7.2　嵌批腻子

嵌批腻子时要将整个涂饰面的大小缺陷都填到、填严，对于边角不明显处，要更要格外仔细。嵌批腻子需等底漆或胶水干透后，才可以进行，应做到所嵌批的腻子薄、光滑、平整，并以高处为准。分层嵌批时，需等上一道腻子充分干燥，并经打磨后，再进行下一道腻子的嵌批。

8.7.3 打磨

打磨是基层处理和涂饰工艺中不可缺少的操作环节，应根据不同的涂料施工方法，选用不同的打磨工具进行打磨。打磨底层时，要做到表面平整清洁，使涂刷起来容易。底层和上层腻子，应分别使用较粗和较细的打磨材料，打磨完毕后，应除去表面的粉尘。

8.7.4 着色

8.7.4.1 底层着色

底层着色又称润色油粉。用水老粉和油老粉满涂于木材表面，采用圆擦或横擦的方式反复有力地擦几次，使其充分填满木材的空隙内，然后揩去浮粉。

8.7.4.2 涂层着色

待底层着色干后，将清漆刷涂于干净的表面上，然后用 0 号砂纸打磨光滑。刷第二遍清漆后，在清漆中加入适量的颜料配成酒色，对木材面不一致处进行拼色，直到满意为止。

几种常用的基面着色方法，详见表 8-10。

表 8-10　　几种常用的基面着色

着色名称	底层着色	涂层着色
木面本色	常用水曲柳木本色填孔料（重量比） 水老粉： 老粉：立德粉：铬黄：水 =71：0.95：0.05：28 油老粉： 老粉：立德粉：松香水：煤油：光油：铬黄 =74：1.3：12.5：7.6：4.55：0.05 老粉用涂擦方法揩擦于木材表面	底层干后并清洁，刷涂一遍 25% 的白虫胶油漆。干后用 0 号木砂纸打磨光滑，再刷涂 1 ~ 2 遍 28.57% 的白虫胶油漆。干后拼色被涂物面如有浅色部位，可用稀白胶加入少量铁黑、铁黄调和后配色，涂色部位（稍红或青黑色），用稀白胶加入少量钛白粉或立得粉，调和后配色
淡黄色木面	填孔料配比（重量比） 水老粉： 老粉：铁红：铁黄：铁棕：水 =71.5：0.21：0.1：0.41：27.8 油老粉：老粉：松香水：煤油：光油：铁红：铁黄：铁棕 =71.3：12.3：10.5：5.3：0.21：0.1：0.41 将填孔粉揩擦涂于木材表面	底层干后刷涂一道 25% 的黄虫胶清漆，待干后，用 0 号木砂纸打磨表面，再涂 1 ~ 2 道 28.6% 的黄虫胶清漆，干后拼色。 如果漆膜表面颜色较浅及色花，可用稀虫胶清漆加入少量铁红、铁黑、铁黄调和后拼色，用虫胶漆加入少量铬黄、钛白配成酒色，拼色于稍红处，用虫胶清漆加入少量铁红或红丹，与铬黄调成酒色涂于清黑处
橘黄色木色	填孔料配比（重量比） 水老粉： 老粉：红丹：铁红：铬黄：水 =69：0.5：0.5：2：28 揩涂填孔料于木材表面	底层干后，刷涂一道 20% 的黄虫胶清漆，干后用 0 号砂纸磨平滑，再刷涂 1 ~ 2 道 28.6% 的蝗虫胶清漆，如果要使表面红一些，在刷第 2 道清漆时，可加少量碱性橙色，表面拼色：浅色处，加少量铁黄，铁黑，碱性橙等，深色处可加入少量红丹，铬黄，清漆加入颜料调成酒色即可拼色
栗壳色木面	填孔粉配比（重量比） 水老粉： 老粉：黑墨水：铁红：铁黄：水 =72：6.5：2.4：1.1：18 揩涂填孔料于木材表面	底层干后，刷涂一道 20% 的虫胶漆，干后用 0 号砂纸打磨，然后刷一道水色，配比为：黄钠粉：黑墨水：开水 =12.5：5：82.5（重量比）。涂刷应均匀，色调一致，干后刷涂 1 ~ 2 道 28.6% 的虫胶清漆，晾干。 表面拼色：用稀虫胶清漆加入少量铁红、铁黑、黄钠粉或碱性橙，调成酒色进行拼色

续表

着色名称	底层着色	涂层着色
荔枝色木面	填孔料配比（重量比） 水老粉： 老粉：黑墨水：铁红：铁黄：水 =72 ：6.5 ：2.4 ：1：18 揩涂填孔料于木材表面	底层干后，涂刷一道 20% 的虫胶清漆，干后打磨光滑，再刷一道水色，配比为（重量比）：黄钠粉：黑墨水：开水 =66：3.4：90。 水色干后刷涂一道虫胶清漆，拼色处理同前
蟹青色木面	填孔料配比（重量比） 水老粉： 老粉：铁红：铁黄：铁黑：水 =68：0.5：0.5 ：1.5：29.5 揩涂填孔料于木材表面	底层干后，涂刷一道 25% 的虫胶清漆，打磨光滑后，再刷一道水色，配比（重量比）为：黄钠粉：黑墨水：开水 =2.2 ：8.8 ：89。 水色干后刷涂 1 ~ 2 道 28.6% 的黄虫胶清漆晾干 拼色处理：局部颜色稍红，可用碱性绿与虫胶清漆调成酒色拼色
柚木基层面	填孔配料比（重量比） 水老粉： 老粉：铁红：铁黑：铁黄：水 =68：1.8：1.4：1.8：27 油老粉： 老粉：松香水：煤油：清油：铁红：铁黑：铁黄 =68：12.5 ：10.04 ：4.5 ：1.8：1.36：1.8 揩涂于木材表面上	底层干后，先刷一道 25% 的黄虫胶清漆，打磨后刷涂水色，要求色泽均匀，水色配比：黄钠粉：黑墨水：开水 =3.5：0.5：96。 待水色干后，刷涂 1 ~ 2 道 28.6% 的黄虫胶清漆，晾干拼色
在水曲柳或榆木、椴木上着柚木色	填孔配料比（重量比） 水老粉： 老粉：铁红：铁黄：哈巴粉：水 =66：0.45：0.4：4.18：28.6 揩涂填孔料于木材表面	底层干后，先刷一道 25% 的黄虫胶清漆，打磨后刷涂水色，配比为：黄钠粉：黑墨水：开水 =3.82：1.88：94.3。 待水色干后，刷涂 1 ~ 2 道 28.6% 的黄虫胶清漆，晾干后做拼色处理。 用稀虫胶清漆加少量碱性橙、铁红、铁黑、铁黄、哈巴粉等颜料调成酒色进行拼色处理；色浅处，加碱性绿配成酒色处理色过红处
红木色家具（在水曲柳或榆木表面仿涂红木）	先刷一道水色，其配比如下 黑钠粉：开水 =16.7：83.3（重量比）水色用排笔均匀土涂刷于木材表面，干后刷涂一道 22.2% 的虫胶清漆，干后打磨，然后再揩涂水老粉填孔，其配方比为 老粉：黑墨水：水 =73.6：4：20.6	底层干后，刷涂一道 25% 的虫胶漆加入少量碱性橙和醇溶黑（或品红和醇溶黑）燃料调配的水色一道。干后打磨，然后用以上配好的水色再刷涂一道，最后用带色的虫胶清漆刷涂 1 ~ 2 道，晾干。 可将刷涂后多余的水色，用酒精调稀后拼色

注 木材表面透明涂饰，在拼色处理完成后即可涂饰面漆。

8.7.5 磨退

磨退分磁漆磨退和清漆磨退两种，现分别叙述如下。

8.7.5.1 磁漆磨退

醇酸磁漆磨退漆涂刷 4 遍。头遍磁漆中可加入醇酸稀料。涂刷时应注意不流坠、不漏刷且横平竖直。第 1 遍漆层干燥后，用砂纸磨平磨光，如有不平处或孔眼，应补刮腻子。

第 2 遍磁漆中不需要加稀料，漆层干燥后用砂纸打磨，局部复补腻子并打磨至平、光。若需镶嵌玻璃，此遍漆刷完可嵌装。

第 3 遍磁漆干燥后，用 320 号水砂纸打磨至光、亮，但不得磨破棱角。

第 4 遍磁漆干燥后，用 300 ~ 500 号的水砂纸顺木纹打磨至磁漆表面发热，磨好后用湿布擦净。

这时可涂上砂蜡，顺木纹方向反复擦，直至出现暗光为止，最后再涂以光蜡。

8.7.5.2 清漆磨退

用醇酸清漆涂刷四遍并打磨。第 1、2 遍醇酸清漆干燥后，均需用 1 号砂纸打磨平整，并复补腻子后再行打磨。第 3、4 遍醇酸清漆干燥后，分别用 280 号和 280 ~ 320 号水砂纸打磨至平、光。

最后涂刷两遍丙烯酸清漆，干燥后分别用280号和280～320号水砂纸打磨。从有光至无光。直至断斑，但不得磨破棱角。打磨完后，用湿布擦净表面。

8.7.6 施涂方法

8.7.6.1 刷涂

利用刷子进行涂饰的施工方法称为刷涂。刷涂的顺序是先左后右、先上后下、先难后易先边后面。刷涂的操作步骤如下：

（1）开油、横油、斜油。将刷子蘸上涂料，在被涂面顺木纹直刷几道，间距为5～6cm，把一定面积需要刷涂的涂料在表面上排成几条。然后将开好的油料横向、斜向均匀涂刷。

（2）竖油。看木纹方向竖刷，以涂刷接痕。

（3）理油。待大面积刷匀刷齐后，刮净油刷的余料，用毛刷的毛尖轻轻地在涂料面上顺木纹理顺，且将物面边缘和棱角上的流漆刷均匀。

8.7.6.2 滚涂

利用涂料辊进行涂饰的施工方法称为滚涂。滚涂时，涂膜应厚薄均匀、平整光滑、不流挂、不漏底。

滚涂的操作步骤如下：

（1）用辊筒蘸取已搅拌均匀的适量涂料。

（2）将毛辊上的涂料按W形大致涂于饰涂面上，然后上下、左右平稳地来回滚动，使涂料均匀透开，最后将滚筒按一定方向满滚一遍。

（3）用毛刷将阴角及上下口涂刷补齐。

（4）在接口部位，用不沾涂料的空辊子滚压一遍，以消除接合部位的痕迹。

8.7.6.3 刮涂

刮涂是用刮板将涂料厚浆料均匀地批刮在饰涂面上，此方法多用于地面涂饰。

刮涂的操作步骤如下：

用刮刀与饰涂面成50°～60°角进行刮涂。在饰涂面上来回刮1～2次，否则易出现“皮干里不干”的现象。

批刮一次厚度不应超过0.5mm。待批刮完成的腻子或厚浆料全部干燥后，再涂刷罩面涂料。

8.8 木材、金属与抹灰基面施涂

8.8.1 木材基面施涂

木材基面施涂油漆，有两种方法：一是清水漆施涂；二是混水漆施涂。适用于木地板、木护墙、木天花、入墙家具、移动家具和木门窗等。根据施涂的对象不同，施涂工序允许删繁就简。

8.8.1.1 清水漆施涂

清水漆包括硝基清漆、丙烯酸清漆等，其漆膜透明，木纹木色都能看见。因此，处理基面很重要，除清理打磨，要特别注意刷水色、刷油色和刮腻子。

1. 清水漆施涂的工艺流程

清扫、除油污、拔钉子→砂纸打磨→润粉→砂纸打磨→满刮腻子 1 遍→磨光→刷油漆→清漆 1 遍→拼色→补刮腻子→磨光→清漆 2 遍→磨光→清漆 3 遍→水砂纸磨光→清漆 4 遍→磨光→清漆 5 遍→磨退→打砂蜡→擦亮。

2. 清水漆的配制及刷涂要点（详见表 8-11）

表 8-11 清水漆的配制与涂刷要点（木材基面）

名称	配漆（重量比）	涂刷要点
虫胶清漆涂饰	使用浓度为 95% 的酒精与虫胶片（漆片）配制 虫胶片 ∶ 酒精 =1 ∶ 4 或 1 ∶ 4.5、1 ∶ 5、1 ∶ 6 等 使用时按比例搅匀，天热时，可略加酒精	（1）一般按从左到右、从上到下、从前到后、先内后外顺序涂刷，涂刷时动作要快，从一边的中间起来回往返刷 1 ~ 2 次，力求做到无笔路痕迹。刷一处清一处，避免接搓痕迹。 （2）一般连续刷 2 ~ 3 遍，使色泽逐渐加深，刷完后用 320 号水砂纸蘸肥皂水打磨一次，再用棉花团蘸稀虫胶清漆，并将滑石粉薄薄地涂在棉花团上，顺木纹擦十几次，然后去掉滑石粉，再擦十几次。 （3）施工环境温度 15℃以上。为了防止泛白，可在虫胶清漆中加入 4% 的松香酒精溶液
硝基清漆涂饰	喷涂 硝基清漆 ∶ 香蕉水 =1 ∶ 1.5 刷涂 硝基清漆 ∶ 香蕉水 =1 ∶ 1.2 ~ 1.5 揩涂 硝基清漆 ∶ 香蕉水 =1 ∶ 1 ~ 2 使用时搅匀 揩涂第 1 遍配比为 1 ∶ 1 揩涂第 2 遍配比为 1 ∶ 1.5 揩涂第 3 遍配比为 1 ∶ 2	（1）刷涂（见“涂料饰面基本方法”）。根据质量要求涂饰多遍（2 ~ 4 遍），每遍间隔 1h。 （2）揩涂。将棉花团蘸漆在涂面上揩擦。一般是先圆擦，再分段擦，后直擦。 所以棉花团应外包纱布。擦时用力要均匀，移动轨迹要连续，中途不得停顿，也不得固定在一个地方过多揩擦。一般在一个涂饰面上揩擦 12 次左右。揩擦 3 遍完成后，最后完全用香蕉水顺木纹加力，拖平拖光
聚氨酯清	漆涂饰 单组织的聚氨酯清漆不需调配可直接使用四组分配比为：甲组分 ∶ 乙组分 ∶ 425 树脂 ∶ 混合溶剂（环乙酮、醋酸丁酯、二甲苯各占 1/3）=100 ∶ 25 ∶ 15 ∶ 45 配漆时切忌与水、酸、碱等物接触	（1）单组分漆可刷、可喷其系潮气固化型，空气湿度越大，漆膜干得越快。如加上用漆量 0.1 ~ 0.15 的催干剂（二丁基二月桂酸锡）可缩短涂层固化时间。 （2）四组分按比例配调均匀，在常温下静置 15 ~ 30min 后再涂刷。否则会产生气泡、针孔。但配合好的漆宜在 24h 内用完。 （3）刷涂：见“涂料饰面基本方法”
丙烯酸清漆涂饰	一般为双组分，常用的 B22-1 丙烯酸木器清漆，配比为：甲分组 ∶ 乙分组 ∶ 二甲苯 =1 ∶ 1.5 ∶ 适量	（1）配好的漆有效使用时间在 20 ~ 27℃时为 4 ~ 5h，28 ~ 35℃时为 3h，刷喷均可。 （2）刷涂的方法与硝基清漆一样，一般高级家具刷涂 4 ~ 5 道，每道刷完干燥 24h。最后一道刷完要干燥 24 ~ 36h，才能进行抛光
聚酯清漆涂饰	常用 Z22-1 聚酯清漆由 4 部分组成。配比为： 甲组分 ∶ 乙组分 ∶ 丙组分 ∶ 丁组分 =100 ∶（4 ~ 6）∶ 3 ∶ 1。 甲组分——不饱和聚酯清漆 乙组分——过氧化环乙酮浆 丙组分——环烷酸钴液 丁组分——蜡液 为使用方便，调配时可先将聚酯清漆与蜡液混合，然后分为相等两份。一份与一定量的乙组分调匀，另一份与一定量的丙组分调匀，使用时各取一份混合搅拌均匀，即可使用	（1）混合后的清漆必须在 20 ~ 40min 内用完，随配即用，环境温度不低于 15℃。 （2）刷涂：见“涂料饰面基本方法”。 （3）含蜡的聚酯清漆干后，必须擦去蜡层，经抛光后才能得到光亮的漆膜。 （4）不含蜡的聚酯清漆在涂饰后，要用玻璃纸或塑料薄膜覆盖涂物表面，待漆膜干燥后揭掉薄膜。 （5）刷涂 1 ~ 2 道便可成活，如果要刷两道，只要在最后一道加蜡液，否则涂层之间附着不牢

8.8.1.2 混水漆施涂

混水漆包括聚氨酯漆、调和漆、磁漆等，漆膜不透明，覆盖力强，涂上后看不见木纹，但油漆施涂比清水漆方便、容易。

混水漆施涂的工艺流程如下：

清扫、除油污、拔钉子→砂纸打磨→点漆于节疤处→干油性（含带色）打底→局部刮腻子→磨光→满刮腻子 1 遍→磨光→满刮腻子 2 遍→磨光→刷底漆→面漆 1 遍→补刮腻子→磨光→湿布擦净→面漆 2 遍→水砂纸磨光→湿布擦净→面漆 3 遍。

8.8.2 金属基面施涂

在金属基面施涂油漆，适用于钢门窗、轻钢吊顶、楼梯钢护栏、铁艺制品、钢管铁皮等。施涂前应注意防锈及涂防锈底漆。

金属基面施涂的工艺流程如下：

除锈打磨→刷防锈漆→局部刮腻子→磨光→满刮腻子→磨光→棉漆 1 遍→补腻子→磨光→面漆 2 遍→磨光→湿布擦净→面漆 3 遍→水砂纸磨光→湿布擦净→面漆 4 遍。

根据施涂对象不同，施涂工序允许删繁就简。

8.8.3 抹灰基面施涂

抹灰基面施涂油漆，适用于内墙、顶棚，其工艺流程随油漆、涂料的不同而不同。

8.8.3.1 薄质油漆、涂料施涂

薄质油漆、涂料施涂的工艺流程如下：

清扫→填补腻子、局部刮腻子→磨平→第 1 遍满刮腻子→磨平→第 2 遍满刮腻子→磨平→干性油打底→第 1 遍涂料→复补腻子→磨平（光）→第 2 遍涂料→磨平（光）→第 2 遍涂料→磨平（光）→第 3 遍涂料→磨平（光）→第 4 遍涂料。

8.8.3.2 轻厚质油漆、涂料施涂

轻厚质油漆、涂料施涂的工艺流程如下：

基层清扫→填补缝隙，局部刮腻子→磨平→第 1 遍满刮腻子→磨平→第 2 遍满刮腻子→磨平→第 1 遍喷涂厚涂料→第 2 遍喷涂厚涂料→局部喷涂厚涂料。

8.8.3.3 层油漆、涂料施涂

复层油漆、涂料施涂的工艺流程如下：

基层清扫→填补缝隙、局部刮腻子→磨平→第 2 遍刮腻子→磨平→第 2 遍满刮腻子→磨平→施涂封底涂料→施涂主层涂料→滚压→第 1 遍罩面涂料→第 2 遍罩面涂料。

8.8.3.4 过氯乙烯漆施涂

过氯乙烯漆施涂的工艺流程如下：

抹灰面清理→刷底漆→嵌腻子→刷过氯乙烯磁漆→刷过氯乙烯清漆。

8.9 美工油漆与新型饰面施涂

8.9.1 美工油漆施涂

美工油漆是在油漆装饰工程中，采取一些特殊的装饰技巧，作为丰富多彩的各色饰

面，有喷花、刷花、滚花、仿木纹涂饰、仿石纹涂饰，旋花、涂饰鸡皮皱面层及拉毛面层等。

8.9.1.1　刷花

刷花的施工工艺流程如下：

制作套版→配料→定位→刷印第 1 遍色油→刷印第 2 遍色油，见图 8-2。

图 8-2　刷花

8.9.1.2　压花

压花施工工艺流程如下：

制作海绵模→刷底漆→弹线定位→海绵模蘸面漆刷印→依次排列。注意底漆干燥后，再进行刷印，见图 8-3。

8.9.1.3　滚花

滚花是使用刻有花纹图案的胶皮辊滚花机，在刷好颜色的墙面进行滚印图案的工艺，见图 8-4。

滚花的施工工艺流程如下：

基层处理→批刮腻子→刷底层涂料→弹线→滚花。

要求从左到右、从上到下进行滚印。

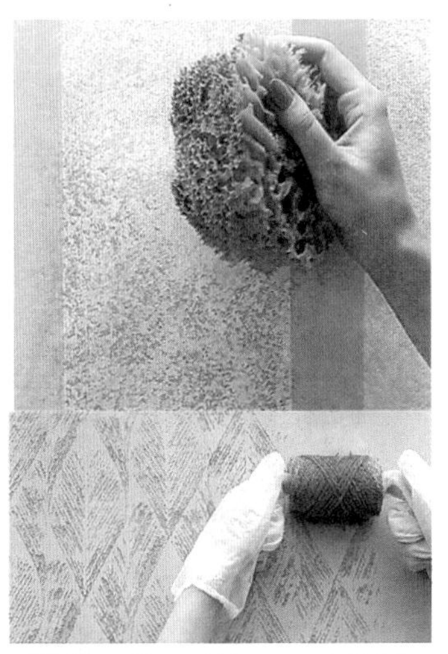

图 8-3　压花

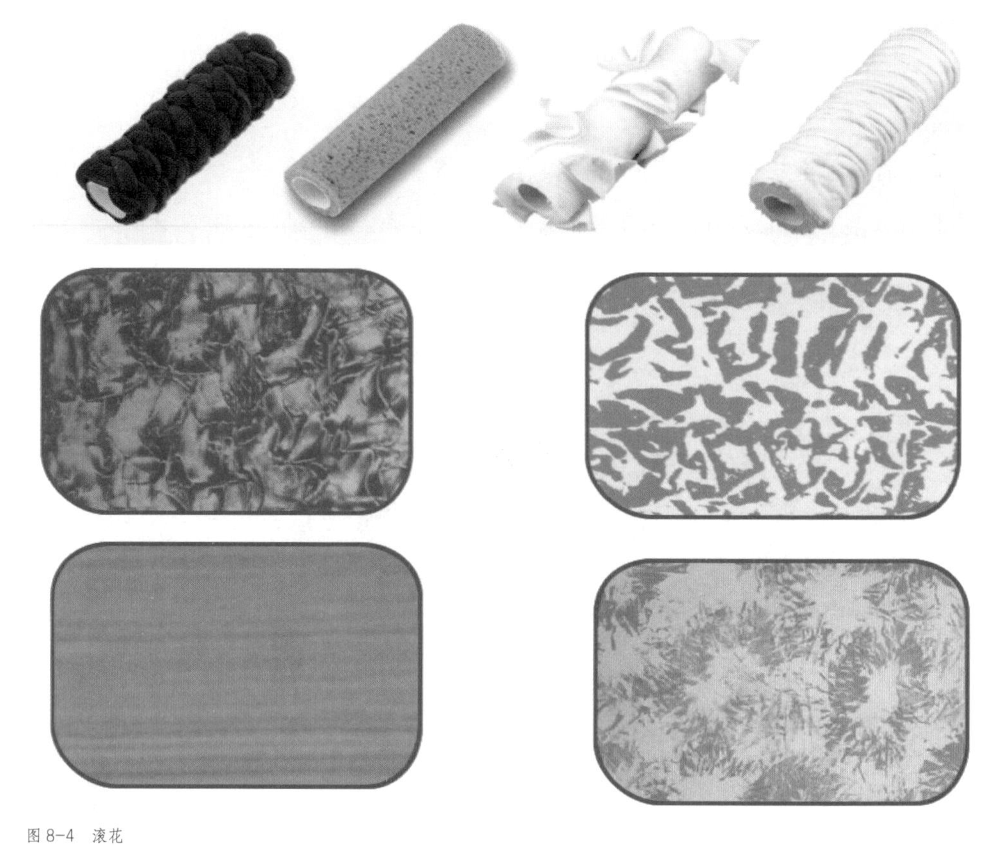

图 8-4 滚花

8.9.1.4 仿木纹涂饰

仿木纹涂饰，是在装饰面上用涂料仿制出如水曲柳、榆木等木材的木纹。

仿木纹涂饰的施工工艺流程如下：

基层处理→涂刷清漆→刮第 1 道腻子→磨平→刮第 2 道腻子→磨平→刷第 1 遍涂料（调和漆）→刷第 2 遍涂料（调和漆）弹分格线→刷面层着色涂料→用专用工具做木纹→刷罩面清漆，见图 8-5。

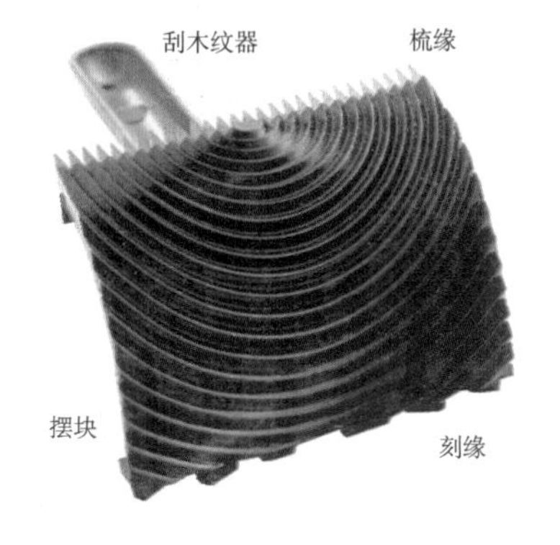

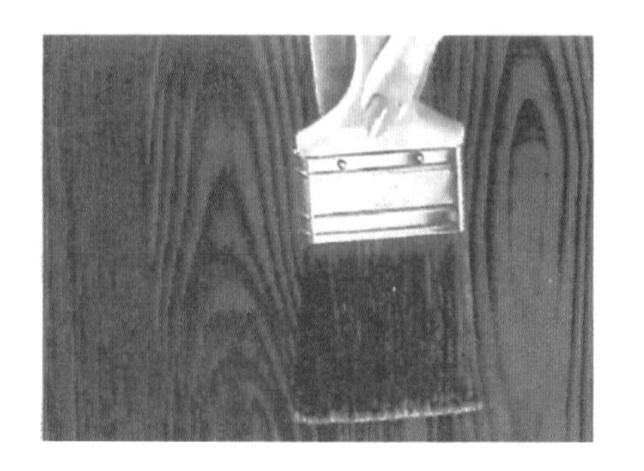

图 8-5 仿木纹涂饰

8.9.1.5 仿石纹涂饰

仿石纹涂饰，是在装饰面上用涂料仿制出如大理石、花岗石等的石纹。

仿石纹涂饰的施工工艺流程如下：

基层处理→刷第 1 遍清漆→刮第一遍腻子→磨平→刮第 2 遍腻子→磨平→刷第 1 遍涂料（调和漆）→刷第 2 遍涂料→画线、挂丝棉→喷色浆、取下丝棉→画线→刷清漆，见图 8-6。

要求刷匀，刷到不流坠、不起皱皮。

图 8-6 仿石纹涂饰

8.9.1.6 卷布压花

卷布压花是在装饰面上用涂料仿制出卷布花纹的一种施工方法。

底漆用浅色乳胶漆晾干时后，把无棉布放入面漆桶中，吸满面漆，拧干折叠，用手压、旋等方式做出不规则的花朵，见图 8-7。

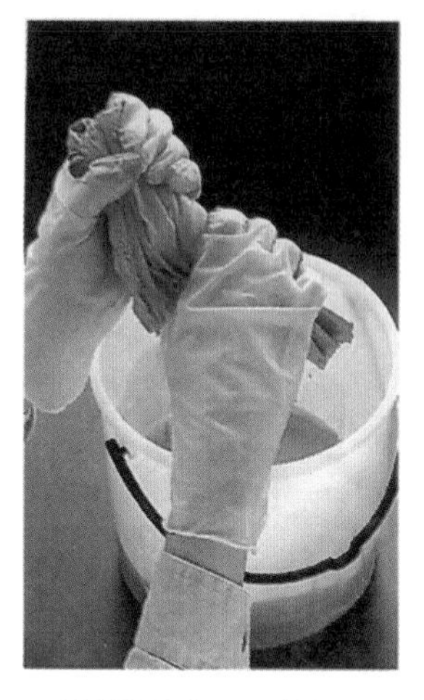

1. 用漆刷或辊筒上一层低光泽乳胶漆作底漆。待漆晾干。在桶里混好面漆。把无棉布块浸入漆液内，待整块布吸满，然后拧干漆液，用旧毛巾擦掉手上多余的漆液。

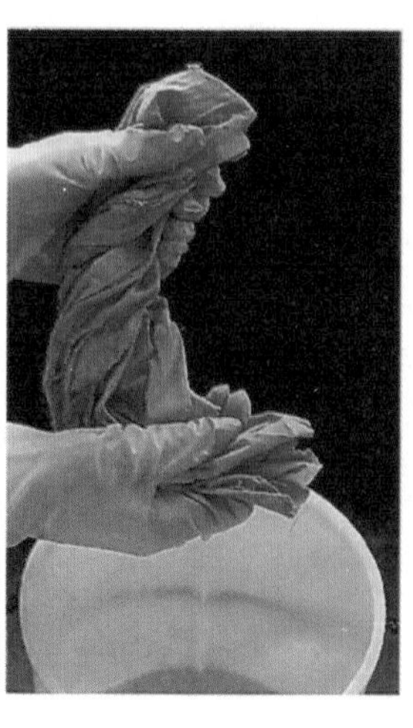

2. 把布块不规则地卷起，然后折叠成与双手合拢时相当的长度。

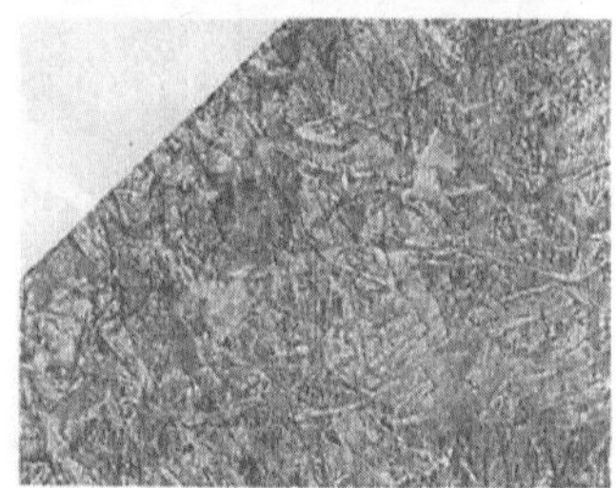

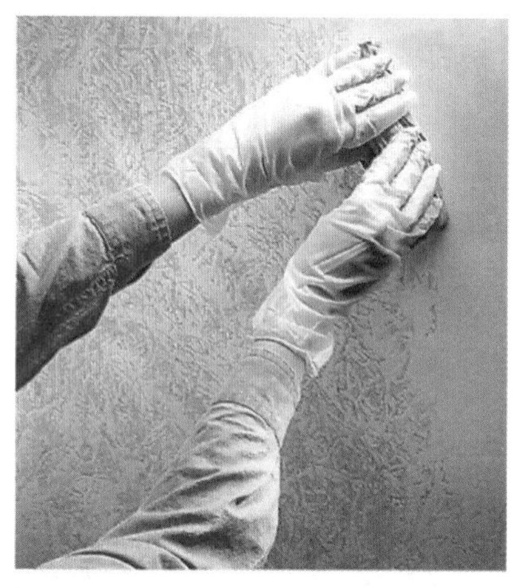

3. 由下至上，从不同的角度在墙面上滚轧布条。必要时重新浸湿布块，拧干漆液。

4. 如果要覆盖更多的表面，可以重复上漆。

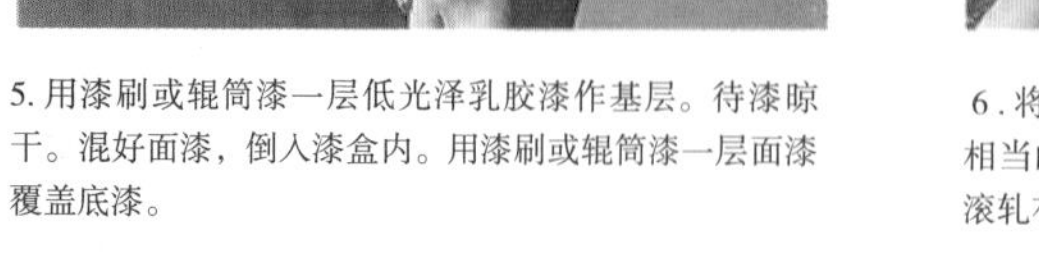

5. 用漆刷或辊筒漆一层低光泽乳胶漆作基层。待漆晾干。混好面漆，倒入漆盒内。用漆刷或辊筒漆一层面漆覆盖底漆。

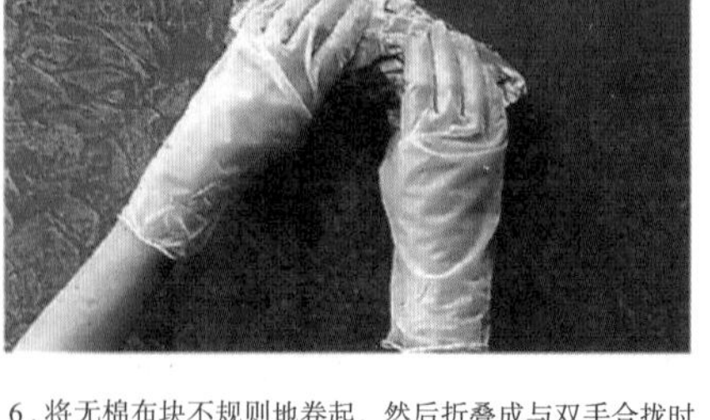

6. 将无棉布块不规则地卷起，然后折叠成与双手合拢时相当的长度。由下至上，从不同的角度在未干的漆面上滚轧布条。

图 8-7 卷布压花

8.9.1.7 印图案

材料是：方木块，氯丁橡胶带（泡沫），毛毡。用泡沫刻出装饰图案作为印章图案，与木块粘接成印。在施工面上用粉包弹方格线，沿方格整齐盖章即可。见图 8-8、图 8-9。

工具和材料

- 铅笔
- 剪刀
- 小画工笔或海绵
- 插图纸
- 木块
- 细密泡沫
- 石墨纸（复写纸）
- 工艺粘胶
- 遮挡用胶布或铅笔工艺丙烯酸漆及丙烯酸漆调节剂
- 毛布
- 玻璃或亚加力片

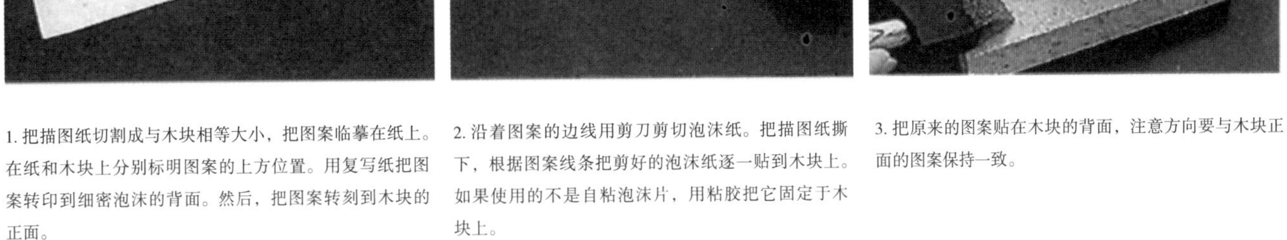

1. 把描图纸切割成与木块相等大小，把图案临摹在纸上。在纸和木块上分别标明图案的上方位置。用复写纸把图案转印到细密泡沫的背面。然后，把图案转刻到木块的正面。

2. 沿着图案的边线用剪刀剪切泡沫纸。把描图纸撕下，根据图案线条把剪好的泡沫纸逐一贴到木块上。如果使用的不是自粘泡沫片，用粘胶把它固定于木块上。

3. 把原来的图案贴在木块的背面，注意方向要与木块正面的图案保持一致。

图 8-8 制作图案印章

1. 用画工胶布或淡淡的铅笔线在墙上标出要印图案的位置。用约三至四份的漆对一份丙烯酸漆调节剂稍稍把漆稀释。

2．裁出一块比印木稍大的毛毯布并放置在玻璃或塑料纸上，把油漆混合物倒在毛毯布垫上，让漆湿透毛巾。

3. 把印木按在毛布垫上，让印木的正面均匀地粘中漆。

4. 把印木按在墙面的标位置标记上，在印木背面施加稳定、均匀地压力。沿墙面地垂直方向揭起印木，移开。

5. 重复步骤 2 ~ 3 印出各个印。必要时往毛毯布垫上加漆。用画工笔、海绵或者泡沫块把画得不完整的图案补充完整。

图 8-9 印图案

8.9.1.8 纸板花纹

草纸板卷成筒，用胶带固定，用作印章向墙上盖印；还可用波纹纸板切成块直接盖出瓦楞纹即可，见图 8-10。

1. 将一块波纹卡纸卷成筒，用胶布封好接口。用纸板的波纹端在未干的漆层上印图案。

2. 或者用海绵刷将漆液直接涂在纸片一端，在纸巾上沾一沾后再在墙面上印图案。

3. 把一张纸揉成团并按压在未干的漆层上。试用其他类型的纸，并揉出不同的皱纹效果。

4. 用一张单面波纹纸板和一块硬泡沫塑料或木块做一枚印版。把印版沾在泡沫塑料或木块上，使波纹线向外。把印版按压在未干的漆层上印出图案。

5. 为了做出相反的颜色效果，可以把漆涂在印版上。在纸巾上沾一沾，然后把图案印在墙面上。

图 8-10　纸板花纹

8.9.1.9　龟裂纹

龟裂纹是一种木制品做旧的方法之一，常用来对装饰进行施工。主要材料：刷子、金胶、松节油、液态阿拉伯树脂。制作方法：在已喷完漆的木器面上，涂抹一层金胶（可用漆片替代），稍事过后涂抹液态阿拉伯树脂（可用木器水溶性胶代替）并梳理。金胶是油性的，液态阿拉伯树脂在其表面会回缩开裂，等 1 ~ 2d 后裂纹充分，用深色颜料揉入裂缝，擦净，见图 8-11。

1. 涂抹 一层金胶

2. 涂抹液态阿拉伯树脂

3. 揉搓表面

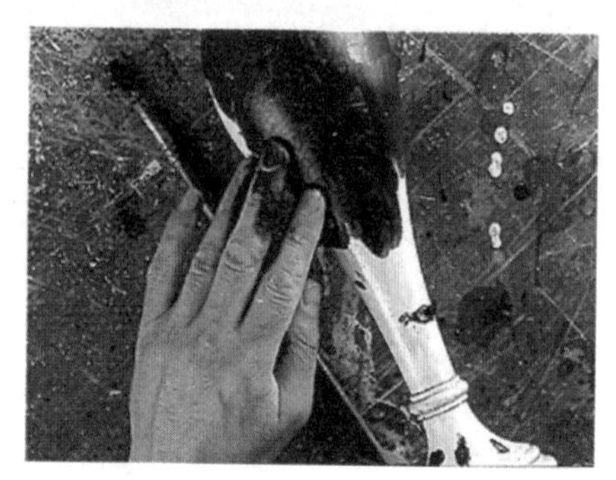

4. 深色颜料揉入裂缝

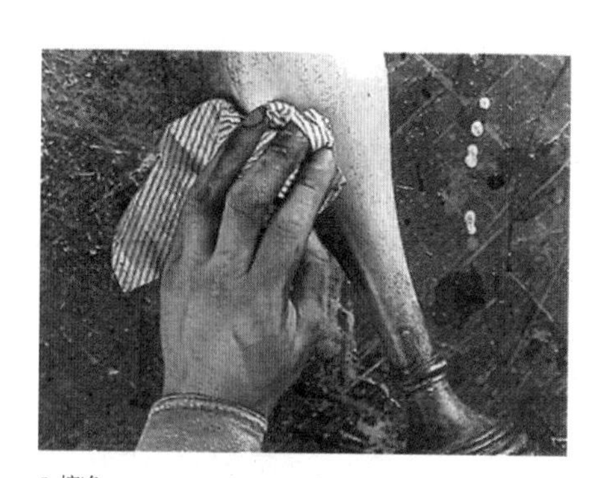

5. 擦净

图 8-11 龟裂纹

第9章 裱糊工程及其施工方法

裱糊工程是指用壁纸、壁布和平绒、壁毡等装饰墙壁的一类施工工程。作为美化居室环境的高级装饰工程材料，被广泛用于宾馆饭店、餐厅、商场、展示场、办公楼、歌舞厅、茶馆等。

9.1 壁纸的分类和性能

壁纸又称墙纸，无论从生产技术、工艺，还是使用上来说，与其他建材相比，可以说壁纸是毒害量最小的，现代新型壁纸的主要原料都是选用植物经化工合成的纸浆制成，属于自然环保装饰材料。

壁纸作为能够美化居室环境的高级装饰材料，在很多场所都适用，诸如：客厅、卧室、餐厅、儿童房、书房、娱乐室等。

9.1.1 壁纸性能的国际通用标志及规格

壁纸性能的国际通用标志，如图 9-1 所示。

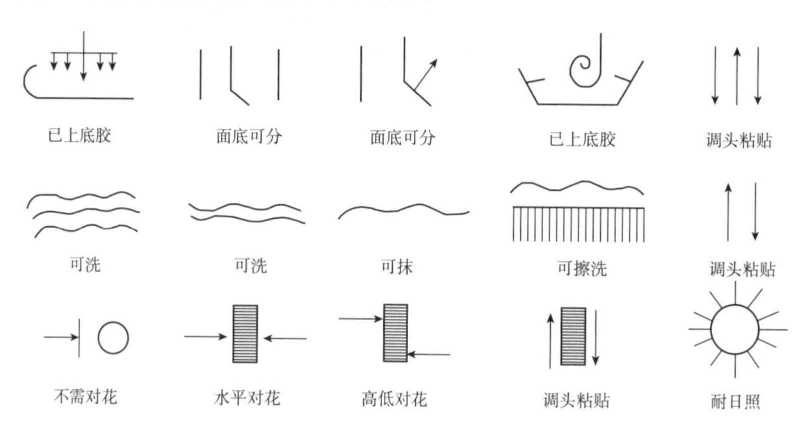

图 9-1 壁纸性能的国际通用标志

目前塑料壁纸的规格有以下 3 种：

（1）窄幅小卷，幅宽 530 ~ 600mm，长 10 ~ 12m，每卷 5 ~ 6m^2。

（2）中幅中卷，幅宽 760 ~ 900mm，长 25 ~ 50m，每卷 25 ~ 45m^2。

（3）宽幅大卷，幅宽 920 ~ 1200mm，长 50m，每卷 46 ~ 50m^2。

9.1.2 壁纸的分类

壁纸按表面材料可分为：纸壁纸、硅藻土壁纸、发光蓄光壁纸、木纤维壁纸、玻璃纤维壁纸、天然材料壁纸、金属壁纸；按其基材可分为：PVC 塑料壁纸、布基 PVC 壁纸、纯纸壁纸、和纸壁纸、金银箔壁纸、织物壁纸等，见图 9-2。

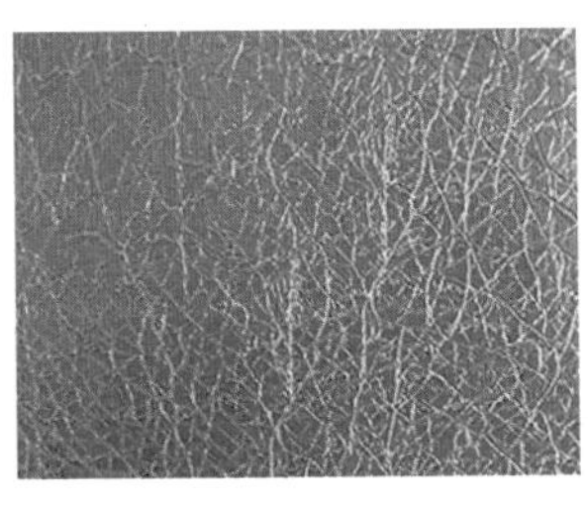
金属壁纸（一）

金属壁纸（二）

金属壁纸（三）

普通壁纸

发泡壁纸

纯纸壁纸

木纤维壁纸

发光壁纸

布基 PVC 壁纸

图 9-2　壁纸分类

9.1.2.1　PVC 塑料壁纸

这是目前市面上常见的壁纸，所用塑料绝大部分为聚氯乙烯（或聚乙烯），简称 PVC 塑料壁纸。塑料壁纸通常分为：普通壁纸、发泡壁纸等。每一类又分若干品种，每一品种再分为各式各样的花色。

1. 普通壁纸

普通壁纸用 80g/m^2 的纸作基材，涂 100g/m^2 左右的 PVC 糊状树脂，再经印花、压花而成。这种壁纸常分作平光印花、有光印花、单色压花、印花压花几种类型。

2. 发泡壁纸

发泡壁纸用 100g/m^2 的纸作基材，涂 300 ~ 400g/m^2 掺有发泡剂的 PVC 糊状树脂，印花后再发泡而成。这类壁纸比普通壁纸显得厚实、松软。其中高发泡壁纸表面呈富有弹性的凹凸状；低发泡壁纸是在发泡平面上印有花纹图案，形如浮雕、木纹、瓷砖等。

9.1.2.2　布基 PVC 壁纸

它是用高强度的 PVC 材料作主材表层，基层用不同布料作底层。在生产时，它在网面上加入 PVC 进行高压调匀，再利用花滚调色平压制成不同图案与各种表面，非常结实耐用，防火、耐磨、可用皂水洗刷，而且施工简便、粘贴方便，易于更换。但由于其不具备透气性，在家居空间中一直不能大面积推广应用。目前，欧美布基纸较为全面。从 12OZ ~ 25OZ 都有相应产品。广泛适用于星级酒店、走廊、写字楼、高档公寓及其他客流量大的公用空间等场合。布基壁纸质感与布比较接近，给人自然而温馨的感觉。

9.1.2.3 和纸壁纸

和纸壁纸用天然的葛、藤、绢、丝、麻丝、稻草根部、椰丝等复合天然色彩的宣纸与纸基混合而成，价格不菲。它给人以古朴自然、清雅脱俗之感，在日本经久不衰，历经一千多年的考验，深受各方有识之士的青睐。和纸壁纸比一般的纸耐用，结实且无蛀虫，产品稳定，同时它还具有防污性、防水性和防火性，且色调统一无斑点。在使用方面应当注意，它的伸缩性强，不能在粘贴时让胶从接缝处溢出。

9.1.2.4 纯纸壁纸

它是以纯纸为基材，表面采用水性油墨印刷后，涂上特殊材料，经特殊加工而成，具有吸音、透气、散潮湿、不变形等优点。这种墙纸具有自然、古朴的特色，富有浓厚的田园气息。这种直接印刷于纸基的产品，透气性好，无助于霉菌生长，易于粘贴、剥离，没有缝隙。基纸和表面涂层有像羽毛一样的网状结构，具有防水及高度的呼吸力，自然、休闲、舒适，绿色环保。

9.1.2.5 发光、蓄光壁纸

它是在纸基壁纸的表面加上特殊的发光材料，或使用吸光印墨，白天吸收光能，夜间发光，在紫外线光管照射下产生相当的光源，鲜艳夺目、五彩缤纷、不同寻常。它发光的时间可持续 15 ~ 20min，在紫外线照射下能长期发光。它被用于如博物馆、水族馆、各种娱乐场所及家居等。

9.1.2.6 木纤维壁纸

木纤维壁纸是用纯天然材料——木屑制成的绿色环保产品。此种壁纸性能优越，为经典、实用型高档壁纸，由北欧特殊树种中提取的木质精纤维丝面或聚酯合成，采用亚光型色料（鲜花、亚麻提取），柔和自然，易与家具搭配，花色品种繁多。对人体没有任何化学侵害，透气性能良好，墙面的湿气、潮气都可透过壁纸，长期使用，不会有憋气的感觉，也就是常说的“会呼吸的壁纸”，是健康家居的首选。它经久耐用，可用水擦洗，更可以用刷子清洗。抗拉扯效果优于普通壁纸 8 ~ 10 倍，防霉、防潮、防蛀，使用寿命是普通壁纸的 2 ~ 3 倍。

9.1.2.7 玻璃纤维壁纸

原料：在玻璃纤维布上涂以合成树脂糊，经加热塑化、印刷、复卷等工序加工而成。

特点：要与涂料搭配，即在壁纸的表面刷高档丝光面漆，颜色可随涂料色彩任意搭配。壁纸的肌理效果给人质朴的感觉，但其表面的丝光面漆又透出几分细腻。

保养：壁布上的涂料可重复覆盖涂刷，每 3 ~ 5 年便可更新一次，是典型的壁纸与乳胶漆共同使用的做法，可用于卫生间和厨房及一些公共场所。

9.1.2.8 天然材料壁纸

天然材料壁纸是将草、麻、竹、藤、木材、树皮、树叶等天然材料干燥后制成面层，

压粘于纸基上（草编、软木、藤麻壁纸、石头粉末、金刚沙、贝壳、羽毛、丝绸）。

特点：无毒无味，吸音防潮，保暖通气，具有浓郁的乡土气息，自然古朴，素雅大方，给人以返璞归真的感觉。

9.1.2.9 金属壁纸

金属壁纸是将金、银、铜、锡、铝等金属经特殊处理后，制成薄片贴饰于壁纸表面。

特点：金属箔的厚度为 0.006 ~ 0.025mm，其性能稳定、不变色、不氧化、不腐蚀、可擦洗。最显著的优点是给人金碧辉煌、庄重大方的感觉，适合气氛浓烈的场合，适当地加以点缀就能给人一种炫目和前卫的感觉。

9.2 壁纸裱糊施工的常用材料工具及基层条件

9.2.1 主要材料

主要材料是胶黏剂，可分为成品胶黏剂和现场调制胶黏剂。

9.2.1.1 成品胶黏剂

按其基料不同可分为聚乙烯醇、纤维素醚及其衍生物、聚醋酸乙烯乳液和淀粉及其改性聚合物等。有粉状、糊状和液状三种。

裱糊工程成品胶黏剂的基本类别、材料特性及应用可参见表 9-1。

表 9-1 裱糊工程成品胶黏剂的类别、特性及其应用

形态类别	主要粘料	分类代号		现场调用
		第 1 类	第 2 类	
粉状胶	一般为改性聚乙烯醇、纤维素及其衍生物等	1F	2F	根据产品使用说明将胶粉缓慢撒入定量清水中，边撒边搅拌或静置陈伏后搅拌，使之溶解直至均匀无团块
糊状胶	淀粉类及其改性胶等	1H	2H	按产品使用说明直接施用或用清水稀释搅拌至均匀无团块
液体胶	聚醋酸乙烯、聚乙烯醇及其改性胶等	1Y	2Y	按产品使用说明

根据国家标准《胶黏剂产品包装、标志、运输和储存的规定》（HG/T3075—2003），成品胶黏剂在其标志中应注明产品标记和粘料，选用时可明确鉴别。成品胶的储存温度一般为 5 ~ 30℃，有效储存期通常为 3 个月，但不同生产厂家的不同产品会有一定差别，选用时应注意具体产品的使用说明。

9.2.1.2 现场调制胶黏剂

现场自制裱糊胶黏剂的常用材料为聚醋酸乙烯乳液（白乳胶）、羧甲基纤维素（化学糨糊）以及传统材料配制的面粉糊等。为克服淀粉面粉糊容易发霉的缺陷，配置时可加入适量的明矾、酚醛或硼酸等作为防腐剂。裱糊工程常用胶黏剂的现场调制配方可参见表 9-2。施工时胶黏剂应集中进行配制，并由专人负责，用 400 孔 /cm^2 筛网过滤。现场调制的胶黏剂应当日用完，聚醋酸乙烯乳液类材料应用非金属容器盛装。

表 9-2　　　　　　　　裱糊工程常用胶黏剂的现场调制配方

材料组成	配合比（质量比）	适用壁纸墙布	备　注
白乳胶：2.5% 羧甲基纤维素：水	5：4：1	无纺墙布或 PVC 壁纸	配比可经试验调整
白乳胶：2.5% 羧甲基纤维素溶液	6：4	玻璃纤维墙布	基层颜色较深时可掺入 10% 白色乳胶漆
SJ—801 胶：淀粉糊	1：0.2		
面粉（淀粉）：明矾：水	1：0.1：适量	普通壁纸 复合纸基壁纸	调配后煮成糊状
面粉（淀粉）：酚醛：水	1：0.002：适量		
面粉（淀粉）：酚醛：水	1：0.002：适量		
成品裱糊胶粉或化学糨糊	加水适量	墙毡、锦缎	胶粉按使用说明

注　根据目前的裱糊工程实践，宜采用与壁纸产品相配套的裱糊胶黏剂，或采用裱糊材料生产厂家指定的胶黏剂品种。

9.2.2　壁纸饰面工程施工常用工具（见图 9-3）

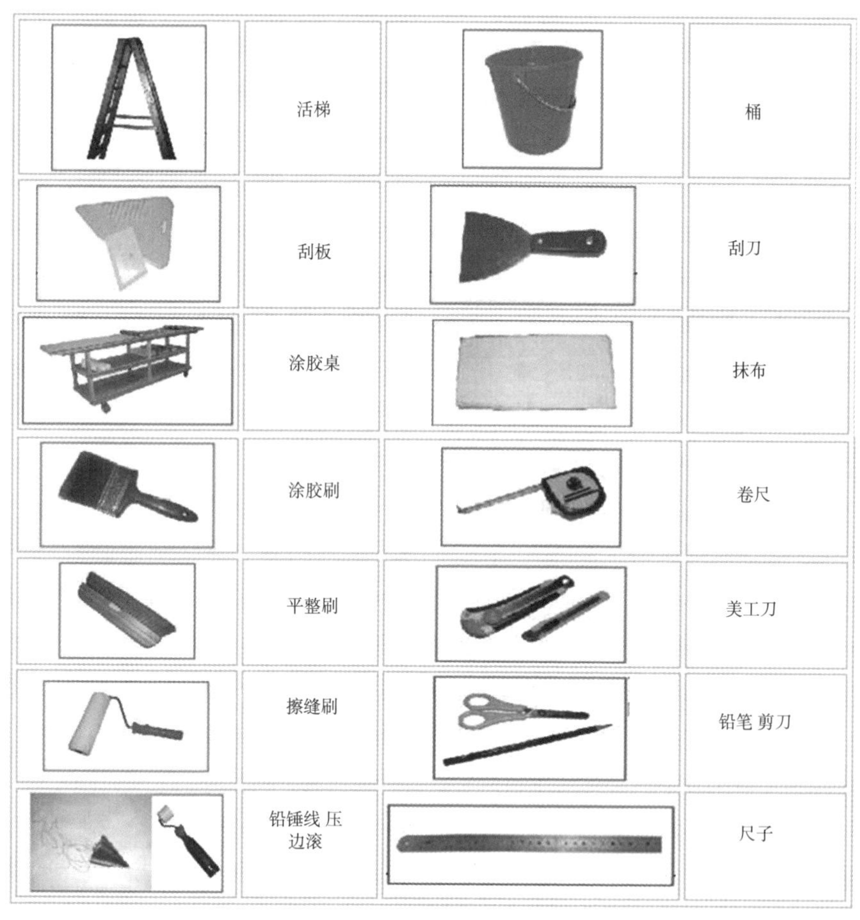

图 9-3　壁纸饰面工程施工常用工具

9. 2. 2. 1　剪裁工具

（1）剪刀。

（2）壁纸刀。

9. 2. 2. 2　刮涂工具

（1）刮板。刮板主要用于刮抹基层腻子及刮压平整裱糊操作中的墙纸，可用薄钢片、塑料板或防火胶板自制，要求有较好的弹性且不能有尖锐的刃角，以利于抹压操作，但不至于损伤墙纸表面。

（2）油灰铲刀。油灰铲刀主要用于修补基层表面的裂缝、孔洞及剥除旧裱糊面上的壁纸残留，如油漆涂料工程中的嵌批铲刀。

9. 2. 2. 3　刷具

胶刷：涂刷裱糊胶黏剂的刷具，其刷毛可以是天然纤维或合成纤维，宽度一般为 15 ~ 20mm。墙纸刷：专用于在裱糊操作中将墙纸与基面扫（刷）平、压平、粘牢，其刷毛有长短之分，短刷毛适宜扫（刷）压重型墙纸，长刷毛适宜刷抹压平金属箔等较脆弱类型的壁纸。

9. 2. 2. 4　滚压工具

滚压工具主要是指辊筒，其在裱糊工艺中有三种作用：一是使用绒毛辊筒辊涂胶黏剂、底胶或壁纸保护剂；二是采用橡胶辊筒以滚压铺平、粘实、贴牢墙纸；三是使用小型橡胶轧辊或木制轧辊，通过滚压而迅速压平墙纸的接缝和边缘部位，滚压时在胶粘剂干燥前做短距离快速滚压，特别适用于重型墙纸的拼缝压平与贴严。

对于发泡型、绒絮面或较为质脆的裱糊材料，则适宜采用海绵块以取代辊筒类工具进行压平操作，避免裱糊饰面的滚压损伤。

9.2.2.5 其他工具及设备

裱糊施工的其他工具及设备主要有抹灰、基层处理及弹线工具、托线板、线锤、水平尺、量尺、钢尺、合金直尺、砂纸机、裁纸工作台、水槽、毛巾、注射针筒及针头等。

9.2.3 壁纸裱糊施工作业条件

贴壁纸一般是在顶棚基面、门窗及地面装修施工完成，电气及室内设备安装结束后才能开始。施工前影响裱糊操作及其饰面的临时设施或附件应全部拆除，特别是电器面板，确保后续工程的施工项目不会对裱糊造成污染和损伤。

9.2.3.1 施工基层条件

根据国家标准《建筑装饰装修工程质量验收规范》(GB 50210—2001)及《住宅装饰装修工程施工规范》(GB 50327—2001)等的规定，在裱糊之前，基层处理质量应达到下列要求：

(1)新建筑物的混凝土或水泥砂浆抹灰层在刮腻子前，应先涂刷一道抗碱底漆。

(2)旧基层在裱糊前，应清除疏松的旧装饰层，并涂刷界面剂，以利于黏结牢固。

(3)混凝土或抹灰基层的含水率不得大于8%，木材基层的含水率不得大于12%。

(4)基层的表面应坚实、平整，不得有粉化、起皮、裂缝和突出物，色泽应基本一致。有防潮要求的基体和基层，应事先进行防潮处理。

(5)基层批刮腻子应平整、坚实、牢固，无粉化、起皮和裂缝；腻子的黏结强度应符合《建筑室内用腻子》(JG/T 3049—1998)中N型腻子的规定。

(6)裱糊基层的表面平整度、立面垂直度及阴阳角方正，应符合《建筑装饰装修工程质量验收规范》(GB 50210—2001)中对于高级抹灰的要求。

(7)裱糊前，应用封闭底胶涂刷基层。

9.2.3.2 施工环境条件

在裱糊施工过程中及裱糊饰面干燥之前，应避免穿堂风劲吹或气温突然变化，这些对裱糊工程的质量有严重影响。冬期施工应当在采暖的条件下进行，施工环境温度一般应大于15℃。裱糊时的空气相对湿度不宜过大，一般应小于85%。在潮湿季节施工时，应注意对裱糊饰面的保护，白天打开门窗适度通气，夜晚关闭门窗以防潮气的侵袭。

9.3 壁纸裱糊饰面工程的施工

裱糊饰面工程的施工工艺为：基层处理→基层弹线→壁纸处理→涂刷胶黏剂→裱糊。见表9-3。

表 9-3　　裱糊施工的主要工序

项次	工序名称	抹灰面混凝土				石膏板面				木料面			
		复合壁纸	PVC壁纸	墙布	带背胶壁纸	复合壁纸	PVC壁纸	墙布	带背胶壁纸	复合壁纸	PVC壁纸	墙布	带背胶壁纸
1	清扫基层、填补缝隙磨砂纸	+	+	+	+	+	+	+	+	+	+	+	+
2	接缝处糊条					+	+	+	+	+	+	+	+
3	找补腻子、磨砂纸					+	+	+	+	+	+	+	+
4	满刮腻子、磨平	+	+	+	+								
5	涂刷涂料一遍									+	+	+	+
6	涂刷底胶一遍	+	+	+	+	+	+	+	+				
7	墙面划准线	+	+	+	+	+	+	+	+	+	+	+	+
8	壁纸浸水润湿		+		+		+		+		+		+
9	壁纸涂刷胶粘剂	+				+				+			
10	基层涂刷胶粘剂	+	+	+		+	+	+		+	+	+	
11	纸上墙、裱糊	+	+	+	+	+	+	+	+	+	+	+	+
12	拼缝、搭接、对花	+	+	+	+	+	+	+	+	+	+	+	+
13	赶压胶粘剂、气泡	+	+	+	+	+	+	+	+	+	+	+	+
14	裁边		+				+				+		
15	擦净挤出的胶液	+	+	+	+	+	+	+	+	+	+	+	+
16	清理修整	+	+	+	+	+	+	+	+	+	+	+	+

注　1. 表中“+”号表示应进行的工序。
2. 不同材料的基层相接处应糊条。
3. 混凝土表面和抹灰表面必要时可增加满刮腻子遍数。
4. “裁边”工序，在使用 920mm、1000mm、1100mm 等需重叠对花的 PVC 压延壁纸时进行。

9.3.1　基层处理

为达到上述规范规定的裱糊基层质量要求，在基层处理时还应注意以下几个方面：

（1）清理基层上的灰尘、油污、疏松和黏附物；安装于基层上的各种控制开关、插座、电气盒等凸出的设置，应先卸下扣盖等影响裱糊施工的部分。

（2）根据基层的实际情况，对基层进行有效嵌补，采取腻子批刮并在每遍腻子干燥后均用砂纸磨平。对于纸面石膏板及其他轻质板材或胶合板基层的接缝处，必须采取专用接缝技术措施处理合格，如粘贴牛皮纸带、玻璃纤维网格胶带等防裂处理。各种造型基面板上的钉眼，应用油性腻子填补，防止隐蔽的钉头生锈时锈斑渗出而影响裱糊的外观。

（3）基层处理经工序检验合格后，即采用喷涂或刷涂的方法施涂封底涂料或底胶，做基层封闭处理一般不少于两遍。封底涂刷不宜过厚，并要均匀一致。

封底涂料的选用，可采用涂饰工程使用的成品乳胶底漆，也可以根据装卸部位、设计要求及环境情况而定，如相对湿度较大的南方地区或室内易受潮部位，可采用酚醛清漆或光油：200 号溶剂汽油 =1：3（质量比）混合后进行涂刷；在干燥地区或室内通风干燥部位，可采用适度稀释的聚醋酸乙烯乳液涂刷于基层即可。

9.3.2 基层弹线

（1）为了使裱糊饰面横平竖直、图案端正、装饰美观，每个墙面第一幅墙纸都要挂垂线找直，作为裱糊施工的基准标志线，自第二幅开始，可先上端后下端对缝依次裱糊，以保证裱糊饰面分幅一致，并防止累积歪斜。

（2）对于图案形式鲜明的墙纸，为保证做到整体墙面图案对称，应在窗口横向中心部位弹好中心线，由中心线再向两边弹分格线；如果窗口不在中间位置，为保证窗间墙的阳角处图案对称，可在窗间墙弹中心线，然后由此中心线向两侧分幅弹线。对于无窗口的墙面，可以选择一个距离窗口墙面较近的阴角，在距墙纸幅宽 50mm 处弹垂线。

（3）对于墙纸裱糊墙面的顶部边缘，如果墙面有挂镜线或天花阴角装饰线时，即以此类线脚的下缘水平线为准，作为裱糊饰面上部的收口；如无此类顶部收口装饰，则应弹出水平线以控制墙纸饰面的水平度。

9.3.3 壁纸与墙布处理

9.3.3.1 裁割下料

壁纸用量（卷）= 房间周长 × 房高度 / 每卷平方米数，壁纸的损耗率，一般为 3% ~ 10%。一般标准壁纸宽 52cm，长 10m，每卷可铺 5m^2。

墙面或顶棚的大面裱糊工程，原则上应采用整幅裱糊。对于细部及其他非整幅部位需要进行裁割时，要根据材料的规格及裱糊面的尺寸统筹规划，并按裱糊序进行分幅编号。墙纸的上下端各自留出 50mm 的修剪余量；对于花纹图案较为具体明显的墙纸，要事先明确裱糊后的花饰效果及其图案特征，应根据花纹图案和产品的边部情况，确定采用对口拼缝或是搭口裁割拼缝的具体拼接方式，应保证对接准确无误。

裁割下刀（剪）前，还应再认真复核尺寸有无差错；裁割后的材料边缘应平直整齐，不得有飞边毛刺。下料后的墙纸应编号卷起平放，不能竖立，以免产生皱褶。

9.3.3.2 浸水润纸

对于裱糊壁纸的事先湿润，传统上称为闷水，这是针对纸胎的塑料壁纸的施工工序。对于玻璃纤维基材及无纺贴墙布类材料，遇水后无伸缩变形，所以不需要进行湿润；而复合纸质壁纸则严禁进行闷水处理。

9.3.4 涂刷胶黏剂

墙纸裱糊胶黏剂的涂刷，应当做到薄而均，不得漏刷；墙面阴角部位应增刷胶黏剂 1 ~ 2 遍。

对于自带背胶的壁纸，则无需再涂刷胶黏剂。

根据墙纸的品种特点，胶黏剂的施涂分为：在墙纸的背面涂胶、在被裱糊基层上涂胶以及在墙纸背面和基层上同时涂胶。基层表面的涂胶宽度，要比墙纸宽出 20 ~ 30mm；胶黏剂不要施涂过厚而裹边或起堆，以防裱贴时胶液溢出太多而污染裱糊饰面，但也不可施涂过少，涂胶不均匀到位会造成裱糊面起泡、脱壳、黏结不牢。相关品种的墙纸背面涂胶后，宜将其胶面对胶面自然对叠（金属壁纸除外），使之正、背面分别相靠平放，可以避免胶液过快干燥而造成图案面污染，同时也便于拿起上墙进行裱糊。

（1）聚氯乙烯塑料壁纸用于墙面裱糊时，其背面可以不涂胶黏剂，只在被裱糊基层上施涂胶黏剂。当塑料壁纸裱糊于顶棚时，基层和壁纸背面均应涂刷胶黏剂。

（2）纺织纤维壁纸、化纤贴墙布等品种，为了增强其裱贴黏结能力，材料背面及装饰基层表面均应涂刷胶黏剂。复合纸基壁纸于纸背涂胶进行静置软化后，裱糊时其基层也应涂刷胶黏剂。

（3）玻璃纤维墙布和无纺贴墙布，要求选用黏结强度较高的胶黏剂，只需将胶黏剂涂刷于裱贴面基层上，而不必同时也在布的背面涂胶。这是因为玻璃纤维墙布和无纺贴墙布的基材分别是玻璃纤维及合成纤维，本身吸水极少，又有细小孔隙，如果在其背面涂胶会使胶液浸透表面而影响饰面美观。

（4）金属壁纸质脆而薄，在其纸背涂刷胶黏剂之前，应准备一卷未开封的发泡壁纸或一个长度大于金属壁纸宽度的圆筒，然后一边在已经浸水后阴干的金属壁纸背面刷胶，一边将刷过胶的部分向上卷在发泡壁纸卷或圆筒上。

（5）锦缎涂刷胶黏剂时，由于材质过于柔软，传统的做法是先在其背面衬糊一层宣纸，使其略挺韧平整，而后在基层上涂刷胶黏剂进行裱糊。

9.3.5　裱糊（见图 9-4）

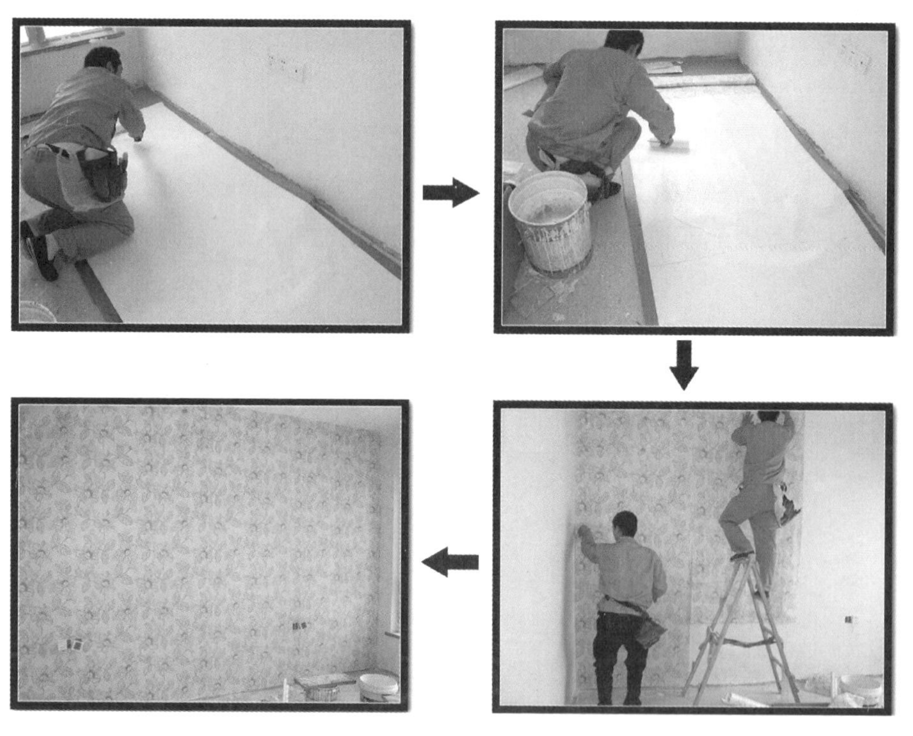

图 9-4　裱糊

裱糊的基本顺序是：先垂直面，后水平面；先细部，后大面；先保证垂直，后对花拼缝；垂直面先上后下，先长墙面，后短墙面；水平面先高后低。裱糊饰面的大面，尤其是装饰的显著部位，应尽可能采用整幅墙纸，不足整幅者应裱贴在光线较暗或不明显处。与顶棚阴角线、挂镜线、门窗装饰包框等线脚或装饰构件交接处，均应衔接紧密，不得出现亏纸而留下残余缝隙。

（1）根据分幅弹线和墙纸的裱糊顺序编号，从距离窗口处较近的一个阴角部位开始，依次到另一个阴角收口，如此顺序裱糊，其优点是不会在接缝处出现阴影，方便操作。

（2）无图案的墙纸，接缝处可采用搭接法裱糊。相邻的两幅在拼连处，后贴的一幅搭压前一幅，重叠 30mm 左右，然后用钢尺或合金铝直尺与裁纸刀在搭接重叠范围的中间将两层墙纸割透，随即把切掉的多余小条扯下。此后用刮板从上向下均匀赶胶，排出气泡，并及时用洁净的湿布或海绵擦除溢出的胶液。对于质地较厚的墙纸，需用胶辊进行辊压赶平。但应注意，发泡壁纸及复合纸基壁纸不得采用刮板或辊筒一类的工具赶压，宜用毛巾、海绵或毛刷进行压敷，以避免把花型赶平或是使裱糊饰面出现死褶。

（3）对于有图案的壁纸，为确保图案的完整性及其整体的连续性，裱糊时可采用拼接法。先对花，后拼缝，从上至下图案吻合后，用刮板斜向刮平，将拼缝处赶压密实；拼缝处挤出的胶液，及时用洁净的湿毛巾或海绵擦除。

对于需要重叠对花的壁纸，可将相邻两幅对花搭叠，待胶黏剂干燥到一定程度时（约为裱糊后 20 ~ 30min），用钢尺或其他工具在重叠处拍实，用刀从重叠搭口中间自上而下切断，随即除去切下的余纸并用橡胶刮板将拼缝处刮压严密平实。注意用刀切割时下力要匀，应一次直落，避免出现刀痕或拼缝处起丝。

（4）为了防止在使用时由于被碰、划而造成墙纸开胶，裱糊时不可在阳角处甩缝，应包过阳角不小于 20mm。阴角处搭接时，应先裱糊压在里面的壁纸或墙布，再裱贴搭在上面者，一般搭接宽度为 20 ~ 30mm；搭接宽度不宜过大，否则其褶痕过宽会影响饰面美观。需要在面装饰造型部位的阳角采用搭接时，应考虑采取其他包角、封口形式的配合装饰措施，由设计确定。与顶棚交接（或与挂镜线及天花阴角线条交接）处应划出印痕，然后用刀、剪修齐，或用轮刀切齐；以同样的方法修齐下端与踢角板或墙裙等的衔接收口处边缘。

（5）遇有基层卸不下的设备或附件，裱糊时可在墙纸上剪口。方法是将壁纸或墙布轻糊于裱贴面凸出物件上，找到中心点，从中心点往外呈放射状剪裁（即所谓“星形剪切”），再使墙纸舒平，用笔描出物件的外轮廓线，轻轻拉起多余的墙纸，剪去不需要的部分，如此沿轮廓线套割贴严，不留缝隙。

（6）顶棚裱糊时，宜沿房间的长度方向，先裱糊靠近主窗的部位。裱糊前先在顶棚与墙壁交接处弹一道粉线，基层涂胶后，将已刷好胶并保持折叠状态的墙纸托起，展开其顶褶部分，边缘靠齐粉线，先敷平一段，然后沿粉线铺平其他部分，直至整幅贴牢。按此顺序完成顶棚裱糊，分幅赶平铺实，剪除多余部分并修齐各处边缘及衔接部位。

（7）清理修整。纸面出现皱纹、死摺时，应趁壁纸未干时，用湿毛巾抹试纸面；使壁纸润湿后，用手慢慢将壁纸舒平，待无皱折时，再用橡胶辊或胶皮刮板赶平。若壁纸已干结，则要撕下壁纸，把基层清理干净后，再重新裱贴。壁纸表面的胶黏剂和斑污应及时揩擦干净。翘边、翻角处应刷胶黏剂粘牢，再用木滚子压实。如果纸面出现小气泡，可用注射针管将气抽出，再注射胶液贴平、贴实，大气泡可用刀在气泡表面切开，挤出气体再用胶粘剂压实。若鼓包内胶黏剂聚集，则用刀开口后将多余的胶黏剂刮去、压实即可。对于在施工中碰撞损坏的壁纸，可采取挖空填补的方法，填补时将损坏的部分割去，然后按形状和大小，对好花纹补上，要求补后不留痕迹。

9.3.6 壁纸裱糊工程的验收

裱糊工程质量应符合下列规定：

（1）壁纸必须粘贴牢固，表面色泽一致，不得有气泡、空鼓、裂缝、翘边、皱折和斑污，斜视时无胶痕。

（2）表面平整、无波纹起伏。壁纸、墙布与挂镜线、顶角线、贴脸板、踢脚线、护墙板压条、窗帘盒紧接，目测不得有明显缝隙。

（3）各幅拼接横平竖直，拼接处花纹、图案吻合，不离缝，不搭接。

（4）阴阳转角垂直，棱角分明，阴角处搭接顺光，阳角处无接缝。

（5）壁纸、墙布边缘平直整齐，不得有纸毛、毛刺。

（6）不得有漏贴、补贴和脱层等。

9.4 壁布、平绒、壁毡和挂毯等墙壁装饰材料

从中世纪末到 18 世纪初，瑞典贵族和富商最先开始使用羊绒、哥白林挂毯、镀金皮革、丝绒绸缎等，掀起了一股以墙布、平绒、壁毡和挂毯为主的墙壁装饰风潮。到了 21 世纪，中低市场的墙纸产业已经完全超越墙布产业，成为工薪阶层家装的首选产品。

但在高端市场，比如别墅、高级会所、五星宾馆、政府高级会客室，甚至包括英国白金汉宫、法国卢浮宫等场所，墙布、挂毯等仍然是主流。壁布、平绒、壁毡和挂毯等以其繁复的生产制作工艺、高雅华贵的纹理一直深受欢迎。

其中壁布的使用量最大。

9.4.1 壁布

主要有：纱线壁布、无纺布、编制类壁布、玻纤壁布、石英壁布、墙基布、海基布、刷漆壁布、软包布等。其中宽幅无缝壁布深受欢迎。

（1）玻璃纤维印花贴墙布：它是以中碱玻璃纤维布为基材，表面涂以耐磨树脂，印上彩色图案制成的。特点是美观大方、色彩艳丽、不易褪色、不易老化、防火性能好、耐潮性强、可擦洗。缺点是容易断裂和老化。

（2）无纺贴墙布：它是采用棉、麻等天然纤维或涤纶、腈纶等合成纤维，经过无纺成型上树脂、印制彩色花纹而成的一种贴墙材料。特点是富弹性，不易折断老化，表面光洁而有毛绒感，不易褪色，耐磨、耐晒、耐湿，具有一定的透气性，可擦洗。

（3）纯棉装饰墙布：它是以纯棉平布经过处理、印花、涂层制作而成，特点是强度大、静电小、不易变形，无光、吸音、无毒、无味。缺点是表面易起毛，不能擦洗。

（4）化纤装饰贴墙布：它又称人造纤维装饰贴墙布，种类繁多，常见的有用粘胶纤维、醋酸纤维、三酸纤维、聚丙烯、腈纤维、锦纶、聚酯纤维等人造纤维制成的化纤装饰贴墙布。特点是花纹图案新颖美观，色彩调和，无毒无味，透气性好，不易褪色，只是不宜多擦洗；又因基布结构疏松，若墙面有污渍则易渗透露出。

（5）锦缎墙布：它是以锦缎制成。特点是花纹艳丽多彩，质感光滑细腻，不易长霉，但价格昂贵。

（6）织物墙布：它又称艺术墙布，是用棉、麻等植物纤维与化学纤维混合织成。特点是拉力较好，色彩典雅文静，自然感强，透气性好。缺点是表面容易起毛，不能擦洗。

（7）丝绸墙布：它是用丝绸织物与纸张胶合而成。特点是质地柔软，色彩华丽，豪华

高雅。

（8）石英壁布：由天然材料，诸如石英砂、苏打、石灰和白云石在高达 1200℃的温度下制成的纤维，经特种纺织加工而成。具有无与伦比的安全性和环保性能。石英壁布是一种新型的绿色环保建材，是功能性、环保性、安全性兼具的内墙装饰材料。

9.4.2 挂毯

挂毯是指挂在墙壁、廊柱上作装饰用的地毯类工艺品，也叫壁毯。是一种供人们欣赏的室内墙挂艺术品，故又称艺术壁挂。挂毯要求图案花色精美，常用纯羊毛、蚕丝、麻布等手工或机械编织而成。近年来混纺纤维或化学纤维也已大量使用。

挂毯的图案题材十分丰富。挂毯不仅具有装饰性，还有欣赏性，它所反映出的时代特征又使得这一艺术品具有一定的收藏价值。挂毯图案设计的一个重要方面是取材于优秀的绘画名作，秀丽的山川、动物花鸟、摄影作品等均可作为挂毯图案的设计内容。采用挂毯装饰室内，不仅能产生高雅的艺术美感，同时还可增添室内安逸平和的气氛。在高级宾馆、会客大厅、会议大厅、家庭居室内随处可见挂毯艺术的魅力。

主要有：毛织挂毯、丝织挂毯、亚麻挂毯、混纺挂毯等粗毛呢料或纺毛化纤织物及麻类织物，质感粗实厚重，具有温暖感，吸声性能好，还能从纹理上显示出厚实、古朴等特色，适用于高级宾馆等公共厅堂柱面的裱糊装饰。

9.4.3 壁毡

壁毡是采用棉、麻等天然纤维或涤纶、腈纶等合成纤维，经过染色，采用无纺技术赶压、切割成型的一种贴墙材料。特点是保持纤维的天然个性、颜色丰富、富弹性，不易折断老化，表面有毛绒感，不易褪色，耐磨、耐晒、耐湿，具有一定透气性，可擦洗。

9.4.4 皮革

皮革分为天然皮革（真皮）、再生皮革、人造革（PU/PVC）。真皮是从牛、羊、猪、马、鹿或某些其他动物身上剥下的原皮，经皮革厂加工后，制成具有各种特性、强度、手感、色彩、花纹的皮具材料，是现代真皮制品的必需材料，见图 9-5。其中，牛皮、羊皮和猪皮是制革所用原料的三大皮种。

图 9-5 皮革

9.4.4.1 真皮

真皮又有头层皮和二层皮区分。真皮一般是由表皮层（去掉）、真皮层、网状层、皮下层（去掉）等组成。按生产方式可分为：铬鞣皮、半植鞣皮、全植鞣皮（烤皮）。可加工成油蜡皮、水染皮、摔纹皮、纳帕皮、打蜡皮、压花皮、修面皮、漆光皮、磨砂皮、贴膜皮、印花皮、裂纹皮、反绒皮。

（1）头层皮是指带有粒面（真皮层）的牛、羊、猪皮等，皮面有自然特殊的纹路效果。进口皮可能还有烙印。全粒面皮可以从毛孔粗细和疏密度来区分属于何种动物皮革。牛皮种类较多，如：黄牛皮、水牛皮、奶牛皮、牦牛皮和犏牛皮等，黄牛皮质最好；水牛皮的毛孔较粗且疏些，是单一的，粒面凹凸感强。羊皮主要包括绵羊皮、山羊皮、混种羊皮，羊皮的毛孔则更细更密，纹路特别像铜钱；山羊皮多用于制鞋，绵羊皮多用于服装。猪皮因其毛的规则是 3 根一小撮的呈“品”字形分布，故极易区分，一般多用人工饲养的猪皮，还有野猪皮。

（2）二层皮没有真皮层，是纤维组织（网状层），经化学材料喷涂或覆上 PVC、PU 薄膜加工而成，因此，区分头层皮和二层皮的有效方法，是观察皮的纵切面纤维密度。头层皮由又密又薄的真皮层及与其紧密相连的稍疏松的网状层共同组成，具有良好的强度、弹性和工艺可塑性等特点。二层皮则只有疏松的纤维组织层（网状层），只有在喷涂化工原料或磨面后才能用来制作皮具制品，它保持着一定的自然弹性和工艺可塑性，但强度稍差，其做法要求同头层皮相似。不同的是它有绒毛效果，能产生一系列不同于头层的效果。一般牛绒和猪绒应用较多，另有用于特殊工艺擦拭的鹿绒，还有现今流行的各种皮革。皮面加工工艺有些不同，但区分方法一样。

9.4.4.2 再生皮

国外又名皮糠纸。将各种动物的废皮及真皮下脚料粉碎后，调配化工原料加工制作而成。是用于装饰和皮具、家具、书本封面普遍使用的辅助材料。作为中间夹层，再生皮以其无与伦比的质感、弹性、坚韧性、抗湿能力和加工适应性取代纸板；作为面料，再生皮经过压花、印花、PU 复合等工序可以呈现出各种效果。据不完全统计，目前我国每年需从国外进口 8400 多吨的再生皮。其表面加工工艺同真皮的修面皮、压花皮一样，特点是皮张边缘较整齐、利用率高、价格便宜；但皮身一般较厚，强度较差，只适宜制作平价公文箱、拉杆袋、球杆套等定型工艺产品和平价皮带，其纵切面纤维组织均匀一致，可辨认出流质物混合纤维的凝固效果。

9.4.4.3 人造革

也叫仿皮或胶料，是 PVC 和 PU 等人造材料的总称。

它是在纺织布基或无纺布基上，由各种不同配方的 PVC 和 PU 等发泡或覆膜加工制作而成，可以根据不同强度、耐磨度、耐寒度和色彩、光泽、花纹图案等要求加工制成，具有花色品种繁多、防水性能好、边幅整齐、利用率高和价格相对于真皮较便宜的特点。

但绝大部分的人造革，其手感和弹性无法达到真皮的效果；它的纵切面可看到细微的气泡孔、布基或表层的薄膜和干干巴巴的人造纤维。它是早期一直到现在都极为流行的一类材料，被普遍用来制作各种装饰材料。它日益先进的制作工艺，正被二层皮的加工制作广泛采用。如今，极具真皮特性的人造革已经面市，它的表面工艺及其基料的纤维组织几乎达到真皮的效果，其价格也相当。

9.5 壁布、平绒、壁毡和挂毯等墙壁装饰材料的施工

壁布、平绒、壁毡和挂毯等墙壁装饰材料可用粘接法或软包法进行施工。

9.5.1 粘接法

9.5.1.1 施工面要求

（1）将室内用821腻子做墙面，使墙面平整、牢固。

（2）防止墙面有气孔、波浪形现象，无明显斑点（色块），阴阳角线垂直。

（3）平整墙面后刷上基膜，刷基膜时边角需到位。待墙面干燥后即可上墙施工。要求基层平整、硬实、无浮灰。面层满刮腻子后，也可以在腻子五六成干时，用塑料刮板有规律地压光，最后用干净的抹布轻轻将表面灰粒擦净。

（4）木质、石膏板等基层处理，要求接缝不显接槎，不外露钉头。接缝、钉眼应用腻子补平并满刮石膏腻子一遍，用砂纸磨平。在纸面石膏板上裱糊塑料壁纸，板面应先用油性石膏腻子局部找平，在无纸面石膏板上做裱糊，板面应先刮一遍乳胶石膏腻子。

（5）对吸收力较强的基面应使用普通水性底漆或经稀释1.5倍的胶水进行预涂封底。对有油渍、旧漆膜等的基面应先打磨后再封底。

9.5.1.2 施工方法

（1）根据墙面结构测量好所需长度，注意墙面高度。并使房间花型和测量长度一一对应，防止张冠李戴现象。

（2）上墙施工前先看好整个房间的造型，哪些关键部位需要特别注意的做到心中有数。

（3）接下来把胶粉混合清水充分调匀成糊状（没有固体粉点），再倒入胶浆，把混合液调成稀稠状（浓度根据墙布的厚薄调节），均匀刷上墙面。每平方米壁布理论用胶量为近似壁布本身的平方克重。即较薄或疏松的壁布在110g/m^{2}左右；较厚或致密的壁布在160g/m^{2}左右；提花壁布在280g/m^{2}左右。

（4）粘贴：以房间的较隐蔽处为起点，从左往右，一人在上口用专用工具均匀定位（控制好布面松紧度，这点关系到阴角能否做到位、做得漂亮），一人在下面拿布并按定位速度同步展开墙布，直至整个房间无缝闭合。使接缝布边缘保持刚好接触为宜，任何抵紧、重叠或疏离均将影响接缝效果。同时对缝过程中，除保证图案花型顺序外，请特别注意编织纹理顺序（凹凸顺序）。

（5）割出窗、门、开关、空调口的位置，开割前一定要事先考虑周到，不能盲目下刀。

（6）阴阳角的处理：先做阴角，在阴角处裁断，在阳角处包转。壁布的接缝应保证距阳角30cm以上。左手用大刮板顶住阴角处定位，右手用大刮板顺势刮下，至底边。阳角用专用熨斗压烫，使墙面棱角分明。对较厚的壁布，建议在转阳角前先用湿布将转角处的壁布湿润。

（7）平面用大刮板均匀压合；最后在边角部位打上玻璃胶。

（8）施工完成后检查一遍，如有气泡、空鼓的地方，用熨斗重新压合，确保施工质量。对于部分易污染、不耐擦的材料，建议使用高品质的丙烯酸丝光涂料覆盖。

（9）离开施工现场前做好场地的清洁卫生工作。

9.5.2 软包法

软包法是用厚度20mm以下的薄海绵，按大小裁切后粘贴在基底上，然后在海绵上

图 9-6 软包法

用泡钉或压条及胶铺设壁布、皮革、壁毡和挂毯的一种装饰方法。由于其基底多加了一层海绵，无论在装饰美化方面还是隔音保温方面都得到了提高。适用于小面积装饰面的施工，突出了材料的质感，见图 9-6。

9.5.2.1 裁切

（1）海绵要按设计要求量出施工面的大小进行裁切。如采用压条固定或造型，则要按造型分块裁切海绵，并留出压条的宽度。

（2）面料的裁切要大于施工面 2 ~ 5cm。

9.5.2.2 粘贴方法

（1）在施工面上画出造型，用专用胶涂抹于基面，将海绵分块粘贴上去。并等其干燥。

（2）在海绵上均匀刷胶，将裁切好的面料粘贴在海绵上并铺平。用收口条、压条将四边压平收口。如使用泡钉则直接将面料向内折边，将四周钉牢。

（3）按设计好的图案，用压条将面料压入海绵槽内，边压边调整，使造型棱角分明，用钉固定压条。

如用泡钉造型，则按设计图案均匀地钉入泡钉，如图 9-7 所示。

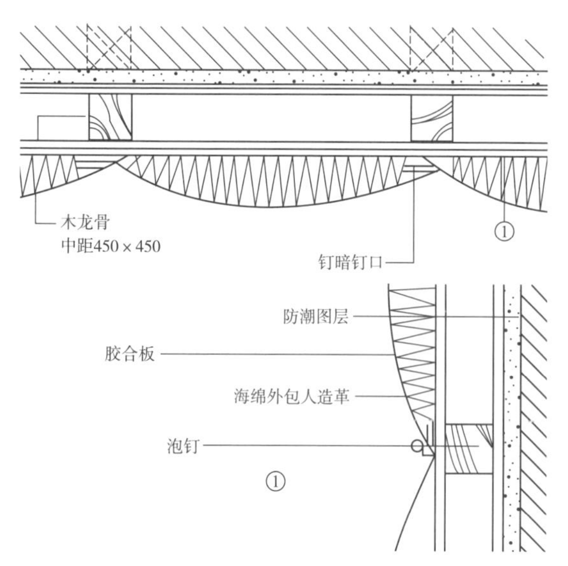

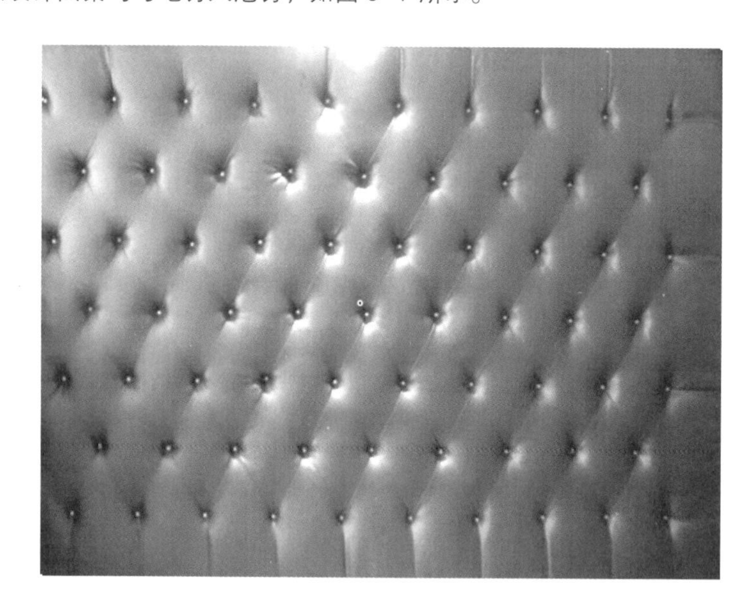

图 9-7 泡钉造型（单位：mm）

第10章 建筑装饰塑料及其施工方法

图 10-1 塑料颗粒

建筑装饰塑料是指用于建筑装饰工程的各种塑料及其制品，这类材料在一定的温度和压力下具有较大的塑性，容易做成所需的各种形状、尺寸的制品，而成型后，在常温下又能保持已得的形状和必需的强度，是一种理想的可替代木材、部分钢材和混凝土等传统建筑材料的新型材料，如图 10-1 所示。

10.1 塑料的组成

塑料是以合成树脂为基本材料，再按一定比例加入填料、增塑剂、固化剂、着色剂及其他助剂等经加工而成的材料。

10.1.1 合成树脂

合成树脂按生成时化学反应的不同，可分为聚合（加聚）树脂（如聚氯乙烯、聚苯乙烯）和缩聚（缩合）树脂（如酚醛、环氧、聚酯等）；按受热时性能变化的不同，又可分为热塑性树脂和热固性树脂。由热塑性树脂制成的塑料称为热塑性塑料。热塑性树脂受热软化，温度升高逐渐熔融，冷却时重新硬化，这一过程可以反复进行，对其性能及外观均无重大影响。聚合树脂属于热塑性树脂，其耐热性较低，刚度较小，抗冲击性、韧性较好。

10.1.2 填料

填料又称填充剂，它是绝大多数塑料中不可缺少的原料，通常占塑料组成材料的 40% ~ 70%。常用的填料有滑石粉、硅藻土、石灰石粉、云母、石墨、石棉、玻璃纤维等，还可用木粉、纸屑、废棉、废布等。

10.1.3 增塑剂

增塑剂的作用是增加塑料的可塑性、柔软性、弹性、抗震性、耐寒性及延伸率等，但会降低塑料的强度与耐热性。常用的增塑剂有邻苯二甲酸二甲酯、邻苯二甲酸二丁酯、邻苯二甲酸二辛酯、磷酸三苯酯等。

10.1.4 固化剂

固化剂又称硬化剂，其主要作用是使线型高聚物交联成体型高聚物，使树脂具有热固性。如环氧树脂常用的胺类（乙二胺、二乙烯三胺、间苯二胺），某些酚醛树脂常用的六亚甲基四胺（乌洛托品）、酸酐类（邻苯二甲酸酐、顺丁烯二酸酐）及高分子类（聚酰胺树脂）。

10.1.5 其他助剂

为了改善或调节塑料的某些性能，以适应加工和使用的特殊要求，可在塑料中掺加各种不同的助剂，如着色剂、稳定剂、阻燃剂、发泡剂、润滑剂、抗老化剂等。

10.1.6 塑料的应用

塑料在建筑中的应用十分广泛，几乎遍及各个角落，见图 10-2，按制品的形态可分为以下几种：

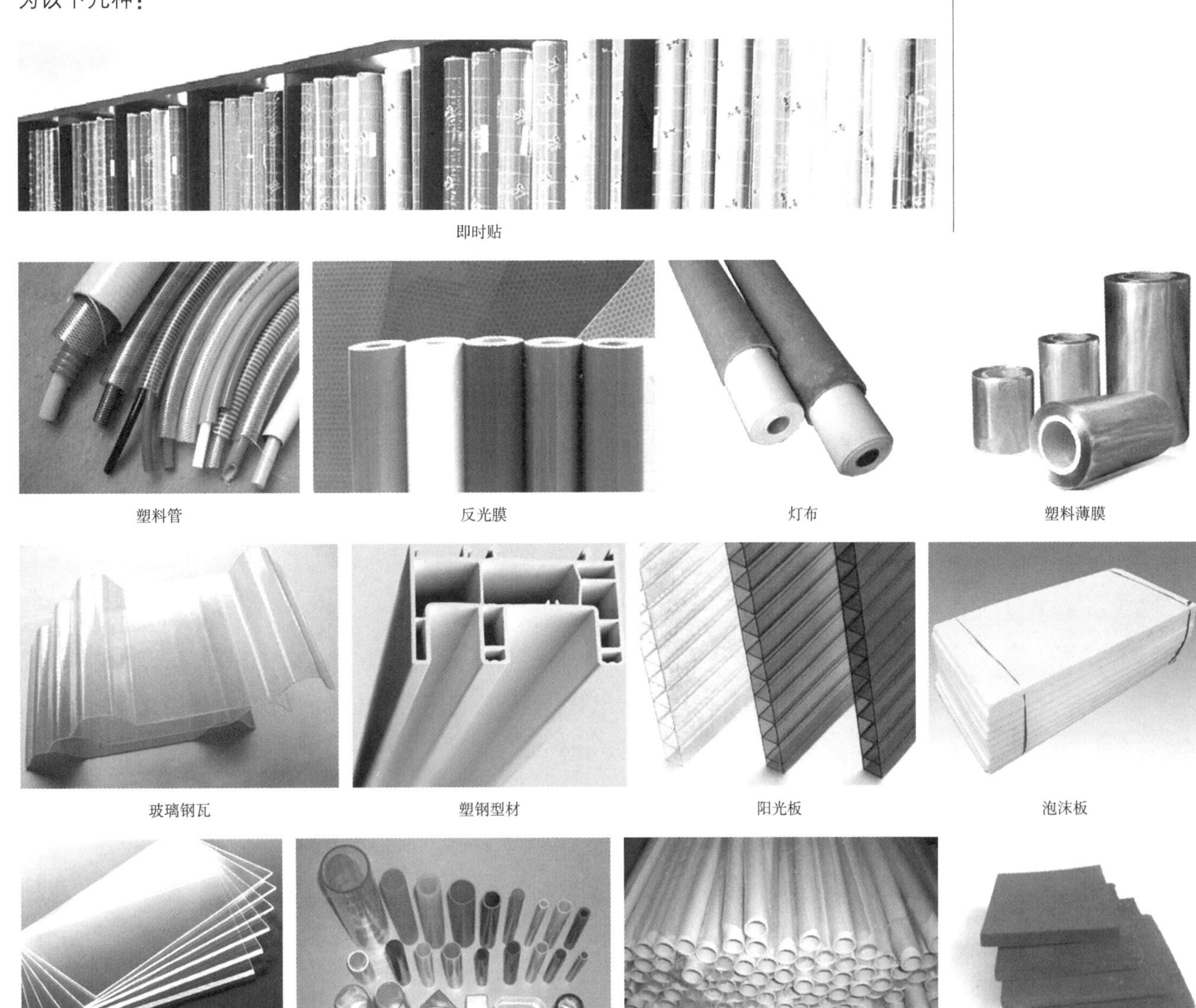

图 10-2 塑料的应用

（1）薄膜制品，主要用作壁纸、印刷饰面薄膜、防水材料及隔离层等。

（2）薄板，塑料装饰板材、门面板、铺地板、彩色有机玻璃等。

（3）异型板材，主要用作玻璃钢屋面板、内外墙板。

（4）异型管材，主要用作塑料门窗及楼梯扶手等。

（5）管材，主要用作给排水管道系统。

（6）泡沫塑料，主要用作绝热材料。

（7）模制品，主要用作建筑五金、卫生洁具及管道配件。

（8）复合板材，主要用作墙体、屋面、吊顶材料。

（9）盒子结构，主要由塑料部件及装饰面层组合而成，用作卫生间、厨房或移动式房屋。

10.2 塑料地板的特性和分类

10.2.1 塑料地板的特性

塑料地板是以高分子合成树脂为主要材料，加入其他辅助材料，经一定的制作工艺制成的预制块状、卷材状或现场铺涂整体状的地面材料。其铺装效果见图 10-3。

图 10-3 塑料地板铺装效果

塑料地板有许多优良性能：

（1）良好的装饰性能。塑料地板通过印花、压花等制作工艺，表面可呈现丰富绚丽的图案。不但可仿木材、石材等天然材料，而且可任意拼装组合成变化多端的几何图案，使室内空间活泼、富于变化，具有现代气息。

（2）功能多变，适应面广。通过调整材料的配方和采用不同的制作工艺，可得到适应不同需要、满足各种功能要求的产品。

（3）质轻，耐磨性好。塑料地板单位面积的质量在所有铺地材料中是最轻的（每平方米仅 3kg 左右），可大大减小楼面荷载。其耐磨性是除花岗岩和瓷砖之外最为理想的。PVC 地面卷材地板经 12 万人次的通行，磨损深度不超过 0.2mm。

（4）回弹性好，脚感舒适。其坚固性和柔软性适当，回弹性好，能减轻步行的疲劳感；同时塑料地板可做成加厚型或发泡型，导热系数适宜，令脚感舒适而不感到生冷。

（5）施工、维修、保养方便。塑料地板施工为干作业，在平整的基层上可直接粘贴，特别是卷材地板直接铺设即可，极为简单。块材塑料地板局部损坏可及时更换，不影响大局，见图 10-4。使用过程中，塑料地板可用温水擦洗，不需特殊养护。

图 10-4　块材塑料地板

10.2.2　塑料地板的分类

（1）按所用的树脂可分为聚氯乙烯（PVC）塑料地板、聚丙烯树脂塑料地板、氯化聚乙烯树脂塑料地板。目前，国内普遍采用的是 PVC 塑料地板，第二、第三类塑料地板较少生产。

（2）按生产工艺可分为压延法、热压法、注射法。我国塑料地板的生产大部分采用压延法。采用热压法生产的较少，注射法则更少。

（3）按材质可分为硬质、半硬质片材和软质卷材。目前采用的多为半硬质地板和硬质地板。

（4）按其外形可分为块材地板和卷材地板。按其结构特点又可分为单色地板、透底花纹地板和印花压花地板。

10.2.3　常见 PVC 塑料地板的种类

10.2.3.1　PVC 块材地板——石塑地板

石塑地板又称为石塑地砖，正规的名称应该是“PVC 片材地板”，是一种高科技研究开发出来的高品质新型地面装饰材料，采用天然大理石粉构成高密度、高纤维网状结构的坚实基层，表面覆以超强耐磨的高分子 PVC 耐磨层，产品纹路逼真美观，超强耐磨，表面光亮而不滑，堪称 21 世纪高科技新型材料的典范。

石塑地板属于 PVC 地板的一个分类，众所周知 PVC 地板分为卷材和片材，石塑地板即专指片材。从结构上主要分为同质透心片材、多层复合片材、半同质透心片材；从形状上分为方形材和条形材。

（1）同质透心片材，是指上下同质透心，即从面到底、从上到下都是同一种花色的片材。

（2）多层复合片材由多层结构叠压形成，一般包括高分子耐磨层（含 UV 处理）、印花膜层、玻璃纤维层、基层等。

（3）半同质透心片材就是在同质透心片材的表面加入了一层耐磨层，以增加其耐磨性及耐污性。

（4）方形材是指规格为方块的片材，常见规格有：12” ×12”（304.8mm×304.8mm）、18” ×18”（457.2mm×457.2mm）和 24” ×24”（609.6mm×609.6mm）。

（5）条形材就是规格为长条形状的片材，常见规格有：4” ×36”（101.6mm×914.4mm）、6” ×36”（152.4mm×914.4mm）、4” ×46”（100mm×1200mm） 和 8” ×36”（203.2mm×914.4mm），厚度均为 1.2 ~ 5.0mm，厚度越厚的产品，其各方面性能越好。

与其他地面装饰材料相比，石塑地板有以下优点：

（1）绿色环保。生产石塑地板的主要原料是天然石粉，经国家权威部门检测不含任何放射性元素，是绿色环保的新型地面装饰材料。任何合格的石塑地板都需要经过 ISO9000 国际质量体系认证以及 ISO14001 国际绿色环保认证。

（2）超轻超薄。石塑地板只有 2 ~ 3mm 厚，每平方米重量仅为 2 ~ 3kg，不足普通面材的 10%。高层建筑中在楼体承重和空间节约方面有着无可比拟的优势，同时在旧楼改造中有着特殊的优势。

（3）超强耐磨。石塑地板表面有一层特殊的经高科技加工的透明耐磨层，其耐磨转数可达 300000 转。在传统的地面材料中较为耐磨的强化木地板耐磨转数仅为 13000 转，好的强化地板也仅有 20000 转。表面经特殊处理的超强耐磨层充分保证了地面材料优异的耐磨性，石塑地板表面的耐磨层在正常情况下可使用 5 ~ 10 年，耐磨层的厚度及质量直接决定了石塑地板的使用时间，标准测试结果显示 0.55mm 厚的耐磨层地面可以在正常情况下可使用 5 年以上，0.7mm 厚的耐磨层地面足以使用 10 年以上，所以更是超强耐磨的。

（4）高弹性和超强抗冲击性。石塑地板质地较软，所以弹性很好，在重物的冲击下有着良好的弹性恢复能力，同时具有很强的抗冲击性，重物冲击不会对其造成损坏。

（5）超强防滑。石塑地板表层的耐磨层有特殊的防滑性，而且与普通的地面材料相比，石塑地板在沾水的情况下脚感更涩，更不容易滑到。所以在对公共安全要求较高的公共场所，如机场、医院、幼儿园、学校等石塑地板是首选的地面装饰材料，近年来在中国已经非常普及。

（6）防火阻燃。质量合格的石塑地板防火指标可达 B1 级，B1 级即防火性能非常出色，仅次于石材。

（7）防水、防潮、耐酸碱腐蚀。由于石塑地板主要成分是乙烯基树脂，对水无亲和力，只要不是长期浸泡就不会受损，并且不会因为湿度大而发生霉变。

（8）吸音防噪。石塑地板有普通地面材料无法相比的吸音效果，其吸音可达 20 分贝，所以石塑地板可在需要安静的环境如医院病房、学校图书馆、报告厅、影剧院等使用。

（9）接缝小及无缝焊接。特殊花色的石塑地板经严格的施工安装，其接缝非常小，远观几乎看不见接缝，这是普通地板无法做到的，也因此可以将地面的整体效果及视觉效果最大限度地优化。

（10）安装施工快捷。石塑地板裁切简单、安装施工快捷，用专用环保地板胶粘合，24 小时后就可以使用。

（11）花色品种繁多。石塑地板花色品种繁多，如地毯纹、石纹、木地板纹等，甚至可以实现个性化订制。纹路逼真美观，配以丰富多彩的附料和装饰条，能组合出绝美的装饰效果，见图 10-5。

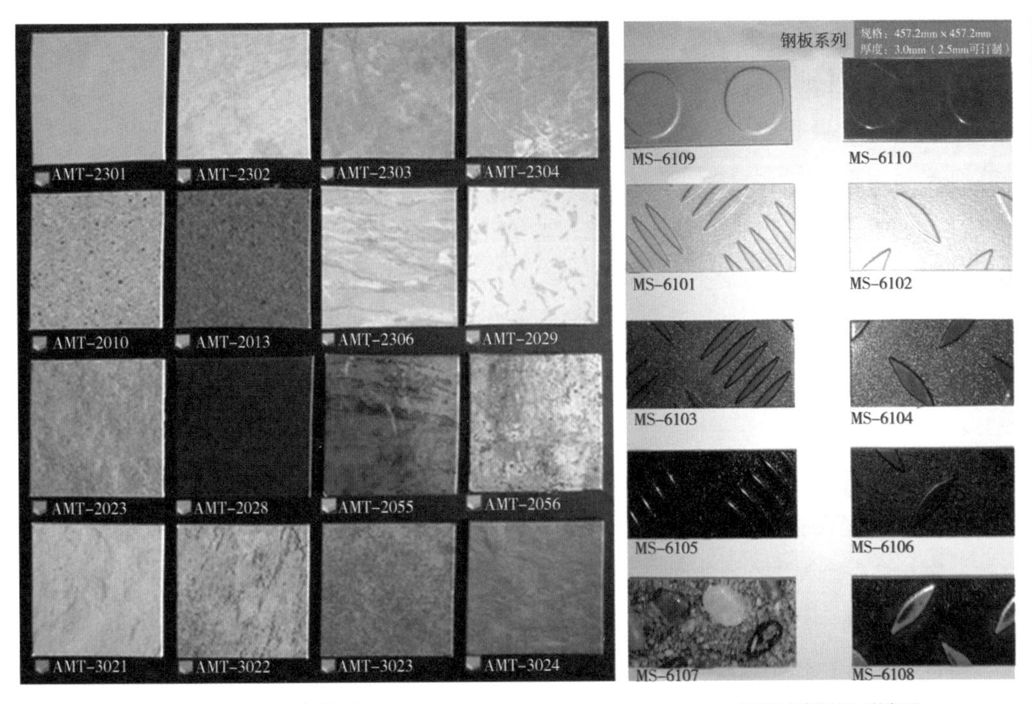

塑胶地板仿石材　　塑胶地板仿钢板、鹅卵石

图 10-5 石塑地板

（12）导热保暖。石塑地板导热性能良好，散热均匀，且热膨胀系数小，比较稳定。在欧美以及日韩等国家和地区，石塑地板是地暖导热地板的首选产品，非常适合家庭铺装，尤其是我国北方寒冷地区。

（13）保养方便。石塑地板的保养非常方便，地面脏了用拖布擦拭即可。如果想保持地板持久光亮的效果，只需定期打蜡维护即可，其维护次数远远低于其他地板。

10.2.3.2 PVC 地面卷材

PVC 地面卷材又称 PVC 地板革，即阻燃橡塑地板革。是一种新型的铺地材料。它是以 PVC 树脂为主要原料，假如稳定剂、增塑剂、阻燃剂等适量助剂，经过造粒、挤出成型等工艺制得，地板的花色品种繁多，如地毯纹、石纹、木地板纹等该产品广泛用于建筑装饰等行业的铺地，见图 10-6。

PVC 卷材地板的规格一般为宽度 1800mm、2000mm；长度 20m/ 卷、30m/ 卷；厚度 1.5mm（家用）、2.0mm（公共建筑）。

图 10-6 PVC 地面卷材

10.2.3.3 橡胶地板卷材

1. 橡胶地板的特点

橡胶地板的材质密度非常高，坚固耐用，不仅可以用于室内，而且还可以用于室外，与其他材料相比，具有独特的优越性。

（1）抗压性强，耐冲击，具有超强耐磨特性，摩擦系数大，有弹性，减震防滑，具有很强的防护性能。

（2）耐候性、耐温性能好，而且还具有很好的抗紫外线和防静电性能，能够满足不同场所的需求。目前，橡胶地板被大量用于幼儿园、学校、养老院、健身房、体育场馆、公共走道等场所。

（3）安全、环保性能好，并有超强的吸音性能，能够最大限度地吸收噪音和回声，经国家级检测，其吸音数值可达 13 分贝，特别适合要求宁静的工作环境。橡胶地板安全、无毒，不用担心对人体造成危害，而且不会滋生微生物，更加健康。

（4）橡胶地板规格多样、色彩丰富、不反光、饰面美观大方，可以随意组合出多种图案，能够满足绝大多数人的需求。

2. 橡胶地板的应用范围

橡胶地板的应用见图 10-7。

图 10-7 橡胶地板的应用

目前橡胶地板的应用范围主要包括如下 6 大类：

（1）体育运动场所。主要包括幼儿园、托儿所、学校操场及活动场、运动场、小跑道、体育赛场、练武馆、军警训练场。

（2）休闲娱乐场所。即儿童游乐场、健身房、老年活动中心、康体中心、练功房、舞蹈房、洗浴中心、游泳池岸边。

（3）公共场所及市政设施。主要有人行道、过街天桥、地下通道、公园、码头、机场、船舰甲板、商场等需要防滑的场所。

（4）发电厂、普通变电所及配电室、实验室、精密仪器室、计算机房等场所，以及会议室、图书馆等需要消音或要求防电绝缘的场所应用也很普遍。

（5）写字楼、办公楼、宾馆、高档饭店走廊、住宅小区、露天活动广场。

（6）家庭中的使用，主要是洗浴间、阳台、露台等场所。

10.3　塑料地板的施工

由于众多现代建筑物楼地面的特殊使用需求，塑料地板材料的应用日益广泛，产品种类及材料品质不断发展，已成为不可缺少的当代建筑地面铺装材料。无论是用于现代办公楼及大型公共建筑物（如宾馆、医院、商场等），还是用于有防尘超净、降噪超静、防静电等要求的室内楼地面（如电教室、实验室、影剧院等），塑料地板不仅在艺术效果方面富有高雅的质感，而且可以最大限度地节约自然资源。

塑料地板以其脚感舒适、不易沾尘、噪声较小、防滑耐磨、保温隔热、色彩鲜艳、图案多样、施工方便等优点，在世界各国得到广泛应用。

10.3.1　石塑地板的铺贴

10.3.1.1　品种与规格

石塑地板的品种见图 10-8。

图 10-8　石塑地板品种

规格

宽 × 长：101.6mm × 914.4mm

152.4mm × 914.4mm

203.2mm × 914.4mm

452mm × 452mm

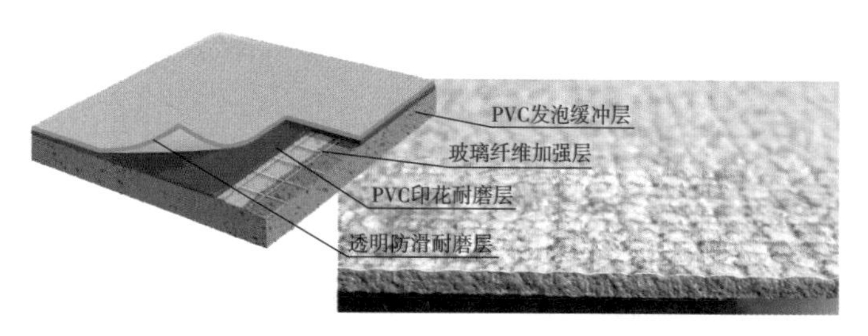

图 10-9 石塑地板构成

厚度：2.5mm、3.0mm

耐磨厚度：0.2mm、0.3mm、0.55mm、0.7mm

10.3.1.2 技术性能

1. 石塑地板构成

石塑地板的构成见图 10-9。

半硬质聚氯乙烯塑料地板的产品外观要求，应符合表 10-1 中的规定。

表 10-1 半硬质聚氯乙烯塑料地板的产品外观要求

外观缺陷的种类	规定指标
缺口、龟裂、分层	不可有
凹凸不平、纹痕、光泽不均、色调不匀、污染、伤痕、异物	不明显

2. 尺寸偏差

硬质聚氯乙烯石塑地板产品的尺寸偏差，应符合表 10-2 中的规定。

表 10-2 硬质聚氯乙烯塑料地板产品的尺寸偏差 单位：mm

厚度极限偏差	长度极限偏差	宽度极限偏差
±0.15	±0.30	±0.30

10.3.1.3 施工工艺

1. 料具的准备

（1）材料的准备。石塑地板硬质聚氯乙烯塑料地板铺贴施工常用的主要材料有：自流平水泥、石塑地板以及适用于板材的胶黏剂。

石塑地板可以选用印花面层和彩色基层复合而成的彩色印花塑料地板，它不但具有普通塑料地板的耐磨、耐污染等性能，而且图案多样、高雅美观。

胶黏剂的种类很多，但性能各不相同，因此在选择时要注意其特性和使用方法。常用胶黏剂的特点如表 10-3 所示。

表 10-3 常用胶黏剂的特点

胶黏剂名称	性 能 特 点
氯丁胶	需双面涂胶、速干、初黏力大、有刺激性挥发气味，施工现场要注意防毒、防燃
202 胶	速干、黏结强度大，可用于一般耐水、耐酸碱工程，使用双组分要混合均匀，价格较贵
JY-7 胶	需双面涂胶、速干、初黏力大、毒性低、价格相对较低
水乳型氯乙胶	不燃、无味、无毒、初黏力大、耐水性好，对较潮湿基层也能施工，价格较低
聚醋酸乙烯胶	使用方便、速干、黏结强度好，价格较低，有刺激性，必须防燃，耐水性差
405 聚氯酯胶	固化后有良好的黏结力，可用于防水、耐酸碱等工程，初黏力差，黏结时必须防止位移
6101 环氧胶	有很强的黏结力，一般用于地下室、地下水位高或人流量大的场合，黏结时要预防胺类固化剂对皮肤的刺激，其价格较高
立时得胶	日本产，黏结效果好，干燥速度快
UA 黄胶	美国产，黏结效果好

胶黏剂在使用前必须经过充分拌和均匀后才能使用。对双组分胶黏剂要先将各组分分别搅拌均匀，再按规定的配合比准确称量，然后将两组分混合，再次搅拌均匀后才能使用。胶黏剂不用时，千万不能打开容器盖，以防止溶剂挥发，影响其质量。使用时每次取量不宜过多，特别是双组分胶黏剂配量要严格掌握，一般使用时间不超过 2 ~ 4h。另外，

溶剂型胶粘剂易燃且带有刺激性气味，所以在施工现场严禁明火和吸烟，并要求有良好的通风条件。

（2）施工工具准备。石塑地板的施工工具主要有：涂胶刀、划线器、橡胶辊筒、橡胶压边辊筒见图 10-10。另外还有裁切刀、墨斗线、钢直尺、皮尺、刷子、磨石、吸尘器等。

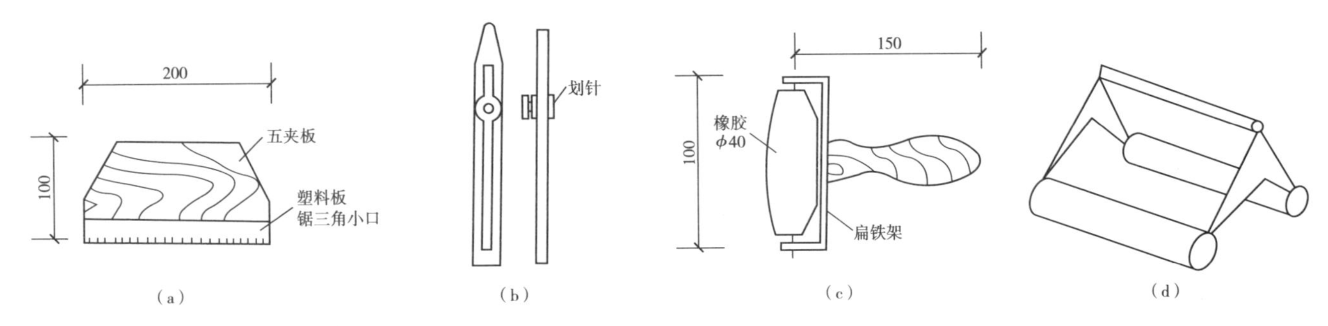

图 10-10　塑料地板施工工具（单位：mm）

（a）涂胶刀；（b）划线器；（c）橡胶辊筒；（d）橡胶压边辊筒

2. 基层处理

基层不平整、含水率过高、砂浆强度不足或表面有油迹、尘灰、砂粒等，均会产生各种质量弊病。石塑地板最常见的质量问题有：地板起壳、翘边、鼓泡、剥落及不平整等。因此，要求铺贴的基层平整、坚固、有足够的强度，各阴阳角必须方正，无污垢灰尘和砂粒，含水率不得大于 8%。不同材料的基层，要求是不同的。

（1）水泥砂浆和混凝土基层。在水泥砂浆和混凝土基层上铺贴塑料地板，基层表面用 2m 直尺检查，允许空隙不得超过 2mm。如果有麻面、孔洞等质量缺陷，必须用自流平水泥进行修补。

（2）水磨石和陶瓷锦砖基层。水磨石和陶瓷锦砖基层的处理，应先用碱水洗去其表面污垢，再用稀硫酸腐蚀表面或用砂轮进行推磨，以增加此类基层的粗糙度。用地面用自流平水泥找平。

（3）木质地板基层。木质地板基层的木格栅应坚实，地面突出的钉头应敲平，板缝可用胶粘剂加老粉配制成腻子，进行填补平整。

3. 石塑地板的铺贴工艺

（1）弹线分格。按照塑料地板的尺寸、颜色、图案进行弹线分格。石塑地板的铺贴一般有两种方式：一种是接缝与墙面成 45° 角，称为对角定位法；另一种是接缝与墙面平行，称为直角定位法。

1）弹线。以房间中心点为中心，弹出相互垂直的两条定位线。同时，要考虑到板块尺寸和房间实际尺寸的关系，尽量少出现小于 1/2 板宽的窄条。相邻房间之间出现交叉和改变面层颜色，应当设在门的裁口线处，而不能设在门框边缘处。在进行分格时，应距墙边留出 200 ~ 300mm 距离作为镶边。

2）铺贴。以上面的弹线为依据，从房间的一侧向另一侧进行铺贴，这是最常用的铺贴顺序，也可以采用十字形、T 形、对角形等铺贴方式，见图 10-11。

（2）裁切试铺。石塑地板铺贴前，对于靠墙处不是整块的石塑板应加以裁切，其方法是在已铺好的石塑板上放一块石塑板，再用一块石塑板的右边与墙紧贴，沿另一边在石塑板上划线，按线裁下的部分即为所需尺寸的边框。石塑板裁切以后，即可按弹线进行试

(a)

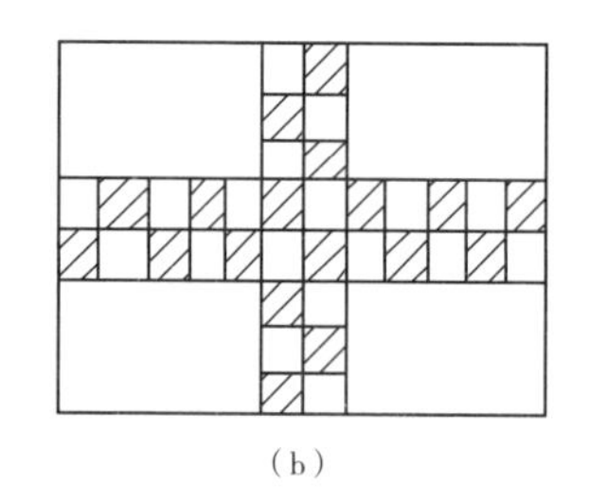

(b)

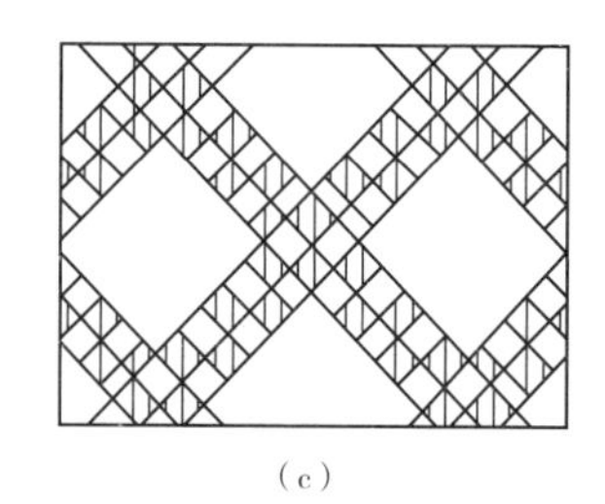

(c)

图10-11 石塑地板的铺贴方式
(a) T形；(b) 十字形；(c) 对角形

铺。试铺合格后，应按顺序编号，以备正式铺贴。

（3）刮胶。石塑地板铺贴刮胶前，应将基层清扫干净，并先涂刷一层薄而匀的底子胶。涂刷要均匀一致，越薄越好，且不得漏刷。底子胶干燥后，方可涂胶铺贴。

如用溶剂型胶黏剂，一般应在涂布后晾干到手触不粘手，再进行铺贴。用PVA等乳液型胶黏剂时，则不需要晾干，涂胶后即可铺贴。

（4）铺贴。石塑地板铺贴主要控制三个方面的问题：一是石塑地板要粘贴牢固，不得有脱胶、空鼓现象；二是缝格顺直，避免发生错缝；三是表面平整、干净，不得有凹凸不平及破损与污染。在铺贴中注意以下几个方面：

1）石塑地板接缝处理，黏结坡口做成同向顺坡，搭接宽度不小于300mm。

2）铺贴时，切忌整张一次贴上，应先将边角对齐黏合，轻轻地用橡胶辊筒将地板平伏地粘贴在地面上，在准确就位后，用橡胶辊筒压实或用锤子轻轻敲实。用橡胶锤子敲打应从一边向另一边依次进行，或从中心向四边敲打。

3）铺贴到墙边时，可能会出现非整块地板，应准确量出尺寸，现场裁割。裁割后再按上述方法一并铺贴。

（5）清理。铺贴完毕后，应及时清理石塑地板表面，特别是施工过程中因手触摸留下的胶印。对溶剂胶黏剂，用棉纱蘸少量松节油或200号溶剂汽油擦去从缝中挤出来的多余胶；对水乳胶黏剂，只需要用湿布擦去。最后上地板蜡。

10.3.2 PVC地板卷材的铺贴

PVC地板卷材用于需要耐腐蚀、有弹性、高度清洁的房间，这种地面造价高、施工工艺复杂。PVC塑料地板可以在多种基层材料上粘贴，基层处理、施工准备和施工程序基本上与半硬质塑料地面相同。

10.3.2.1 料具准备工作

（1）根据设计要求和国家的有关质量标准，检验软质聚氯乙烯塑料地板的品种、规格、颜色与尺寸。

（2）胶黏剂。胶黏剂应根据基层材料和面层的使用要求，确定其品种，通常采用专用胶黏剂比较适宜。

（3）焊枪。焊枪是塑料地板连接的机具，其功率一般为400～500W，枪嘴的直径宜与焊条直径相同。

（4）鬃刷。鬃刷是涂刷胶黏剂的专用工具，其规格为5.0cm或6.5cm。

（5）V形缝切口刀。V形缝切口刀是切割软质塑料地板V形缝的专用刀具。

（6）压辊。压辊是用以推压焊缝的工具。

（7）自流平水泥。

10.3.2.2 PVC 卷材的铺贴

1. 材料准备

根据房间尺寸大小，从 PVC 卷材上切割料片，由于这种材料切割后会发生纵向收缩，因此下料时应留有一定余地。将切割下来的料片依次编号，以备在铺设时按次序进行铺贴，这样相邻料片之间的色差不会太明显。对于切割下来的料片，应在平整的地面上静置 3 ~ 6d，使其充分收缩，以保证铺贴质量。

2. 定位裁切

堆放并静置后的塑料片，按照编号顺序放在地面上，与墙面接触处应翻上去 2 ~ 3cm。为使卷材平伏，便于裁边，在转角（阴角）处切去一角，遇阳角时用裁刀在阴角位置切开。裁切刀必须锐利，使用过程中要注意及时磨快，以免影响裁边的质量。裁切刀既要有一定的刚性，又要有一定的弹性，在切墙边部位时可以适当弯曲。

卷材与墙面的接缝有两种做法：如果技术熟练、经验丰富，可直接用切刀沿墙线把翻上去的多余部分切去；如果技术不熟练，最好采用先划线、后裁切的做法。料片之间的接缝一般采用对接法。对无规则花纹的卷材比较容易，对有规则图案的卷材，应先把两片边缘的图案对准后再裁切。对要求无接缝的地面，接缝处可采用焊接的方法，即先用坡口直尺切出 V 形接缝，熔入同质同色焊条，表面再加以修整，也可以用液体嵌缝料使接缝封闭。

3. 铺贴施工

粘贴的顺序一般是从一面墙开始。粘贴的方法有两种：一种是横叠法，即把料片横向翻起一半，用大涂胶刮刀进行刮胶，接缝处留下 50cm 左右暂不涂胶，以留作接缝。粘贴好半片后，再将另半片横向翻起，以同样方法涂胶粘贴。另一种是纵卷法，即纵向卷起一半先粘贴，而后再粘贴另一半。卷材地面接缝裁切如图 10-12 所示，卷材粘贴方法如图 10-13 所示。

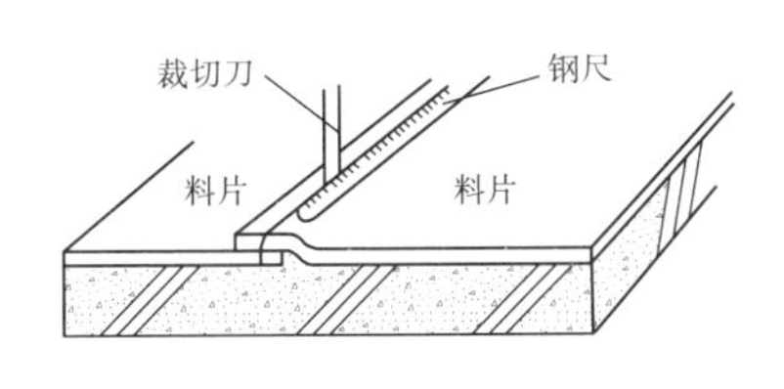

图 10-12 卷材地面接缝裁切

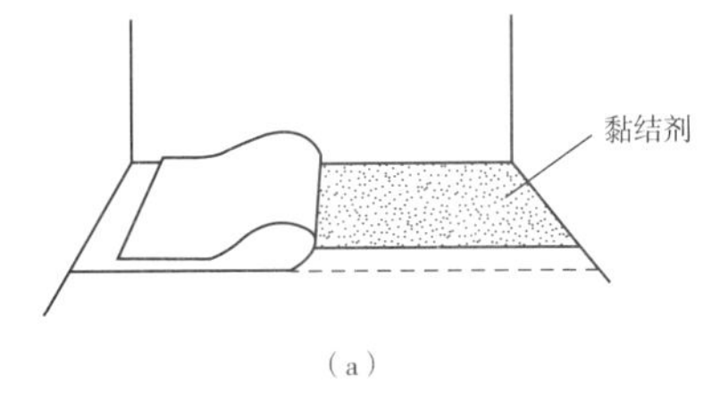

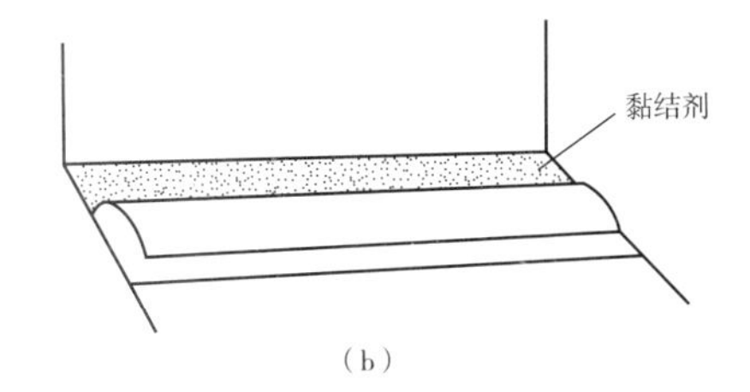

图 10-13 卷材粘贴方法

铺贴时四人分四边同时将卷材提起，按预定弹好的线进行搭接。先将一端放下，再逐渐顺线将其余部分铺贴，离线时应立即掀起调整。铺贴位置准确后，从中间向两边用手或胶辊赶压铺平，切不可先赶压四周，这样不易铺贴平伏且气体不易赶出，严重影响粘贴质量。如果还有未赶出的气泡，应将卷材前端掀起重新铺贴，也可以采用前面所述 PVC 卷材的铺贴方法。

卷材接缝处搭接宽度至少为 20mm，并要居中弹线，用钢尺压线后，用裁切刀将两片叠合的卷材一次切割断，裁刀要非常锋利，尽量避免出现重刀切割。扯下断开的边条，将接缝处的卷材压紧贴牢，再用小铁滚紧压一遍，保证接缝严密。卷材接缝可采用焊接或嵌缝封闭的方法。

4. 焊接

为使焊缝与板面的色调一致，应使用同种塑料板上切割的焊条。粘贴好的塑料地板至少要经过 2d 的养护，才能对拼缝施焊。在施焊前，先打开空压机，用焊枪吹去拼缝中的尘土和砂粒，再用丙酮或汽油将表面清洗干净，以便施焊。

施焊前应检查压缩空气的纯度，然后接通电源，将调压器调节到 100 ~ 200V，压缩空气控制在 0.05 ~ 0.10MPa，热气流温度一般为 200 ~ 250℃，这样便可以施焊。施焊时按 2 人一组进行组合，1 人持枪施焊，1 人用压辊推压焊缝。施焊者左手持焊条，右手握焊枪，从左向右依次施焊，持压辊者紧跟施焊者施压。

为使焊条、拼缝同时均匀受热，必须使焊条、焊枪喷嘴保持在拼缝轴线方向的同一垂直面内，且使焊枪喷嘴均匀上下撬动，撬动次数为 1 ~ 2 次 /s，幅度为 10mm 左右。持压辊者同时在后边推压，用力和推进速度应均匀。

10.3.3 塑胶地板铺贴（见图 10-14）

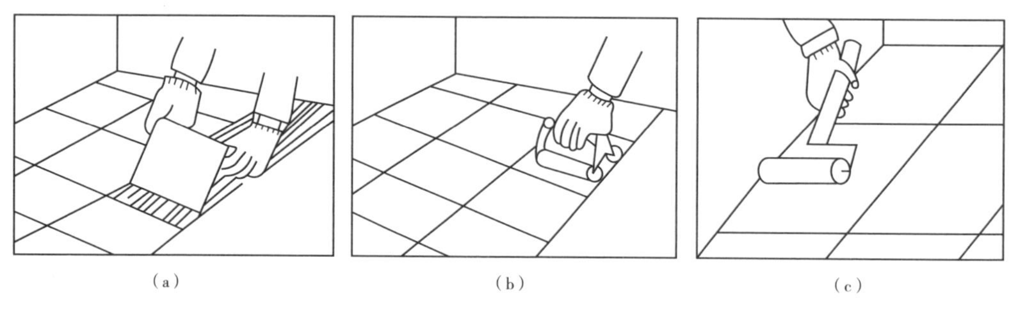

图 10-14 塑胶地板铺贴

（a）地板一端对齐粘合；（b）用橡胶辊筒赶压气泡；（c）压实

10. 3. 3. 1 材料及其特点

塑胶地板又称塑胶地砖，是以 PVC 为主要原料，加入其他材料经特殊加工制成的一种新型塑料。

其底层是一种高密度、高纤维网状结构材料，坚固耐用，富有弹性。表面为特殊树脂，纹路逼真，超级耐磨，光而不滑。一般用于高档地面装饰。

10. 3. 3. 2 施工准备工作

1. 基层准备工作

在地面上铺设塑胶地板时，应在铺贴之前将地面进行强化硬化处理，一般是在素土夯实后做灰土垫层，然后在灰土垫层上做细石混凝土基层，以保证地面的强度和刚度。细石混凝土基层达到一定强度后，再做自流平水泥砂浆找平层和防水防潮层。在楼地面上铺设塑胶地板时，首先应在钢筋混凝土预制楼板上做混凝土叠合层，为保证楼面的平整度，在混凝土叠合层上做水泥砂浆找平层，最后做防水防潮层。

2. 铺贴准备工作

铺贴准备工作主要包括弹线、试铺和编号，主要步骤如下：

（1）弹线。根据具体设计和装饰物的尺寸，在楼地面防潮层上弹出互相垂直，并分别与房间纵横墙面平行的标准十字线，或分别与同一墙面成45° 角且互相垂直交叉的标准十字线。根据弹出的标准十字线，从十字线中心开始，将每块（或每行）塑胶地板的施工控制线逐条弹出，并将塑胶楼地面的标高线弹于两边墙面上。弹线时还应将楼地面四周的镶边线一并弹出（镶边宽度应按设计确定，设计中无镶边者不必弹此线）。

（2）试铺和编号。按照弹出的定位线，将预先选好的塑胶地板按设计规定的组合造型进行试铺，试铺成功后逐一进行编号，堆放在合适位置备用。

10.3.3.3 塑胶地板的铺贴工艺

1. 清理基层

基层表面在正式涂胶前，应将其表面的浮砂、垃圾、尘土、杂物等清理干净，待铺贴的塑胶地板也要清理干净。

2. 裁切与试胶黏剂

在塑胶地板铺贴前，首先要进行试胶工作，确保采用的胶黏剂与塑胶地板相适应，以保证粘贴质量。试胶时一般取几块塑胶地板用拟采用的胶黏剂涂于地板背面和基层上，待胶稍干后（以不粘手为准）进行粘铺。在粘铺4h后，如果塑胶地板无软化、翘边或黏结不牢等现象，则认为这种胶黏剂与塑胶地板相容，可以用于铺贴，否则应另选胶黏剂。

3. 涂胶黏剂

粘贴前，将展开的地板反向卷起约一半，用锯齿形涂胶板将选用的胶黏剂涂于基层表面和塑胶地板背面，注意涂胶的面积不得少于总面积的80%。涂胶时应用刮板先横向刮涂一遍，再竖向刮涂一遍，必须刮涂均匀。

4. 粘铺施工

在涂胶稍停片刻后，待胶膜表面稍干些，将塑胶地板按试铺编号水平就位，并与所弹定位线对齐，把塑胶地板放平粘铺，用橡胶辊将塑胶地板压平粘牢，同时将气泡赶出。接缝沿合缝处翻开相邻的两块地板，将配套的专用连接带放在合缝处下侧，在连接带表面刷胶，先把其中一张板粘住一半连接带，然后将另一半粘在剩余的连接带上，将缝隙靠紧并与相邻板抄平调直，彼此不得有高度差。对缝应横平竖直，不得有不直之处。对要求无接缝的地面，接缝处可采用焊接的方法，即先用坡口直尺切出V形接缝，熔入同质同色焊条，表面再加以修整，也可以用液体嵌缝料使接缝封闭。

5. 质量检查

塑胶地板粘铺完毕后，应进行严格的质量检查。凡有高低不平、接槎不严、板缝不直、黏结不牢及整个楼地面平整度超过0.50mm者，均应彻底进行修正。

6. 镶边装饰

设计有镶边者应进行镶边，镶边材料及做法按设计规定操作。

10.3.3.4 塑胶地板的养护

（1）砂石防护。应该在使用塑胶地板的房门口、大厅门口放置一块砂石防护垫，以预防鞋子将砂石带入房间将地板表面划伤。

（2）物品搬运防护。在搬运物品时，特别是底部有尖锐金属的物品时，不要在塑胶地板上拖拉，以防塑胶地板受伤。

（3）烟火防护。虽然塑胶地板是防火等级为难燃级的地板，不代表塑胶地板就不会被烟火烧伤，因此人们在使用塑胶地板时，不要将燃烧的烟头、蚊香、带电的熨斗、高温的金属物品直接放在塑胶地板上面，以防对塑胶地板造成伤害。

（4）定期对塑胶地板进行保养。塑胶地板清洁使用中性清洁剂，不能使用强酸或强碱的清洁剂，应做好定期清洁维护工作。

10.4 塑料装饰板材

塑料装饰板材是指以树脂为浸渍材料或以树脂为基材，采用一定的生产工艺制成的具有装饰功能的板材。塑料装饰板材以其质量轻、装饰性强、生产工艺简单、施工简便、易于保养、适于与其他材料复合等特点在装饰工程中得到愈来愈广泛的应用。

塑料装饰板材按原材料的不同可分为塑料金属复合板、硬质 PVC 板、三聚氰胺层压板、玻璃钢板、聚碳酸酯采光板、有机玻璃装饰板、复合夹层板等类型。按结构和断面形式可分为平板、波形板、实体异型断面板、中空异型断面板、格子板及夹心板等类型。

10.4.1 硬质 PVC 板

硬质 PVC 板主要用作护墙板、屋面板和平顶板，主要有透明和不透明两种。透明板是以 PVC 为基料，掺加增塑剂、抗老化剂，经挤压而成型。不透明板是以 PVC 为基材，掺入填料、稳定剂、颜料等，经捏和、混炼、拉片、切粒、挤出或压延而成型。硬质 PVC 板按其断面形式可分为平板、波形板和异型板等。

10.4.1.1 平板（亚克力）

亚克力化学名称为聚甲基丙烯酸甲酯，其实就是有机玻璃。具有较好的透明性、化学稳定性和耐候性，易染色、易加工、外观优美，在建筑业中有着广泛的应用。表面光滑、色泽鲜艳、不变形、易清洗、防水、耐腐蚀，同时具有良好的施工性能，可锯、刨、钻、钉，常用于室内饰面、家具台面、广告灯箱、标牌的装饰。常用的规格为 2000mm × 1000mm、1600mm × 700mm、700mm × 700mm 等，厚度为 1mm、2mm 和 3mm 等，见图 10-15。

图 10-15 亚克力样板及亚克力灯箱

10.4.1.2 波形板

硬质 PVC 波形板是具有各种波形断面的板材。这种波形断面既可以增加其抗弯刚度，同时也可通过其断面波形的变形来吸收 PVC 较大的伸缩。其波形尺寸与一般石棉水泥波形瓦、彩色钢板波形板等相同，以便必要时与其配合使用。

硬质 PVC 波形板有两种基本结构：一种是纵向波形板，其板材宽度为 90 ~ 1300mm，长度没有限制，但为了便于运输，一般最长为 5m；另一种为横向波形板，宽度为 500 ~ 800mm，长度为 10 ~ 30m，因其横向尺寸较小，可成卷供应和存放。板材的厚度为 1.2 ~ 1.5mm。

硬质 PVC 波形板可任意着色，常用的有白色、绿色等。透明的波形板透光率可达 75% ~ 85%。

彩色硬质 PVC 波形板可用作墙面装饰，特别是阳台栏板、窗间墙装饰和简单建筑的屋面防水。透明 PVC 横波板可用作发光平顶。透明 PVC 纵波板，由于长度没有限制，适宜做成拱形采光屋面，中间没有接缝，水密性好。

10.4.1.3 异型板

硬质 PVC 异型板有两种基本结构，如图 10-16 所示。

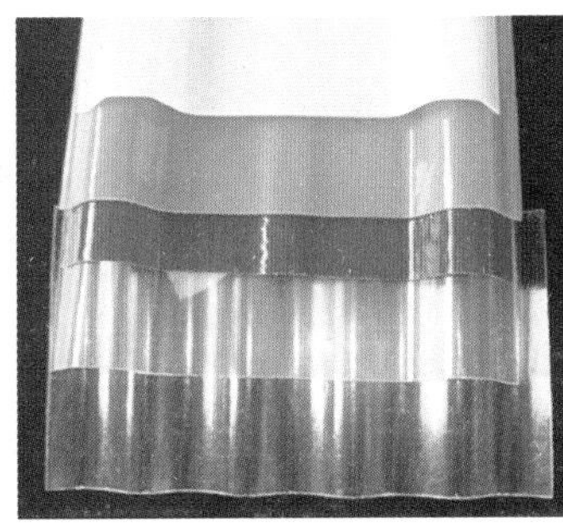

单层异型板

中空异型板

图 10-16 硬质 PVC 异型板

一种为单层异型板；另一种为中空异型板。单层异型板的断面形式多样，一般为方型波，以使立面线条明显。与铝合金扣板相似，两边分别做成钩槽和插入边，既可达到接缝防水的目的，又可遮盖固定螺丝。每条型材一边固定，另一边插入柔性连接，可允许有一定的横向变形，以适应横向的热伸缩。单层异型板一般的宽度为 100 ~ 200mm，长度为 4000 ~ 6000mm，厚度为 1.0 ~ 1.5mm。中空异型板为栅格状薄壁异型断面，该种板材由于内部有封闭的空气腔，所以有优良的隔热、隔声性能。同时，其薄壁空间结构也大大增加了刚度，使其比平板或单层板材具有更好的抗弯强度和表面抗凹陷性，而且材料也较节约，单位面积质量轻。该种异型板材的连接方式有企口式和钩槽式两种，目前较流行的为企口式。

硬质 PVC 异型板表面可印制或复合各种仿木纹、仿石纹装饰几何图案，有良好的装饰性，而且防潮、表面光滑、易于清洁、安装简单，常用作墙板和潮湿环境的吊顶板。

10.4.1.4 格子板

硬质 PVC 格子板是将硬质 PVC 平板在烘箱内加热至软化，放在真空吸塑模上，利用板上下的空气压力差使硬板吸入模具成型，然后喷水冷却定型，再经脱模、修整而成的方形立体板材。

格子板具有空间形体结构，可大大提高其刚度，不但可减小板面的翘曲变形，而且可吸收 PVC 塑料板面在纵横两方向的热伸缩。格子板的立体板面可形成迎光面和背光面的强烈反差，使整个墙面或顶棚具有极富特点的光影装饰效果。格子板常用的规格为 500mm × 500mm，厚度为 3mm。

格子板常用作体育馆、图书馆、展览馆或医院等公共建筑的墙面或吊顶。

10.4.2 玻璃钢板

玻璃钢（简称 GRP）是以合成树脂为基体，以玻璃纤维或其制品为增强材料，经成型、固化而成的固体材料。

玻璃钢装饰制品具有良好的透光性和装饰性，可制成色彩艳丽的透光或不透光构件或饰件，其透光性与 PVC 接近，但具有散射光性能，故作屋面采光时，光线柔和均匀；其强度高（可超过普通碳素钢）、质量轻（密度仅为钢的 1/5 ~ 1/4，铝的 1/3 左右），是典型的轻质高强材料；其成型工艺简单灵活，可制作造型复杂的构件；具有良好的耐化学腐蚀性和电绝缘性；耐湿、防潮，可用于有耐潮湿要求的建筑物的某些部位。玻璃钢制品的最大缺点是表面不够光滑。常用的玻璃钢装饰板材有波形板、格子板、折板等。见图 10-17。

图 10-17 玻璃钢板

10.4.3 铝塑板

铝塑板是一种以 PVC 塑料作心板，正、反两表面为铝合金薄板的塑料金属复合板材。厚度为 3mm、4mm、5mm 和 6mm。该种板材表面铝板经阳极氧化和着色处理，色泽鲜艳。由于采用了复合结构，所以兼有金属材料和塑料的优点，主要特点为质量轻，坚固耐久具有比铝合金薄板强得多的抗冲击性和抗凹陷性；可自由弯曲，弯曲后不反弹，因此成型方便，沿弧面基体弯曲时，不需特殊固定即可与基体良好地贴紧，便于粘贴固定；由于经过阳极氧化和着色、涂装表面处理，所以不但装饰性好，而且有较强的耐候性；可锯、铆、刨（侧边）、钻，可冷弯、冷折，易加工、组装、维修和保养。

铝塑板是一种新型金属塑料复合板材，愈来愈广泛地应用于建筑物的外幕墙和室内外墙面、柱面和顶面的饰面处理。为保护其表面在运输和施工时不被擦伤，铝塑板表面都贴有保护膜，施工完毕后再行揭去。

10.4.4 聚碳酸酯采光板

聚碳酸酯采光板是以聚碳酸酯塑料为基材，采用挤出成型工艺制成的栅格状中空结构异型断面板材，是近年由国外引进的优质透光装饰板材。其结构如图 10-18 所示。

图 10-18 聚碳酸酯采光板

断面为双层直栅格结构，脊骨宽（D）为 6mm、7mm、11mm、18.5mm、27mm，厚度（A）为 6mm、8mm、10mm、16mm 不同规格。采光板的两面都覆有透明保护膜，有印刷图案的一面经紫外线防护处理，安装时应朝外，另一面无印刷图案的安装时应朝内。常用的板面规格为 5800mm × 1210mm。

聚碳酸酯采光板的特点为轻、薄、刚性大、不易变形，能抵抗暴风雨、冰雹、大雪引起的破坏性冲击；色调多，外观美丽，有透明、蓝色、绿色、茶色、乳白等多种色调，极富装饰性；基本不吸水，有良好的耐水性和耐湿性；透光性好，6mm 厚的无色透明板透光率可达 80%；隔热、保温，由于采用中空结构，充分发挥了干燥空气导热系数极小的特点；阻燃性好且被火燃烤时不产生有毒气体，符合环保标准；耐候性好，板材表面经特殊的耐老化处理，长时间使用不老化、不变形、不褪色，长期使用的允许温度范围为 40 ~ 120℃；有足够的变形性，作为拱形屋面最小弯曲半径可达 1050mm（6mm 厚的板材）。

聚碳酸酯采光板适用于遮阳棚、大厅采光天幕、游泳池和体育场馆的顶棚、大型建筑和庭园的采光通道、温室花房或蔬菜大棚的顶罩等。

10.4.5 三聚氰胺层压板

三聚氰胺层压板亦称纸质装饰层压板或塑料贴面板，是以厚纸为骨架，浸渍酚醛树脂或三聚氰胺甲醛等热固性树脂，多层叠合经热压固化而成的薄型贴面材料。也称为防火板。见图 10-19。

三聚氰胺甲醛树脂清澈透明，耐磨性优良，常用作表面层的浸渍材料，故通常以此作为该种板材的命名。

三聚氰胺层压板的结构为多层结构，即表层纸、装饰纸和底层纸。表层纸的主要作用是保护装饰纸的花纹图

图 10-19 三聚氰胺层压板

案，增加表面的光亮度，提高表面的坚硬性、耐磨性和抗腐蚀性。要求该层吸收性能好，洁白干净，浸树脂后透明，有一定的湿强度。一般耐磨性层压板通常采用 25 ~ 30kg/m^2、厚度 0.4 ~ 0.6mm 的纸。第二层装饰纸主要起提供图案花纹的装饰作用和防止底层树脂渗透的覆盖作用，要求具有良好的覆盖性、吸收性、湿强度和适于印刷性。通常采用 100 ~ 200kg/m^2 由精制化学木浆和棉木混合浆制成的厚纸。第三层底层纸是层压板的基层，其主要作用是增加板材的刚性和强度，要求具有较高的吸收性和湿强度。一般采用 80 ~ 250kg/m^2 的单层或多层厚纸。对于有防火要求的层压板，还需对底层纸进行阻燃处理，可在纸浆中加入 5% ~ 15% 的阻燃剂，如磷酸盐、硼砂或水玻璃等。除以上的三层外，根据板材的性能要求，有时在装饰纸下加一层覆盖纸，在底层下加一层隔离纸。

三聚氰胺层压板采用的是热固性塑料，所以耐热性优良，经 100℃以上的温度不软化、开裂和起泡，具有良好的耐烫、耐燃性。由于骨架是纤维材料厚纸，所以有较高的机械强度，其抗拉强度可达 90MPa，且表面耐磨。三聚氰胺层压板表面光滑致密，具有较强的耐污性，耐湿，耐擦洗，耐酸、碱、油脂及酒精等溶剂的侵蚀，经久耐用。

按用途的不同，三聚氰胺层压板又可分为以下三类：

（1）平面板（代号 P），用于平面装饰，具有高的耐磨性。

（2）立面板（代号 L），用于立面装饰，耐磨性一般。

（3）平衡面板（代号 H），只用于防止单面粘贴层压板引起的不平衡弯曲而作平衡材料使用，故具有一定的物理力学性能，而不强调装饰性。

三聚氰胺层压板的产品标记方法为产品代号（ZC）、类代号（P、L、H）、型代号（Y、R、S、Z）。如平面柔光滞燃层压板记为 ZCPZ，立面有光双面层压板记为 ZCLS。三聚氰胺层压板的常用规格为 915mm × 915mm、915mm × 1830mm、1220mm × 2440mm 等。厚度有 0.5mm、0.8mm、1.0mm、1.2mm、1.5mm、2.0mm 等。厚度在 0.8 ~ 1.5mm 的常用作贴面板，粘贴在基材（纤维板、刨花板、胶合板）上。而厚度在 2mm 以上的层压板可单独使用。

国家标准《热固性树脂装饰层压板技术条件》（GB 7911.1—1987）规定了对三聚氰胺层压板技术条件的要求，主要有几何尺寸、翘曲度、外观质量等，对平面和立面类层压板按外观质量规定分一等、二等两个等级，同时也规定了物理力学性能指标（耐沸水煮、耐干热、耐冲击、滞燃性等）。

三聚氰胺层压板常用于墙面、柱面、台面、家具、吊顶等饰面工程。

10.5 塑钢门窗

塑钢门窗主要是采用 PVC 树脂为胶结料，以轻体碳酸钙为填料，加入适量的各种添加剂，经混炼、挤出、冷却定型成异型材后，在门窗框内部嵌入金属型材以增强塑钢门窗的刚性，提高门窗的抗风压能力和抗冲击能力。见图 10-20 及图 10-21 增强用的金属型材主要为轻钢型材。

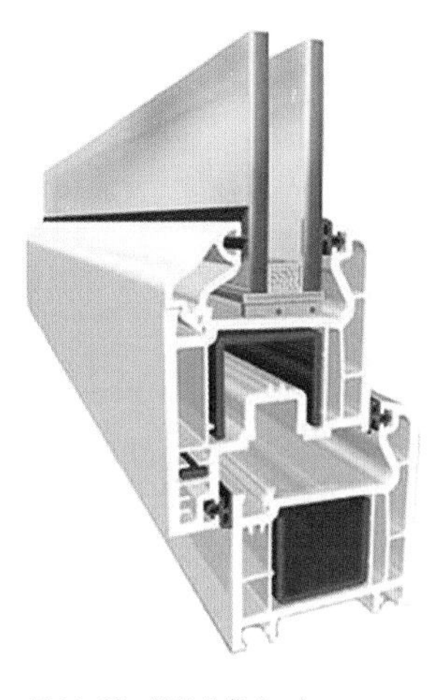

图 10-20　塑钢门窗（一）

图 10-21　塑钢门窗（二）

10.5.1　塑钢门窗的主要特性

10.5.1.1　保温、隔热性好

由于塑钢的导热系数小，再加上窗框是中空异型材拼接而成，且有可靠的嵌缝材料密封，所以其隔热性远比钢、铝、木门窗好得多，主要用作节能型门窗。

10.5.1.2　隔音性好

按照 DIN4109 试验，塑钢的隔音量可达 30dB，而普通钢材只有 25dB，能有效地防止室外噪音干扰。

10.5.1.3　装饰效果好

由于塑钢门窗尺寸工整、缝线规则、色彩艳丽丰富，同时经久不褪，而且耐污染，因而具有较好的装饰效果。

10.5.1.4　耐水性、耐腐蚀性、耐老化性好

塑钢门窗具有耐水、耐腐蚀的特性，可用于多雨湿热和有腐蚀性气体的工业建筑。改性 PVC 塑钢门窗的抗老化性较高，使用寿命可达 30 年。

10.5.1.5　防火性较好

PVC 本身难燃，并具有自熄性，因而具有较好的防火性。

10.5.1.6　不用维修

因为塑钢门窗不会褪色，不用油漆，同时玻璃安装不用油灰腻子，不必考虑腻子干裂问题，故不用维修。

总之，塑钢门窗不仅装饰性好，而且使用性能极佳，是主要的门窗材料。

10.5.2　塑钢门窗的品种

10.5.2.1　塑钢门的品种

按其开启方式分为平开门、推拉门和固定门。此外还分有带纱扇门和不带纱扇门、有槛门和无槛门等。

10.5.2.2　塑钢窗的品种

塑钢窗按其结构形式分有平开窗（包括内开窗、外开窗、滑轴平开窗）、推拉窗（包

括上下推拉窗、左右推拉窗）、垂直滑动窗、固定窗等。此外，平开窗和推拉窗还分有带纱扇窗和不带纱扇窗两种。

10.5.3 塑钢门窗的安装施工

10.5.3.1 塑钢门窗的制作

塑钢门窗的制作一般都是在专门的工厂进行，很少在施工工地现场组装。

10.5.3.2 安装施工准备工作

1. 安装材料

（1）塑钢门窗。框、窗多为工厂制作的成品，并有齐全的五金配件。

（2）其他材料。主要有门窗洞口框墙间隙密封材料，一般常为泡沫胶、嵌缝膏（建筑密封胶）、木螺丝、平头机螺丝、塑钢胀管螺丝、自攻螺钉、钢钉、木楔、密封条、密封膏、抹布等。

2. 安装机具

塑钢门窗在安装时所用的主要机具有：冲击钻、螺丝刀、锤子、吊线锤、钢尺、灰线包等。

3. 现场准备

（1）门窗洞口质量检查。按设计要求检查门窗洞口的尺寸，若无具体的设计要求，一般应满足下列规定：门洞口宽度为门框宽加 50mm，门洞口高度为门框高加 20mm；窗洞口宽度为窗框宽加 40mm，窗洞口高度为窗框高加 40mm。

门窗洞口尺寸的允许偏差值为：洞口表面平整度允许偏差 3mm；洞口正、侧面垂直度允许偏差 3mm；洞口对角线允许偏差 3mm。

（2）检查洞口的位置、标高与设计要求是否符合，若不符合应立即进行改正。

（3）按设计要求弹好门窗安装位置线，并根据需要准备好安装用的脚手架。

10.5.3.3 塑钢门窗的安装方法

塑钢门窗安装施工工艺流程为：门窗洞口处理→找规矩→弹线→安装连接件→塑钢门窗安装→门窗四周嵌缝→安装五金配件→清理。主要的施工要点如下。

1. 门窗框与墙体的连接

塑钢门窗框与墙体的连接采用直接固定法。先将塑钢门窗放入门窗洞口内，找平对中后用木楔临时固定在门窗洞口设计位置处，当塑钢门窗安入洞口并定位后，用专用膨胀螺钉直接穿过门窗框与墙体进行连接，从而将门窗框直接固定于墙体上。

2. 框与墙间缝隙的处理

（1）由于塑钢的膨胀系数较大，所以要求塑钢门窗与墙体间应留出一定宽度的缝隙，以适应塑钢伸缩变形。

（2）框与墙间的缝隙宽度，可根据总跨度、膨胀系数、年最大温差计算出最大膨胀量，再乘以要求的安全系数求得，一般可取 10 ~ 20mm。

（3）框与墙间的缝隙，应用泡沫胶嵌填严密。门窗框四周的内外接缝缝隙应用密封材料嵌填严密，但不能采用嵌填水泥砂浆的做法。

3. 塑钢门窗安装质量要求及验收标准

（1）塑钢门窗基本尺寸公差和精度如表 10-4 所示。

表 10-4 塑钢门窗高度和宽度的尺寸公差

精度等级	高度和宽度的尺寸公差（mm）			
	≤ 900	901 ~ 1500	1501 ~ 2000	> 2000
一	±1.5	±1.5	±2	±2.5
二	±1.5	±2	±2.5	±3
三	±2	±2.5	±3	±4

注 1. 检测量具为钢卷尺和钢直尺，在尺起始 100mm 内，尺面应有 0.5mm 最小分度刻线。
2. 测量前应先从宽和高两端向内标出 100mm 间距，然后测量高和宽两端记号间距离，即为检测的实际尺寸。

（2）塑钢窗的构造尺寸。塑钢窗的构造尺寸，应包括预留洞口与待安装窗框的间隙及墙体饰面材料的厚度，其间隙应符合表 10-5 中的规定。

表 10-5 洞口与窗框（或门边框）的间隙

墙体饰面层材料	洞口与窗框（或门边框）的间隙（mm）	墙体饰面层材料	洞口与窗框（或门边框）的间隙（mm）
清水墙	10	墙体外饰面贴釉面瓷砖	20 ~ 25
墙体外饰面抹水泥砂浆或贴马赛克	15 ~ 12	墙体外饰面镶贴大理石或花岗岩	40 ~ 50

注 窗下框与洞口的间隙，可依设计要求选定。

（3）塑钢门的构造尺寸。塑钢门的构造尺寸，应满足下列要求：

1）塑钢门边框与洞口的间隙，应符合表 10-5 中的规定。

2）无下框平开门门框高度，应比洞口大 5 ~ 10mm；带下框平开门或推拉门的门框高度，应比洞口高度小 5 ~ 10mm。

10.6 PVC 吊顶材料的施工

PVC 吊顶型材中间为蜂巢状空洞、两边为封闭式的条形板材，有加工成型的企口，表层装饰有单色和花纹两种，花纹又有仿木兰仿理石等多种图案，可以根据设计要求进行选购。

10.6.1 PVC 吊顶型材的性能

产品的性能指标应满足：热收缩率小于 0.3%，氧指数大于 35%，软化温度 80℃以上，燃点 300℃以上，吸水率小于 15%，吸湿率小于 4%，干状静曲强度大于 500MPa。

10.6.2 PVC 吊顶型材的安装

PVC 吊顶型材的安装方法十分简单见图 10-22。首先应在墙面弹出标高线，按要求钉木龙骨，并调平。用自攻钉固定压线条与顶面边龙骨。板材按顶棚实际尺寸裁好，将板材插入压条内，板条的企口向外，安装端正后，用螺丝钉将边缘与木龙骨固定，然后插入第二片板，以此类推。最后一块板应按照实际尺寸裁切，裁切时使用锋利裁刀，用钢尺压住弹线切裁，装入时稍作弯曲就可插入上块板企口内，装完后两侧压条封口。

10.6.3 PVC 吊顶型材的维护

PVC 吊顶型材的耐水、耐擦洗能力很强。日常使用中可用清洗剂擦洗后，用清水清洗。板缝间易受油渍污染，清洗时可用刷子蘸清洗剂刷洗后，用清水冲净。注意照明电路不要沾水。PVC 吊顶型材若发生损坏，更新十分方便，只要将一端的压条取下，将板逐块从压条中抽出，用新板更换破损板，再重新安装，压好压条即可。更换时应注意新板与旧板的颜色需一样，不要有色差。

图 10-22 PVC 吊顶型材的安装

第11章 建筑装饰金属材料及其施工方法

建筑装饰用的金属材料，主要为金、银、铜、铬、铁及其合金。特别是钢和铝合金更以其优良的机械性能、较低的价格而被广泛应用，在建筑装饰工程中主要应用的是金属材料的板材、型材及其制品。近代将各种涂层、着色工艺用于金属材料，不但大大改善了金属材料的抗腐蚀性能，而且赋予金属材料以多变、华丽的外表，更加确立了其在建筑装饰艺术中的地位。

11.1 建筑装饰用钢材及其制品

在普通钢材基体中添加多种元素或在基体表面进行艺术处理，可使普通钢材成为一种金属感强、美观大方的装饰材料。建筑装饰用钢材在现代建筑装饰中，愈来愈受到关注。

常用的装饰用钢材有不锈钢及其制品、彩色涂层钢板、涂色镀锌钢板、建筑用压型钢板、轻钢龙骨、钢管、方管、扁铁、角钢、槽钢、钢板、钢丝、铸铁等，见图 11-1。

图 11-1 建筑装饰用钢材

建筑装饰用钢材在建筑装饰中大量应用于框架焊接、结构支持、预埋构件、栏杆、护栏、楼梯、屋顶、家具等。

11.1.1 建筑装饰用不锈钢及其制品

11.1.1.1 不锈钢

不锈钢是以铬元素为主要元素的合金钢，通常是指含铬 12% 的具有耐腐蚀性能的铁基合金。铬含量越高，钢的抗腐蚀性越好。除铬外，不锈钢中还含有镍（Ni）、锰（Mn）、钛（Ti）、硅（Si）等元素，这些元素都能影响不锈钢的强度、塑性、韧性和耐腐蚀性。

1. 不锈钢的耐腐蚀原理

由于铬的性质比铁活泼，在不锈钢中，铬首先与环境中的氧化合，生成一层与钢基体牢固结合的致密的氧化膜层，称为钝化膜，它能使合金钢得到保护，不致锈蚀。

2. 不锈钢的分类（见表 11-1）

表 11-1 不锈钢的分类、化学成分和机械性能

名称	化学成分			淬硬性	耐腐蚀性	加工性	可焊性	磁性
	Cr	Ni	C					
马氏体系	11 ~ 15	—	< 1.20	有	可	可	不可	有
铁素体系	16 ~ 27	—	< 0.35	无	佳	尚佳	尚可	有
奥氏体系	16	> 7	< 0.25	无	优	优	优	无

不锈钢膨胀系数大，为碳钢的 1.3 ~ 1.5 倍，但导热系数只有碳钢的 1/3，不锈钢韧性及延展性均较好，常温下亦可加工。值得强调的是，不锈钢的耐腐蚀性强是诸多性质中最显著的特性之一。但由于所加元素的不同，耐腐蚀性表现也不同，例如，只加入单一的合金元素铬的不锈钢在氧化性介质（水蒸气、大气、海水、氧化性酸）中有较好的耐腐蚀性，而在非氧化性介质（盐酸、硫酸、碱溶液）中耐腐蚀性很低。镍铬不锈钢由于加入了镍元素，而镍对非氧化性介质有很强的抗腐蚀力，因此镍铬不锈钢的耐腐蚀性更佳。不锈钢的另一显著特性是表面具有光泽性，不锈钢经表面精加工后，可以获得镜面般光亮平滑的效果，具有良好的装饰性，为极富现代气息的装饰材料。

11.1.1.2 不锈钢装饰制品

不锈钢在现代装饰工程的应用主要包括不锈钢薄板、不锈钢管材、不锈钢角材与槽材三部分，见图 11-2，介绍如下：

（1）不锈钢薄板。不锈钢薄板包括：光面或镜面不锈钢（反射率在 90% 以上）、雾面板、丝面板、腐蚀雕刻板（雕刻深度通常为 0.015 ~ 0.5mm）、凹凸板和半球型板（弧型板）。

（2）不锈钢管材。不锈钢管材产品包括平管、花管、方管、圆管、圆管两端斜管、方管两端斜管、彩色管及半球板管。

（3）不锈钢角材与槽材。不锈钢角材与槽材包括等边不锈钢角材、等边不锈钢槽材、不等边不锈钢槽材。

不锈钢在现代装饰中主要用于：壁板及顶棚，门及门边收框；台面的薄板；隔屏的不锈钢管及板，配件及五金，如把手、铰链、自动开门器、门夹、滑轨、合叶等；栏杆或扶手；花管门，如防盗门等；家具的支架或收边；装饰网，如用于家具、镜子面；招牌或招牌字；灯架和花台等；洁具，如浴缸等；附属配件等。

不锈钢钢带　不锈钢钢板　不锈钢钢管　不锈钢方柱

不锈钢圆棒　不锈钢法兰　不锈钢管件　不锈钢装饰管

11-2 不锈钢装饰制品

11.1.1.3 彩色不锈钢装饰制品

彩色不锈钢板是在不锈钢板上进行技术性和艺术性的着色处理，使其表面成为具有各种绚丽色彩的不锈钢装饰板，其颜色有蓝、灰、紫、红、青、绿、金黄、橙、茶色等多种，见图 11-3。彩色不锈钢板具有抗腐蚀性强、较高的机械性能、彩色面层经久不褪色、

不锈钢彩色拉丝面板

图 11-3（一） 彩色不锈钢装饰制品

不锈钢彩色镜面板

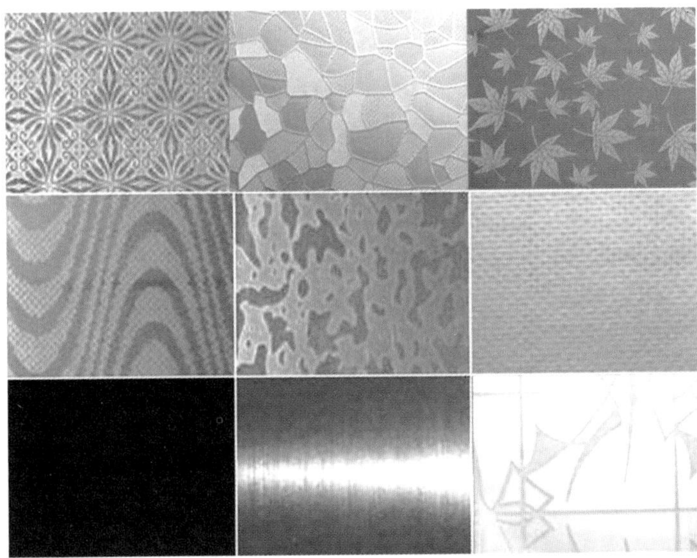

不锈钢蚀刻、压花面板

不锈钢镜面板

图 11-3（二）　彩色不锈钢装饰制品

色泽随光照角度不同会产生色调变幻等特点，而且彩色面层能耐 200℃的温度或 180° 弯曲，耐烟雾腐蚀性能超过一般不锈钢，耐磨和耐刻划性能相当于薄层镀金。

彩色不锈钢板的规格及厂家见表 11-2。

表 11-2　　彩色不锈钢板规格及生产厂家

厚度（mm）	长 × 宽（mm × mm）	生产厂家
0.2、0.3、0.4、0.5、0.6、0.7、0.8	2000 × 1000、1000 × 500，可按需要尺寸加工	广东顺德龙溪装饰材料厂、北京博达技术研究所、湖南衡阳铝制品总厂

彩色不锈钢板可用作厅堂墙板、顶棚、电梯厢板、车厢板、建筑装潢、招牌等装饰之用，采用彩色不锈钢板装饰墙面不仅坚固耐用、美观新颖，而且具有强烈的时代感。除板材外还有方管、圆管、槽型、角型等彩色不锈钢型材。

11.1.2　彩色涂层钢板

为提高普通钢板的防腐和装饰性能，20 世纪 70 年代开始，国际上迅速发展起一种新型带钢预涂产品——彩色涂层钢板。近年来我国亦相应发展这种产品，上海宝山钢铁厂兴建了我国第一条现代化彩色涂层钢板生产线，这种钢板涂层可分有机涂层、无机涂层和复合涂层三种，以有机涂层钢板发展最快。有机涂层可以配制各种不同色彩和花纹，故称之为彩色涂层钢板，见图 11-4。

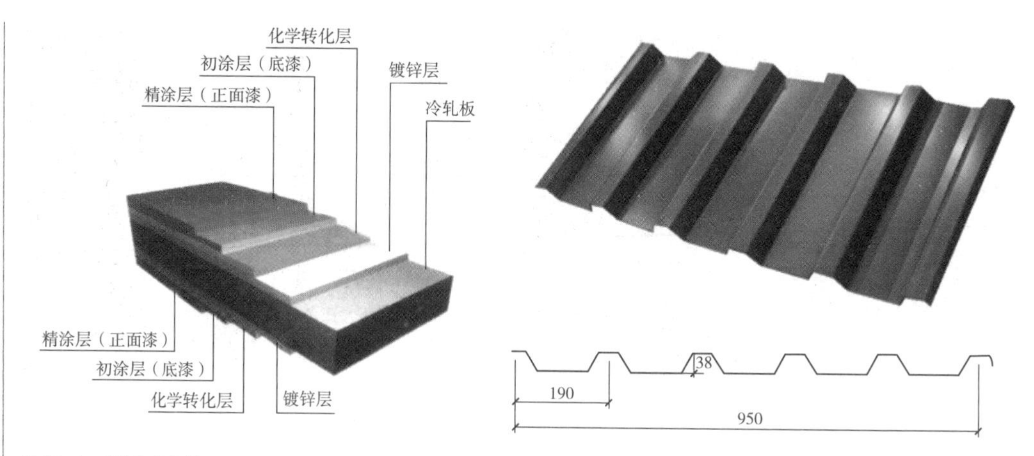

图 11-4 彩色涂层钢板

彩色涂层钢板的原板通常为热轧钢板和镀锌钢板，最常用的有机涂层为聚氯乙烯、聚丙烯酸酯、环氧树脂、醇酸树脂等。涂层与钢板的结合采用薄膜层压法和涂料涂覆法两种。根据结构的不同，彩色涂层钢板大致可分为以下几种类型。

11.1.2.1 涂装钢板

用镀锌钢板作为基底，在其正面、背面进行涂装，以保证其耐腐蚀性能。正面第一层为底漆，通常为环氧底漆，因为它与金属的附着力强。背面也涂有环氧树脂或丙烯酸树脂。第二层（面层）过去用醇酸树脂，现在一般用聚酪类涂料或丙烯酸树脂涂料。

11.1.2.2 PVC 钢板

PVC 钢板有两种类型：一种是用涂布 PVC 糊的方法生产的，称为涂布 PVC 钢板；另一种是将已成型和印花或压花 PVC 膜贴在钢板上，称为贴膜 PVC 钢板。

无论是涂布还是贴膜，其表面 PVC 层均较厚，可以达到 100 ~ 300μm，而一般涂装钢板的涂层仅 20μm 左右。PVC 层是热塑性的，表面可以热加工，例如压花使表面质感丰富。它具有柔性，因此可以进行二次加工，如弯曲等，其耐腐蚀性也比较好。

PVC 表面层的缺点是容易老化。为改善这一缺点，现已生产出一种在 PVC 表面再复合丙烯酸树脂的新的复合型 PVC 钢板。

11.1.2.3 隔热涂装钢板

在彩色涂层钢板的背面贴上 15 ~ 17mm 的聚苯乙烯泡沫塑钢或硬质聚氨酯泡沫塑钢，用以提高涂层钢板的隔热隔声性能。这种钢板目前我国已有生产，见图 11-5。

图 11-5 隔热涂装钢板

11.1.2.4 高耐久性涂层钢板

根据氟塑料和丙烯酸树脂耐老化性能好的特点，用其在钢板表面涂层，能使钢板的耐久性、耐腐蚀性提高。

彩色涂层钢板的性能如下：

（1）耐污染性。将番茄酱、口红、咖啡饮料、食用油涂抹在聚酯类涂层表面 24h 后，用洗涤液清洗烘干，其表面光泽、色差无任何变化。

（2）耐热性。涂层钢板试样在 120℃烘箱中连续加热 90h，涂层光泽、颜色无明显变化。

（3）耐低温性。涂层钢板试样在 –54℃低温下放置 24h 后，涂层弯曲、冲击性能无明显变化。

（4）耐沸水性。各类涂层产品试样在沸水中浸泡 60h 后表面的光泽和颜色无任何变化，无起泡、软化、膨胀等现象。

建筑中彩色涂层钢板主要用作外墙护墙板，直接用它构成墙体则需做隔热层。此外，它还可以作屋面板、瓦楞板、防水防汽渗透板、耐腐蚀设备、构件，以及家具、汽车外壳、挡水板等。

彩色涂层钢板还可以制作成压型板，其断面形状和尺寸与铝合金压型板基本相似。由于它具有耐久性好、美观大方、施工方便等长处，故可以用于工业厂房及公共建筑的墙面和屋面。

表 11–3 为彩色涂层钢板及钢带的分类及代号；表 11–4 为彩色涂层钢板及钢带尺寸；表 11–5 为彩色涂层钢板及钢带性能。

表 11–3 彩色涂层钢板及钢带的分类和代号

<table>
<tr><th>分类方法</th><th>类　别</th><th>代　号</th><th>分类方法</th><th>类　别</th><th>代　号</th></tr>
<tr><td rowspan="3">按用途分</td><td>建筑外用</td><td>JW</td><td rowspan="3">按涂料种类分</td><td>内用丙烯酸</td><td>NR</td></tr>
<tr><td>建筑内用</td><td>JN</td><td>塑料溶胶</td><td>SJ</td></tr>
<tr><td>家用电器</td><td>JD</td><td>有溶胶</td><td>YJ</td></tr>
<tr><td rowspan="3">按表面状态分</td><td>涂层板</td><td>TC</td><td rowspan="7">按基材类别分</td><td>低碳钢冷轧钢带</td><td>DL</td></tr>
<tr><td>印花板</td><td>YH</td><td>小锌花平整钢带</td><td>XP</td></tr>
<tr><td>压花板</td><td>YaH</td><td>大锌花平整钢带</td><td>DP</td></tr>
<tr><td rowspan="4">按涂料种类分</td><td>外用聚酯</td><td>WZ</td><td>铁锌合金钢带</td><td>XT</td></tr>
<tr><td>内用聚酯</td><td>NZ</td><td>电镀锌钢带</td><td>DX</td></tr>
<tr><td>硅改性聚酯</td><td>GZ</td><td></td><td></td></tr>
<tr><td>外用丙烯酸</td><td>WB</td><td></td><td></td></tr>
</table>

表 11–4 彩色涂层钢板及钢带尺寸

名　称	厚度（mm）	宽度（mm）	钢板长度（mm）
尺　寸	0.3 ~ 2.0	700 ~ 1550	500 ~ 4000

表 11–5 彩色涂层钢板及钢带性能

<table>
<tr><th colspan="2">钢材类别</th><th rowspan="2">涂层厚度</th><th colspan="3">60° 光泽度（%）</th><th rowspan="2">铅笔硬度</th><th colspan="2">弯曲</th><th colspan="2">反向冲击</th><th rowspan="2">耐盐雾（h）</th></tr>
<tr><th>用途</th><th>涂料种类</th><th>高</th><th>中</th><th>低</th><th>厚度 ≤ 0.8mm</th><th>厚度 > 0.8mm</th><th>厚度 ≤ 0.8mm</th><th>厚度 > 0.8mm</th></tr>
<tr><td rowspan="4">建筑外用</td><td>外用聚酯</td><td rowspan="3">≥ 20</td><td rowspan="3">> 70</td><td rowspan="4">40 ~ 70</td><td rowspan="4">< 40</td><td rowspan="3">≥ HB</td><td>≤ 8</td><td rowspan="4">900</td><td>≥ 6</td><td>≥ 9</td><td>≥ 500</td></tr>
<tr><td>硅改性聚酯</td><td rowspan="2">≤ 10</td><td rowspan="2" colspan="2">≥ 4</td><td>≥ 750</td></tr>
<tr><td>外用丙烯酸</td><td>≥ 500</td></tr>
<tr><td>塑料溶胶</td><td>≥ 100</td><td>—</td><td>—</td><td>0</td><td colspan="2">≥ 9</td><td>≥ 1000</td></tr>
</table>

续表

<table>
<tr><th colspan="2">钢材类别</th><th rowspan="2">涂层厚度</th><th colspan="3">60° 光泽度（%）</th><th rowspan="2">铅笔硬度</th><th colspan="2">弯曲</th><th colspan="2">反向冲击</th><th rowspan="2">耐盐雾（h）</th></tr>
<tr><th>用途</th><th>涂料种类</th><th>高</th><th>中</th><th>低</th><th>厚度 ≤ 0.8mm</th><th>厚度 > 0.8mm</th><th>厚度 ≤ 0.8mm</th><th>厚度 > 0.8mm</th></tr>
<tr><td rowspan="4">建筑内用</td><td>内用聚酯</td><td rowspan="2">≥ 20</td><td></td><td rowspan="5">40 ~ 70</td><td rowspan="4">< 40</td><td rowspan="2">≥ HB</td><td rowspan="2">≤ 8</td><td rowspan="4">900</td><td>≥ 6</td><td>≥ 9</td><td rowspan="2">≥ 250</td></tr>
<tr><td>内用丙烯酸</td><td></td><td colspan="2">≥ 4</td></tr>
<tr><td>有机溶胶</td><td>≥ 30</td><td>—</td><td>—</td><td>≤ 2</td><td rowspan="2" colspan="2">≥ 9</td><td>≥ 500</td></tr>
<tr><td>塑料溶胶</td><td>≥ 100</td><td>—</td><td>—</td><td>0</td><td>≥ 1000</td></tr>
<tr><td>家用电器</td><td>内用聚酯</td><td>≥ 20</td><td>> 70</td><td></td><td>≥ HB</td><td>≤ 4</td><td>—</td><td>≥ 60</td><td>—</td><td>≥ 200</td></tr>
</table>

11.1.3 建筑用压型钢板

建筑用压型钢板是指冷轧板、镀锌板、彩色涂层板等不同类别的薄钢板，经辊压、冷弯，其截面可呈 V 形、U 形、梯形或类似这几种形状的波形压型板。

《建筑用压型钢板》（GB/T 12755—91）规定：压型钢板表面不允许有用 10 倍放大镜所观察到的裂纹存在。对用镀锌钢板及彩色涂层钢板制成的压型钢板，规定不得有镀层、涂层脱落以及影响使用性能的擦伤。

压型板共有 27 种不同的型号。压型板波距的模数为 50mm、100mm、150mm、200mm、250mm、300mm（但也有例外的）；波高为 21mm、28mm、35mm、38mm、51mm、70mm、75mm、130mm、173mm；压型板的有效覆盖宽度的尺寸系列为 300mm、450mm、600mm、750mm、900mm、1000mm（但也有例外）。压型板（YX）的型号顺序以波高、波距、有效覆盖宽度来表示，如 YX38—175—700 表示波高 38mm、波距 175mm、有效覆盖宽度为 700mm 的压型板。

压型钢板具有质量轻（板厚 0.5 ~ 1.2mm）、波纹平直坚挺、色彩鲜艳丰富、造型美观大方、耐久性强（涂敷耐腐蚀涂层）、抗震性高、加工简单、施工方便等特点，广泛用于工业与民用建筑及公共建筑的内外墙面、屋面、吊顶等的装饰，以及轻质夹心板材的面板等。

11.2 建筑装饰用钢材及其制品的施工

11.2.1 不锈钢板施工

不锈钢装饰是近年来在国内外流行的一种建筑装饰方法。它具有金属光泽和质感，具有不锈蚀的特点和如同镜面的效果。此外，还具有强度和硬度较大的特点，在施工和使用的过程中不易发生变形。由此可见，不锈钢作为建筑装饰材料，具有非常明显的优越性。

11.2.1.1 不锈钢圆柱包面施工

1. 施工准备

装饰用不锈钢板和氩弧焊应符合设计要求，施工前应准备卷尺、榔头、钢管、电钻、电焊机、卷板机等工具和机具。

2. 施工方法

不锈钢圆柱包面施工的工艺流程为：柱体成型（骨架）→柱体基层处理→不锈钢板的

滚圆→不锈钢板安装和定位→焊接→打磨修光。

（1）柱体成型。骨架可采用木胎或铁胎做成的圆柱体包柱。

木胎制作：用细木工板锯圆，钉木龙骨与柱体相连做成圆柱体，外包三合板，采用胶接和钉接的方法做成木柱。不锈钢板对口处安装一个不锈钢卡口槽，该卡口槽用螺钉固定于柱体骨架的凹部，见图 11-6。

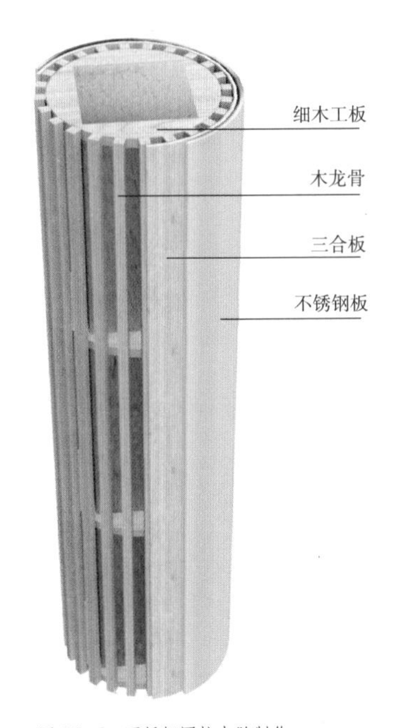

不锈钢板　木夹板

（a）

不锈钢板　不锈钢槽条

（b）

不锈钢圆柱镶面构造

图 11-6　不锈钢圆柱木胎制作

（a）直接卡入式安装；（b）嵌槽压口式安装

铁胎制作：用扁管或扁铁卷成圆弧，并焊接成圆柱形与柱体相连。将卷好的镀锌铁板点焊在龙骨上。在不锈钢板对口处，安装一个不锈钢卡口槽，该卡口槽点焊固定于柱体骨架的凹部制成铁胎。在施工过程中，应结合周围的环境特点，将卡口位置尽量放在次要视线上，以使不锈钢包柱的接缝不很显眼。

（2）柱面修整。在未安装不锈钢板之前，应对柱面进行修整，因为柱面有缺陷会引起板面变形，而不锈钢板又是反光性极强的材料，会使柱子的缺陷变得更为明显，同时也会引起焊缝的间隙大小不一，这显然会使焊接变得比较困难。柱面修整时，要保证柱体的垂直度、平整度、不圆度。

（3）不锈钢板的滚圆。将不锈钢板加工成所需要的圆柱，即所谓“滚圆”。滚圆是不锈钢包柱制作中的关键环节，常用滚圆机滚圆，直径要与柱胎一致，并留出余量，见图 11-7。

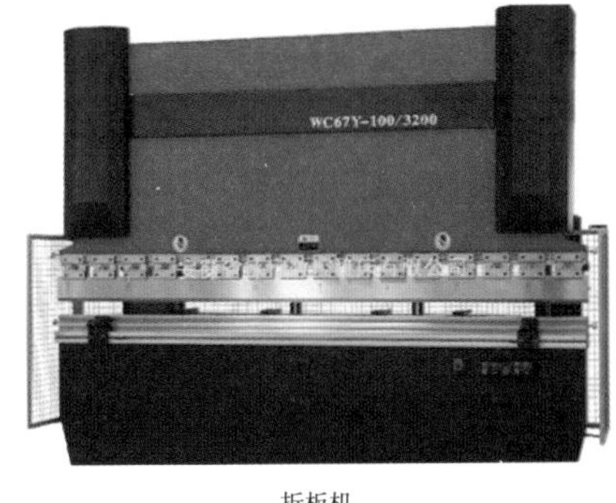

折板机

滚圆机

图 11-7　不锈钢板的滚圆

（4）不锈钢板的安装和定位。

1）不锈钢板在安装时，先进行预安装，随时调整柱胎。

2）在柱胎表面纵向按等距打入玻璃胶，特别是接口和收口位置。将不锈钢卷板轻轻安装入位。注意不能锤击和强力按接，以免造成变形。

3）接缝的位置应与柱子基体上预埋的卡口槽的位置相对应。焊缝两侧的不锈钢板不应有高低差。

4）可以用点固焊接的方式或其他方法先将板的位置固定下来。

（5）接口的处理。直接卡口式安装可不用焊接，只要将不锈钢板一端的弯曲部，勾入卡口槽内，再用力推按不锈钢板的另一端，利用不锈钢板本身的特性，使其卡入另一个卡口槽内，打入玻璃胶，压入卡口条即可；也可焊接，选择氩弧焊，以点焊为主。直接进行抛光打磨修光。

（6）不锈钢板安装的注意事项。

1）安装卡口槽及不锈钢槽条时，尺寸必须准确，不能产生歪斜现象。

2）安装时不需用锤大力敲击，避免损伤不锈钢。

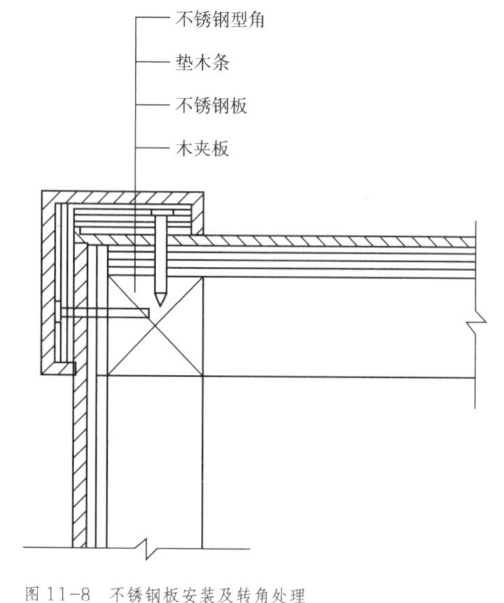

图 11-8 不锈钢板安装及转角处理

11.2.1.2 不锈钢方柱及洞口饰面安装

在方柱体上安装不锈钢板，一般采用粘贴方法将不锈钢板固定在木夹层上，然后再用不锈钢型角压边。其操作方法见图 11-8。

（1）检查柱体骨架。粘贴木夹板前，应对柱体骨架进行垂直度和平整度的检查，若有误差应及时修整。

（2）粘贴木夹板。骨架检查合格后，在骨架上涂刷胶，然后把木夹板粘贴在骨架上，并用螺钉固定，钉头砸入夹板内。

（3）镶贴不锈钢板。在木夹板的面层上涂刷玻璃胶，并把不锈钢板粘贴在木夹板上。

（4）压边、封口。在柱子转角处，一般用不锈钢成型角压边，在压边不锈钢成型角处用少量玻璃胶封口。

11.2.2 不锈钢管装饰施工

不锈钢管是近年来较为流行的一种装饰材料，主要用于栏杆的扶手和立柱，由于它有镜面反射作用，因此可取得与周围环境的各种色彩、景物交相辉映的装饰效果。

不锈钢管与基体的固定有两种方法：一种是通过固结于基体的铁件与钢管焊接，铁件可预埋或用膨胀螺栓固定；另一种则是直接将不锈钢管埋设于基体内，通过悬臂方法将钢管伸出。

不锈钢管扶手一般为通长设置，其钢管接长应焊接，焊缝部位应打磨修平，再进行抛光处理，以保证装饰质量。

11.2.3 彩色涂层钢板的安装施工

为了提高普通钢板的防腐蚀性能并使其具有鲜艳色彩及光泽，近几年来出现了各种彩色涂层钢板。这种钢板的涂层大致可分为有机涂层、无机涂层和复合涂层 3 类，其中以有机涂层钢板发展最快。

11.2.3.1 彩色涂层钢板的特点及用途

彩色涂层钢板也称塑料复合钢板，是在原材钢板上覆以 0.2 ~ 0.4mm 软质或半硬质聚氯乙烯塑料薄膜或其他树脂。塑料复合钢板可分为单面覆层和双面覆层两种，有机涂层可以配制成各种不同的色彩和花纹。

彩色涂层钢板具有绝缘、耐磨、耐酸碱、耐油、耐醇的侵蚀等特点，并且具有加工性能好，易切断、弯曲、钻孔、铆接、卷边等优点，其用途十分广泛，可作样板、屋面板等。

11.2.3.2 彩色涂层钢板的施工工艺

彩色涂层钢板的安装施工工艺流程为：预埋连接件→立墙筋→安装墙板→板缝处理。

1. 预埋连接件

在砖墙中可埋入带有螺栓的预制混凝土块或木砖。在混凝土墙体中可埋入直径为 8 ~ 10mm 的地脚螺栓，也可埋入锚筋的铁板。所有预埋件的间距应按墙筋间距埋入。

2. 立墙筋

在墙筋表面上拉水平线和垂直线，确定预埋件的位置。墙筋材料可选用角钢 30mm × 30mm × 3mm、槽钢 25mm × 12mm × 14mm、木条 30mm × 50mm。竖向墙筋间距为 900mm，横向墙筋间距为 500mm。竖向布板时可不设置竖向墙筋。横向布板时可不设置横向墙筋，将竖向墙筋间距缩小到 500mm。施工时要保证墙筋与预埋件连接牢固，连接方法为钉、拧、焊接。在墙角、窗口等部位必须设置墙筋，以免端部板悬空。

3. 安装墙板

墙板的安装是非常重要的一道工序，其安装顺序和方法如下：

（1）按照设计节点详图，检查墙筋的位置，计算板材及缝隙宽度，进行排板、划线定位，然后进行安装。

（2）在窗口和墙转角处应使用异形板，以简化施工，增加防水效果。

（3）墙板与墙筋用铁钉、螺钉及木卡条连接。其连接原则是：按节点连接做法沿一个方向顺序安装，安装方向相反则不易施工。若墙筋或墙板过长，可用切割机切割。

4. 板缝处理

尽管彩色涂层钢板在加工时其形状已考虑了防水性能，但如果遇到材料弯曲、接缝处高低不平，其形状的防水功能可能失去作用，在边角部位这种情况尤为明显，因此在一些板缝处填入防水材料是有必要的。

11.2.4 彩色压型钢板的安装施工

彩色压型钢板复合墙板是以波形彩色压型钢板为面板，轻质保温材料为芯层，经复合而制成的一种轻质保温墙板。彩色压型钢板原板材多为热轧钢板和镀锌钢板，在生产中镀以各种防腐蚀涂层与彩色烤漆，是一种新型轻质高效围护结构材料，其加工简单、施工方便、色彩鲜艳、耐久性强。

复合板的接缝构造基本有两种形式：一种是在墙板的垂直方向设置企口边，这种墙板看不见接缝，不仅整体性好，而且装饰美观；另一种是不设企口边，但美观性较差。保温材料可选聚氯乙烯泡沫板或矿渣棉板、玻璃棉板、聚氨酯泡沫塑料等。

11.2.4.1 彩色压型钢板的施工要点

(1)复合板安装是用吊挂件把板材挂在墙身骨架条上，再把吊挂件与骨架焊牢，小型板材也可用钩形螺栓固定。

(2)板与板之间的连接。水平缝为搭接缝，竖缝为企口缝，所有接缝处，除用超细玻璃棉塞严外，还用自攻螺丝钉钉牢，钉距为 200mm。

(3)门窗孔洞、管道穿墙及墙面端头处，墙板均为异形板。女儿墙顶部，门窗周围均设防雨泛水板，泛水板与墙板的接缝处，用防水油膏嵌缝。压型板墙转角处，均用槽形转角板进行外包角和内包角，转角板用螺栓固定。

(4)安装墙板可采用脚手架，或利用檐口挑梁加设临时单轨，操作人员在吊篮上安装和焊接。板的起吊可在墙的顶部设滑轮，然后用小型卷扬机或人力吊装。

(5)墙板的安装顺序是从墙边部竖向第 1 排下部第 1 块板开始，自下而上安装。安装完第 1 排再安装第 2 排。每安装铺设 10 排墙板后，用吊线锤检查一次，以便及时消除误差。

(6)为了保证墙面的外观质量，必须在螺栓位置画线，按线开孔，采用单面施工的钩形螺栓固定，使螺栓的位置横平竖直。

(7)墙板的外、内包角及钢窗周围的泛水板，必须在施工现场加工的异形件等，应参考图样，对安装好的墙面进行实测，确定其形状尺寸，使其加工准确，便于安装。

11.2.4.2 彩色压型钢板的施工注意事项

(1)安装墙板骨架之后，应注意参考设计图样进行一次实测，确定墙板和吊挂件的尺寸及数量。

(2)为了便于吊装，墙板的长度不宜过长，一般应控制在 10m 以下。板材如果过大，会引起吊装困难。

(3)对于板缝及特殊部位异形板材的安装，应注意做好防水处理。

(4)复合板材吊装及焊接为高空作业，施工时应特别注意安全问题。

金属板材还包含有彩色不锈钢板、浮雕艺术装饰板、美曲面装饰板等，它们的施工工艺都可以参考以上各种做法。

11.3 铝合金装饰材料

铝合金以它特有的结构性和独特的建筑装饰效果，被广泛用于建筑及建筑装饰工程中，如铝合金门、窗，铝合金柜台、货架，铝合金装饰板，铝合金龙骨吊顶等。我国铝合金门窗的起点较高、进步较快。现在我国已有平开铝窗、推拉铝窗、平开铝门、推拉铝门、铝制地弹簧门等几十种系列产品投入市场。

11.3.1 铝及铝合金的特点

11.3.1.1 铝的特性

纯铝是银白色的轻金属，密度小（$2.7g/cm^3$），熔点低（660℃），其导电性和导热性都很好，仅次于金、银、铜而居第 4 位，强度低，塑性高，能通过冷或热的压力加工制成线、板、带、棒、管等型材。经冷加工后，铝的强度可提高到 150 ~ 250MPa。

铝在空气中易生成一层致密、坚固的氧化铝（Al_2O_3）薄膜。这层氧化铝薄膜能保护下面的金属不再受腐蚀，故铝在空气和水中有较好的耐腐蚀能力，可以抵抗硝酸和醋酸的腐蚀。但氧化铝薄膜的厚度仅为 0.1μm 左右，因而与卤素（氯、碘）、碱、强酸接触时，会发生化学反应而受到腐蚀。

铝具有良好的可塑性（伸展率可达 50%），可加工成管材、板材、薄壁空腹型材，还可压延成极薄的铝箔，并具有极高的光、热反射比（87% ~ 97%）。但铝的强度和硬度较低，故铝不能作为结构材料使用。为了提高铝的实用价值，常加入合金元素。结构及装修工程常用的是铝合金。

11.3.1.2　铝合金及其特性

在铝中添加镁、锰、铜、硅、锌等合金元素形成的铝基合金称为铝合金。铝合金既保持了铝质量轻的特性，同时，机械性能明显提高（屈服强度可达 210 ~ 500MPa，抗拉强度可达 380 ~ 550MPa），是典型的轻质高强材料，同时其耐腐蚀性和低温变脆性得到较大改善，因而大大提高了使用价值，它不仅可用于建筑装修，还可用于结构方面。铝合金的主要缺点是弹性模量小（约为钢的 1/3）、热膨胀系数大、耐热性低、焊接需采用惰性气体保护焊等焊接新技术。

11.3.2　铝合金的表面处理

铝合金表面处理的目的：一是为了进一步提高铝合金的耐磨性、耐腐蚀性、耐光性和耐候性，因为铝材表面自然氧化膜薄且软，在较强的腐蚀介质条件下，不能起到有效的保护作用；二是在提高氧化膜厚度的基础上可进行着色处理，提高铝合金表面的装饰效果。

11.3.2.1　阳极氧化处理

所谓阳极氧化处理就是通过控制氧化条件及工艺参数，在预处理后的铝合金表面形成比自然氧化膜厚得多的氧化膜层（可达 5 ~ 20μm）。

阳极氧化法的原理实质上是水的电解。以铝合金为阳极置于电解质溶液中，阴极为化学稳定性高的材料（如铅、不锈钢等）。当电流通过时，在阴极上放出氢气，在阳极上产生氧，该原生氧和铝阳极形成的三价铝离子结合形成了氧化膜层。

阴极：$2H^{+}+2e^{-} \longrightarrow H_2$

阳极：$2Al^{3+}+3O^{2-} \longrightarrow Al_2O_3+Q$

阳极氧化膜结构在电镜下观察是由内层和外层组成的。内层薄而致密，成分为无水 Al_2O_3，称为活性层；外层呈多孔状，由非晶型 Al_2O_3 组成，它的硬度比活性层低，厚度却大得多。这是因为硫酸电解液中的 H^{+}、SO_4^{2-}、HSO_4^{-} 离子会浸入膜层而使其局部溶解，从而形成了大量小孔，使电流得以通过，氧化膜层继续向纵深发展，在氧化膜沿深度增长的同时，形成一种定向的针孔结构。

《铝合金建筑型材》（GB/T 5237—93）按铝合金建筑型材氧化膜的厚度分为 AA10、AA15、AA20、AA25 四个厚度等级，它们分别表示氧化膜厚度为 10μm、15μm、20μm、25μm。

11.3.2.2　表面着色处理

经中和水洗后的铝合金或经阳极氧化后的铝合金，再进行表面着色处理，可以在保证铝合金使用性能完好的基础上增加其装饰性。例如，目前建筑装饰中常见的铝合金色彩有茶褐色、紫红色、金黄色、浅青铜色、银白色等。

着色方法有自然着色法、电解着色法和化学着色法，以及树脂粉末静电喷涂着色法等。铝合金经阳极氧化着色后的膜层为多孔状，它具有很强的吸附能力，容易吸附有害物质而被污染或早期腐蚀，既影响外观又影响使用。因此，在使用之前应采取一定方法，将多孔膜层加以封闭，使之丧失吸附能力，从而提高氧化膜的防污染性和耐腐蚀性。

11.4 铝合金装饰板

铝合金装饰板具有质量轻、不燃烧、耐久性好、施工方便、装饰效果好等优点，适用于公共建筑室内外墙面和柱面的装饰。颜色有本色、金黄色、古铜色、茶色等。

铝合金装饰板是选用纯铝或铝合金为原料，经辊压冷加工而形成的饰面板材。其中表面轧制有花纹，以增加其表面装饰性的称为花纹板，花纹板根据花纹深浅又分为普通花纹板和浅花纹板。将铝合金薄板轧或压成不同波形断面，以增加其刚度的称为波纹板或压型板。在板材上冲有不同形状和间距的孔洞以改善其声学性能的称为穿孔吸声板。

11.4.1 花纹板

花纹板是采用防锈铝、纯铝或硬铝，用表面具有特制花纹的轧辊轧制而成，花纹美观大方、纹高适中（大于0.5 ~ 0.8mm）、不易磨损、防滑性能好、防腐能力强、易于清洗。通过表面着色，可获得不同美丽色彩。花纹板板面平整、裁剪尺寸准确、便于安装，广泛用于内墙装饰和楼梯、踏板等防滑部位。

11.4.2 铝及铝合金穿孔吸声板

铝及铝合金穿孔吸声板是为满足室内吸声的功能要求，而在铝或铝合金板材上用机械加工的方法冲出孔径大小、形状、间距不同的孔洞而制成的功能、装饰性合一的板材。

铝及铝合金穿孔吸声板是金属穿孔吸声板的一种，是根据声学原理，利用各种不同穿孔率的金属板来达到降低噪声、改善音响效果的目的。可采用圆、方、长圆、三角等不同的孔型或形状、大小不一的组合孔，工程降噪效果可达 4 ~ 8dB。

铝及铝合金穿孔吸声板除吸声、降噪的声学功能外，还具有质量轻、强度高、防火、防潮、耐腐蚀、化学稳定好等特点。应用于建筑中造型美观、色泽幽雅、立体感强，同时组装简便、维修容易。被广泛应用于宾馆、饭店、观演建筑、播音室和中高级民用建筑及各类厂房、机房、人防地下室的吊顶，起到降噪、改善音质的作用。

11.4.3 铝扣板天花

方形镀漆铝扣板：天花铝扣板是铝合金材质的吊顶材料，主要有铝镁合金、铝锰合金等。铝锰合金扣板硬度较高，铝镁合金在增加了硬度的同时，还增加了一些亮度，质感好，装饰效果强，见图 11-9。

11.4.4 铝塑板

铝塑复合板（又称铝塑板），由多层材料复合而成，上下层为高纯度铝合金板，中间为无毒低密度聚乙烯（PE）芯板，其正面还粘贴一层保护膜。对于室外，铝塑板正面涂覆氟碳树脂（PVDF）涂层，对于室内，其正面可采用非氟碳树脂涂层，见图 11–10。

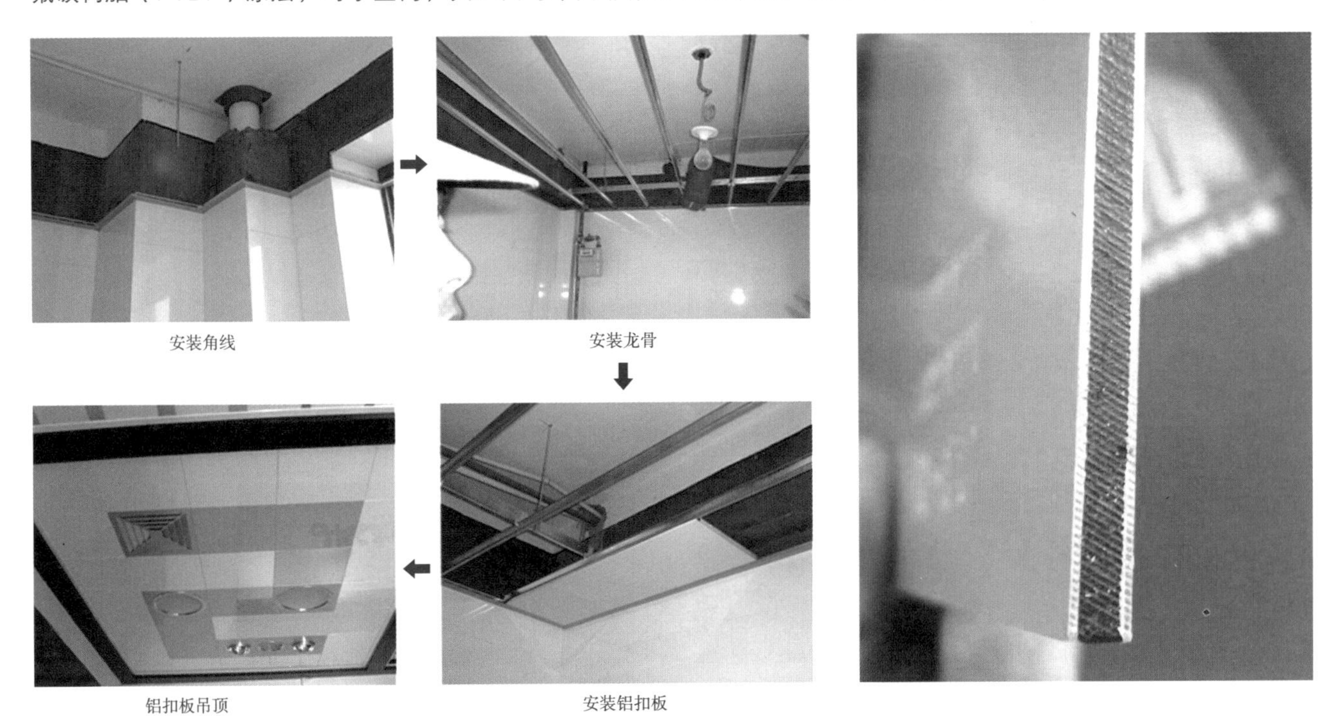

图 11–9 铝扣板天花安装

图 11–10 铝塑板

11.4.4.1 铝塑板分类

1. 按用途来分类

（1）建筑幕墙用铝塑板。其上、下铝板的最小厚度不小于 0.50mm，总厚度应不小于 4mm。铝材材质应符合 GB/T3880 的要求，一般要采用 3000、5000 等系列的铝合金板材，涂层应采用氟碳树脂涂层。

（2）外墙装饰与广告用铝塑板。上、下铝板采用厚度不小于 0.20mm 的防锈铝，总厚度应不小于 4mm。涂层一般采用氟碳涂层或聚酯涂层，见图 11–11。

图 11–11 铝塑板外墙

（3）室内用铝塑板。上、下铝板一般采用厚度为 0.20mm，最小厚度不小于 0.10mm 的铝板，总厚度一般为 3mm。涂层采用聚酯涂层或丙烯酸涂层。

2. 按表面装饰效果来分类

（1）涂层装饰铝塑板。在铝板表面涂覆各种装饰性涂层。普遍采用的有氟碳、聚酯、丙烯酸涂层，主要包括金属色、素色、珠光色、荧光色等颜色，具有装饰性作用，是市面最常见的品种，见图 11–12。

（2）氧化着色铝塑板。采用阳极氧化及时处理铝合金面板拥有玫瑰红、古铜色等别致的颜色，起到特殊的装饰效果，见图 11–12。

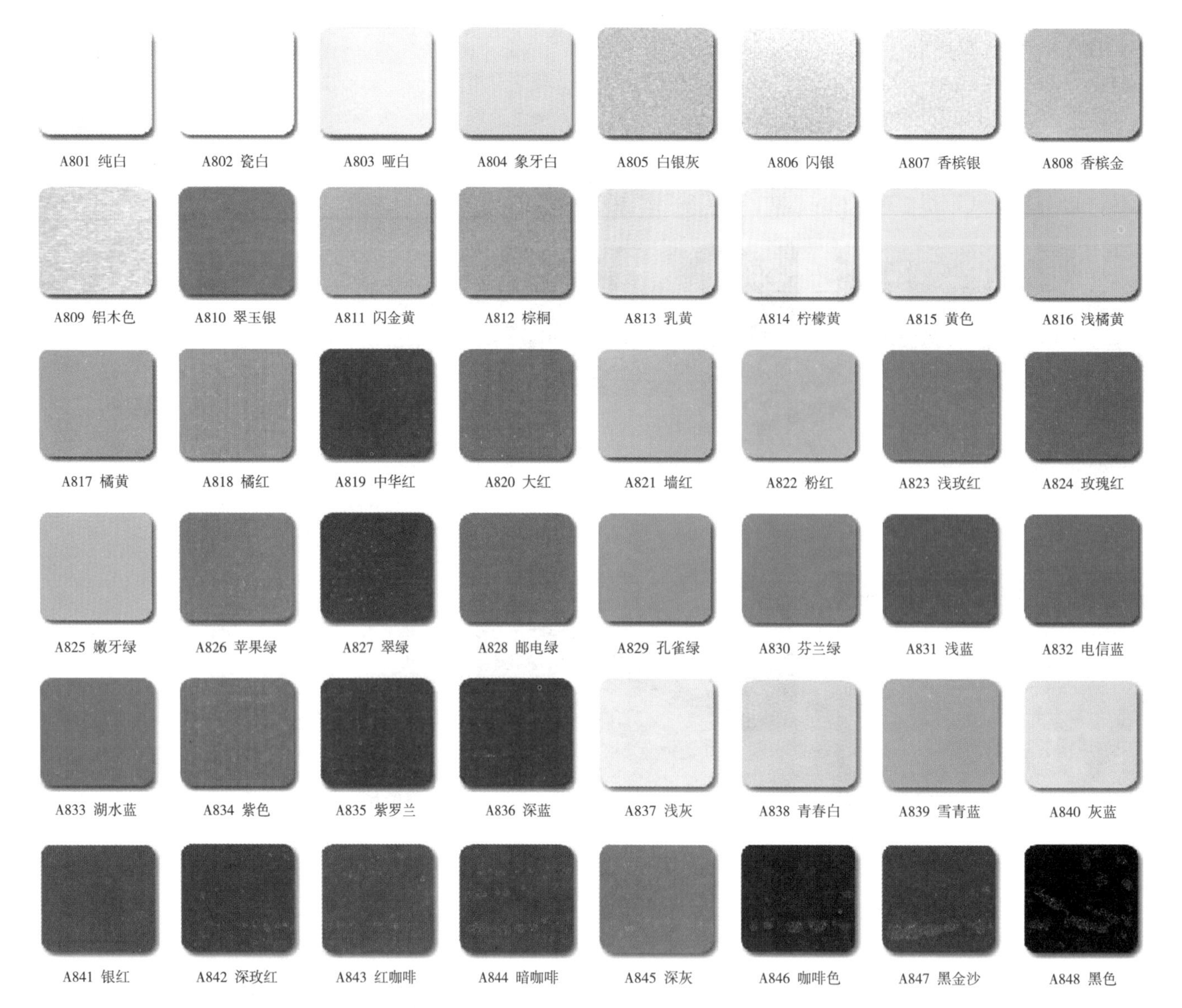

图 11-12 铝塑板色样（一）

（3）贴膜装饰复合板。即是将彩纹膜按设定的工艺条件，依靠黏合剂的作用，使彩纹膜黏合剂在涂有底漆的铝板上或直接贴在经脱脂处理的铝板上。主要品种有岗纹、木纹板等，见图 11-13。

（4）彩色印花铝塑板。将不同的图案通过先进的计算机照排印刷技术，将彩色油墨在转印纸上印刷出各种仿天然花纹，然后通过热转印技术间接在铝塑板上复制出各种仿天然花纹。可以满足设计师的创意和业主的个性化选择，见图 11-13。

（5）拉丝铝塑板。采用表面经拉丝处理的铝合金面板，常见的是金拉丝和银拉丝产品，给人带来不同的视觉享受。

（6）镜面铝塑板铝合金面板表面经磨光处理，宛如镜面。

11.4.4.2 特性

（1）耐候性佳、强度高、易保养。

（2）施工便捷、工期短。

（3）优良的加工性、断热性、隔音性和绝佳的防火性能。

（4）可塑性好、耐撞击、可减轻建筑物负荷，防震性佳。

（5）平整性好，轻而坚。

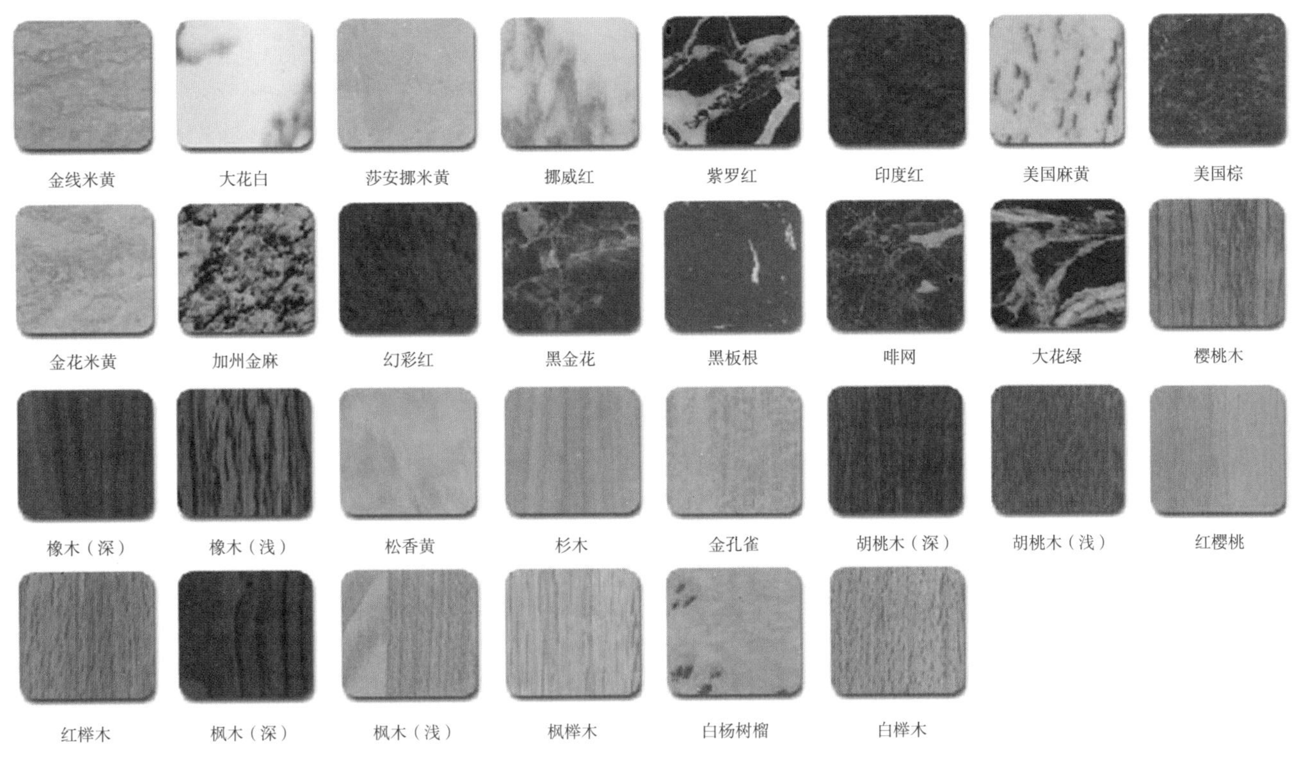

图 11-13 铝塑板色样（二）

（6）可供选择颜色多。

（7）加工机具简单、可现场加工。

11.4.4.3 用途

（1）大楼外墙、帷幕墙板。

（2）旧的大楼外墙改装和翻新。

（3）阳台、设备单元、室内隔间。

（4）面板、标识板、展示台架。

（5）内墙装饰面板、天花板、广告招牌。

（6）工业用材、保冷车的车体。

11.5 铝合金装饰板的施工

铝合金装饰板是一种较高档次的建筑装饰，也是目前应用最广泛的金属饰面板。它比不锈钢、铜质饰面板的价格便宜，易于成型，表面经阳极氧化处理可以获得不同颜色的氧化膜。这层薄膜不仅可以保护铝材不受侵蚀，增加其耐久性，同时由于色彩多样，也为装饰提供了更多的选择余地。

11.5.1 铝合金品种规格

用于装饰工程的铝合金板，其品种和规格很多。按表面处理方法不同，可分为阳极氧化处理及喷涂处理。按几何形状不同，有条形板和方形板，条形板的宽度多为 80 ~ 100mm，厚度多为 0.5 ~ 1.5mm，长度为 6.0m 左右。按装饰效果不同，有铝合金花纹板、铝质浅花纹板、铝及铝合金波纹板、铝及铝合金压纹板等。

11.5.2　施工前的准备工作

11.5.2.1　施工材料的准备

铝合金墙板的施工材料准备比较简单，因为金属饰面板主要是由铝合金板和骨架组成，骨架的横竖杆均通过连接件与结构固定。铝合金板材可选用生产厂家的各种定型产品，也可以根据设计要求，与铝合金型材生产厂家协商订货。承重骨架由横竖杆件拼成，材质为铝合金型材或型钢，常用的有各种规格的角钢、槽钢、V形轻金属墙筋等。因角钢和槽钢比较便宜，强度较高，安装方便，在工程中采用较多。连接构件主要有铁钉、木螺钉、镀锌自攻螺钉和螺栓等。

11.5.2.2　施工机具的准备

铝合金饰面板安装中所用的施工机具也较简单，主要包括小型机具和手工工具。小型机具有型材切割机、电锤、电钻、风动拉铆枪、射钉枪等，手工工具主要有锤子、扳手和螺钉旋具等。

11.5.3　铝合金墙板安装工艺

铝合金墙板安装施工工艺流程为：弹线→固定骨架连接件→固定骨架→安装铝合金板→细部处理。

11.5.3.1　弹线

首先要将骨架的位置弹到基层上，这是安装铝合金墙板的基础工作。在弹线前先检查结构的质量，如果结构的垂直度与平整度误差较大，势必影响到骨架的垂直与平整，必须进行修补。弹线工作最好一次完成，如果有差错，可随时进行调整。

11.5.3.2　固定骨架连接件

骨架的横竖杆件是通过连接件与结构进行固定的，而连接件与结构的连接可以与结构的预埋件焊牢，也可以在墙面上打膨胀螺栓固定。因膨胀螺栓固定方法比较灵活，尺寸误差小，准确性高，容易保证质量，所以在工程中采用较多。连接件施工应保证连接牢固，型钢类的连接件，表面应当镀锌，焊缝处应刷防锈漆。

11.5.3.3　固定骨架

骨架应预先进行防腐处理。安装骨架位置要准确，结合要牢固。安装后，检查中心线、表面标高等，对多层或高层建筑外墙，为了保证铝合金板的安装精度，要用经纬仪对横竖杆件进行贯通，变形缝、沉降缝、变截面处等应妥善处理，使之满足使用要求。

11.5.3.4　安装铝合金板

铝合金板的安装固定办法多种多样，不同的断面、不同的部位，安装固定的办法可能不同。从固定原理上分，常用的安装固定办法主要有两大类：一种是将板条或方板用螺钉拧到型钢骨架上，其耐久性能好，多用于室外；另一种是将板条卡在特制的龙骨上，板的类型一般是较薄的板条，多用于室内。

第12章 建筑装饰织物及其施工方法

建筑装饰织物是现代室内重要的装饰材料之一，若选用得当，既能给室内环境增添光彩，给人们的生活带来舒适感，又能增加室内的豪华气派，对现代室内环境艺术设计起到锦上添花的作用。

建筑室内装饰织物主要包括地毯、挂毯、墙布、壁纸、窗帘等，近年来装饰织物无论在材质、性能，还是在花色、品种上都有了较大的发展，为现代室内设计提供了又一类优良的装饰材料。

12.1 地毯

地毯是一种高级地面装饰材料，有着悠久的历史，也是一种世界通用的装饰材料。它不仅具有隔热、保温、吸音、吸尘、挡风及弹性好等特点，还具有典雅、高贵、华丽、美观、悦目的装饰效果，所以经久不衰，广泛用于高级宾馆、会议大厅、办公室、会客室和家庭地面装饰，见图 12-1。传统的地毯是手工编织的羊毛地毯，而当今的地毯已发展到款式多样，颜色从艳丽到淡雅，绒毛从柔软到强韧，形成了地毯的高、中、低档系列。

图 12-1 地毯

12.1.1 地毯的品种及分类

现代地毯通常按其图案、材质、编制工艺及规格尺寸进行分类。

12.1.1.1 按图案类型分类

1.“京式”地毯

“京式”地毯为北京式地毯简称，它的图案特点是工整对称，色调典雅，具有庄重古朴的艺术特色。四周方形边框醒目，图案内容常取材于中国的古老艺术，如古代绘画、建筑上的雕梁画栋、宗教纹样、刺绣等。见图 12-2。

图 12-2 “京式”地毯

2. 美术式地毯

美术式地毯图案的特点是构图完整，色彩华丽，富于层次感，具有富丽堂皇的艺术风格。它借鉴了西欧装饰艺术的特点，常以盛开的玫瑰花、苞蕾卷叶、郁金香等组成花团锦簇，见图 12-3。

图 12-3 美术式地毯

3. 仿古式地毯

仿古式地毯以古代的古纹图案、风景、花鸟为题材，表现出古朴典雅的情调，见图 12-4。

4. 彩花式地毯

彩花式地毯的图案特点是具有清新活泼的艺术格调，图案如同工笔花鸟画，在地毯上散点插枝，表现一些婀娜多姿的花卉，色彩绚丽，构图富于变化，有对角花、三枝花、四枝花及围城等多种，外形可为长方形、方形或圆形等，见图 12-5。

5. 素凸式地毯

素凸式地毯色调较为淡雅，图案为单色凸花，纹样剪片后清晰美观，犹如浮雕，见图 12-6。

图 12-4 仿古式地毯

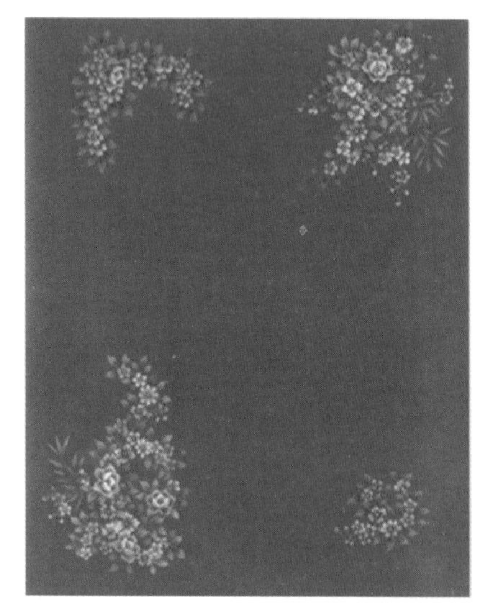
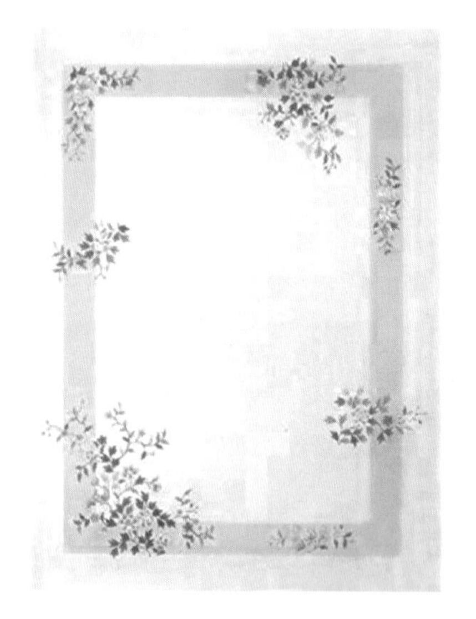
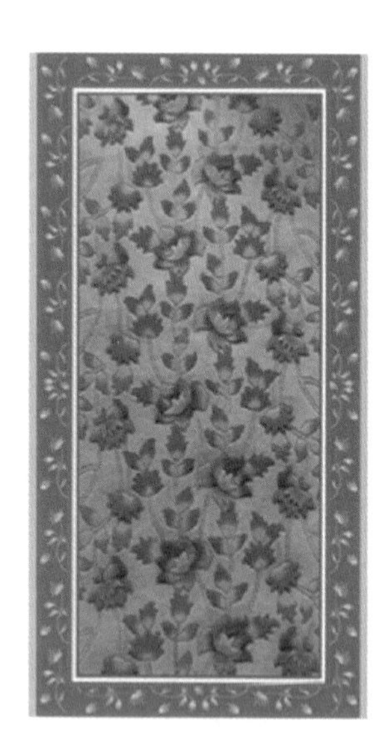

图 12-5 彩花式地毯

图 12-6 素凸式地毯

12.1.1.2 按材质分类

不同材质的地毯见图 12-7。

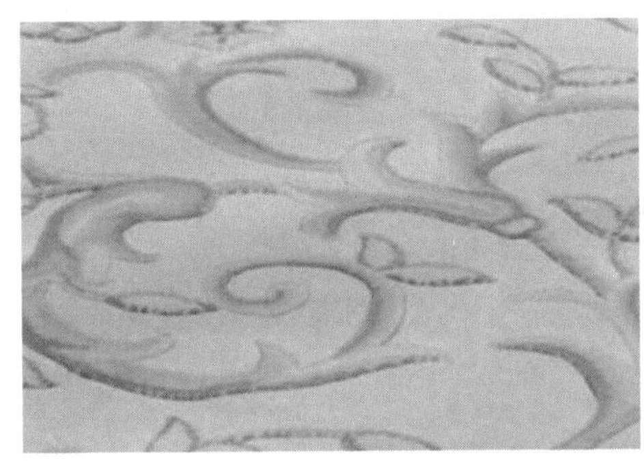

羊毛地毯

化纤地毯

塑料地毯

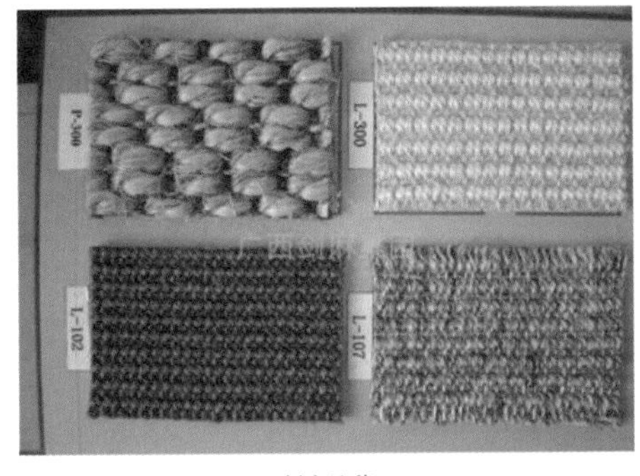

剑麻地毯

混纺地毯

图 12-7 不同材质的地毯

1. 羊毛地毯

羊毛地毯即纯毛地毯，采用粗绵羊毛编织而成，具有弹性大、拉力强、光泽好的优点，装饰效果极佳，是深受人们喜爱的一种高级装饰材料。

2. 混纺地毯

混纺地毯是以羊毛纤维和合成纤维按比例混纺后编织而成的地毯。由于掺入了合成纤维，可显著改善地毯的耐磨性能。如在羊毛纤维中加入 20% 的尼龙纤维，地毯的耐磨性可提高 5 倍，且装饰性不降低，价格低于羊毛地毯。

3. 化纤地毯

化纤地毯采用合成纤维制作的面料制成。常用的合成纤维有丙纶、腈纶、锦纶、涤纶等，其外观和触感酷似羊毛，耐磨而较富有弹性，为目前用量最大的中、低档地毯。

4. 塑料地毯

塑料地毯是采用 PVC 树脂、增塑剂等多种辅助材料，经均匀混炼、塑制而成的一种新型轻质地毯，它质地柔软、色彩绚丽、自熄不燃、污染后可用水洗、经久耐用，为一般公共建筑和住宅的地面铺装材料。这种地毯也称之为地板。

5. 剑麻地毯

这种地毯采用植物纤维剑麻（西沙尔麻）为原料，经纺纱、编织、涂胶、硫化等工序加工而成，产品分染色和素色两类，有斜纹、罗纹、鱼骨纹、帆布平纹、半巴拿纹、多米诺纹等多种花色。产品具有耐酸碱、耐磨、无静电等特点，但弹性较差，手感十分粗糙，可用于人流较大的公共场所地面装饰以家庭地面装饰。

12.1.1.3 按编织工艺分类

不同编织工艺的地毯见图 12-8。地毯断面形状及适用场所见表 12-1。

手工编织地毯

无纺地毯

簇绒地毯

图 12-8 不同编织工艺的地毯

表 12-1 地毯断面形状及适用场所

名 称	断面形状	适用场所
高簇绒		家庭、客房
低簇绒		公共场所
粗毛低簇绒		家庭或公共场所
一般圈绒		公共场所
高低圈绒		公共场所
粗毛簇绒		公共场所
圈、簇绒结合式		家庭或公共场所

1. 手工编织地毯

手工编织专用于羊毛地毯。它采用双经双纬，通过人工打结栽绒（称为波斯扣或8字扣），将绒毛层与基底一起织做而成，做工精细、质地高雅、图案多彩多姿，是地毯中的高档产品。手工编织地毯工效低、成本高、价格昂贵，一般为高级宾馆的装饰材料。

2. 簇绒地毯

簇绒地毯又称栽绒地毯。这种编织工艺是目前各国生产化纤地毯普遍采用的编织方式。它是通过带有一排往复式穿针的纺机，把毛纺纱穿入第一层基底（初级衬背织布），并在其面上将毛纺纱穿插成毛圈而背面拉紧，然后在初级背衬的背面刷一层胶，使之固定，于是就织成了厚实的圈绒地毯。若再用锋利的刀片横向切割毛圈顶部，并经修剪，则成为平绒地毯，也称为割绒地毯或切绒地毯。

圈绒的高度一般为 5 ~ 10mm，平绒绒毛的高度多为 7 ~ 10mm。同时，毯绒纤维密度大，因而弹性好，脚感舒适，且在毯面上可印染各种图案花纹。

3. 无纺地毯

无纺地毯是指无经纬编织的短毛地毯，也是生产化纤地毯的方法之一。它是将绒毛线用特殊的勾针扎刺在用合成纤维构成的网布底衬上，然后在其背面涂上胶层，使之粘牢，故其又有针刺地毯、针扎地毯或黏合地毯之称。这种地毯因生产工艺简单，故成本低廉，弹性和耐久性均较差。为提高其强度和弹性，可在毯底加缝或粘贴一层麻布底衬，也可加贴一层海绵底衬。

无纺生产方式不仅用于化纤地毯生产，也可用于羊毛地毯生产，近年来我国就用此方法生产出了纯羊毛无纺地毯。

12.1.1.4　按规格尺寸分类

1. 块状地毯

纯羊毛地毯多为方形及长方形块状地毯，其通用规格尺寸为 610mm×610mm ~ 3660mm×6710mm，共计 56 种，另外还有异型地毯，如三角形、圆形、椭圆形地毯。地毯的厚度视质量等级有所不同。纯毛块状地毯还可成套供应，每套由若干块形状和规格不同的地毯组成。花式方块地毯是由花色各不相同的 500mm×500mm 的方块地毯组成一箱，铺设时根据装饰设计要求任意搭配使用。

2. 卷材地毯

卷材地毯以经线与纬线编织而成基布，再用手工在其上编织毛圈。它是一种机械编织，是以经线与纬线编织成基布的同时，织入绒毛线而成的，见图 12-9。可以使用 2 ~ 6 种色彩线，通过提花织机编织而成，编织色彩可达 30 种，其特点是具有绘画图案。

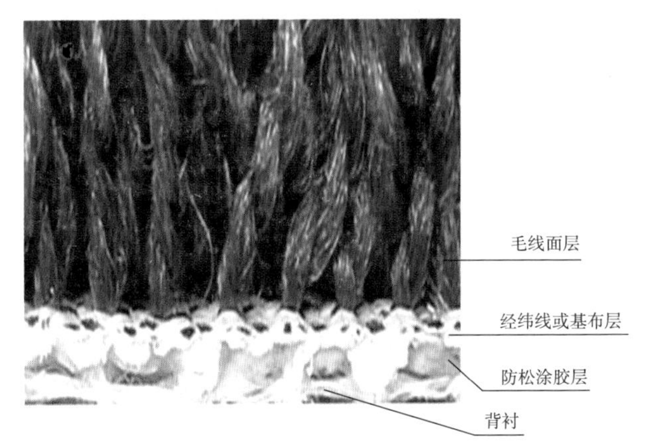

图 12-9　地毯的构造

机织的化纤地毯通常加工成宽幅的成卷包装的地毯，其幅宽有 1 ~ 4m 等多种，每卷长度为 20 ~ 25m 不等。铺设成卷的整幅地毯，适合于大空间的场所，家庭居室也可使用，但损坏后不易更换。

12.1.2　纯毛地毯

纯毛地毯即羊毛地毯，分手工编织和机织地毯两种，前者为传统纯毛地毯高档产品，后者为近代发展起来的较高级的纯毛地毯制品。

12.1.2.1　纯毛地毯的特性与应用

1. 手工编织的纯毛地毯

手工编织的纯毛地毯是采用优质绵羊毛纺纱，用现代染色技术染成最牢固的绚丽颜色，经精湛的技巧织成瑰丽的图案，再以专用机械平整毯面或剪凹花地周边，最后用化学方法洗出丝光。手工编织地毯在我国新疆、内蒙古、青海、宁夏等地已有悠久的生产历史。国外如伊朗、印度、巴基斯坦、土耳其、澳大利亚等也有生产。

手工编织地毯是自上而下垒织栽绒打结而制成的，每垒织打结完一层称一道，通常以 1ft（0.3048m）高的毯面上垒织的道数多少来表示地毯的栽绒密度。道数越多，栽绒密度越大，地毯质量越好，价格也越昂贵。地毯的档次与道数成正比关系，一般家用地毯为 90 ~ 150 道，高级装饰工程用地毯为 200 道以上，个别处可达 400 道。

手工编织纯毛地毯具有图案优美、色泽鲜艳、质地厚实、富有弹性、柔软舒适、经久耐用，自古以来一直作为一种高档装饰材料，见图 12-10。

图 12-10 手工编织地毯

2. 机织纯毛地毯

机织纯毛地毯具有毯面平整、光泽好、富有弹性、脚感舒适、抗磨耐用等特点，其性能与纯毛手工地毯相似，但价格远低于手工地毯。回弹性、抗静电、抗老化、耐燃性等都优于化纤地毯。

机织纯毛地毯最适合用于宾馆、饭店的客房、楼梯、楼道、宴会厅、酒吧间、会客室的地面装饰及家庭地面装饰。

12.1.2.2 国产纯毛地毯的主要规格与性能

国产纯毛地毯的主要规格与性能见表 12-2。

表 12-2　　国产纯毛地毯主要规格及性能

品　名	规格（mm）	性能特点	生产厂家
羊毛满铺地毯电针绣枪地毯艺术壁挂（工美牌）	有各种规格	以优质羊毛加工而成。电针锈枪地毯可仿制传统手工地毯图案，古香古色，现代图案富有时代气息。艺术壁挂图案粗犷朴实，风格多样，价格仅为手工编织壁挂的 1/5 ~ 1/10	北京市地毯二厂
90 道手工打结地毯素式羊毛地毯高道数艺术挂毯	610×910 ~ 3050×4270 等各种规格	以优质羊毛加工而成，图案华丽、柔软舒适、牢固耐用	上海地毯总厂
90 道手工栽绒地毯、提花地毯、艺术壁毯（风船牌）	各种规格	以优质西宁羊毛加工而成。图案有北京式、美术式、彩花式、素凸式、东方式及古典式。古典式的图案分青铜、画像、蔓草、花鸟、锦绣五大类	天津地毯工业公司
90 道羊毛地毯 120 道羊毛艺术挂毯	厚度：6 ~ 15 宽度：按要求加工 长度：按要求加工	用上等纯羊毛手工编织而成。经化学处理，防潮、防蛀、吸音、图案美观、柔软耐用	武汉地毯厂
手工栽绒地毯（飞天牌）	2140×3660 ~ 610×910 等各种规格	以上等羊毛加工而成。产品有北京式、美术式、彩花式、素凸式、敦煌式、仿古式等。产品手感好、色牢度好、富有弹性	兰州地毯总厂

续表

品　名	规格（mm）	性能特点	生产厂家
纯毛机织地毯	各种规格	以西宁羊毛加工而成。产品平整光洁、毛丛挺拔、质地坚固、花式多样、防潮、隔音、保暖、吸尘、无静电、弹性好	青海地毯二厂
90道手工打结地毯 140道精艺地毯机织满铺羊毛地毯工艺挂毯（海马牌）	幅宽4m及其他各种规格	以优质羊毛加工而成。图案花式多样，产品手感好。脚感好、舒适高雅、防潮、吸声、保温、吸尘等	山东威海海马地毯集团公司
仿手工羊毛地毯（雏凤牌）	各种规格	以优质羊毛加工而成。款式新颖、图案精美、色泽雅致、富丽堂皇、经久耐用	浙江美术地毯厂
纯羊毛手工地毯机织羊毛地毯（松鹤牌）（钱江牌）	各种规格	以国产优质羊毛和新西兰羊毛加工而成。具有弹性好、抗静电、保暖、吸声、防潮等特点	杭州地毯厂
80道机拉洗羊毛地毯 90道机拉洗羊毛地毯	各种规格	以优质羊毛加工而成。产品具有图案美观、色彩鲜艳、弹性好、隔音、吸潮等功能	内蒙古赤峰市长城地毯厂
羊毛圈绒威尔顿地毯 羊毛开绒威尔顿地毯 羊毛双面提花地毯	绒高：4.5、6、8、10 品种：素色、提花	以优质羊毛，采用比利时、英国和德国等先进生产设备加工而成。产品主要用于航空上。航空地毯全面符合国际防火、防烟、抗静电和防虫蛀等标准	北京航空工艺地毯有限公司
纯毛无纺地毯（金蝶牌）	条形： 幅宽：2m 长：4 ~ 30m 方形：500×500 厚：6 常用规格：1400×2000 2000×2500 2000×3000	日晒牢度：≥6级 摩擦牢度：干磨≥2级；湿磨≥3级 断裂强度：径向≥650N/5cm 纬向≥700N/5cm 剥离强度：40N/4cm 颜色可供选择种类多	湖北沙市无纺地毯厂

12.1.3　化纤地毯

化学纤维地毯简称化纤地毯，是采用化学合成纤维做面料加工制作而成。按所用的化学纤维不同，分为丙纶地毯、腈纶地毯、锦纶地毯、涤纶地毯等。若按编织方法还可分为簇绒地毯、针扎地毯、机织地毯及印刷地毯等。

化纤地毯具有如下特点：

（1）具有良好的装饰性。其色彩绚丽、图案多样，质感丰富，立体感强，给人以温暖、舒适、宁静、柔和的感觉。

（2）能调节室内环境。化纤地毯由于有较好的弹性，步行时柔软轻快。此外还具有较好的吸音性和绝热性，能保持环境的安静和温暖。

（3）耐污及藏污性较好。主要对于尘土砂粒等固体污染物有很好的藏污性。对液体污染物，特别是有色液体，较易玷污和着色，使用时要注意。

（4）耐倒伏性较好，即回弹性较好。一般地毯面层纤维的倒伏性主要取决于纤维的高度、密度及性质，密度高的手工编织地毯耐倒伏性好；而密度小、绒头较高的簇绒地毯则倒伏性差。

（5）耐磨性较好。这是由于化纤的耐磨性比羊毛好，所以化纤地毯使用寿命较长。

（6）耐燃性差。由于化纤产品一般是易燃的，当加入阻燃剂后，可以收到自熄或阻燃的效果。

（7）易产生静电。由于化纤地毯有摩擦产生静电及放电特性，所以极易吸收灰尘，放电时对某些场合易造成危害，一般采用加抗静电剂的方法处理。

化纤地毯在国外使用比较广泛，这是化学工业发展后带来的一种必然结果。化纤地毯是目前美国家居地面装饰中广泛使用的一种产品，被誉为保健型铺贴材料，约占地面铺贴材料的 70% 以上。在家庭装饰中，通常选用 4m 宽的宽幅地毯进行铺设，即所谓满铺地毯。在家庭装饰中很少看到采用块状地毯，块状地毯多用于机场候机厅、博物馆展示厅、商贸中心等公共场所的地面铺设。

12.1.3.1 化纤地毯的构造

化纤地毯由面层、防松涂层和背衬三部分组成。

1. 面层

化纤地毯的面层是以聚丙烯纤维（丙纶）、聚丙烯腈纤维（腈纶）、聚酯纤维（涤纶）、尼龙纤维（锦纶）等化学纤维为原料，采用机织和簇绒等方法加工而成。化纤地毯的面层纤维密度较大，毯面平整性好，但工序较多，织造速度不及簇绒法快，故成本较高。面层的绒毛可以是长绒、中长绒、短绒、起圈绒、卷曲绒、高低圈绒、平绒圈绒组合等多种，一般多采用中长绒制作的面层，因其绒毛不易脱落和起球，使用寿命长。另外，纤维的粗细也会直接影响地毯的弹性与脚感。

2. 防松涂层

防松涂层是指涂刷于面层织物背面初级背衬上的涂层。这种涂层材料是以氯乙烯偏氯乙烯共聚乳液为基料，掺入增塑剂、增稠剂及填料等配制而成为一种水溶性涂料，将其涂于面层织物背面，可以增加地毯绒面纤维在初级背衬的固着牢度，使之不易脱落。同时，待涂层经热风烘道干燥成膜后，当用胶黏剂粘贴次级背衬时，还能起防止胶黏剂渗透到绒面层而使面层发硬结壳的作用。

3. 背衬

化纤地毯的背衬材料通常用麻布，采用胶结力很强的丁苯胶乳、天然乳胶等水溶性橡胶作胶粘剂。将麻布与已经过防松涂层处理过的初级背衬相黏合，以形成次级背衬，然后再经加热、加压、烘干等工序，即成卷材成品。次级背衬不仅保护了面层织物背面的针码，增强了地毯背面的耐磨性，同时也加强了地毯的厚实程度，使人更有步履轻松之感。

12.1.3.2 化纤地毯的技术性能要求

1. 剥离强度

用一定的仪器设备，在规定速度下，将 50mm 宽的化纤地毯试样，使其面层与背衬剥离至 50mm 时所需的最大力。化纤簇绒地毯要求剥离强力 ≥ 25N。我国上海产机织和簇绒丙纶、腈纶地毯，无论干、湿状态，其剥离强力均在 35N 以上。

2. 绒毛黏合力

绒毛黏合力是指地毯绒毛固着于背衬上的牢固度。化纤簇绒地毯的黏合力以簇绒拔出力来表示，要求平绒毯簇绒拔出力 ≥ 12N，圈绒毯 ≥ 20N。上海产簇绒丙纶（麻布背衬）地毯，黏合力达到 63.7N，高于日本同类产品 51.5N 的指标。

3. 耐磨性

地毯的耐磨性是耐久性的重要指标，通常是以地毯在固定压力下，磨至露出背衬时所需要的耐磨次数来表示。耐磨次数越多，地毯的耐磨性就越好。我国上海产机织丙纶、腈纶化纤地毯，当绒长为 6 ~ 10mm 时，其耐磨次数达 5000 ~ 10000 次，达到国际同类产品的水平。机织化纤地毯的耐磨性优于机织羊毛地毯（2500 次）。

4. 弹性

弹性是反映地毯受压力后，其厚度产生压缩变形的程度以及压力消除后恢复到原始状态的程度。

地毯的弹性好，脚感就特别舒适。地毯的弹性一般用动态负载下（规定次数下周期性外加荷载撞击后）地毯厚度减少值，以及中等静负载后地毯厚度减少值来表示。例如绒毛厚度为 7mm 的簇绒化纤地毯，要求其动荷下厚度减少值为：平绒毯≤ 3.5mm，圈绒毯≤ 2.2mm；静负载后厚度减少值分别要求≤ 3mm 与≤ 2mm。化纤地毯弹性一般不如纯毛地毯。

5. 抗静电性

静电性是指地毯带电和放电的性能。如果化纤未经抗静电处理，其导电性差，织成的地毯静电大，易吸尘，清扫困难。为此，在生产合成纤维时，常掺入一定量的抗静电剂，国外还采用增加导电性处理等措施，以提高化纤地毯的抗静电性能。

化纤地毯静电大小，通常以其表面电阻和静电压来表示。目前，我国化纤地毯的静电值都还较大，需要继续改善其抗静电性能。

6. 抗老化性

化纤制品是有机高分子化合物，都有一个如何防止老化的问题。化纤地毯使用时间一长，毯面化学纤维老化降解，导致地毯性能指标下降，受撞击和摩擦时会产生粉末现象。生产化纤时要加入适量的抗老化剂，以延缓化纤地毯的老化时间。

抗老化性是一项综合指标，通常是地毯经一定时候的紫外线照射后，综合其耐磨次数、弹性及色泽变化来评定。

7. 耐燃性

生产化纤时加入一定量的阻燃剂，使织成的化纤地毯具有自熄性和阻燃性。当化纤地毯燃烧时间为 12min 以内，其燃烧面积直径不大于 17.96cm 时，则认为是耐燃性合格。

8. 抗菌性

作为地面覆盖材料，地毯易遭虫、菌等侵蚀而引起霉变或蛀坏，因此，生产地毯时要进行防霉、防菌处理。通常规定，凡能经受 8 种常见霉菌和 5 种常见细菌的侵蚀而不长菌和霉变时，地毯抗菌性为合格。化纤地毯抗菌性优于羊毛地毯。

12.1.3.3　质量标准

我国现行的化纤地毯质量标准主要有《簇绒地毯》（GB 11746—89）、《针刺地毯》（QB 1082—91）和《机织地毯》（GB/T 14252—93）。

按照《簇绒地毯》（GB 11746—89）要求，簇绒化纤地毯的质量标准分别列入表 12-3、表 12-4，根据 GB 11746—89 规定，簇绒地毯按其技术要求评定等级，其技术要求为内在质量要求和外观质量要求两个方面。按内在质量定为合格品和不合格品两类，全部达到技术指标为合格，当有一项达不到要求即为不合格品，并不再进行外观质量评定。簇绒化纤地毯的最终等级是在内在质量各项指标全部达标的情况下，以外观质量所定的品等作为该产品的等级。按外观质量评定分优等品、一等品、合格品 3 个等级，评定以其中最低的一项疵点的品等评定。

表 12-3　　簇绒地毯内在质量标准

序号	项目	单位	技术指标	
			平割绒	平圈绒
1	动态负载下厚度减少（绒高 7mm）	mm	≤ 3.5	≤ 2.2
2	中等静负载后厚度减少	mm	≤ 3	≤ 2
3	绒簇拔出力	N	≥ 12	≥ 20
4	绒头单位质量	g/m^2	≥ 375	≥ 250
5	耐光色牢度（氙弧）	级	≥ 4	
6	耐摩擦色牢度（干摩擦）	级	纵向	≥ 3 ~ 4
			横向	
7	耐燃性（水平法）	mm	试样中心至损毁边缘的最大距离≤ 75	
8	尺寸偏差	%	宽度	在幅宽的 ±0.5 以内
			长度	卷状：卷长不小于公称尺寸 块状：在长度的 ±0.5 以内
9	背衬剥离强力	N	纵向	≥ 25
			横向	

表 12-4　　簇绒地毯外观质量评等规定

序号	外观疵点	优等品	一等品	合格品	序号	外观疵点	优等品	一等品	合格品
1	破损（破洞、撕裂、割伤）	不允许	不允许	不允许	6	纵、横向条痕	不明显	不明显	较明显
2	污渍（油污、色渍、胶渍）	无	不明显	不明显	7	色条	不明显	较明显	较明显
3	毯面折皱	不允许	不允许	不允许	8	毯边不平齐	无	不明显	较明显
4	修补痕迹	不明显	不明显	不明显	9	渗胶过量	无	不明显	较明显
5	脱衬（背衬黏结不良）	无	不明显	不明显					

12.1.3.4　化纤地毯主要品种及生产厂家

国产部分化纤地毯品种、规格及生产厂家见表 12-5。

表 12-5　　国产部分化纤地毯品种、规格及生产厂家

产品名称	规　格	技 术 性 能	生产厂家
丙纶簇绒地毯 丙纶机织地毯 （燕山牌）	1. 簇绒地毯 幅宽：4m 长度：15m/ 卷、25m/ 卷 花色：平绒、圈绒、高低圈绒，圈绒采用双色或三色合股的复色绒线 2. 提花满铺地毯 幅宽：3m 3. 提花工艺美术地毯 1.25m × 1.66m 1.50m × 1.90m 1.70m × 2.35m 2.00m × 2.86m 2.50m × 3.31m 3.00m × 3.86m	1. 簇绒地毯 绒毛黏合力 圈绒：25N 平绒：10N 圈绒线头单位质量：800g/m² 干断裂强力 经向：>500N 纬向：>300N 日晒色牢度：≥ 4 级 耐燃损毁最大距离：<75mm 2. 提花地毯 干断裂强力 经向：400N 纬向：≥ 300N 日晒色牢度：≥ 4 级 耐燃损毁最大距离：<75mm	北京燕山石油化工公司化纤地毯厂
簇绒化纤地毯 （金鹿牌）	绒高：3 ~ 12mm 花式：平绒、圈绒、提花 颜色：各色 幅宽 圈绒、提花：4m 平绒：2m 长度：125m/ 卷	绒毛黏合力（N） 圈绒：27.46 平绒：19.61 绒头单位质量（g/m²） 圈绒：300 平绒：≥ 350 剥离强力（N） 圈绒：28.4 平绒：≥ 27.5 厚度减少率（%） 圈绒：≤ 25 平绒：≤ 40 耐燃性：符合要求	兰州地毯总厂

续表

产品名称	规格	技术性能	生产厂家
丙纶针刺地毯	卷状 幅宽：1m 长度：10 ~ 20m/卷 块状 500mm×500mm 花色：素色、印花 颜色：6种标准色	断裂强力（N/5cm） 经向：≥800 纬向：≥300 耐燃性：难燃、不扩大 水浸：全防水 酸、碱腐蚀：无变形	湖北沙市无纺地毯厂
丙纶、腈纶簇绒地毯	绒高：7 ~ 10mm 幅宽：1.4、1.6、1.8、2.0m 长度：20m/卷 绒头单位质量：丙纶1450g/m^2 腈纶1850g/m^2 颜色 丙纶地毯：绿 腈纶地毯：绿、墨绿、紫红、棕黑	绒毛黏合力（N） 丙纶地毯：38 腈纶地毯：37 横向耐磨（次） 丙纶地毯：2690 腈纶地毯：2500 耐燃性 燃烧时间：2min 燃烧面积：直径2cm圆孔	上海床罩厂
涤纶机织地毯（环球牌）	花色：提花、素色 素色地毯 厚度：9 ~ 10mm 幅宽：1.3m 提花地毯 厚度：12 ~ 13mm 幅宽：4m	纺织牢度：经上百万次脚踏，不易损坏 耐热冷温度：-25 ~ 48℃ 收缩率：0.5% ~ 0.8% 背衬剥离强度：0.05MPa	江苏省常州市地毯厂

12.2 地毯地面铺设施工

12.2.1 地毯铺贴的施工准备

12.2.1.1 材料的准备工作

（1）地毯材料。地毯的规格和种类繁多，价格和效果差异也很大，因此正确选择地毯十分重要。

根据材质不同进行分类，可分为羊毛地毯、混纺地毯、化纤地毯、塑料地毯和剑麻地毯等；依使用场合及性能不同分类，可分为轻度家用级、中度家用级、一般家用级、重度家用级、重度专用级和豪华级6个等级。在一般情况下，应根据铺贴部位、使用要求及装饰等级进行综合选择。选择得当不仅可以更好地满足地毯的使用功能，同时也能延长地毯的使用寿命。

（2）垫料材料。对于无底垫的地毯，如果采用倒刺板固定，应当准备垫料材料。垫料一般采用海绵材料作为底垫料，也可以采用杂毛毡垫。

（3）地毯胶黏剂。地毯在固定铺设时，需要用胶黏剂的地方通常有两处：一处是地毯与地面黏结时用；另一处是地毯与地毯连接拼缝用。地毯常用的胶黏剂有两类：一类是聚醋酸乙烯胶黏剂；另一类是合成橡胶胶黏剂。这两类胶黏剂中均有很多不同品种，在选用时宜参照地毯厂家的建议，采用与地毯背衬材料配套的胶黏剂。

（4）倒刺钉板条。倒刺钉板条简称倒刺板，是地毯的专用固定件，板条尺寸一般为6mm×24mm×1200mm，板条上有两排斜向铁钉，为钩挂地毯之用，每一板条上有9枚水泥钢钉，以打入水泥地面起固定作用，钢钉的间距为35 ~ 40mm。

（5）铝合金收口条。铝合金收口条用于地毯端头露明处，以防止地毯外露毛边影响美观，同时也起到固定作用。在地面有高差的部位，如室内卫生间或厨房地面，一般均低于室内房间地面 20mm 左右，在这样的两种地面的交接处，地毯收口多采用铝合金收口条（见图 12-11）。

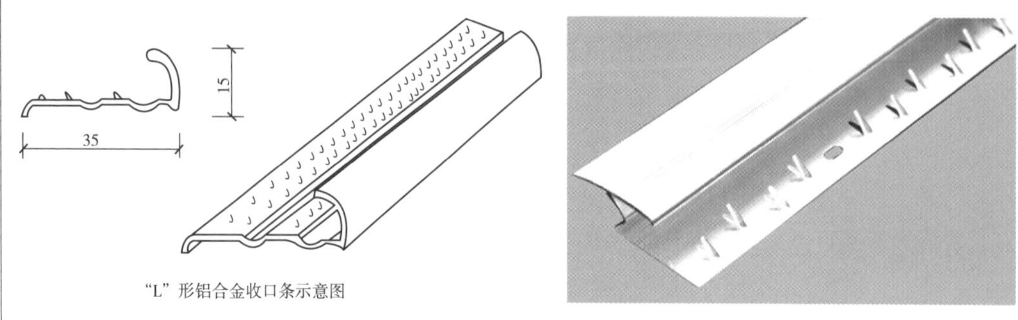

"L" 形铝合金收口条示意图

图 12-11　铝合金收口条（单位：mm）

12.2.1.2　基层的准备工作

对于铺设地毯的基层要求是比较高的，因为地毯大部分为柔性材料，有些是价格较高的高级材料，如果基层处理不符合要求，很容易造成对地毯的损伤。对基层的基本要求有以下方面。

（1）铺设地毯的基层要求具有一定的强度，待基层混凝土或水泥砂浆层达到强度后才能进行铺设。

（2）基层表面必须平整，无凹坑、麻面、裂缝，并保持清洁。如果有油污，用丙酮或松节油擦洗干净。对于高低不平处，应预先用水泥砂浆抹平。

（3）在木地板上铺设地毯时，应注意钉头或其他凸出物，以防止损坏地毯。

12.2.1.3　地毯铺设的机具准备

地毯铺设专用工具和机具，主要有裁毯刀、张紧器、扁铲、墩拐和裁边机等，见图 12-12。

地毯铺装铲子

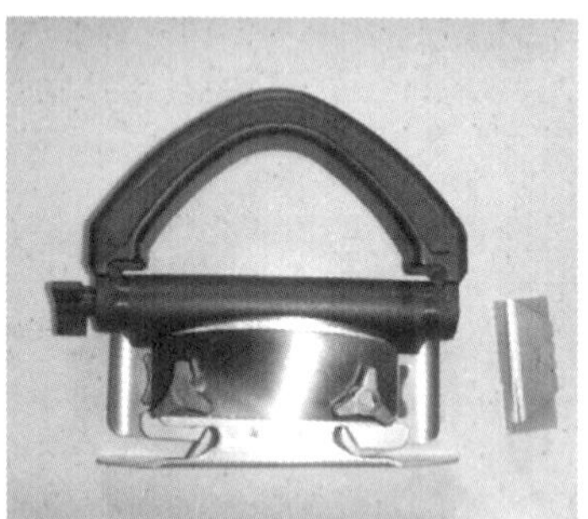

地毯裁刀

地毯用环保型树脂胶水

电动剪刀

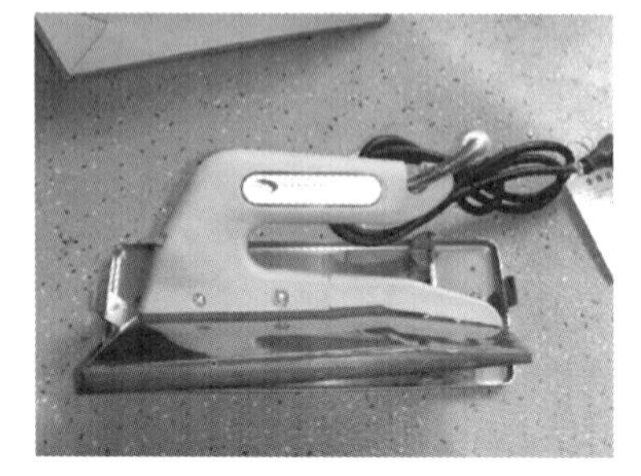

地毯熨斗

地毯接缝烫带

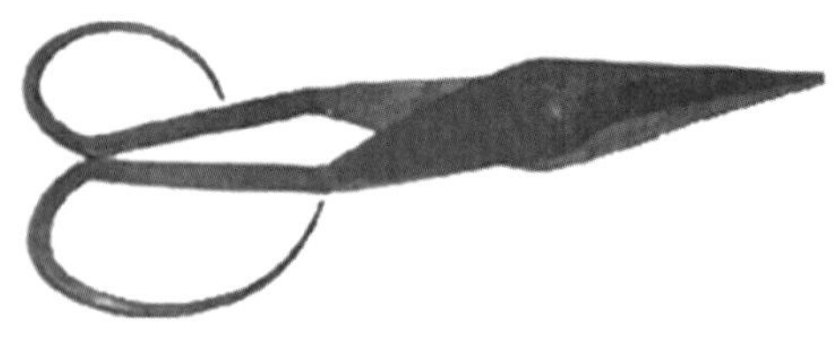

剪刀

图 12-12　地毯铺设专用工具和机具

（1）张紧器。张紧器即地毯撑子（见图 12-13），分大小两种。大撑子用于大面积撑紧铺毯，操作时通过可伸缩的杠杆撑头及铰接承脚将地毯张拉平整，撑头与承脚之间可加长连接管，以适应房间尺寸，使承脚顶住对面墙。小撑子用于墙角或操作面狭窄处，操作者用膝盖顶住撑子尾部的空心橡胶垫，两手自由操作。地毯撑子的扒齿长短可调，以适应不同厚度的地毯，不用时可将扒齿缩回。

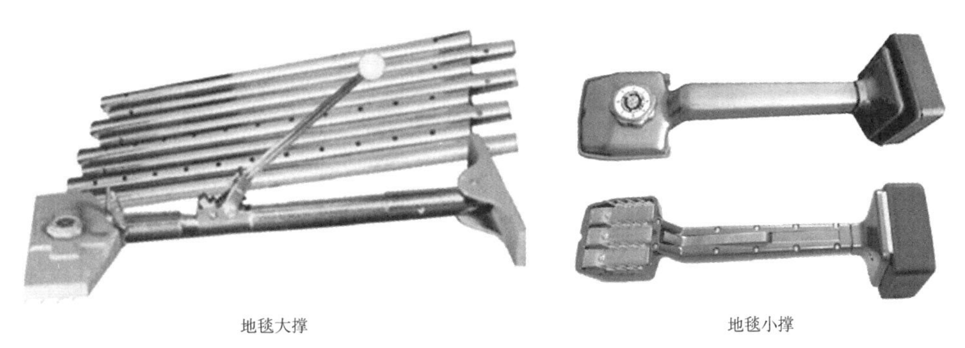

地毯大撑　　地毯小撑

图 12-13　地毯张紧器

（2）裁毯刀。裁毯刀有手握裁刀和手推裁刀。手握裁刀用于地毯铺设操作时的少量裁割；手推裁刀用于施工前较大批量的剪裁下料。

（3）扁铲。扁铲主要用于墙角处或踢脚板下端的地毯掩边。

（4）墩拐。墩拐用于钉固倒刺钉板条，如果遇到障碍不易敲击，即可用墩拐垫砸。

（5）裁边机。裁边机用于施工现场的地毯裁边，可以高速转动并以 3m/min 的速度向前推进。地毯裁边机使用非常方便，裁割时不会使地毯边缘处的纤维硬结而影响拼缝连接。

12.2.2　活动式地毯的铺设

12.2.2.1　适用情况

所谓活动式地毯的铺设，是指将地毯明摆浮搁在地面基层上，不需要将地毯同基层固定的一种铺设方式。这种铺设方式施工简单、容易更换，但其应用范围有一定的局限性，一般适用于以下几种情况。

（1）装饰性工艺地毯。装饰性工艺地毯主要是为了装饰，铺置于较为醒目部位，以烘托气氛，显示豪华气派，因此需要随时更换。

（2）在人活动不频繁的地方或四周有重物压住的地方，可采用活动式铺设。

（3）小型方块地毯一般基底较厚，重量较大，人在其上面行走不易卷起，同时也能加大地毯与基层接触面的滞性，承受外力后会使方块地毯间更为密实，因此也可采用活动式铺设。

12.2.2.2　铺设规定

根据《建筑地面工程施工质量验收规范》（GB 50209—2002）的规定，活动式地毯铺设应符合下列规定。

1. *规范规定*

（1）地毯拼成整块后直接铺在洁净的地面上，地毯周边应塞入踢脚线下。

（2）与不同类型的建筑地面连接时，应按照设计要求做好收口。

（3）小方块地毯铺设，块与块之间应当挤紧贴牢。

2. 施工操作

地毯在采用活动式铺贴时，尤其要求基层的平整光洁，不能有突出表面的堆积物，其平整度要求用 2m 直尺检查时偏差≤ 2mm。按地毯方块在基层弹出分格控制线，宜从房间中央向四周展开铺排，逐块就位、放稳贴紧并相互靠紧，至收口部位按设计要求选择适宜的受口条。

与其他材质地面交接处，如标高一致，可选用铜条或不锈钢条；标高不一致时，一般应采用铝合金收口条，将地毯的毛边伸入收口条内，再将收口条端部砸扁，即起到收口和边缘固定的双重作用。重要部位也可配合采用粘贴双面黏结胶带等稳固措施。

12.2.3 固定式地毯的铺设

地毯是一种质地比较柔软的地面装饰材料，大多数地毯材料都比较轻，将其平铺于地面时，由于受到行人活动等的外力作用，往往容易发生表面变形，甚至将地毯卷起，因此常采用固定式铺设。地毯固定式铺设的方法有两种：一种是用倒刺板固定，另一种是胶粘剂固定。

12.2.3.1 地毯倒刺板固定方法

用倒刺板固定地毯的施工工艺为：尺寸测量→裁毯与缝合→踢脚板固定→倒刺板条固定→地毯拉伸与固定→清扫地毯。

1. 尺寸测量

尺寸测量是地毯固定前重要的准备工作，关系到下料的尺寸大小和房间内铺贴质量。测量房间尺寸一定要精确，长宽净尺寸即为裁毯下料的依据，要按房间和所用地毯型号统一登记编号。

2. 裁毯与缝合

精确测量好所铺地毯部位尺寸及确定铺设方向后，即可进行地毯的裁切。化纤地毯的裁切应在室外平台上进行，按房间形状尺寸裁下地毯。每段地毯的长度要比房间的长度长 20mm，宽度要以裁去地毯边缘线后的尺寸计算。先在地毯的背面弹出尺寸线，然后用手推裁刀从地毯背面剪切。裁好后卷成卷编上号，运进相应的房间内。如果是圈绒地毯，裁切时应从环毛的中间剪开；如果是平绒地毯，应注意切口处绒毛的整齐。

加设垫层的地毯，裁切完毕后虚铺于垫层上，然后再卷起地毯，在拼接处进行缝合。地毯接缝处在缝合时，先将其两端对齐，再用直针隔一段先缝几针临时固定，然后再用大针进行满缝。如果地毯的拼缝较长，宜从中间向两端缝，也可以分成几段，几个人同时作业。背面缝合完毕，在缝合处涂刷 5 ~ 6cm 宽的白胶，然后将裁好的布条贴上，也可用塑料胶纸粘贴于缝合处，保护接缝处不被划破或勾起。将背面缝合完毕的地毯平铺好，再用弯针在接缝处做绒毛密实的缝合，经弯针缝合后，在表面可以做到不显拼缝。

3. 踢脚板固定

铺设地毯房间的踢脚板，常见的有木质踢脚板和塑料踢脚板。塑料踢脚板一般是由工厂加工成品，用胶黏剂将其黏结到基层上。木质踢脚板一般有两种材料：一种是夹板基层外贴袖木板一类的装饰板材，然后表面刷漆；另一种是木板，常用的有袖木板、水曲柳、红白松木等。

踢脚板不仅保护墙面的底部，同时也作为地毯的边缘收口处理部位。木质踢脚板的固定，较好的办法是用平头木螺丝拧到预埋木砖上，平头沉进 0.5 ~ 1mm，然后用腻子补平。如果墙体上未预埋木砖，也可以用高强水泥钉将踢脚板固定在墙上，并将钉头敲扁沉入 1 ~ 1.5mm，后用腻子刮平。踢脚板要离地面 8mm 左右，以便于地毯掩边。踢脚板的涂料应于地毯铺设前涂刷完毕，如果在地毯铺设后再刷涂料，地毯表面应加以保护。木质踢脚板表面涂料可按设计要求，清漆或混色涂料均可。但要特别注意，在选择涂料做法时，应根据踢脚板材质情况，扬长避短。如果木质较好、纹理美观，宜选用透明的清漆；如果木质较差、节疤较多，宜选用调和漆。

4. 倒刺板条固定

采用地毯铺设地面时，以倒刺板将地毯固定的方法很多。将基层清理干净后，便可沿踢脚板的边缘用高强水泥钉将倒刺板钉在基层上，钉的间距一般为 40cm 左右。如果基层空鼓或强度较低，应采取措施加以纠正，以保证倒刺板固定牢固。可以加长高强水泥钉，使其穿过抹灰层而固定在混凝土楼板上；也可将空鼓部位打掉，重新抹灰或下木楔，等强度达到要求后，再将高强水泥钉打入。倒刺板条要离开踢脚板面 8 ~ 10mm，便于用锤子砸钉子。如果铺设部位是大厅，在柱子四周也要钉上倒刺板条，一般的房间沿着墙钉，如图 12-14 所示。

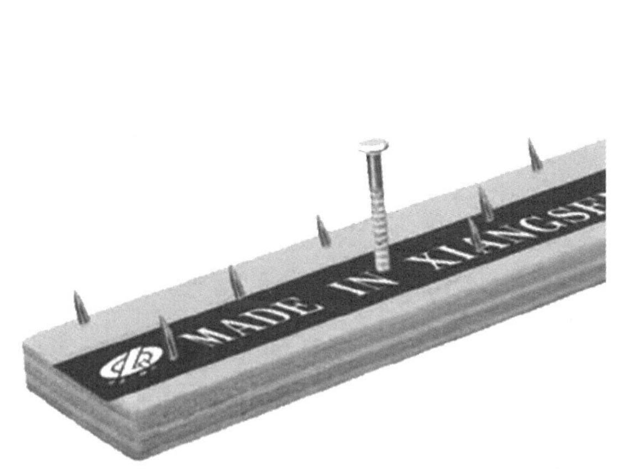

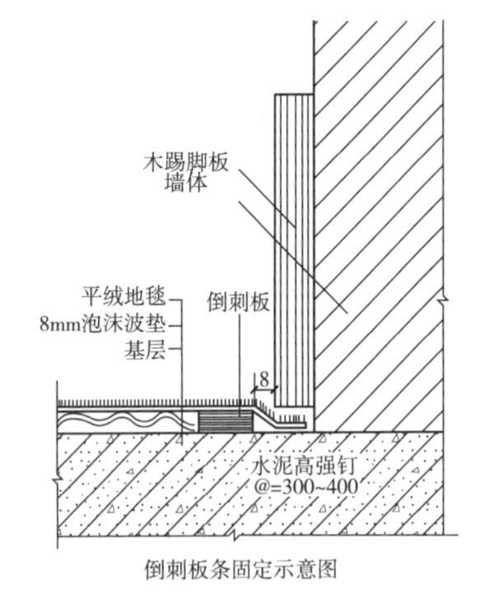

倒刺板条固定示意图

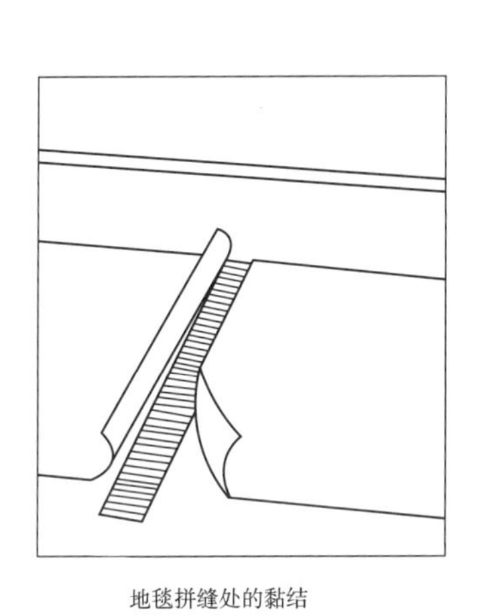
地毯拼缝处的黏结

图 12-14 倒刺钉板条

5. 地毯拉伸与固定

对于裁切与缝合完毕的地毯，为保证其铺贴尺寸准确，要进行拉伸。先将地毯的一条长边放在倒刺板条上，将地毯背面牢挂于倒刺板朝天小钉钩上，把地毯的毛边掩到踢脚下面。为使地毯保持平整，应充分利用地毯撑子（张紧器）对地毯进行拉伸。用手压住地毯撑子，再用膝盖顶住地毯撑子，从一个方向，一步一步推向另一边。如果面积较大，几个人可以同时操作。若一遍未能将地毯拉平，可再重复拉伸，直至拉平为止，然后将地毯固定于倒刺板条上，将毛边掩好。对于长出的地毯，用裁毯刀将其割掉。一个方向拉伸完毕，再进行另一个方向的拉伸，直至将地毯四个边都固定于倒刺板条上。

6. 清扫地毯

在地毯铺设完毕后，表面往往有不少脱落的绒毛和其他东西，待收口条固定后，需用吸尘器认真地清扫一遍。铺设后的地毯，在交工前应禁止行人大量走动，否则会加重清理量。

12.2.3.2 地毯胶黏剂固定方法

用胶黏剂黏结固定地毯，一般不需要放垫层，只需将胶黏剂刷在基层上，然后将地毯固定在基层上。涂刷胶黏剂的做法有两种：一是局部刷胶，二是满刷胶。人不常走动的房间地毯，一般多采用局部刷胶，如宾馆的地面，家具陈设能占去 50% 左右的面积，供人活动的地面空间有限，且活动也较少，所以可采用局部刷胶做法固定地毯。在人活动频繁的公共场所，地毯的铺贴固定宜采用满刷胶。

使用胶黏剂固定地毯，地毯一般要具有较密实的胶底层，在绒毛的底部粘上一层 2mm 左右的胶，有的采用橡胶，有的采用塑胶，有的使用泡沫胶。不同的胶底层，对耐磨性影响较大，有些重度级的专业地毯，胶的厚度为 4 ~ 6mm，在胶的下面贴一层薄毡片。

刷胶可选用铺贴塑料地板用的胶黏剂。胶刷在基层上，静停一段时间后，便可铺贴地毯。铺设的方法应根据房间的尺寸灵活掌握。如果是铺设面积不大的房间地毯，将地毯裁割完毕后，在地面中间刷一块小面积的胶，然后将地毯铺放，用地毯撑子往四边撑拉，在沿墙四边的地面上涂刷 12 ~ 15cm 宽的胶黏剂，使地毯与地面粘贴牢固。刷胶可按 $0.05kg/m^2$ 的涂布量使用，如果地面比较粗糙，涂布量可适当增加。如果是面积狭长的走廊或影剧院观众厅的走道等处地面的地毯铺设，宜从一端铺向另一端，为了使地毯能够承受较大动力荷载，可以采用逐段固定、逐段铺设的方法。其两侧长边在离边缘 2cm 处将地毯固定，纵向每隔 2m 将地毯与地面固定。

接缝下铺胶带

地毯熨斗边加热边压紧

图 12-15 地毯拼接

当地毯需要拼接时，一般是先将地毯与地毯拼缝，下面衬上一条 10cm 宽的麻布带，胶黏剂按 0.8kg/m 的涂布量使用，将胶黏剂涂布在麻布带上，把地毯拼缝粘牢（见图 12-15）。有的拼接采用一种胶烫带，施工时利用电熨斗熨烫使带上的胶熔化而将地毯接缝黏结。两条地毯间的拼接缝隙，应尽可能密实，使其看不到背后的衬布。

12.2.4 楼梯地毯的铺设

铺设在楼梯上的地毯，由于人行来往非常频繁，且上上下下与安全有关，因此楼梯地毯的铺设必须严格施工，使其质量完全符合国家有关标准的规定。

12.2.4.1 施工准备工作

施工准备的材料和机具主要包括：地毯固定角铁及零件、地毯胶黏剂、设计要求的地毯、铺设地毯用钉及铁锤等工具。如果选用的地毯是背后不加衬的无底垫地毯，则应准备海绵衬垫料。

测量楼梯每级的深度与高度，以估计所需要地毯的用量。将测量的深度与高度相加乘以楼梯的级数，再加上 45cm 的余量，即估算出楼梯地毯的用量。准备余量的目的是为了在使用时可挪动地毯，转移常受磨损的位置。

对于无底垫地毯，在地毯下面使用楼梯垫料以增加吸声功能和延长使用寿命。衬垫的深度必须自楼梯竖板起，并可延伸至每级踏板外 5cm 以便包覆。

图 12-16　钉木条与衬条

12.2.4.2　铺贴施工工艺

（1）将衬垫材料用倒刺板条分别钉在楼梯阴角两边，两木条之间应留出 15mm 的间隙（见图 12-16）。

用预先切好的挂角条（或称无钉地毯角铁），如图 12-17 所示，以水泥钉钉在每级踏板与压板所形成的转角衬垫上。如果地面较硬用水泥钉钉固困难时，可在钉位处用冲击钻打孔埋入木楔，将挂角条钉固于木楔上。挂角条的长度应小于地毯宽度 20mm 左右。挂角条是用厚度为 1mm 左右的铁皮制成，有两个方向的倒刺抓钉，可将地毯不露痕迹地抓住。如果不设地毯衬垫，可将挂角条直接固定于楼梯梯级的阴角处，见图 12-18。

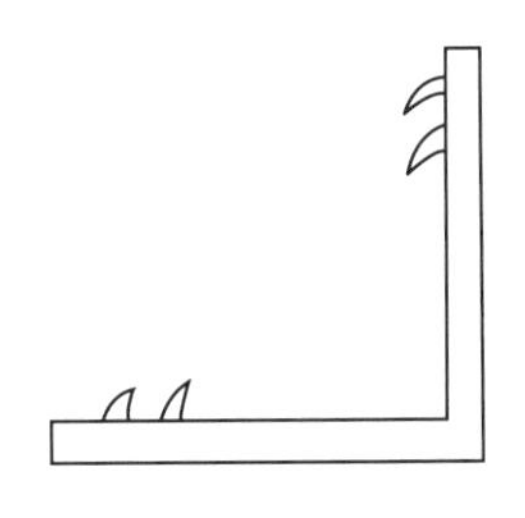
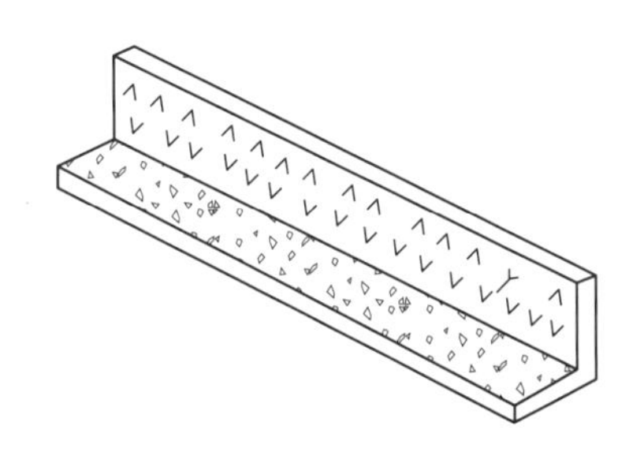
图 12-17　地毯挂角条

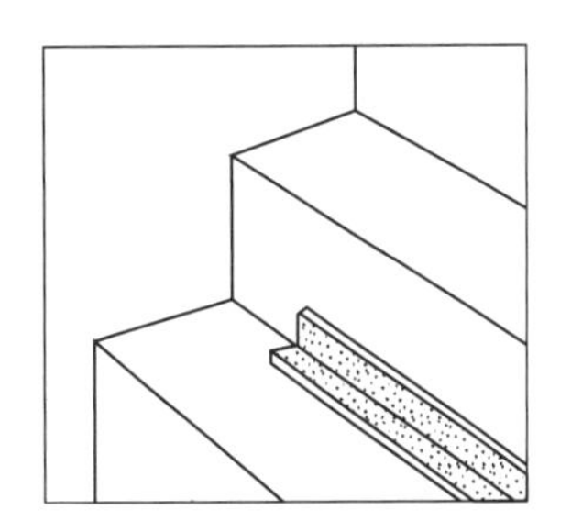
图 12-18　挂角条的位置

（2）地毯要从楼梯的最高一级铺起，将始端翻起在顶级的竖板上钉住，然后用扁铲将地毯压在第一条角铁的抓钉上。把地毯拉紧包住楼梯梯级，顺着竖板而下，在楼梯阴角处用扁铲将地毯压进阴角，并使倒刺板木条上的朝天钉紧紧勾住地毯，然后铺设第二条固定角铁。这样连续下来直到最后一个台阶，将多余的地毯朝内摺转钉于底级的竖板上。

（3）所用地毯如果已有海绵衬底，即可用地毯胶黏剂代替固定角铁，将胶黏剂涂抹在压板与踏板面上粘贴地毯。在铺设前，把地毯的绒毛理顺，找出绒毛最为光滑的方向，铺设时以绒毛的走向朝下为准。在梯级阴角处先按照前面所述钉好倒刺板条，铺设地毯后用扁铲敲打，使倒刺钉将地毯紧紧抓住。在每级压板与踏板转角处，最后用不锈钢钉拧固铝角防滑条。楼梯地毯铺设固定方法如图 12-19 所示。

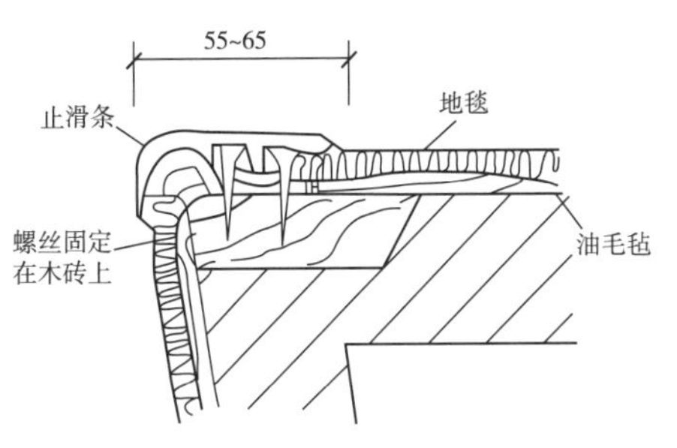

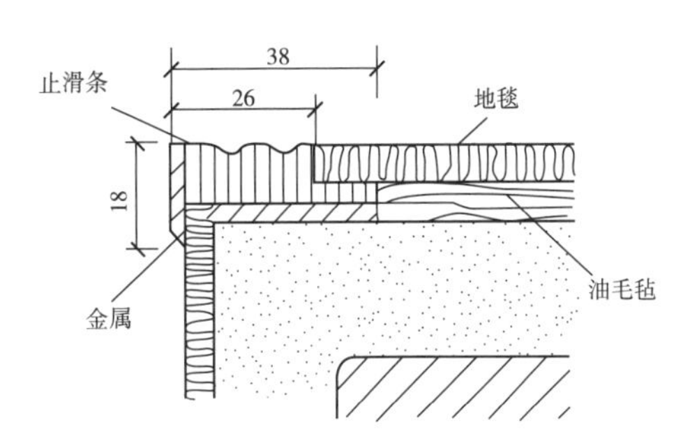

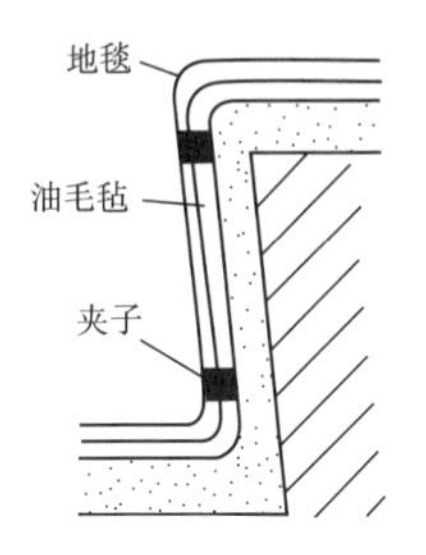

图 12-19　楼梯地毯铺设固定方法

参考文献

[1] 顾建平. 建筑装饰施工技术［M］. 天津：天津科学技术出版社，1998.

[2] 杨天佑. 建筑装饰施工技术［M］. 北京：中国建筑工业出版社，2002.

[3] 葛新亚. 建筑装饰材料［M］. 武汉：武汉理工大学出版社，2004.

[4] 安素琴. 建筑装饰材料［M］. 北京：中国建筑工业出版社，2000.

[5] 向才旺. 建筑装饰材料［M］. 北京：中国建筑工业出版社，1999.

[6] 李继业，邱秀梅. 建筑装饰施工技术［M］. 北京：化学工业出版社，2001.

[7] 杨搏，孙荣芳. 建筑装饰工程材料［M］. 安徽：安徽科技出版社，1996.

[8] 蔡颖佶，徐鹏. 家庭装修设计与施工［M］. 四川：四川科学技术出版社，2003.

[9] 杨天佑，谭幽燕. 简明装饰施工与质量验评手册［M］. 北京：中国建筑工业出版社，1998.

[10] 陈同纲，陈璐. 造型与风格［M］. 江苏：江苏科学技术出版社，2001.